U0571919

北京理工大学"双一流"建设精品出版工程

Manufacturing Technology Training Tutorial
(Second Edition)

制造技术训练教程
（第2版）

付 铁　张雨甜　马树奇 ◎ 主编

北京理工大学出版社
BEIJING INSTITUTE OF TECHNOLOGY PRESS

内 容 简 介

本书是根据教育部高等学校机械基础课程教学指导分委员会编制的《机械制造实习课程教学基本要求》和教育部高等学校工程训练教学指导委员会课程建设组关于《高等学校工程训练类课程教学质量标准》的精神，基于中国工程教育专业认证标准和新时代背景下新工科建设对人才培养的新要求，结合多年教学研究与改革成果和经验而编写的。

全书着眼于学生系统思维、实践能力、综合素质与创新意识的培养，注重知识体系的系统性和完整性，共分为 6 篇 23 章，涵盖了制造技术基础、材料成型技术训练、切削加工技术训练、特种加工技术训练、现代制造技术训练以及综合与创新训练六大方面的内容。附录还给出了制造技术训练名词术语中英文对照表和制造技术训练安全知识。

本书可作为高等学校机械类、近机械类、非机械类等专业的教学用书，也可供高职高专、成人教育相关专业或有关工程技术人员参考。

版权专有　侵权必究

图书在版编目（CIP）数据

制造技术训练教程 / 付铁，张雨甜，马树奇主编
. — 2 版. – – 北京 ：北京理工大学出版社，2024.1
ISBN 978-7-5763-3491-3

Ⅰ. ①制… Ⅱ. ①付… ②张… ③马… Ⅲ. ①机械制
造工艺-高等学校-教材 Ⅳ. ①TH16

中国国家版本馆 CIP 数据核字（2024）第 011894 号

责任编辑：多海鹏　　　文案编辑：多海鹏
责任校对：周瑞红　　　责任印制：李志强

出版发行 / 北京理工大学出版社有限责任公司
社　　　址 / 北京市丰台区四合庄路 6 号
邮　　　编 / 100070
电　　　话 / （010）68944439（学术售后服务热线）
网　　　址 / http://www.bitpress.com.cn

版 印 次 / 2024 年 1 月第 2 版第 1 次印刷
印　　　刷 / 三河市华骏印务包装有限公司
开　　　本 / 787 mm×1092 mm　1/16
印　　　张 / 29
字　　　数 / 681 千字
定　　　价 / 68.00 元

图书出现印装质量问题，请拨打售后服务热线，负责调换

前言

　　近年来，在国家创新驱动发展战略、中国制造2025、新工科以及工程教育专业认证等新形势与背景下，实践创新能力的培养成为高校人才培养的一项重要任务。"制造技术训练"作为一门实践性很强的技术基础课，是培养大学生实践能力和创新意识的必经之路，也是高校实施实践育人的重要途径。

　　本书是北京理工大学出版社组织编写的"工程训练系列规划教材"之一。编者根据教育部高等学校机械基础课程教学指导分委员会编制的《机械制造实习课程教学基本要求》和教育部高等学校工程训练教学指导委员会课程建设组关于《高等学校工程训练类课程教学质量标准》的精神，基于中国工程教育专业认证标准和新时代背景下新工科建设对人才培养的新要求，结合北京理工大学新版本科教学培养方案以及多年教学研究与改革成果和经验编写本书。

　　本书注重知识体系的系统性和完整性，既包括传统的车削、铣削、钳工、铸造以及焊接等经典内容，3D打印、激光加工等特种加工技术内容，又包括数控加工、工业机器人、智能制造、逆向工程等现代制造技术和"劳模工匠大讲堂"内容，还增加了制造技术相关术语中英文对照表和制造技术训练安全知识内容，共涵盖制造技术基础、材料成型技术训练、切削加工技术训练、特种加工技术训练、现代制造技术训练以及综合与创新训练六大方面的内容。在强调制造技术认知和技能训练的同时，更侧重于思政育人、劳动育人、创新育人和实践育人深度融合的复合型高素质工程实践与创新人才培养。此外，本书还包含了大量的训练实例。

　　参加本书编写的有：付铁、张雨甜、马树奇、庞璐、郑艺、赵倩、李梅、叶勤、谢剑、李春阳、李占龙、高守锋、王本鹏、殷莹、屈伸。全书由付铁、张雨甜负责统稿，由付铁、张雨甜和马树奇担任主编。本书在编写过程中，参考了大量书籍、著作及学术论文等，也从网站上搜集了一些资料，在此向这些作者表示诚挚的谢意，同时也感谢本科生韩轶、汪旅雁、陈柏健、周子杰等为本书编写提供的素材及整理工作。

北京理工大学出版社为本书的出版给予了极大的支持，在此表示感谢。

由于水平有限，书中缺点、误漏欠妥之处在所难免，恳请广大读者批评指正。

编　者

目　录
CONTENTS

第三篇　切削加工技术训练

第六篇　综合与创新训练

附 录

第一篇

制造技术基础

第一章
绪　　论

内容提要：本章介绍了与制造技术相关的基本概念、发展历程和发展趋势，产品开发的一般流程，机械制造基础知识，以及制造技术训练课程的性质、教学目标、教学内容和教学要求等。

第一节　概　　述

一、"制造"相关的几个概念

制造的历史由来已久。大量的考古学证据表明，距今 50 万~60 万年的北京猿人就开始使用带刃口的砍砸石器，而金属材料的机械加工从青铜器时代就已经开始出现，如商代的青铜钻，春秋时期的青铜刀、锯等。可以说，制造随着人类的诞生而出现，并在人类的进步中得到发展。"制造"一词早在我国古代就出现过。例如，"摹写旧丰，制造新邑"（晋潘岳的《西征赋》）中的"制造"有"建造、制作"之意；再如，"徽宗崇宁四年，岁次乙酉，制造九鼎"（宋吴曾的《能改斋漫录·记事一》）中的"制造"有"制作、将原料加工成器物"之意。

随着社会的进步，制造的概念也是一个不断演变和发展的过程，有狭义和广义之分。狭义上的制造是使原材料在物理性质和化学性质上发生变化而转化为产品的过程，即产品的制作过程。而广义上的制造（也称"大制造"）则是指产品的全生命周期活动过程。当前以国际生产工程学会（CIRP）在 1990 年给出的定义较为流行，即制造是涉及制造工业中产品设计、物料选择、生产计划、生产过程、质量保证、经营管理、市场销售和服务的一系列相关活动与工作的总称。其功能常可通过制造工艺、物料流动、信息流动和资金流动等过程实现。

制造技术（Manufacturing Technology）是指制造活动中所涉及的技术总称，其包括的内容非常丰富。传统制造技术仅强调工艺方法和加工设备，而现代制造技术还强调设计方法、生产组织模式、制造与环境的和谐统一、制造的可持续性以及与其他科学技术的交叉与融合，等等。

制造业（Manufacturing Industry）是指利用制造技术将制造资源（物料、能源、设备、工具、资金、信息、人力等）通过制造过程转化为可供人们使用和消费的产品的行业。制造业涉及的领域非常广泛，按照行业可划分为机械制造、仪器仪表制造、食品制造、化工制造、冶金制造、电子产品制造和医药制造等数十种。目前，制造业已成为支撑国民经济和提高综合国力最为重要的产业之一。

二、制造技术的发展历程

制造技术的发展与社会、政治、经济和科技等因素有关，但最主要的还是科学技术及市场推动。制造技术的发展历程主要可分为以下几个阶段。

（1）萌芽时期。从石器时代开始到第一次工业革命以前，人们制作工具、机械等主要用于满足以农业为主的自然经济需要，采用作坊式手工业的生产方式。

（2）工场式生产时期。18世纪中后期，第一次工业革命的爆发，促进了制造技术的飞速发展，出现了制造企业的雏形（工场式生产），完成了从手工作坊式生产到以机械加工和分工原则为基础的工厂生产的转变。该时期发明和出现了如车床、龙门刨床、卧式铣床、镗床、颚式破碎机等多种设备。

（3）工业化规模时期。19世纪中后期，第二次工业革命迎来了电气化时代，制造技术通过与电气技术的融合，实现了批量生产、工业化规范生产的新局面。

（4）刚性自动化时期。20世纪初，大批量流水线和泰勒式工作制的广泛应用，极大地提高了生产率。特别是第二次世界大战期间，以降低成本为目的的刚性、大批量自动化制造技术和科学管理方式得到了很大的发展。

（5）柔性自动化时期。"二战"后到20世纪70年代，以计算机、微电子、信息和自动化为代表的技术的迅速发展，推动了生产方式由大批量生产自动化向多品种小批量柔性生产自动化转变。同时，一些先进的生产管理模式（如准时制生产、全面质量管理等）出现并得到应用。

（6）集成化和信息化时期。20世纪80年代以来，产品市场的全球化和用户需求的多样化，加剧了市场竞争。同时，由于计算机、电子、信息、材料以及网络等技术的发展，出现了很多新的设计方法、制造技术、制造系统及制造模式。如计算机辅助设计、纳米加工技术、计算机集成制造系统、敏捷制造、智能制造及绿色制造，等等。

三、制造技术的发展趋势

21世纪以来，受经济全球化的影响，制造业不断面临新的挑战和机遇，制造技术也处在逐步趋于完善与发展的过程中。为适应经济全球化、市场竞争激烈化以及高新技术发展需求，制造技术正朝着精密化、极致化、柔性化、数字化、信息化、集成化、绿色化以及智能化等方向发展。具体体现在以下几方面：

（1）现代设计技术。产品设计是制造业的关键，现代设计技术正在向多目标规划设计，涵盖产品全生命周期的系统化设计，并综合考虑技术、经济、社会、安全、美学等因素的极致化设计及网络化设计和绿色设计等方向发展。

（2）现代加工技术。加工技术正在向超高速切削技术、超精密加工技术、微细加工技术、纳米加工技术、特种加工技术、成型及改性制造技术、绿色制造技术、生物制造技术以及3D打印技术等新的现代制造工艺方向发展，而与之相应的制造装备也随着加工工艺的发展而不断推陈出新向前发展。

（3）柔性化技术。未来大量的定制化需求，要求制造系统的柔性化程度越来越高，能根据每个用户的特殊需求，实现用户的个性化与生产规模的有机结合。用户甚至还可通过各种方式（如网络）参与产品的开发设计、加工制造和营销服务等产品生命周期活动。

（4）制造模式与管理技术。经过数十年的发展，出现了并行工程、精益生产、敏捷制造、虚拟制造、智能制造以及企业资源规划、产品质量管理等先进的生产模式与管理技术。而且这些模式及技术在发展中会不断完善，也有可能出现更先进的制造模式与管理技术。

（5）集成化技术。集成化是现代制造技术的一个显著特征，目前，制造系统集成化正在从功能集成、信息集成向面向产品全生命周期的过程集成发展，不断提升市场竞争力水平。

（6）信息化技术。智能制造将会是未来发展的主要方向之一，它可实现信息技术、管理技术、工艺技术、决策技术、数字化技术及网络技术等的深度融合。

第二节 产品制造基础知识

一、产品全生命周期简介

产品全生命周期，也称产品生命周期，是指一个产品从构思到生产、使用、报废，再到再生的全过程。其概念最初由 Dean 和 Levirt 提出，主要用于研究经济管理领域产品的市场战略。进入 20 世纪 80 年代，并行工程概念的提出将产品生命周期的概念拓展到工程领域，真正提出了覆盖产品需求分析、概念设计、详细设计、制造、销售、售后服务及产品报废回收全过程的产品生命周期的概念。产品全生命周期模型如图 1-1 所示。

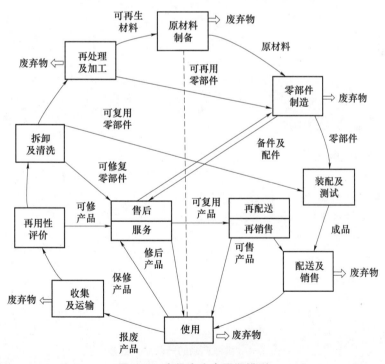

图 1-1　产品全生命周期模型

随着市场竞争能力的加剧，企业迫切需要将信息技术、现代管理技术和制造技术相结合，应用于产品生命周期的各个阶段，实现物流、信息流与价值流的集成和优化运行，以提高企业对新产品的开发周期、质量、成本以及服务等各项指标，从而增强其快速响应能力和竞争能力。在这种背景下，一种新的现代制造理念——产品生命周期管理（Product Lifecycle Management，PLM）逐步发展起来。其实施的目的是通过信息、计算机和管理等技术来实现产品生命周期过程中的产品设计、制造、管理和服务的协同，是一种理想的企业信息化整体解决方案，其优越性已经引起国内外的广泛重视。

二、产品开发的一般流程

随着社会经济与科学技术的进步和发展，人们对产品的要求越来越高，这就对企业开发新产品提出了更高的要求，不但要物美、价廉，更要为消费者所接受。因此，产品开发是一个决策过程，它基于产品全生命周期管理理念，从市场或需求出发，形成规划和设计，然后生产产品进入市场，经过销售、使用、服务，最终报废回收，其开发的一般流程如图1-2所示。

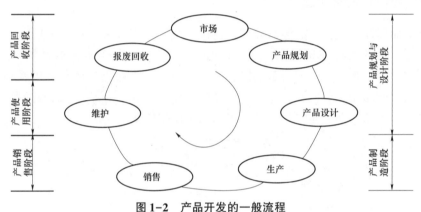

图1-2　产品开发的一般流程

三、机械制造基础知识

1. 机械产品的一般生产过程

机械制造是制造业中应用最为广泛的一种，任何机械产品通常都是由零件装配而成的。因此，要想装配出合格的产品，就必须制造出符合要求的零件。机械产品的生产过程通常可分为毛坯制造、零件加工以及装配和调试三部分，如图1-3所示。

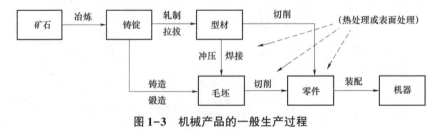

图1-3　机械产品的一般生产过程

（1）毛坯制造。毛坯的外形与零件近似，二者尺寸之差即为毛坯的加工余量。常用的毛坯制造方法有铸造、锻造、冲压和焊接等，其他一些先进的加工方法（如精密铸造、精密锻造等）还可直接生产零件。

（2）切削加工。切削加工是指利用切削刀具或工具将毛坯上多余材料去除的过程。一般情况下，毛坯要经过切削加工来提高零件的加工精度和表面质量，以达到零件的设计要求，从而制造出合格的零件。常用的切削加工方法有车削、铣削、刨削、磨削、钻削以及钳工等。在毛坯制造和切削加工过程中，为便于加工或保证零件性能，还需要进行热处理或表面处理。

（3）装配和调试。装配是机械制造的最后一道工序，是指按照机械产品技术要求，将合格零件按一定顺序组合、连接或固定起来成为机器的过程。装配完成后，通常还要进行试运行，以观察其在工作条件下的功能和质量是否满足要求。只有经检验合格后，才算是合格的机械产品。

2. 机械制造工艺基础知识

1）机械制造的工艺过程

在制造过程中，通过对生产对象进行加工，以改变其形状、尺寸或性能并使其成为合格产品的过程称为工艺过程。工艺过程常可分为材料成型工艺过程、机械加工工艺过程和装配工艺过程等，如铸造、锻造、焊接等属于材料成型工艺过程，车削、铣削等属于机械加工工艺过程，等等。加工工艺过程在产品生产过程中具有重要地位，除传统工艺方法外，电加工、超声波加工、电子束加工、离子束加工、激光束加工、快速原形制造等特种加工工艺均有了很大发展，并得到了广泛应用。

一个工艺过程通常又可分为工序、工步和走刀等部分。工序是指一个（或一组）工人，在同一个工作地点，对同一个（或同时几个）工件连续完成的工艺过程。工步是指在加工表面、加工工具或刀具、转速和进给量都不变的情况下，连续完成的工序部分。走刀是指在同一工步中，若加工余量大，需要用同一刀具在相同转速和进给量下，对同一加工面进行多次切削，则每切削一次称为一次走刀。

2）机械加工工艺规程

机械加工工艺规程通常是指零件依次通过的全部工艺过程（工艺路线或工艺流程）按一定的格式形成的文件。工艺规程常表现为各种形式的工艺卡片，在其中简明扼要地写明与该零件相关的各种信息，如零件的加工工艺路线、各工序基本加工内容、切削用量、工时定额，以及采用的机床和工艺装备、刀具、量具和检验方法等。工艺规程在机械加工中非常重要，是指导生产的主要技术文件，也是生产组织管理工作和计划工作的依据。

在制定产品或零件的工艺规程时，应坚持保证加工质量、生产效率、低制造成本和良好劳动条件的原则。其通常包括零件图样分析、零件材料选择、毛坯选择、拟定工艺路线、机床设备及工艺装备选择、确定切削用量及时间定额以及填写工艺文件等步骤。

3）机械制造质量分析与控制

机械零件的质量直接决定了产品的性能、寿命和可靠性。零件的加工质量一般包括加工精度、表面质量和内在质量三部分。加工精度由尺寸精度、形状精度和位置精度组成。表面质量主要包括零件的表面粗糙度、表层加工硬化以及表层残余应力等。通常，重要或关键零件的表面质量要求高于普通零件。内在质量是指零件在毛坯成型和热处理过程中形成的内部组织形态，其好坏会影响零件的性能，如各种组织结构和加工缺陷（如缩孔、开裂、夹渣）等。

质量检验是指对产品的质量特性进行观察、测量和试验，并与规定的质量要求进行比较，以判断产品质量是否合格的一种工艺。例如铸造缺陷检验、焊接接头质量检验、密封性质量检验等。常用的检验组织方法分为自检、互检和专检三类。不同检验内容，其检测量具不同。例如，尺寸精度的检验可用游标卡尺、千分尺或万能角度尺等，形状位置精度的检验可用百分表、千分表或三坐标测量机等，焊接接头的质量检验可用无损检测设备，等等。

第三节　制造技术训练的教学目标、体系及内容

一、制造技术训练的教学目标

作为高等院校思政育人、劳动育人、创新育人和实践育人的重要载体之一，制造技术训练（也称工程训练、金工实习或机械制造实习等）是实现课内教学与课外实践相结合、理论知识与工程应用相结合、综合素质与创新能力相结合以及人才培养与社会需求相结合的重要工程实践教学环节，是培养具有爱国情怀、品德修养、创新思维、探究精神和实践能力的复合型高素质工程实践与创新人才的重要途径之一。考虑到新时代背景下新工科建设和工程教育专业认证对人才培养的新要求，基于成果导向教育理念，针对"制造技术训练"课程特点，可制定其预期学习效果，如表 1-1 所示。

表 1-1　"制造技术训练"课程的预期学习产出

一级预期学习产出	细化的二级预期学习产出
1. 工程技术知识	1.1 了解工业技术发展历程、工业生产过程等相关知识
	1.2 了解当前及未来社会的新技术、新工艺及新方法
	1.3 理解与制造学科相关的基础知识及与安全相关的法律法规和制度
2. 个人能力与素质	2.1 掌握常见仪器设备及工具的使用方法和基本操作技能
	2.2 熟练使用常见工程软件进行产品设计、分析及编程等工作
	2.3 熟悉特定产品或案例从分析、设计、制造到运行的整个过程
	2.4 具备熟练使用相关规范标准的能力
	2.5 具备初步的批判性思维、系统思维及创新意识
	2.6 具备初步的工程文化素养、职业道德规范、法律法规观念、社会责任感等工程意识
	2.7 具有自主学习和终身学习的意识及不断学习的能力
3. 团队工作能力	3.1 具备就工程问题进行有效沟通与交流的能力
	3.2 具备初步的团队合作精神和项目管理能力
4. 综合运用能力	4.1 具有发现问题、分析问题及综合利用相关知识设计开发解决方案的能力
	4.2 具有针对复杂工程问题开展实验设计、数据分析、运行调试以及优化等的研究能力
	4.3 具有初步的工程综合能力及工程创新能力

二、制造技术训练的教学体系及内容

基于当前新工科、工程教育专业认证标准和高校人才培养目标定位及毕业要求，依据高等学校工程训练类课程教学质量标准，结合学生学习和认知发展规律，可构建由工程认知实践、工程基础实践、工程综合实践和创新创业实践4个层次组成的分层次、分阶段、渐进式工程训练课程实践教学体系（图1-4）。

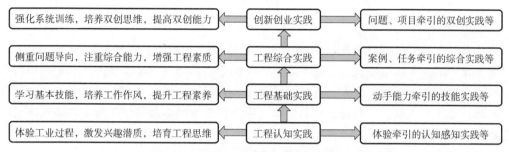

图1-4 "制造技术训练"课程的教学体系

（1）工程认知实践。该模块的主要内容是了解制造技术的发展历程、工业生产过程，机械加工、材料成型、特种加工和现代制造等相关技术的基本原理、加工方法、加工过程、加工工艺，以及新工艺、新技术、新方法、新材料在现代制造中的应用等，主要面向一、二年级本科学生，重在强调学生的体验、感受和兴趣。可依托工程训练中心通识教育资源平台，通过专题讲座、演示观摩、项目体验以及讨论交流等方式，让学生了解工业过程，感受工匠精神，拓宽认知视野，体验工程文化，激发兴趣潜质，形成初步的工程意识、创新创业意识和工程思维。该模块属于通识性工程素养教育，通过科学与人文的交叉融合，为提升学生的综合素质奠定基础。

（2）工程基础实践。该模块主要面向二、三年级本科学生，重在强调学生做项目过程中的独立思考、自主学习和实践技能。可根据特定的任务要求，利用工程训练中心的实践教学资源，完成任务的分析、规划、制造、管理和评价等内容，使学生在工程环境下，掌握工业产品生产、管理、质量、经济、安全、环保等方面的知识和流程，具有仪器、设备和工具的实践操作能力（如车削、铣削、钳工、铸造、焊接、数控加工、线切割加工、激光加工、3D打印的操作以及台钳、锉刀、游标卡尺、百分表等工、量具的使用）及试验、研究技能，具备初步的工程素质和创新思维。该模块可针对不同专业特点，量身定做教学内容，并以项目方式开展实践活动，兼顾了各专业的人才培养目标和学生的个性化发展。

（3）工程综合实践。该模块的主要任务是了解产品开发的基本流程，并以具体的案例或任务为导向，进行构思、设计、分析、制造、装配、调试、试验以及评价等一系列的教学活动，借助工程训练中心的软、硬件资源，并通过多种方法、手段及技能的综合运用，最终使任务得以完成，从而使学生具备系统的工程设计、分析、研究、管理以及创新等工程综合能力与素质。该模块主要面向三、四年级本科学生，重在强调实践内容的系统性、综合性以及与专业相关理论课程的融合性，强调理论与实践的结合，强调实践过程中的批判性思维及自主探究和解决问题的能力。

（4）创新创业实践。该模块主要面向高年级本科学生和研究生，重在强调实践内容上

与国家战略、社会需求及行业需求的融合。学生基于产品全生命周期理念，针对科学问题、工程问题、学科竞赛以及课外自主创新活动等，进行市场调研、需求分析、概念设计、详细设计、制造以及项目管理等一系列的教学活动，依托现有资源条件或创造条件，最终完成整个项目的实施，并积极促进项目成果的转化。该模块更加强调实践过程中工程综合素质和创新创业能力的进一步提升，属于高阶性和挑战性的实践活动，可进一步提升学生解决复杂工程问题的能力以及工程实践与创新能力。

知识拓展

近年来，在国家创新驱动发展战略、中国制造2025、新工科以及工程教育专业认证等新形势与背景下，实践创新能力的培养成为高校人才培养的一项重要任务，也是我国培养创新型人才的根本要求。制造技术训练课程借助于工程训练中心这个大学生工程实践教育与创新活动的公共资源平台，在高校学生的知识、能力、素质培养与价值塑造等方面发挥着越来越重要的作用。

本章主要介绍了与制造技术相关的基本概念、产品开发的一般流程、机械制造基础知识，以及"制造技术训练"课程的教学目标、教学体系和教学内容等知识。在"制造技术训练"教学方面，综合训练和创新训练将在未来一定时期内成为提高学生工程能力和素质的主要途径。如何根据人才培养目标，对标工程教育专业认证标准和新工科要求，基于成果导向教育理念，开发相应的教学资源、教学内容、教学策略以及教学模式，成为工程训练教学改革的主要内容之一。若想进一步深入了解相关知识，可参阅相关文献。

第二章

工程材料基础

内容提要：本章主要介绍了金属、非金属以及复合材料等常用工程材料的类型、特点及应用，并介绍了材料热处理和表面处理的相关知识以及材料的选用原则。

第一节 概　　述

材料构成了人类生产和生活所必需的物质基础，材料的发展水平和利用程度是人类文明进步的标志。材料按照用途分为工程材料和功能材料，其中，功能材料具有特殊的物理、化学、生物效应，是一种高新技术材料。工程材料是用于机械、车辆、船舶、建筑、化工、能源、仪器仪表、航空航天等工程领域的材料。工程材料按照化学成分和结构可分为金属材料、非金属材料（无机非金属材料和高分子材料）和复合材料。

第二节　金属材料

凡是由金属元素或以金属元素为主而形成的，具有一般金属特性的材料统称为金属材料。金属材料分为黑色金属（如钢、铸铁等）和有色金属（如铜、铝、钛及其合金等），其中黑色金属（钢和铸铁）是在现代机械制造中应用最多的金属材料。

钢和铸铁是以 Fe 为基础的合金，或多或少地含有 C。在 Fe-C 二元系中，把含碳量小于 2.11% 的合金称为钢，把含碳量大于 2.11% 的合金称为铁。与铸铁相比，钢具有较高的强度、韧性和塑性，并可用热处理的方法来改善其力学和加工性能。

一、钢

含碳量在 0.02%~2.11% 的铁碳合金称为钢。

按照用途的不同，钢可分为结构钢（用于制造各种机械零件和工程结构的构件）、工具钢（用于制造刀具、量具和模具等）和特殊钢（如不锈钢、耐热钢、耐酸钢、滚动轴承钢等）。根据化学成分的不同，又可将钢分为碳素钢和合金钢。为了改善钢的性能，特意加入一些合金元素，就是合金钢。

1. 碳钢

碳钢又称碳素钢，碳钢按照含碳量可以分为低碳钢（<0.25%）、中碳钢（0.25%~0.6%）和高碳钢（>0.6%）；按照钢的质量，根据含有害杂质 S、P 的多少，碳钢又可以分为普通碳素钢、优质碳素钢和高级优质碳素钢；碳钢按照用途可以分为碳素结构钢和碳素工具钢。

1）碳素结构钢

碳素结构钢是工程中应用最多的钢种，其产量占钢总产量的 70%~80%。

普通碳素结构钢的牌号见表 2-1，Q 为"屈"字汉语拼音的首字字母，指屈服强度，后面的数字代表屈服极限值。为了表示钢的质量等级，在数字后面加注 A、B、C、D 字母，D 的质量等级最高。字母后如果还有字母，则表示脱氧方法：F 为沸腾钢，b 为半镇静钢，不标为镇静钢。

表 2-1　碳素钢

分类	主要钢号
普通碳素结构钢	Q195、Q215、Q215-A、Q215-B、Q235-A、Q235-A F、Q235-B、Q235-C、Q235-D、Q255-A、Q255-B、Q275
优质碳素结构钢	08、08F、10、15、20、20 A、20Mn、25、30、35、40、40Mn、45、45Mn、50、55、60、65、65Mn、70、70Mn、75、80、85
碳素工具钢	T7、T7A、T8、T8A、T8Mn、T8MnA、T9、T9A、T10、T10A、T11、T11A、T12、T12A、T13、T13A

普通碳素结构钢的应用（见图 2-1）举例如下：

Q195、Q215、Q215-B 塑性较高，具有一定强度，通常轧制成薄板、钢筋、钢管、型钢，用作桥梁、钢结构等，也可用于制造铆钉、螺钉、地脚螺栓、轴套等。

Q235-A、Q235-B、Q235-C、Q235-D 强度较高，可用于制造转轴、心轴、吊钩、链等。

Q225-A、Q225-B、Q275 强度更高，可用于制造轧辊、主轴等。

(a)　　　　　　　　　　　　　　(b)

图 2-1　普通碳素结构钢的应用

(a) Q195 制作的螺钉；(b) Q235-A 制作的吊钩

2）优质碳素结构钢

优质碳素结构钢中含有害杂质及非金属夹杂含量少，化学成分控制得也较严格，塑性和韧性较高，多用于制造重要零件。

优质碳素结构钢（表 2-1）的牌号用两位数表示，代表平均含碳量的万分之几，后面的字母：A 表示高级，F 表示脱氧方法，Mn 表示锰元素含量较高（0.7%~1.0%）。含碳量低于 0.25% 的钢为低碳钢，其强度和硬度低，但塑性和焊接性能好，适用于冲压、焊接等方法成型；含碳量在 0.25%~0.6% 的钢为中碳钢，有良好的综合机械性能，应用最广；含碳量高于 0.6% 的钢为高碳钢，常用作弹性元件和易磨损元件。优质碳素结构钢一般经过热处理，可获得较高的弹性极限和较高的屈服强度。

优质碳素结构钢的应用（见图 2-2）举例如下：

优质碳素结构钢中 08、10、15、20、25 等牌号钢属于低碳钢，其塑性好，易于拉拔、冲压、挤压、锻造和焊接。其中 20 钢用途最广，常用来制造螺钉、螺母、垫圈、小轴以及冲压件、焊接件，有时也用于制造渗碳件。30、35、40、45、50、55 等牌号钢属于中碳钢，其中，以 45 钢最为典型，它不仅强度、硬度较高，且兼有较好的塑性和韧性，即综合性能优良。45 钢在机械结构中用途最广，常用来制造轴、丝杠、齿轮、连杆、套筒、键、重要螺钉和螺母等。60、65、70、75 等牌号钢属于高碳钢，它们经过淬火、回火后不仅强度、硬度提高，且弹性优良，常用来制造小弹簧、发条、钢丝绳和轧辊等。

(a)   (b)

图 2-2　优质碳素结构钢的应用

（a）45 钢制作的弹簧；（b）45 钢制作的齿轮

3）碳素工具钢

碳素工具钢都是优质钢，若为高级优质钢，则在钢号后面加一个"高"字或 A，如 T12A。

碳素工具钢的牌号（见表 2-1）中，T 为"碳"字汉语拼音的首字母，后面的数字代表平均含碳量的千分之几，后面的字母：A 表示高级，Mn 表示锰元素含量较高（0.4%～0.6%）。碳素工具钢一般经过热处理，可获得较高的力学性能。

碳素工具钢的应用（见图 2-3）举例如下：

碳素工具钢一般用于制作刃具、模具和量具。与合金工具钢相比，其加工性能良好，价格低廉，使用范围广泛，所以它在工具生产中用量较大。此类钢的碳含量为 0.65%～1.35%。其中碳含量较低的 T7 钢具有良好的韧性，但耐磨性不高，适于制作切削软材料的刃具和承受冲击负荷的工具，如木工工具、镰刀、凿子、锤子等。T8 钢具有较好的韧性和较高的硬度，适于制作冲头、剪刀，也可制作木工工具。锰含量较高的 T8Mn 钢淬透性较好，适于制作断口较大的木工工具、煤矿用凿、石工凿和要求变形小的手锯条、横纹锉刀。T10 钢耐磨性较好，应用范围较广，适于制作切削条件较差、耐磨性要求较高的金属切削工具，以及冷冲模具和测量工具，如车刀、刨刀、铣刀、搓丝板、拉丝模、刻纹凿子、卡尺等。T12 钢硬度高、耐磨性好，但是韧性低，可以用于制作不受冲击的、要求硬度高、耐磨性好的切削工具和测量工具，如刮刀、钻头、铰刀、扩孔钻、丝锥、板牙和千分尺等。T13 钢是碳素工具钢中碳含量最高的钢种，其硬度极高，但韧性低，不能承受冲击载荷，只适于制作切削高硬度材料的刃具和加工坚硬岩石的工具，如锉刀、刻刀、拉丝模具、雕刻工具等。

（a）　　　　　　　　　　　　　　　（b）

图 2-3　碳素工具钢的应用

（a）T8 钢制作的剪刀；（b）T10 钢制作的卡尺

2. 合金钢

在碳素钢中添加合金元素后，就成为合金钢。添加合金元素的目的主要是改善钢的力学性能、工艺性能及物理性能。合金钢按照化学元素种类，可分为锰钢、铬钢、硼钢、铬镍钢、硅锰钢；按照化学元素含量，可分为低合金钢（合金元素小于5%）、中合金钢（合金元素为5%~10%）和高合金钢（合金元素大于10%）；按照冶金质量，可以分为普通合金钢、优质合金钢、高级优质合金钢、特级优质钢；按照用途，可分为合金结构钢、合金工具钢和特殊性能钢，见表 2-2。

表 2-2　合金结构钢

分类		主要钢号
合金结构钢	低合金结构钢	16Mn、10MnSiCu
	合金结构钢	30CrMnSi、38CrMoAlA
	合金弹簧钢	60Si2Mn、50CrVA
合金工具钢	合金工具钢	Cr12、40CrW2Si
	高速工具钢	W18Cr4V、W6Mo5Cr4V2
特殊性能钢	不锈钢	1Cr18Ni9、1Cr18Mo8Ni5N
	耐热钢	3Cr18Mn12Si2N、1Cr16Ni35
	耐酸钢	1Cr17Ni2
	滚动轴承钢	GCr9、GCr15SiMn
	焊接用钢	H30CrMnSiA

合金钢的牌号用数字及合金元素符号表示。最前面的数字，一位数代表平均含碳量的千分之几；两位数代表平均含碳量的万分之几；若无数字，则代表平均含碳量小于0.1%。后面的字母则表示主加元素，主加元素如果小于1.5%，仅标明元素；大于1.5%，则标出数字，代表平均含量的百分之几。个别低铬合金工具钢，铬的含量用千分之几表示，但在含量前加0，如 Cr06，最后面的字母 A 表示高级。

合金钢的应用（见图 2-4）举例如下：

低合金结构钢是一种低碳、低合金的结构钢，与非合金钢相比，具有较高的强度，故又有"低合金高强度钢"之称，具有较好的塑性、韧性、焊接性和耐蚀性，多用于制造桥梁、车辆、船舶、锅炉、高压容器、油罐、输油管等。

高速钢，又称"锋钢"，是合金工具钢的一种，用于制作刀具，可以进行高速切削，且当切削温度达 600 ℃时，硬度无明显下降，仍保持良好的切削性能。通用型高速钢：主要用于制造切削硬度 HB≤300 的金属材料的切削刀具（如钻头、丝锥、锯条）和精密刀具（如滚刀、插齿刀、拉刀），常用的钢号有 W18Cr4V、W6Mo5Cr4V2 等。特殊用途高速钢：包括钴高速钢和超硬型高速钢（硬度 HRC68～70），主要用于制造切削难加工金属（如高温合金、钛合金和高强钢等）的刀具，常用的钢号有 W12Cr4V5Co5、W2Mo9Cr4VCo8 等。

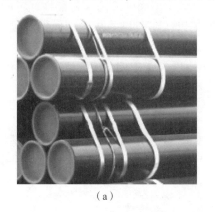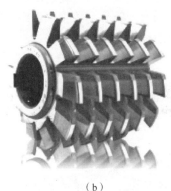

（a）　　　　　　　　　　　　　　（b）

图 2-4　合金钢的应用

（a）低合金结构钢制作的输油管管线钢；（b）高速钢制作的滚刀

二、铸铁

含碳量大于 2.11%的铁碳合金称为铸铁。铸铁的使用量很大，仅次于钢。铸铁被大量使用，首先是因为生产成本低廉；其次是具有优良的铸造性能，铸铁的熔点较低，具有良好的易熔性和液态流动性，因而可以铸成形状复杂的大小零件。它的硬度与抗拉强度和钢差不多，并且有优异的消振性能和良好的耐磨性能，这是钢所不能及的，但铸铁的疲劳强度和塑性比钢差，较脆，不能承受较大的冲击载荷，不适于锻压和焊接。

根据碳在铸铁中存在形式的不同，铸铁可分为白口铸铁、麻口铸铁和灰口铸铁，其中白口铸铁中的碳以渗碳体形式存在，灰口铸铁中的碳以石墨形式存在，麻口铸铁的组织是介于灰口铸铁和白口铸铁之间的。灰口铸铁又可细分为可锻铸铁、球墨铸铁、蠕墨铸铁和灰铸铁。

（1）白口铸铁中的碳除少量溶于铁素体外，绝大部分以渗碳体的形式存在于铸铁中。白口铸铁除主要用作炼钢原料外，还可用于生产可锻铸铁。

（2）灰口铸铁中的碳全部或大部分以片状石墨形式存在。灰口铸铁断裂时，裂纹沿各个石墨片扩展，因而断口呈暗灰色。灰口铸铁最为常见，其具有良好的铸造性能和切削加工性能，耐磨性好，消振能力最为突出，但抗拉强度低（仅为抗压强度的 1/5～1/3）。灰口铸铁的牌号由字母 HT 和数字表示，HT 为"灰铁"汉语拼音的首字字母，后面的数字代表其最小抗拉强度，如 HT100、HT150、HT300 等。

（3）可锻铸铁又称展性铸铁，由白口铸铁经石墨化退火后制成，其碳以团絮状石墨形式存在。可锻铸铁的强度、塑性、韧性、耐磨性均较高，能承受冲击和振动，但生产周期长，成本较高，铸造大尺寸零件较困难。可锻铸铁的牌号由字母 KT 和数字表示，KT 为"可铁"汉语拼音的首字字母，H 表示黑心，Z 表示珠光体，B 表示白心，后面的第一个数字代表抗拉强度，第二个数字代表伸长率，如 KTH300-06、KTZ550-04、KTB380-12 等。

（4）球墨铸铁铁液在浇注前经过球化处理，碳主要以球状石墨存在。球墨铸铁的强度和塑性比灰口铸铁有很大的提高，具有良好的耐磨性，但铸造性较差。球墨铸铁的牌号由字母 QT 和数字表示，QT 为"球铁"汉语拼音的首字字母，后面的第一个数字代表抗拉强度，第二个数字代表伸长率，如 QT400-18、QT500-7、QT800-2 等。

（5）冷硬铸铁是将铁液注入放有冷铁的模中制成。与冷铁相接触的铸铁表面层由于冷却速度比较快，故铸铁组织在一定厚度内属于白口，因而硬度高、耐磨性好；而远离冷铁的深层部位由于冷却速度较小，故得到的组织为灰口；在白口和灰口之间的过渡区域呈麻口。冷硬铸铁用于制造轧辊、车轮等。

（6）蠕墨铸铁是将铁液在浇注前经过蠕化处理，碳主要以介于片状和球状之间的蠕虫状石墨存在，这是近年发展起来的一种新型铸铁。

铸铁的应用如图 2-5 所示。

（a）

（b）

图 2-5　铸铁的应用

（a）灰铸铁制作的车床床身；（b）球墨铸铁制作的曲轴和连杆

三、有色金属

通常将除铁、锰及铬等金属以外的所有其他金属均列为有色金属，亦称非铁金属，共 80 余种，而以任一这些金属为基（＞50%），再加入一种或多种其他元素而组成的合金，称为有色合金。

1. 铜及铜合金

铜是人类最早发现和使用的金属之一。纯铜由于其力学性能很低，故在机械工业中应用并不多，主要应用在导电材料中。机械工业中应用的主要是铜合金。铜合金有一定的强度和硬度，导电、导热性能优异，减摩、耐磨、抗腐蚀性能良好。

铜合金按主加金属元素的不同，又分为黄铜和青铜。黄铜以锌（Zn）为主加元素，同时含有少量的锰（Mn）、铝（Al）和铅（Pb）。黄铜塑性和铸造流动性好，有一定的耐腐蚀能力，但强度和耐磨性不高。青铜以主加元素的不同又可分为锡青铜和铝青铜等。青铜比黄铜有更高的强度、硬度、耐磨性和耐腐蚀性。在机械设计中，常用青铜与钢组成配对材料。铜合金的应用如图 2-6 所示。

（a） （b）

图 2-6 铜合金的应用

（a）现代铜电线；（b）东汉青铜器马踏飞燕

2. 铝及铝合金

铝及铝合金的使用量仅次于钢铁，主要是因为铝合金的比重只有钢材的 1/3，但它的比强度和比刚度与钢接近甚至超过钢，在承受同样大的载荷时，铝合金零件的质量要比钢零件轻得多。其次，铝合金具有良好的导热、导电性能，其导电性能大约为铜的 60%，但由于质量轻，故在远距离输送的电缆中常用于代替铜线。铝合金无毒而且有良好的抗腐蚀能力，广泛应用于建筑结构工业、容器及包装工业、电器工业和航空航天工业。例如，波音 747 飞机上 81% 的用材是铝合金。铝合金的应用如图 2-7 所示。

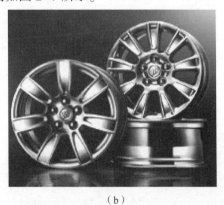

（a） （b）

图 2-7 铝合金的应用

（a）铝合金制作的易拉罐；（b）铝合金制作的汽车轮毂

3. 钛及钛合金

钛及钛合金比重小，仅为铁的一半稍高；强度较高，可与钢铁相比，其比强度是目前金属材料中最高的；耐蚀性能强，抗应力腐蚀能力也很高；加工成型性以及焊接等工艺性也相当好。就综合性能来说，钛合金是一种较为全面的金属材料，但由于目前生产技术要求较高，故产量不高，但其发展前途十分广阔。钛合金是航空航天工业中使用的一种新的重要结构材料，主要用于制作飞机发动机压气机部件，其次为火箭、导弹和高速飞机的结构件。美国 SR-71 高空高速侦察机（最大平飞速度 3.2 Ma，飞行高度 26212 m），钛占飞机结构质量的 93%，号称"全钛"飞机。钛合金的应用如图 2-8 所示。

(a)　　　　　　　　　　　　　　　(b)

图 2-8　钛合金的应用

(a) 钛合金制作的火箭结构件；(b) 美国 SR-71 全钛飞机

四、形状记忆合金

形状记忆合金（Shape Memory Alloy，SMA）是一种对所谓"原始形状"具有"记忆"特性功能的合金材料，通常由两种或多种金属元素组成。形状记忆即通过某些物理或者化学刺激，使得具有某种初始形状的材料变形后又恢复其之前初始形状的功能。

常见的形状记忆合金可基于成分和基于相变类型分类。基于成分可分为镍钛合金、铜基合金、铁基合金等。其中镍钛合金是最常见的形状记忆合金，其具有较好的超弹性和形状记忆效应；典型的铜基合金包括铜铝镍合金和铜锌铝合金，其形状记忆效应弱于镍钛合金，但成本较低；而常见的铁基合金是铁锰硅合金，其形状记忆效应弱于镍钛合金，具有较高的强度和硬度，常用于土木工程建筑领域。基于相变类型可分为单程记忆合金和双程记忆合金，其中前者在加热过程中可恢复初始形状，后者在加热和冷却过程中均可恢复初始形状。

形状记忆合金的特点如下：

（1）形状记忆效应：在低温下变形，在特定的条件下（通过加热或者加热和冷却），合金能够恢复到初始形状。单程记忆合金的典型用途是制作紧固连接件，双程记忆合金可制作热敏器件。

（2）超弹性：在高温相状态（奥氏体相）下，受到外力作用时能够表现出极大的弹性变形（即去除外力后能够恢复，不会发生塑性变形）。

（3）高阻尼性：能够吸收和耗散大量的振动能量，具有优异的阻尼性能。

（4）生物相容性：某些合金（如镍钛合金）在人体内表现出良好的生物相容性，可作为医疗植入物被用于生物医学领域。

形状记忆合金的形成机制主要在于马氏体可逆转变。马氏体转变的可逆性主要发生在某些铁或非铁合金（Fe-Ni，Ni-Ti 等）中，母相在冷却时转变为马氏体，并在重新加热时使得马氏体重新转变为母相。如图 2-9 所示，a 是排列整齐的奥氏体相形状记忆合金，在合金受冷后，奥氏体转变为孪晶马氏体，即 b；之后，合金在低温下受外力作用改变形状，变为 c，在加热后，c 恢复到 a 状态。并非所有马氏体组织在受热后都能够发生逆转变，只有晶体结构能够产生逆转变的热弹性马氏体才能在受热时发生马氏体逆转变，恢复其母相。

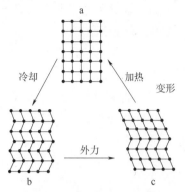

图 2-9　形状记忆效应的原理

　　因此，具有形状记忆的合金，其马氏体相变一般有三个特点，即其相变产物为热弹性马氏体、马氏体相变通过切变完成、马氏体相和母相均为有序结构。其形状记忆过程如下：将母相冷却为马氏体，后经过塑性变形以改变材料形状，再重新加热到 As 点（Austenite starting point，加热时马氏体转变为母相的起始温度）以上，马氏体发生逆转变，当马氏体完全消失时，材料完全恢复到母相形状，此记忆效应称为单向形状记忆效应。有些合金不仅对母相有形状记忆效应，当母相再次冷却为马氏体时，仍然能够恢复到原马氏体材料的形状，此记忆效应称为可逆形状记忆效应或者双向形状记忆效应。而在某些 Ti-Ni 合金中，在合金冷热循环时，其形状变为与母相材料完全相反（即镜像对称）的形状，此记忆效应称为全方位形状记忆效应。

　　形状记忆合金可在工业上应用于紧固件连接，如预先将形状记忆合金内径接头插入管子，后加热连接管，使其温度高于 Ms 点（Martensite starting point，冷却时高温母相转变为马氏体的温度），将其收缩至弯曲的记忆形状从而将内径与管子牢固连接。此外，也可将形状记忆合金制作为弹簧作为热敏驱动元件用于自动控制，兼顾温度传感器和驱动器作用。利用形状记忆合金的超弹性，可制作高密度储能件，安装在汽车上将制动能量储存起来，当重新开车时，这部分能量可以被利用起来从而节省燃料。在生物医疗中，Ni-Ti 形状记忆合金在生理溶液中具有良好的耐蚀性和生物相容性，可以用来制作牙齿矫正材料、脊柱侧弯矫正材料（见图 2-10）等。在生活中，形状记忆合金可用于制作水龙头，使其随水温自驱动阀门，以避免热水意外烫伤。

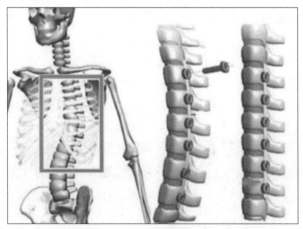

图 2-10　形状记忆合金在脊椎矫正中的应用

如图 2-11 所示，形状记忆自紧固铆钉一般由镍钛合金制成，其作用原理如下：

（1）将铆钉加热至马氏体开始形成温度以上，加工成最终紧固所需要的开尾形状，如图 2-11（a）所示。

（2）如图 2-11（b）所示，在低于马氏体形成终了温度以下对铆钉进行变形，将其开尾变直。

（3）将铆钉在马氏体形成终了温度以下插入需要连接的构件，如图 2-11（c）所示。

（4）加热铆钉使其恢复到加工成形时的形状，图 2-11（d）所示为铆钉的工作状态，即达到紧固目的。

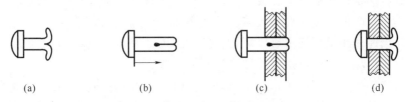

（a）　　　　　（b）　　　　　（c）　　　　　（d）

图 2-11　形状记忆合金自紧固铆钉

第三节　非金属材料

非金属材料从广义上讲，是指除金属材料以外的其他一切材料。但是本节中讲述的是应用最为广泛的非金属材料，主要包括高分子材料和无机非金属材料。

一、高分子材料

高分子材料是以高分子化合物为主要组分的材料，而高分子化合物的最基本特征是分子量很大，一般在 $10^3 \sim 10^7$，远远高于低分子化合物（分子量低于 500），这主要取决于高分子化合物的结构。

高分子化合物有天然高分子化合物（如蚕丝、羊毛、纤维素、淀粉、蛋白质和天然橡胶等）和人工合成高分子化合物两大类。在工程上应用较广的塑料、橡胶和合成纤维等都属于人工合成高分子化合物。

1. 塑料

塑料是以单体为原料，通过加聚或缩聚反应聚合而成的高分子化合物（Macromolecules），又称塑料（Plastics）或树脂（Resin），可以自由改变成分及形体样式，由合成树脂及填料、增塑剂、稳定剂、润滑剂、色料等添加剂组成。塑料可区分为热固性与热塑性两类，前者无法重新塑造使用，后者可重复生产。

塑料具有质量轻、比强度高、耐腐蚀、消声、隔热及减摩耐磨性好等特点。因此塑料制品不仅在日常生活中屡见不鲜，而且由于工程塑料的发展，使其在工业、农业、交通运输业以及国防工业各领域中也得到了广泛的应用，如图 2-12 所示。

2. 橡胶

橡胶（Rubber）是具有可逆形变的高弹性聚合物材料，其在室温下富有弹性，在很小

（a） （b）

图 2-12 塑料的应用

（a）聚乙烯（PE）制作的水杯；（b）聚氯乙烯制作的电缆绝缘层

的外力作用下能产生较大形变，除去外力后能恢复原状。橡胶一般分为天然橡胶与合成橡胶两种。天然橡胶是从橡胶树、橡胶草等植物中提取胶质后加工制成的；合成橡胶则由各种单体经聚合反应而得。橡胶制品广泛应用于工业或生活的各个方面。

天然橡胶是将从橡胶树上流出的乳胶，经过凝固、干燥、加压等加工工序加工而成的橡胶。天然橡胶的耐碱性很好，但耐溶剂性、耐油性和耐臭氧老化性差，使用温度在 −70 ~ 110 ℃。天然橡胶一般用作轮胎、胶带、胶管、制动皮碗和不要求耐油及耐热的垫圈、衬垫等。

通用橡胶是指部分或全部代替天然橡胶使用的胶种，如丁苯橡胶、顺丁橡胶、异戊橡胶等，主要用于制造轮胎和一般工业橡胶制品。通用橡胶的需求量大，是合成橡胶的主要品种。其中，硅橡胶既耐热，又耐寒，使用温度在 100 ~ 300 ℃，它具有优异的耐气候性和耐臭氧性以及良好的绝缘性；缺点是强度低，抗撕裂性能差，耐磨性能也差。硅橡胶主要用于航空工业、电气工业、食品工业及医疗工业等方面。乙丙橡胶以乙烯和丙烯为主要原料合成，耐老化，电绝缘性能和耐臭氧性能突出。乙丙橡胶可大量充油和填充炭黑，制品价格较低，化学稳定性好，耐磨性、弹性、耐油性等与丁苯橡胶接近。乙丙橡胶的用途十分广泛，可以用于制作轮胎胎侧、胶条和内胎以及汽车的零部件，或作为电线、电缆包皮及高压、超高压绝缘材料，还可用于制造胶鞋、卫生用品等浅色制品，如图 2-13 所示。

（a） （b）

图 2-13 橡胶的应用

（a）橡胶制作的轮胎；（b）橡胶制作的胶鞋

3. 胶黏剂

胶黏剂又称黏合剂或黏结剂。用胶黏剂将两个固体表面黏合在一起的方法称为胶结或黏结。胶黏剂是由已具有黏性或弹性的基料加入固化剂、填料、增韧性、稀释剂、抗老化剂等添加剂组合而成的一类物质。胶黏剂的基料通常由一种或几种高分子化合物混合而成，有天然（如淀粉、天然橡胶、动物的骨胶等）和合成（如合成树脂和合成橡胶）两大类。胶黏剂根据黏性基料的化学成分不同可分为无机胶和有机胶；按其用途不同又可分为通用胶黏剂、结构胶黏剂和特种胶黏剂。胶结的接头处应力分布均匀，应力集中小，表面光滑美观，接头处密封性好；工艺操作简单，可在较低温度下进行，成本低。其缺点在于胶结件的使用温度过高时，接头强度会迅速降低。胶黏剂的应用如图2-14所示。

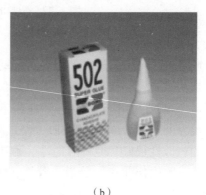

（a）　　　　　　　　　　（b）

图 2-14　胶黏剂的应用

（a）万能胶；（b）有机胶黏剂502

胶结不受材料种类和几何形状的限制，适用范围极广，目前在机械工程中应用最广的是磷酸盐类无机胶黏剂。无机胶黏剂的使用温度范围宽，胶结强度高，耐油性好，但是不耐酸、碱腐蚀。有机胶黏剂有环氧树脂胶黏剂和改性酚醛树脂胶黏剂，环氧树脂胶黏剂的黏合力强，收缩率小，耐酸性、耐碱性和耐有机溶剂性好，可用于胶结各种金属材料和非金属材料，有"万能胶"的美誉。改性酚醛树脂胶黏剂是良好的结构胶，常用于黏结金属、陶瓷、玻璃和热固性材料等。特种胶黏剂是为了满足某种性能要求，如导电性、导磁性、耐高温、耐超低温等特性而研发的胶黏剂，如酚醛导电胶黏剂、环氧树脂点焊胶黏剂、超低温聚氨酯胶黏剂等。

二、无机非金属材料

无机非金属材料是以某些元素的氧化物、碳化物、氮化物、卤素化合物、硼化物以及硅酸盐、铝酸盐、磷酸盐、硼酸盐等物质组成的材料，是除有机高分子材料和金属材料以外的所有材料的统称。无机非金属材料的提法是20世纪40年代以后，随着现代科学技术的发展，从传统的硅酸盐材料演变而来的。无机非金属材料是与有机高分子材料和金属材料并列的三大材料之一。

常见的无机非金属材料有二氧化硅气凝胶、水泥、玻璃和陶瓷。

1. 陶瓷

传统陶瓷是以黏土、石英、长石为原料制成的，是日用陶瓷、绝缘陶瓷、建筑陶瓷、耐酸陶瓷的主要原料。近代陶瓷主要是化学合成陶瓷，是经人工提炼的、纯度较高的金属氧化物、氮化物、硅酸盐等化合物，经配料、烧结而成的陶瓷材料。陶瓷的熔点高，无可塑性，加工工艺性差，当前最常用的制备工艺是粉末冶金法。

1) 普通陶瓷（传统陶瓷）

普通陶瓷也称传统陶瓷，指的是黏土陶瓷，它以高岭土、长石和钠长石、石英为原料配制而成。此类陶瓷成本低，质地坚硬，耐腐蚀，不氧化，不导电，能耐一定的高温，强度低，在一定温度下会软化，耐高温性能不如近代陶瓷。

普通陶瓷包括日用陶瓷和工业陶瓷两大类。前者主要用于日用器皿和瓷器；后者主要用于日用电器、化工、建筑等部门，如装饰瓷、餐具、耐蚀容器、管道等，如图 2-15 所示。

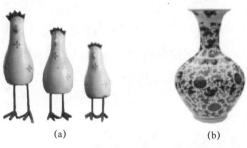

(a)   (b)

图 2-15　玻璃的应用

（a）装饰瓷；（b）景德镇青花瓷

2) 特种陶瓷（现代陶瓷）

特种陶瓷是在组成上以非硅酸盐为特征，采用高度精选的原料，并能精确控制其化学成分，同时具有优异特性的陶瓷。如磁性陶瓷、压电陶瓷、电容陶瓷和高温陶瓷等。

压电陶瓷是一种能够将机械能和电能互相转换的功能陶瓷。压电陶瓷利用其材料在机械应力作用下，引起内部正、负电荷中心发生相对位移而极化，导致材料两端表面出现符号相反的束缚电荷即压电效应制作而成，具有敏感的特性。声音转换器是最常见的应用之一。像拾音器、传声器、耳机、蜂鸣器、超声波探深仪、声呐、材料的超声波探伤仪等都可以用压电陶瓷作声音转换器。此外，压电陶瓷是制造声呐的材料，在海战中，探测潜艇靠的就是声呐（水下耳朵），它发出超声波，遇到敌潜艇便反射回来，被接收后经过处理，即可测出敌潜艇的方位和距离等，如图 2-16 所示。

2. 玻璃

玻璃是一种透明的半固体、半液体物质，是一种在熔融时形成连续网络结构，冷却过程中黏度逐渐增大并硬化而不结晶的硅酸盐类非金属材料。普通玻璃化学氧化物（$Na_2O \cdot CaO \cdot 6SiO_2$）的主要成分是二氧化硅，广泛应用于建筑物，用来隔风透光，属于混合物。此外，另有混入了某些金属的氧化物或者盐类而显现出颜色的有色玻璃和通过特殊方法制得的钢化玻璃等。值得注意的是，有时把一些透明的塑料（如聚甲基丙烯酸甲酯）也称作有机玻璃，但是这不属于无机非金属材料，而是属于高分子材料的范畴。

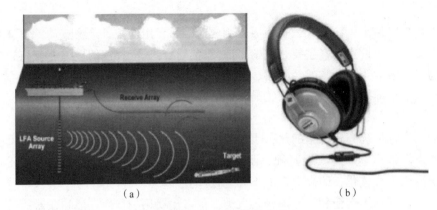

图 2-16 特种陶瓷的应用

（a）压电陶瓷制作声呐；（b）压电陶瓷制作耳机的声音转换器

玻璃按性能特点可分为钢化玻璃、多孔玻璃（即泡沫玻璃，孔径约 40 nm，用于海水淡化、病毒过滤等方面）、导电玻璃（用作电极和飞机风挡玻璃）、微晶玻璃、乳浊玻璃（用于照明器件和装饰物品等）和中空玻璃（用作门窗玻璃）等，如图 2-17 所示。

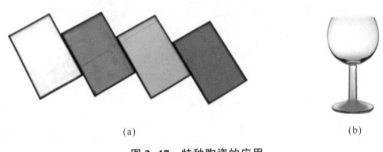

图 2-17 特种陶瓷的应用

（a）彩色玻璃；（b）玻璃杯

3. 石墨烯与碳纳米管

从碳原子维度角度来讲，碳可以形成稳定的单键、双键和三键，从而形成多种同素异构体，如富勒烯、碳纳米管、石墨烯和金刚石等。

如表 2-3 所示，富勒烯是一种由碳原子以 sp^2（价键轨道）杂化方式形成的分子晶体，其特征是具有球形或椭球形的笼状结构，每个碳原子都参与形成六边形和五边形环。富勒烯家族包括 C60、C70 等，富勒烯是零维材料。石墨烯是一种二维碳材料，由单层碳原子以 sp^2 杂化方式排列成蜂窝状晶格结构，其是理想的电子材料。石墨烯可以看作是石墨的基本单元，通过层层堆积可以形成三维的石墨。碳纳米管是由石墨烯片卷曲形成的纳米管状结构，可以是一维材料。碳纳米管有两种主要类型，即单壁碳纳米管和多壁碳纳米管，它们具有独特的物理和化学性质，如高导电性和机械强度。金刚石是由 sp^3 杂化的碳原子构成的三维晶体，每个碳原子与四个相邻碳原子形成四面体结构。金刚石是自然界中最硬的物质之一，具有高热导率和电绝缘性。

表 2-3　碳同素异构体的主要物理性质

碳同素异构体	富勒烯	碳纳米管	石墨烯	金刚石
维度	0	1	2	3
密度/（$g \cdot cm^{-3}$）	1.72	0.8~1.8	1.9~2.3	3.5
电学性质	半导体	金属或半导体	半金属	绝缘体
结构分析	球形或椭球形笼状结构，由五边形和六边形环组成	一维卷曲的石墨烯片	单层二维蜂窝状结构	三维四面体网状结构

从纳米尺度角度来讲，在三维中至少有一维是纳米尺度范畴的或由它们的基本单元构成的材料称为纳米材料，其晶粒尺寸是纳米级，即 10^{-9} m。纳米材料晶粒和晶界浓度高，在力学性能、电磁性能、光学性能以至于热力学性能方面具有独到的特点。石墨烯与碳纳米管是其中的典型材料。

石墨烯层层堆叠组成石墨，如 1 mm 厚度石墨约由 300 万层石墨烯组成。但是由石墨剥离出单层石墨烯非常困难，英国物理学家安德烈·盖姆和康斯坦丁·诺沃肖洛夫，用微机械剥离法成功从石墨中分离出石墨烯，因此共同获得 2010 年诺贝尔物理学奖。

图 2-18 所示为石墨烯示意图。石墨烯可以将之前只能进行理论论证的量子效应进行实验论证，因为在其二维特性上，电子质量可以忽略不计，而无质量粒子将以光速运动，从而成为研究相对论量子力学的具有特殊物理学研究意义的材料。此外，由于高度稳定性，使用石墨烯制作的晶体管能够在单个原子尺度上稳定运行。表面附有石墨烯纳米涂层的柔性光伏电池板，能够制造透明可变形的太阳能电池，降低电池成本；还可制作石墨烯超级电池，以增大电池容量和减小充电时间。

碳纳米管是一种径向尺寸为纳米量级、轴向尺寸为微米量级、管子两端基本上都封口的一维量子材料，如图 2-19 所示。一般来说，其主要是由呈六边形排列的碳原子构成数层到数十层的同轴圆管，层与层之间保持约 0.34 nm 的固定距离，直径为 2~20 nm。根据碳六边形沿轴向的不同取向，碳纳米管可分成螺旋形、锯齿形和扶手椅形三种。

图 2-18　石墨烯

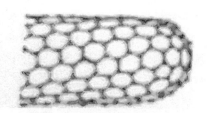

图 2-19　碳纳米管

碳纳米管完美的六边形结构使其具有优良的电磁学、力学和化学性能，是综合性能较为优异的材料。在电磁特性上，碳纳米管具有各向异性，轴向磁感应系数是径向的 1.1 倍，超出 C60 近 30 倍；在力学性能上，由于碳纳米管缺陷很少，故具有极高的强度、韧性和弹性模量，其优异的力学性能被誉为"纳米之王"。

在应用上，碳纳米管的内部可以填充金属、氧化物等以作为模具使用：首先用金属等物质灌满碳纳米管，再将碳层腐蚀，就可以制备最细的纳米尺度的导线，或者全新的一维材料，其在未来的分子电子学器件或纳米电子学器件中可以得到广泛应用。此外，有些碳纳米管本身还可以作为纳米尺度的导线，这样利用碳纳米管或者相关技术制备的微型导线可以置于硅芯片上，用来生产更加复杂的电路。利用碳纳米管的性质可以制作出很多性能优异的复合材料。例如用碳纳米管材料增强的塑料，其力学性能优良、导电性好、耐腐蚀且能屏蔽无线电波；使用水泥作基体的碳纳米管复合材料耐冲击性好、防静电、耐磨损、稳定性高，不易对环境造成影响。碳纳米管可以制成透明导电的薄膜，用以代替 ITO（氧化铟锡）作为触摸屏的材料。碳纳米管还给物理学家提供了研究毛细现象机理最细的毛细管，给化学家提供了进行纳米化学反应最细的试管。碳纳米管上极小的微粒能够引起碳纳米管在电流中的摆动频率发生变化，利用这一点，制作的 10^{-17} kg 精度的"纳米秤"能够称量单个病毒的质量，随后又研制出了能称量单个原子的"纳米秤"。

第四节　复合材料

复合材料是这样的一类材料：采用物理或化学的方法，使两种或两种以上的材料在相态与性能相互独立的形式下共存于一体之中，以达到提高材料的某些性能，或互补其缺点，或获得新的性能的目的。复合材料分为分散强化型复合材料、层状复合材料和梯度功能材料。

分散强化型材料是指一种或一种以上的材料（强化相）分散在另一种材料（基体）中的复合材料。按基体材料种类的不同，可分为三大类：金属基复合材料、陶瓷基复合材料、高分子基复合材料。按强化材料形态的不同，又可分为颗粒弥散强化复合材料、晶须强化复合材料、纤维强化复合材料。此外，按照强化材料是以定型形状直接加入基体之中，还是在基体中通过反应形成的，分散型复合材料又可分为"掺入"型复合材料与原生复合型复合材料。

层状复合材料与分散强化型复合材料不同，其是各组元材料自成一个或数个整体，组元之间通过界面结合而复合成一体。按照构成复合材料组元类型的不同，又可细分为金属—金属复合材料、金属—陶瓷复合材料、金属—高分子复合材料和陶瓷—高分子复合材料。

梯度功能材料可认为是一种较特殊的复合材料，是组元含量沿某一方向产生连续或非连续变化的材料。组元连续变化的称为连续梯度功能材料，非连续变化的称为非连续梯度功能材料。

一、碳纤维增强复合材料

碳纤维与树脂、金属、陶瓷等基体复合，制成的结构材料简称碳纤维复合材料。碳纤维增强环氧树脂复合材料的比强度、比模量等综合指标在现有结构材料中是最高的，在密度、刚度、质量、疲劳特性等有严格要求的领域及要求高温、高化学稳定性的场合，碳纤维复合材料都颇具优势。在航空航天工业中，有一种垂直起落战斗机，它所用的碳纤维复合材料占全机质量的 1/4，占机翼质量的 1/3。据报道，美国航天飞机上 3 只火箭推进器的关键部件以及先进的 MX 导弹发射管等，都是用先进的碳纤维复合材料制成的。现在的 F1（世界一级方程锦标赛）赛车，车身大部分结构都采用碳纤维材料。顶级跑车的一大卖点也是周身使用碳纤维，用以提高气动性和结构强度，如图 2-20 所示。

图 2-20　碳纤维的应用（F1 赛车）

二、玻璃纤维增强复合材料

玻璃纤维增强复合材料又称玻璃钢，是以树脂为黏结材料，以玻璃纤维或其制品为增强材料制成的。

玻璃钢由于强度高、密度小，有较好的耐蚀性和介电性，因此可制造自重轻的汽车车身、船体、直升机旋翼等。但玻璃钢的弹性模量小，刚性差，容易变形和老化，蠕变和耐热性差，如图 2-21 所示。

三、颗粒复合材料

颗粒复合材料是由一种或多种颗粒均匀分布在基体材料内所形成的材料，这些颗粒作为增强粒子，以阻止基体（金属材料）的塑性变形或大分子链（高分子材料）的运动。颗粒复合材料中粒子的直径要选择得当，太小会形成固溶体，太大会产生应力集中，降低增强效果，一般选取粒子直径为 $0.01 \sim 0.1 \ \mu m$，其增强效果最好。

金属陶瓷是最常见的一种颗粒复合材料。陶瓷相主要为氧化物（Al_2O_3、MgO、BeO）和碳化物（TiC、SiC、WC），金属基体为 Ti、Cr、Ni、Co、Mo、Fe 等。金属陶瓷具有强度高、硬度高、耐磨性好、耐蚀性好、耐高温以及膨胀系数小等特性，是一种优异的工具材料，如常用的 WC 硬质合金刀具就是一种金属陶瓷，如图 2-22 所示。

图 2-21　玻璃纤维增强复合材料

图 2-22　硬质合金刀具

四、层状复合材料

层状复合材料是由两层或两层以上不同性质材料结合而成，达到增强目的的复合材料。例如以钢板为基体、烧结铜网为中间层、塑料为表层制成的三层复合材料。这种材料具有金属基体的力学性能、物理性能和塑料的表面减摩、耐磨性能。钢与塑料之间以青铜网为媒介，使三者获得可靠结合力。这种复合材料已广泛用于制造各种机械、车辆等无润滑的轴承。

此外，使用爆炸焊的方法也可以将异种材料板材复合，形成层状复合板材。层状复合材料的应用实例如图 2-23 和图 2-24 所示。

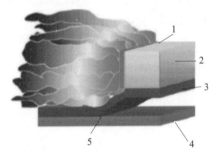

图 2-23　爆炸焊制备层状复合材料
1—爆轰波阵；2—炸药；3—复板；
4—基板；5—碰撞点

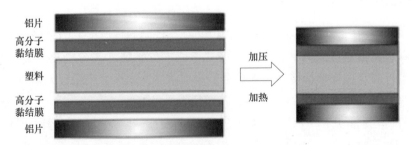

图 2-24　铝合金—塑料层状复合材料

第五节　热处理及表面处理技术

一、钢的热处理

钢的热处理是通过加热、保温和冷却的方法，来改变钢的内部组织结构，从而改变性能的一种工艺方法。具体的热处理工艺过程可用图 2-25 中的热处理工艺曲线来表示。影响热处理的主要因素是温度和时间。

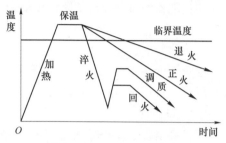

图 2-25　热处理工艺曲线

最常见的热处理方法是退火、正火、淬火和回火。

1. 退火

把钢加热到一定温度，经过适当的保温后，随炉温一起缓慢冷却下来的热处理工艺称为退火。

退火的目的是降低材料的硬度，提高塑性，细化结晶组织结构，改善力学性能和切削加工性能，消除或减小铸件、锻件及焊接件的内应力。

2. 正火

将零件加热到临界温度（在钢的固态范围内，引起钢内部组织结构发生变化的温度）以上 30~50 ℃，保温一段时间后再空冷的热处理工艺称为正火。

退火与正火主要应用于各类铸、锻、焊工件的毛坯或半成品，以消除冶金及热加工过程中产生的缺陷，并为以后的机械加工和热处理准备良好的组织状态，因此通常把退火和正火称为预备热处理。退火与正火的区别在于：退火一般是炉内缓冷，正火一般是空冷。正火可以细化组织、适当提高强度，也可作为某些钢件的最后热处理。

3. 淬火

淬火是将零件加热到临界温度以上，保温一段时间，然后在水或油中迅速冷却，使过冷奥氏体转变为马氏体或贝氏体的工艺方法。由于材料内部组织结构的变化，使其硬度提高、耐磨性加强，但材料的脆性也增加、塑性下降。由于淬火温度变化过快，故材料内部将形成较大的淬火应力，会导致零件的变形或开裂。淬火不能作为零件的最终热处理，通常要经过适当的回火处理，以消除淬火应力。淬火应用实例如图 2-26 所示。

图 2-26　淬火应用实例

4. 回火

回火是将淬火后的零件重新加热到临界温度以下的某一温度，保温一段时间后，使其转变为稳定的回火组织，并以适当方式冷却的工艺过程。

回火的目的是减少或消除淬火应力，保证相应的组织转变，提高钢的塑性和韧性，获得硬度、强度、塑性和韧性的适当配合。

1）低温回火

回火温度在 150~250 ℃，主要用来降低材料的脆性和淬火应力，并能保持较高的硬度和耐磨性，常用于刀具、模具等。

2）中温回火

回火温度在 350~500 ℃，其特点是既能保持材料一定的韧性，又能保持一定的弹性和屈服点，常用于弹簧和承受冲击的零件。

3）高温回火

回火温度在 500~650 ℃，使零件获得强度、硬度、塑性和韧性都良好的综合力学性能。通常把淬火加高温回火的热处理工艺称为调质处理。

二、表面处理技术

1. 表面热处理

1）表面淬火

钢的表面淬火是一种不改变钢表面化学成分，但改变其组织的局部热处理方法，是通过快速加热与立即淬火冷却两道工序来实现的。

（1）感应加热表面淬火。将工件放在空心铜管绕成的感应线圈中，线圈中通入一定频率的交流电，使工件表层产生感应电流，在极短的时间内加热到淬火温度后，立即快速冷却，使工件表层产生淬硬层。这种表面淬火方法效果好，应用广泛。

（2）火焰加热表面淬火。利用氧—乙炔（或其他可燃气）火焰对工件表面进行加热，并随即喷水冷却，获得所需的表面淬硬层的工艺。火焰的温度可达 3 200 ℃，可将工件表层很快加热至淬火温度。

（3）激光加热表面淬火。激光加热表面淬火是在工件表面进行激光照射和扫描产生高温，随着激光束的离开，工件表面的热量迅速向四周扩散后自行激冷的工艺。其适用于其他表面淬火方法难以处理的复杂形状的工件，如拐角、沟槽、盲孔、深孔等。

2）表面化学热处理

表面化学热处理（Surface Chemical Heat Treatment）是将工件置于特定的介质中加热和保温，使介质中的活性原子渗入工件表层，从而通过改变表层的化学成分和组织来改变其性能的一种热处理工艺。根据渗入的元素不同，化学热处理可分为渗碳、渗氮、碳氮共渗、渗硼、渗铬和渗铝等。

2. 表面涂覆技术

1）电镀

电镀是指在含有欲镀金属的盐类溶液中，以被镀基体金属为阴极，通过电解作用，使镀液中欲镀金属的阳离子在基体金属表面沉积出来，形成镀层的一种表面加工方法。由于镀层的性能不同于基体金属，故具有新的特征。根据镀层的功能不同，可将镀层分为防护性镀层、装饰性镀层及其他功能性镀层。如在内燃机的气缸套、活塞环上镀铬可以获得很高的耐磨性；镀铜可提高材料的导电性；在航空、航海及无线电器材上镀锡，可提高材料的焊接性；在仪器制造及无线电工业材料中镀银，可提高导线的导电性能，避免接触点的氧化及减少接触电阻。

2）化学镀

化学镀是在没有外电流通过的情况下，利用化学方法使溶液中的金属离子还原为金属并沉积在基体表面，形成镀层的一种表面加工方法。被镀件浸入镀液中后，化学还原剂在溶液中提供电子，使金属离子还原沉积在镀件表面。

Ni、Co、Pd、Pt、Cu、Au 和某些合金镀层如 Ni-P、Ni-Mo-P 等都可用化学镀获得。化学镀在电子、石油、化学化工、航空航天、核能、汽车、机械等工业中得到了广泛的应用。

3）化学转化膜技术

通过化学或电化学手段，使金属表面形成稳定化合物膜层的方法，称为化学转化膜技术。其工艺原理是，使金属与某种特定的腐蚀液相接触，在一定的条件下两者发生化学反应，在金属表面形成一层附着力良好、难溶的腐蚀生成物膜层。这些化学转化膜可以起到防锈耐蚀、耐磨减摩、美观装饰等功用或作为其他涂镀层的底层。

（1）钢铁的氧化处理。钢铁的氧化处理（化学氧化）又称发蓝或发黑。它是将钢铁的工件置于某些氧化性溶液中，使其表面形成厚度为 $0.5 \sim 1.5\ \mu m$、坚固致密、以 Fe_3O_4 为主的氧化薄膜，一般呈蓝黑色或黑色。该氧化膜经浸油等处理后，具有较高的耐蚀性和润滑性，并能使工件表面光泽美观。钢铁氧化处理成本低、效率高、不用电源、工艺稳定、操作方便、设备简单，故应用较广泛。

（2）铝及铝合金的氧化处理。对于铝及铝合金的氧化处理，有化学氧化法和阳极氧化法两种，阳极氧化法是将铝或铝合金工件作为阳极放置于适当的电解液中，通电后在工件表面生成硬度高、吸附力强的氧化膜的方法。

（3）磷化处理。磷化是将金属工件放入含有磷酸盐的溶液中，使其表面形成一层不溶于水的磷酸盐膜的方法。磷化膜与基体金属结合非常牢固，并有较强的耐蚀性、绝缘性和吸附能力等。磷化处理的主要对象是钢铁材料，可用于其耐蚀防护、油漆底层、冷变形加工的润滑及滑动表面的减摩等。

4）热喷涂

热喷涂是利用各种热源，将涂层材料加热熔化，再以高速气流将其雾化成极细的颗粒，喷射到工件表面形成涂覆层。热喷涂的常用热源有燃气火焰（如氧-乙炔火焰等）、电弧和等离子弧等。其中火焰喷涂的有效温度在 $3\ 000\ ℃$ 以下，粉粒速度最高可达 $150 \sim 200\ m/s$；电弧喷涂的有效温度可达 $5\ 000\ ℃$，粉粒速度为 $150 \sim 200\ m/s$；等离子喷涂的有效温度高达 $16\ 000\ ℃$，能熔化目前已知的所有工程材料，粉粒速度可达 $300 \sim 500\ m/s$。喷涂材料可以是金属线材、金属或非金属粉末等。

第六节 材料的选用原则

金属材料、高分子材料和陶瓷材料是三类最主要的工程材料，各有其特点。

（1）高分子材料的强度、弹性模量、疲劳抗力以及韧性都比较低，但它的减振性较好，可用于制造不承受高载荷的减振零件；又由于它的比重很小，故适合于制造质量轻和受力小的物件；它与其他材料组成的摩擦副摩擦系数很低，耐磨性较好；高分子材料可以产生相当大的弹性变形，是很好的密封材料。因此，高分子材料在机械工程中常用于制造轻载传动的齿轮、轴承和密封垫圈等。

（2）陶瓷材料硬而脆，耐高温、耐腐蚀。因此，可用于制造耐高温、耐蚀、耐磨的零件，亦可用于制作切削刀具。

（3）金属材料具有优良的综合力学性能，强度高、韧性好、疲劳抗力高、工艺性好，可用来制造重要的机器零件和工程结构件。所以，至今金属材料特别是钢铁仍然是机械工程中最主要的结构材料。

一、材料的使用性能

在设计零件进行选材时，必须根据零件在整机中的作用，零件的形状、尺寸以及工作环境，找出零件材料应具备的主要力学性能指标。零件的工作条件往往是复杂的。从受力状态来分，有拉、压、弯、扭等；从载荷上分，有静载荷、冲击载荷和交变载荷；从工作温度上分，有低温、室温、高温、交变温度；从环境介质上分，有加润滑剂的，还有接触酸、碱、盐、海水、粉尘、磨粒等。此外，有时还要考虑特殊要求，如导电性、磁性、导热性、膨胀、辐射、密度等。最后再根据零件的形状、尺寸、载荷，计算零件中的应力，确定性能指标的具体数值。

二、材料的工艺性

零件都是由不同的工程材料经过一定加工制造而成的，因此材料的工艺性，即加工成零件的难易程度，显然应是选材考虑的重要问题。在选材中，同使用性能比较，工艺性能处于次要地位。但在某些条件下，如大量生产时，工艺性即可能成为选材考虑的主要根据，如易削钢的选用与生产。

三、材料的经济性

在满足使用性能的前提下，选用零件材料时应注意降低零件的总成本。零件的总成本包括材料本身的价格、加工费用及其他一切费用，有时甚至包括运输费用与安装费用。

在金属材料中，碳钢和铸铁的价格比较低廉，而且加工方便。因此在满足零件力学性能的前提下，选用碳钢和铸铁可以降低成本。

低合金钢由于强度比碳钢高，工艺性接近碳钢，所以选用低合金钢往往经济效益比较显著。

在选材时应立足于我国的资源，还应考虑到我国的生产和供应状况。对某一工厂来说，所选的材料种类、规格应尽量少而集中，以便于采购和管理。

总之，作为一个设计、工艺人员，必须了解我国的资源条件、生产情况、国家标准，从实际情况出发，全面考虑力学性能、工艺性能和生产成本等方面的问题。

知识拓展

材料构成了人类生产和生活所必需的物质基础，材料的发展水平和利用程度是人类文明进步的标志。除上述介绍的常用工程材料外，还有很多的其他新型材料也得到了广泛应用。例如，形状记忆合金、人造合成金刚石、人工合成立方氮化硼单晶、粉末冶金材料、碳纤维、石墨烯以及纳米材料等。作为 21 世纪的三大关键技术之一，新材料技术被认为是最具发展潜力并对未来发展有着显著影响的高新技术产业。若想进一步深入学习相关的基本理论及关键技术，可参阅相关专业文献。

劳模工匠小课堂

陈曙光，男，汉族，中共党员，东方电气集团东方汽轮机有限公司热处理高级技师，享受政府特殊津贴专家，曾获评全国劳动模范、全国五一劳动奖章、全国技术能手、机械工业部突出贡献技师、德阳首批首席技师等荣誉称号，现为"国家级陈曙光技能大师工作室"领衔人。

在 30 多年的职业生涯中，陈曙光从一名毛坯热处理工成长为一位国家级技能大师。他始终践行着"诚实做人、踏实做事"的个人信条，在长期的高温磨炼中练就了一身绝活。他全过程深度参与了"851"末级叶片防水蚀高频淬火工艺的试验，仅用 3 个月时间就全面掌握了相关技能，并充分发挥骨干攻坚带头作用，最终取得了试验成功，这一成果获得了机械工业部 QC 成果优秀奖。他勇于挑起创新重担，在面对 600 MW 机组末级 40 in① 叶片进汽边防水蚀高频淬火工艺攻关难题时，他全身心投入，天天泡在车间，经历了 12 次失败，先后制作了 13 个不同的感应器进行工艺试验，才得以成功解决叶片形状复杂、高频淬火区域超长、感应器制作复杂等一系列难题，最终使该叶片得以如期投产，该成果获得东方汽轮机有限公司科协金桥工程 A 类奖。

近年来，陈曙光带领攻坚团队先后完成项目研发 34 项、技术革新 27 项、申请专利 10 项。陈曙光坚信"滴水不成海，独木难成林"，他言传身教、授业解惑，开展教学培训 47 期、编写教材 28 本、发表论文 8 篇，培养了高技能人才 83 人，为企业培养了一支热处理领域的高技能人才队伍。陈曙光用默默无闻的行动和精益求精的工匠精神谱写着一曲敬业奉献的劳动者之歌，激励着更多的后来人在热处理技术领域不断追求卓越、不懈奋斗。

---

① 1 in = 2.54 cm。

第 二 篇

材料成型技术训练

第三章
液态成型技术

内容提要：本章介绍了合金液态成型的基本原理、合金的铸造性能、合金的凝固方式与凝固原则、铸造合金及其熔炼、铸件常见缺陷分析，并基于铸造原理，从铸造工艺过程、造型材料与方法、铸造工艺设计几个方面详细介绍了砂型铸造方法，简要介绍了几种常见的特种铸造方法的原理、特点和设备，以及液态成型新技术。

第一节　概　　述

金属的液态成型又称为铸造，是将熔炼成分合格的液态金属浇注到具有与机械零件形状尺寸相适应的铸型型腔中，经过凝固冷却之后，获得具有一定形状、尺寸、组织和性能的毛坯或零件的成型方法。

我国是世界上最早应用铸造技术的国家之一，已有五千多年的历史。殷商时期的"钟鸣鼎食""后母戊鼎"，曾侯乙墓出土的共计 64 件、重达 10 吨的编钟，明朝永乐铸造的青铜大钟，天工开物所记载的"失蜡铸造"等，无不显示着我国古代铸造居于世界的先进行列。在现代，我国已经成为世界上最大的铸件生产国家，达到世界总量的三分之一。但是，我国在铸件品质、生产设备、工艺等方面仍与发达国家具有较大差距。

铸造技术生产灵活，不受零件大小、厚薄和复杂程度的限制，适用范围广；容易实现自动化，可大量利用废旧金属，动力消耗小，成本低廉；尺寸精度高，加工余量小。铸件在机床、内燃机、重型机器中占 70%～90%，在风机、压缩机中占 60%～80%，在拖拉机中占 50%～70%，在农业机械中占 40%～70%，在汽车中占 20%～30%。一般来说，铸件可以占到机器生产中总质量的 40%～80%。铸件生产在发达国家的国民经济中占有极其重要的地位。

液态成型铸件的组织较为粗大，力学性能不高，缺陷较多，铸造过程和铸件质量难以精确控制，废品率较高。但是随着铸造科学与工程的发展，此情况正在逐渐改善。

第二节　液态成型基本原理

一、合金的铸造性能

合金的铸造性能是指液态金属在铸造过程中获得外形准确、内部健全的铸件的能力，是材料工艺性能中的一种。合金的铸造性能主要包括合金的流动性、充型能力和收缩性等。

1. 液态合金的流动性

液态合金本身的流动能力称为合金的流动性。液态合金的流动性越好，越容易获得形状完整、轮廓清晰、薄壁或形状复杂的铸件，同时也越有利于合金中气体与非金属夹杂物的上浮和排除，越有利于合金凝固时的补缩。合金的流动性与合金的化学成分、浇注温度和铸型结构等因素有关。

2. 液态合金的充型能力

液态合金填充铸型的过程简称充型。液态合金充满型腔，获得形状完整、轮廓清晰铸件的能力称为液态合金的充型能力。在液态合金的充型过程中，有时伴随着结晶现象，若充型能力不足，形成的晶粒堵塞充型通道，使得液态合金被迫停留，易导致铸件薄壁处或远离浇口的宽大表面产生"浇不足"或"冷隔"等缺陷。充型能力好的合金，在液态成型的过程中，有利于非金属夹杂物和气体的上浮与排除，在金属液收缩时能够起到补缩作用，从而避免浇不足、冷隔、夹杂、气孔和缩孔等缺陷的产生。液态合金的充型能力与合金的流动性、浇注条件和铸型条件等因素有关。

3. 液态合金的收缩

合金从浇注、凝固到冷却至室温，在整个冷却过程中，其体积或尺寸缩小的现象称为收缩。收缩是合金的物理本性，当合金由液态转为固态时会产生收缩。收缩是多种铸造缺陷产生的主要原因之一。

合金的收缩主要包括以下三个阶段：

（1）液态收缩：从浇注温度到凝固开始温度间的收缩；

（2）凝固收缩：从凝固开始温度到凝固结束温度间的收缩；

（3）固态收缩：从凝固终止温度到室温间的收缩。

液态合金的收缩主要受合金化学成分、浇注温度、铸件结构与铸型条件等因素的影响。不同成分的合金，其收缩率不同；合金的浇注温度越高、过热越大，收缩率越大；液态合金在铸型中凝固冷却时，因不同位置的冷速不同，以及相互制约产生的阻力、铸型和型芯对收缩产生的机械阻力的影响等，导致不能自由收缩。

二、液态合金的凝固方式与凝固原则

浇入铸型后的液态合金，由于热传导和冷却的作用，当温度下降，即降至相图中液相线与固相线的温度范围时，合金由液态向固态转变。合金由液态向固态的状态变化过程称为凝固过程。

1. 凝固方式

合金在凝固过程中，其横截面上普遍存在三个区域：固相区、凝固区和液相区。对铸件质量影响较大的是液相和固相并存的凝固区的宽度。根据凝固区的宽度，将铸件的凝固方式分为逐层凝固、糊状凝固和中间凝固，如图3-1所示。

1）逐层凝固方式

纯金属或共晶成分合金在凝固过程中不存在液相和固相并存的区域，其横截面上表层的固相和内层的液相由一条界线（凝固前沿）明显地分开。随着温度下降，固相层不断增厚、液相层不断减少，直至铸件中心，此种凝固方式称为逐层凝固方式。由于凝固前沿与合金液相直接接触，故使合金具有良好的充型能力和补缩条件。

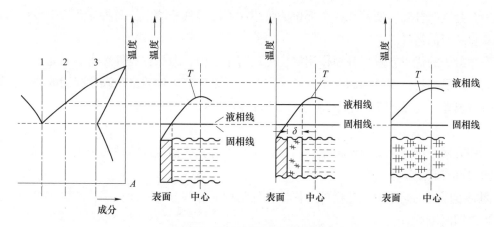

图 3-1　铸件的凝固方式示意图

（a）合金相图；（b）逐层凝固方式；（c）中间凝固方式；（d）糊状凝固方式

1—共晶合金；2—窄结晶温度范围合金；3—宽结晶温度范围合金；T—温度场；δ—凝固区域宽度

2）糊状凝固方式

对于凝固温度范围宽的合金或温度梯度很小的铸件，凝固的某段时间内铸件断面上的凝固区很宽，甚至贯穿整个铸件断面，凝固过程可能同时在断面各处进行，液相共存的糊状区域充斥整个铸件断面，这种凝固方式称为糊状凝固或体积凝固。球墨铸铁、高碳钢和某些黄铜都是糊状凝固合金。

3）中间凝固方式

如果合金的结晶温度范围较窄，或因铸件断面的温度梯度较大，铸件断面上的凝固区域介于前两者之间，则称为中间凝固方式。这种凝固方式的凝固初期类似于逐层凝固，但其凝固区域较宽，并迅速扩展至铸件中心。

对于三种凝固方式，做如下比较：

（1）逐层凝固的合金，补缩性能好，热裂倾向小，无缩孔，易获得组织致密的铸件。如纯金属、共晶成分合金，结晶温度范围窄的合金，铸件截面温度梯度较大的合金。

（2）糊状凝固的合金，补缩能力较差，热裂倾向大，难以形成组织致密的铸件。如结晶温度很宽的合金，铸件截面温度场较平坦、液固共存的糊状区域充斥铸件断面的合金。

（3）中间凝固的合金，其补缩能力、热裂倾向、流动性介于前两凝固方式之间，且铸件截面上凝固区域的宽度亦介于两者之间。

2. 凝固原则

铸件截面凝固区域的宽度是由合金的结晶温度范围和温度梯度决定的。合金的结晶温度范围与合金的化学成分有关，当合金的成分确定后，铸件截面的凝固区域宽度则取决于温度梯度，所以铸件的凝固一般是通过控制温度梯度来实现的。

1）顺序凝固原则

铸件的顺序凝固原则是采用各种措施，在铸件结构上建立一个递增的温度梯度，保证铸件按照远离冒口的部分最先凝固，其次是靠近冒口的部分，最后才是冒口本身。铸件按顺序凝固时，最先凝固部位的收缩得到较慢凝固部分合金液的补缩，而较慢凝固部分的收缩得到冒口中合金液的补缩，使铸件各个部位的收缩性能均得到补缩，从而将缩孔集中转移到冒口中，获得致密的铸件。

顺序凝固的优点：冒口补缩作用好，可以防止缩松、缩孔，铸件致密。因此，对于凝固收缩大、结晶温度范围较小的合金，常采用此原则来保证铸件质量。顺序凝固的缺点：铸件各部分有温差，容易产生热裂、应力和变形；需要加冒口，工艺出品率较低，切割冒口费工时。

顺序凝固原则通常适用于铸钢、白口铸铁、铝合金和铜合金铸件的补缩。

2）同时凝固原则

同时凝固原则是采取工艺措施，保证铸件结构上各部分之间没有温差或温差很小，使各部分近乎同时凝固。

同时凝固的优点：铸件各部分均匀冷却、热应力小，不容易产生热裂和变形；由于不用冒口或冒口很小，故节省金属，提高了工艺出品率；简化工艺，切割冒口工作量较小，减少了劳动量。缺点：液态收缩较大的铸件，在铸件中心区域往往出现缩松，铸件不致密。

同时凝固适用于：壁厚均匀的铸件，尤其是均匀薄壁铸件，当消除缩松有困难时，应采用同时凝固原则；结晶温度范围大，容易产生缩松的合金，对气密性要求不高时，可采用同时凝固原则，使工艺简化；从合金性质上，适宜采用顺序凝固的铸件，当热裂和变形成为主要矛盾时，也可以采用同时凝固原则。

3）均衡凝固原则

铸铁（灰铸铁和球墨铸铁）液态冷却时，会产生体积收缩，凝固时析出石墨又会发生体积膨胀。均衡凝固是利用膨胀与收缩动态叠加的自补缩和浇冒口系统的外部补缩，采取工艺措施，使单位时间内的膨胀和收缩、收缩与补缩按比例进行的一种凝固工艺原则。

灰铸铁和球墨铸铁的均衡凝固补缩技术着重于利用石墨化膨胀自动补缩，冒口只是补充补缩不足的差额，即冒口不必晚于铸件凝固。

均衡凝固和同时凝固的共同点在于：都强调浇注系统或冒口要从铸件薄壁处引入，使铸件不同部位的温差减小，以免局部过热。不同点在于：同时凝固原则主要着眼于减少应力、裂纹和变形，并不考虑补缩；均衡凝固则是从补缩出发，强调铸铁小件、薄壁件、壁厚均匀件的补缩。

第三节　砂型铸造

砂型铸造是将熔炼好的金属液注入由型砂制成的铸型中，冷却凝固后获得铸件的方法。当取出铸件时必须打碎砂型，故砂型铸造又称为"一次型"铸造。

一、砂型铸造工艺过程

砂型铸造的主要生产步骤包括：制造模样和芯盒、配置型芯、制造铸型（包括烘干和合箱）、熔炼金属、浇注、落砂清理和检验等，如图3-2所示。

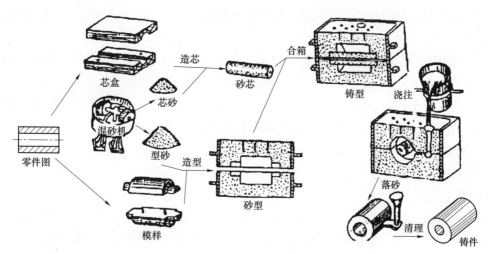

图 3-2　砂型铸造工艺过程

二、造型材料与造型方法

1. 造型材料

造型材料是用来制作铸型或型芯的原材料及由各种原材料按一定比例配制而成的工作混合料，主要包括原砂（型砂和芯砂）、黏结剂、水、附加物、涂料等，其质量直接影响铸件的质量。使用不合格的造型材料，铸件会产生气孔、黏砂和砂眼等缺陷，每生产 1 t 合格铸件，需 4~5 t 型砂和芯砂。

在砂型铸造中，当高温的液态金属被浇入铸型之后，液态金属将与构成铸型的造型材料发生剧烈的物理、化学作用，其作用结果会对铸件质量产生影响。液态金属与造型材料的相互作用可以分为以下三类：

（1）热相互作用。液态金属与铸型存在极大温度差，会发生强烈热传递。热量从液态金属传到铸型，使铸型温度不断提高，而液态金属（或铸件）的温度不断降低，直至二者温度达到平衡后，才变为同步冷却。铸件温度下降速度及分布将影响铸件质量，尤其影响铸件中缺陷的形成。

（2）机械相互作用。在浇注过程中，液态金属对铸型产生冲击和冲刷作用，并对铸型产生静压力。铸件在凝固过程中体积的收缩也会受到铸型和砂芯的机械阻碍作用，这些机械相互作用会直接影响铸件中砂眼、裂纹（热裂纹与冷裂纹）与内应力的形成。

（3）化学相互作用。在高温浇注过程中，铸型中一般会析出气体，铸型中的一些附加物和有机物也会燃烧、分解和升华，这些有可能导致铸件产生气孔、过烧和氧化夹杂等缺陷。

由于造型材料与液态金属之间会产生相互作用，故为保证铸件质量，在生产中对原砂的性能通常有以下要求：

（1）应具有一定的强度，以保证在整个铸造过程中铸件不变形、不损坏；

（2）应具有良好的透气性，以使铸型中产生的气体通过砂粒间的空隙排到铸型外，减少或消除由气体产生的缺陷；

（3）应具有良好的退让性，以适应铸件在凝固和冷却中所产生的体积收缩，避免产生裂纹或变形；

（4）应具有一定的耐高温性和化学稳定性，使铸型能够承受高温液态金属的作用，不发生过于剧烈的化学反应，不产生过量气体；

（5）应具有良好的工艺性能，在造型时不粘模，具有良好的流动性和可塑性，在铸件落砂和清理时具有良好的出砂性，且旧砂具有良好的复用性。

2. 造型方法

根据制造铸型的手段不同，砂型铸造的造型方法分为手工造型和机器造型。

1）手工造型

手工造型的工序全部用手工或手动工具完成，是一种最基本的造型方法，适应面广，操作灵活，准备时间短，成本低，特别适合形状复杂及大型铸件的单件、小批量生产。

（1）整模造型。

在整模造型中，模样是一个整体，铸型的型腔全部放在半个铸型之内，而另外半个铸型通常为一个平面，如图3-3所示。能够采用整模造型的条件是模样一端是一个平整的分型面，可以直接从砂型中取出模样。

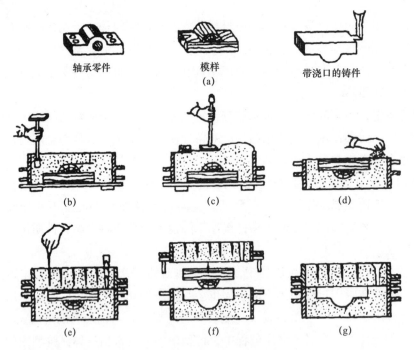

图3-3 整模造型示意图

（a）准备工作；（b）将模样置于砂箱中填砂造下型；（c）用平头砂舂锤平，用刮板刮去余砂；
（d）翻转下型，修光平面并撒分型砂；（e）放浇口棒，造上型，扎通气孔；（f）开箱，起模；
（g）挖外浇口，开口，浇口修型，合箱，待浇注

（2）分模造型。

当铸件的最大截面不在端面时，采用整模造型不方便将模样取出，因此，常将模样沿着

最大截面分为两半，并用销钉将其定位，以保证两半模型能够形成完整的铸件轮廓，这种模样称为分模，如图3-4所示，分模造型的应用非常广泛。

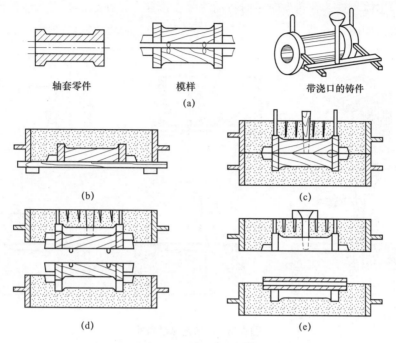

轴套零件　　　　　　　　模样　　　　　　　带浇口的铸件

(a)

(b)　　　　　　　　　　　　　(c)

(d)　　　　　　　　　　　　　(e)

图3-4　分模造型示意图

（a）准备工作；（b）造下砂型；（c）翻转下砂型后，造上砂型，放浇口棒及出气口棒；

（d）开箱，起模，开浇口；（e）下型芯，合箱

（3）挖砂造型。

有些铸件的端面不是平面，不适合采用整模造型，同时其最大截面不是平面而是曲面，而不适合采用分模造型的，在造型时需把阻碍起模的型砂挖掉，形成曲面分型面，这种方法称为挖砂造型，如图3-5所示。

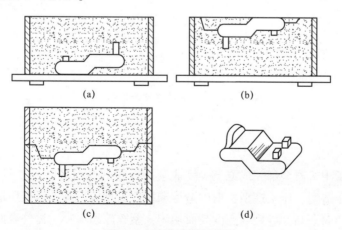

(a)　　　　　　　　　　　(b)

(c)　　　　　　　　　(d)

图3-5　挖砂造型示意图

（a）造好未翻转的下砂型；（b）挖砂后的下砂型；（c）合箱后情况；（d）铸件

（4）活块造型。

当模样侧面有妨碍起模的局部凸起时，为了减少分模面，常常将该凸起做成活动块，靠燕尾槽与模样主体相连。在造型时有时将活块装在模样上，在起模时将主体模样取出，再从侧面取出活块，如图3-6所示。

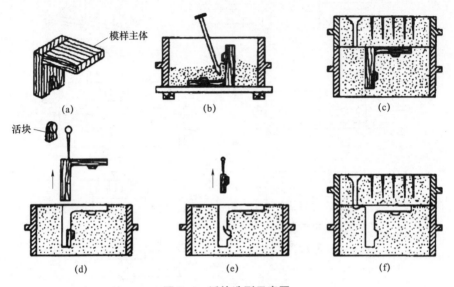

图3-6　活块造型示意图

（a）准备工作；（b）造下箱；（c）造上箱；（d）起出模样主体；（e）起活块；（f）合箱

（5）假箱造型（胎膜造型）。

在挖砂造型时，为了提高产品质量和生产效率，常常在造下箱时采用一个成型的地板代替平板来安放模样，这样就可以省去挖砂的操作，同时也提高了产品的均一性，这种造型方法称为假箱造型或胎膜造型，如图3-7所示。

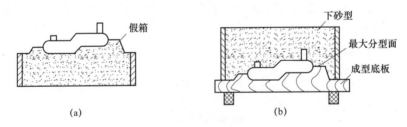

图3-7　假箱造型示意图

（a）假箱；（b）成型底板

2）机器造型

机器造型是指用机器全部完成或至少完成紧砂操作的造型工序。按照紧砂方式的不同，常用的造型有振压造型、压实造型、射砂造型和抛砂造型等，其中以振压造型最为常见。

机器造型生产效率高，砂型紧实度高而均匀，型腔轮廓清晰，铸件表面光洁，尺寸精度高，但设备和工艺装备费用较高，生产准备时间长。机器造型常用于中小铸件的成批或大量生产。

三、浇注、落砂和清理

1. 浇注

浇注是将金属液注入铸型的过程，若操作不当，易诱发安全事故，且对铸件质量也有影响。浇注前要控制正确的浇注温度，各种金属浇注不同厚度的铸件，应采用不同的浇注温度，如铸铁件一般为 1 250~1 350 ℃。除浇注温度外，还应采用适中的浇注速度，浇注速度的选取与铸件尺寸和形状有关，为了减少冲击力及有利于型腔中空气的排出，浇注速度在开始浇注和结束浇注时要放慢。

2. 落砂和清理

落砂是用手工或机械使铸件和型砂、砂箱分开的操作。当金属液冷却后，打开砂箱，进行落砂和清理工作，最后打掉冒口，清除型芯，去除毛刺、飞边和表面黏砂等。

四、铸造工艺设计

铸造工艺设计是生产准备、管理和产品验收的依据，为了保证铸件质量，提高生产率和降低成本，在铸造生产前，必须进行铸造工艺设计。工艺设计是依据铸件的技术要求、结构特点、生产批量和生产条件等，确定铸造方案和工艺参数，绘制铸造工艺图、铸件图、铸型装配图及编制铸造工艺卡等技术文件的过程。

1. 浇注位置的确定

铸件的浇注位置是指浇注时铸件在铸型中所处的位置，即在浇注时铸件的哪个面放在上面、哪个面放在下面、哪个面放在侧面的问题。浇注位置以文字标出，如"上下"或"上中下"。图 3-8 所示为机床床身浇注位置方案。

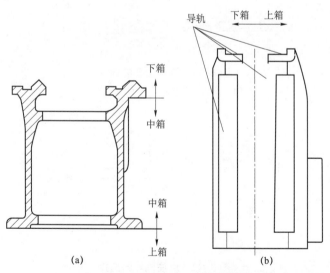

图 3-8　机床床身浇注位置方案

（a）C620 车床床身；（b）B6025 牛头刨床床身

浇注位置的确定，要遵循以下几个原则：

（1）铸件的重要加工表面和主要工作面应朝下或置于侧面。因为铸件在凝固过程中，气孔、杂质易上浮，因而铸件上表面的质量较差，所以应将铸件的重要加工面和主要工作面放在下面或侧面，如图3-8所示。

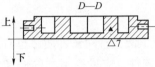

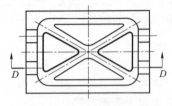

图3-9 研磨平板的浇注位置

（2）铸件的大平面应放在下面，以防止平面上形成气孔、砂眼等缺陷，如图3-9所示。

（3）薄壁铸件应将薄而大的平面放在下面，以利于铸型的充填和排气，避免产生浇不足和冷隔，如图3-10所示。

（4）壁厚不均匀的铸件，应遵循顺序凝固原则，将厚壁的部分放在上面或侧面，以便安放冒口进行补缩，如图3-11所示。

（5）确定浇注位置时，应尽量减少型芯的数量，要有利于型芯的安装、固定、检验和排气，如图3-12所示。

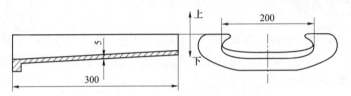

图3-10 油盘铸件的浇注位置

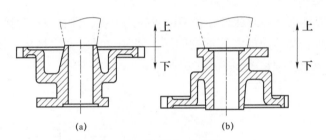

图3-11 浇注位置的选择
（a）不利于补缩；（b）有利于补缩

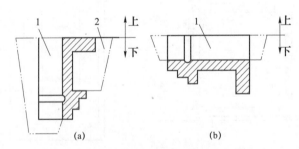

图3-12 浇注位置的选择
（a）不合理；（b）合理
1—1#砂芯；2—2#砂芯

2. 分型面的确定

分型面是指铸型砂箱间的结合面。分型面的选择要在保证铸件质量的前提下，尽量简化工艺，主要考虑以下几个原则：

（1）为了方便起模而不损坏铸型，分型面应选在铸件的最大截面上，如图 3-13 所示。

（2）分型面应尽量采用平直面，以简化造型工艺和减少模具制造成本，如图 3-14 所示。

（3）为简化造型操作，提高铸件精度和生产率，应尽量减少分型面数量。

（4）尽量将铸件的重要加工面或大部分加工面和加工基准面放在同一个砂箱中，而且尽可能地放在下箱，以保证铸件的精度，减少飞边毛刺。

（5）尽可能地考虑内浇口的引入位置，以便于下芯和检验，并使合箱位置与浇注位置一致，避免合箱后再翻动铸型。

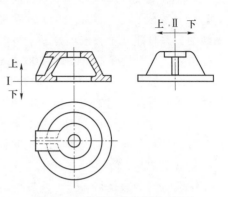

图 3-13　起模更方便的分型面

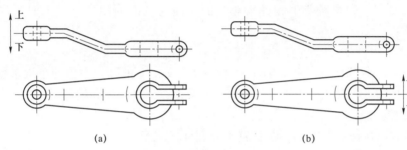

(a)　　　　　　　　　　　(b)

图 3-14　起重臂分型面的选择

（a）不合理；（b）合理

3. 浇注系统

浇注系统是引导金属液进入铸型的一系列通道的总称。浇注系统能够平稳地将金属液导入并充满型腔，避免冲坏型腔和型芯；防止熔渣、砂粒和其他杂质进入型腔；能调节铸件的凝固顺序。因此，选择合理的浇注系统，包括其形状、尺寸和位置，可以有效地提高铸件质量，减少铸造缺陷。

浇注系统的组成如图 3-15 所示。

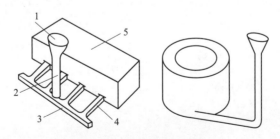

图 3-15　浇注系统的组成

1—浇口杯；2—直浇道；3—横浇道；4—内浇道；5—铸件

（1）浇口杯是浇注系统最外面的部分，它用于承接来自浇包的金属液并将它们引入直浇道。正确地设计浇口杯，可以缓冲来自浇包的金属液及挡渣、浮渣。

（2）直浇道是浇注系统中的垂直通道，作用是把金属液从浇口杯引入横浇道或直接导入型腔，并且建立金属液填充整个铸型的压力头。直浇道越高，产生的充填压力越大，一般直浇道要高出型腔最高处 100～200 mm。

（3）横浇道是浇注系统中连接直浇道和内浇道并将金属液平稳而均匀地分配给各个内浇道的重要单元，它是浇注系统中的最后一道挡渣关口。

（4）内浇道也称内浇口，是金属液经浇注系统进入型腔的最后通道。它与铸件直接相连，可以控制金属液流入型腔的速度和方向。

4. 工艺参数的确定

铸造工艺参数是与铸造工艺过程相关的一些量化数据，主要包括机械加工余量、最小铸孔、起模斜度、收缩率、铸造圆角和型芯头尺寸等。

1）机械加工余量

在铸件上为了切削加工而加大的尺寸称为机械加工余量。机械加工余量的具体数值取决于铸件的生产批量、合金种类、铸件大小、加工面与基准面距离、加工面在浇注时的位置等。

2）最小铸孔

铸铁件上直径小于 60 mm 和铸钢件上直径小于 60 mm 的孔，在单件小批量生产时可不铸出，留待机械加工时钻孔，否则不仅会使工艺复杂，还易导致孔偏斜。

3）起模斜度

为使模样容易从铸型中取出，在垂直于分型面的立壁上，在制造模样（芯盒）时必须给出一定的斜度（一般默认选择为3°），此斜度称为拔模斜度。拔模斜度可采用增加铸件厚度、加减铸件厚度和减少铸件厚度三种方法形成，如图 3-16 所示。

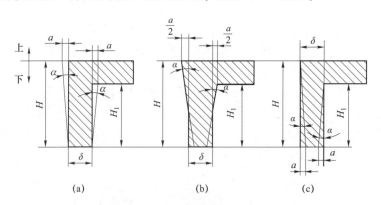

图 3-16　拔模斜度形式

（a）增加铸件厚度；（b）加减铸件厚度；（c）减少铸件厚度

4）收缩率

铸件由于凝固和冷却后体积要收缩，故其各部分尺寸均小于模样尺寸。因此，为使冷却后的铸件尺寸符合铸件图要求，则需要在模样或芯盒上加上收缩的尺寸，即加大一个铸件的收缩量。

在制造模样时，常以特制的收缩尺作为量具，收缩尺的刻度比普通尺长一个收缩量，收缩尺分为 0.8%、1%、1.5%、2%等规格，可根据实际需要选用。

铸造收缩率的大小除了与合金种类和成分有关之外，还和铸件收缩时是否受到阻力以及受到阻力的大小有关，如铸件的大小、结构形状、壁厚、铸型及型芯退让性、浇冒口类型及开设位置、砂箱结构等，均对收缩率影响很大。若收缩率选择不当，不仅会影响铸件尺寸的精度，甚至会导致铸件报废。

5）铸造圆角

设计铸件时，在壁间的连接和拐弯处，应设计出圆弧过渡，此圆弧称为铸造圆角。铸造圆角可防止铸件转角处产生黏砂及由于铸造应力过大而产生裂纹，也可避免铸型尖角损坏而产生砂眼缺陷。

6）型芯头尺寸

型芯主要用于形成铸件的内腔和孔，铸件外形上妨碍起模处以及铸型中某些要求较高的部位也可以采用型芯。有时型芯还可以用于形成铸件的外形（如组芯造型）。

芯头是型芯的重要组成部分，芯头的主要作用是定位、支撑和排气以及从铸件中清除芯砂。芯头的形状、尺寸和数量对于型芯在合箱时的工艺性和稳定性影响很大。型芯尺寸及装配间隙可查手册确定。

7）铸造工艺图

通过铸造工艺分析，在零件图上用各种工艺符号表示出铸造工艺方案，就得到了铸造工艺图。其内容主要包括：浇注位置，分型面，型芯的数量、形状和固定方法，活块的位置和尺寸，加工余量，起模斜度，收缩率，浇注系统的尺寸和布置等。铸造工艺图是指导模样和芯盒设计、生产准备、造型和铸件检验的基本工艺文件。图 3-17 所示为铸造工艺图实例。

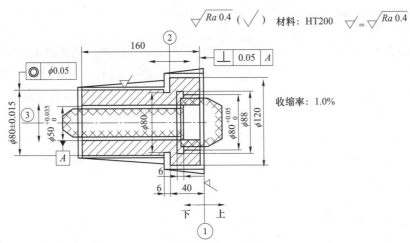

图 3-17 铸造工艺图实例

第四节 特 种 铸 造

特种铸造是指与普通砂型铸造有明显区别的其他铸造方法，如金属型铸造、压力铸造、低压铸造、离心铸造和熔模铸造等。与普通砂型铸造相比，这些铸造方法劳动生产率高、成品率高、劳动条件好、铸件精度高。特种铸造在铸造生产中正在显现出越来越重要的地位和作用。

一、金属型铸造

将液态金属浇入金属铸型以获得铸件的工艺过程，称为金属型铸造。由于金属铸型能反复使用多次，故又称为永久性铸造。

金属铸型一般用铸铁或铸钢制成，铸件的内腔可以用金属型芯或砂芯来获得。金属型铸造的工艺过程及铝活塞金属铸型的结构如图 3-18 所示。

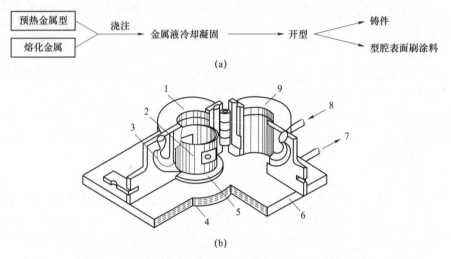

图 3-18 金属型铸造的工艺过程及铝活塞金属铸型的结构

（a）金属型铸造的工艺过程；（b）铝活塞金属铸型的结构

1—左半型；2—铸件；3—鹅颈式浇注系统；4, 7, 8—冷却水；5—底型；6—底板；9—右半型

金属型铸造的导热性好，金属液冷却速度快，故铸件晶粒细、组织致密，与砂型铸造相比，铸件机械性能可提高 10%~20%；由于一个金属铸型可使用几百次乃至几万次（即一型多铸），相比于砂型铸造的"一型一铸"，极大地提高了生产率；金属铸型的精度远高于砂型。金属铸型缺乏透气性和退让性，耐热性比砂型差，需开通气孔、预热或上涂料保护，以减少铸件浇不足、冷隔及白口现象；复杂金属铸型易产生裂纹等缺陷；金属型铸造成本高，加工周期长，主要应用于大批量生产铝、镁、铜等有色金属铸件，如活塞、气缸体等。

二、压力铸造

压力铸造是将液态或半液态合金在高压作用下，以高速填充铸型型腔，并在高压作用下结晶凝固而获得铸件的特种铸造工艺。高压力和高速度是压铸时液态金属填充成型过程的两大特点，也是压力铸造与其他铸造方法的最根本的区别。在压力铸造时，作用在金属液上的压力有时可高达 200 MPa，金属液填充铸型时的线速度为 0.5~0.7 m/s，有时可高达 120 m/s。

压铸机有热压室和冷压室之分，冷压室压铸机根据压室在空间位置的不同又可分为立式、卧式和全立式三种，常用的是卧式冷压室压铸机。图 3-19 显示了卧式冷压室压铸机的铸件压铸过程，标明了该过程的三个阶段。

压铸件精度高，铸件组织致密，强度高，但因为充型快，气体来不及排除而易在铸件内形成气孔，故压铸机不宜高温使用和热处理，否则铸件内气体膨胀极易导致表面起泡，引起表面不平或变形。此外，在加工时亦应严格控制切削量，以免把表面致密层切去，露出气孔。压铸机铸造生产效率高，但压铸机及其模具造价高，故多用于有色金属薄壁零件的大量生产，如汽车、电气仪表、照相器材中的零件等。

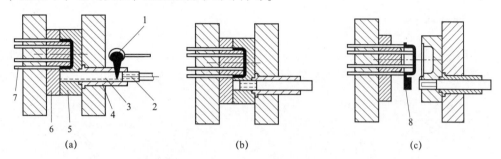

图 3-19 卧式冷压室压铸机的铸件压铸过程

（a）用浇勺将合金倒入压室；（b）压射合金进入型腔；（c）开型并取下铸件

1—浇勺；2—压射活塞；3—压室；4—合金；5—定型；6—动型；7—顶杆机构；8—浇注余料和铸件

三、低压铸造

低压铸造是液体金属在压力的作用下，完成充型及凝固过程而获得铸件的一种铸造方法。由于作用的压力较低（一般为 2~6 MPa），故称为低压铸造。图 3-20 所示为一种低压铸造的工作状态简图，坩埚内金属液在压力作用下经浇注管，由金属型底部浇口注入型腔，保持压力适当时间，从而凝固成型。

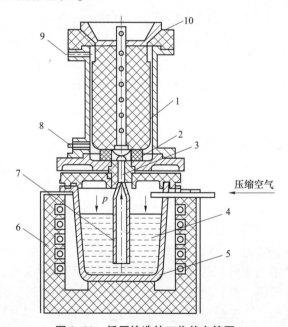

压缩空气

图 3-20 低压铸造的工作状态简图

1—铸型；2—内浇道；3—直浇道；4—金属液；5—坩埚；6—电阻保温炉；7—升液管；8—下触点；9—上触点；10—排气道

低压铸造在压力下成型，组织致密，气孔夹渣少，铸件的精度与表面质量在压力铸造和金属型铸造之间。低压铸造比金属型铸造易于实现自动化，生产率高，成本降低50%左右。与压力铸造相比，低压铸造设备简单，投资少，经济性好，能避免压力铸造中出现的缺陷，铸件质量好。低压铸造的应用广泛，适用于有色金属，尤其是镁和铝合金，用作密封性较好的零件，如铝合金气缸盖等。

四、离心铸造

离心铸造是将液体金属浇入旋转的铸型中，使之在离心力的作用下完成填充和凝固成型的一种铸造方法。离心铸造机包括立式和卧式两种，如图3-21（a）和图3-21（b）所示。

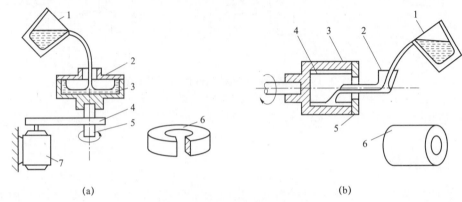

（a）   （b）

图 3-21　离心铸造机示意图

（a）立式离心铸造机示意图

1—浇包；2—铸型；3—金属液；4—皮带和皮带轮；5—轴；6—铸件；7—电动机

（b）卧式离心铸造机示意图

1—浇包；2—浇注槽；3—铸型；4—金属液；5—端盖；6—铸件

由于离心力的作用，离心铸造件组织致密，无缩孔、缩松、气孔、夹渣等铸造缺陷，力学性能好。离心铸造件内腔为自由表面成型，精度差，表面粗糙，需要留有较大的加工余量，偏析大，常用于制造中空圆形铸件，如铸铁管、铜轴套等。

五、熔模铸造

熔模铸造又称失蜡铸造，是一种少切削或无切削的精密铸造方法。它是用低熔点材料（如蜡料）做成易熔性的一次模样代替木质模样或金属模样，在易熔模样表面多次反复涂挂耐火涂料后，将易熔模样熔化掉（该步骤称为失蜡），所获膜壳经高温焙烧后，即可浇注。

如图3-22（a）和图3-22（b）所示，熔模铸造的生产流程是：先制成蜡模，将多个蜡模熔焊到蜡制浇口上，形成蜡模组；再制薄壳，即在蜡模组表面数次刷以耐火涂料，一般是水玻璃和石英粉混合而成的耐火涂料，再撒上一层石英砂，放入氯化铵水溶液中，使之化学硬化，形成薄壳；然后熔去蜡模、焙烧，放入热水槽中使蜡熔化浮到上面，800℃焙烧可以去除杂质并使模壳更为坚硬；最后浇注金属液，冷却凝固后击碎薄壳获得铸件。

熔模铸造是一次成型，没有分型面，不需要起模，可以制造较为复杂的铸件；铸件精度高，可达到IT4~IT11，表面光洁，表面粗糙度 Ra 可达 $12.5 \sim 1.6 \ \mu m$，尺寸公差为 $100 \ mm \pm 0.3 \ mm$；熔模铸造由石英砂等组成薄壳，耐高温，可以浇注高熔点的耐热合金钢等，在浇注金属和生产批量上没有限制。但熔模铸造生产工序复杂，生产周期长，成本高，蜡模强度低，铸件不宜太大。熔模铸造适用于熔点高的金属及难以加工的小型零件，特别适宜制造复杂铸件，如飞机发动机中的涡轮叶片、切削刀具、耐热合金小铸件以及艺术品、装饰品等。

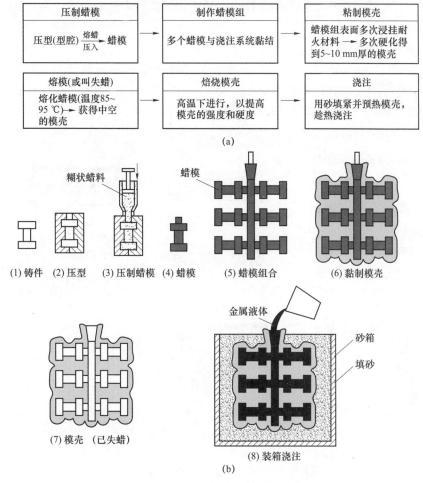

图 3-22 熔模铸造生产流程

（a）熔模铸造生产流程；（b）熔模铸造生产过程示意图

六、金属液态成型技术新进展

1. 消失模铸造

消失模铸造是利用泡沫塑料，根据零件结构和尺寸制成实型模具，经浸涂耐火黏结涂料，烘干后进行干砂造型、振动紧实，然后浇入液体金属使模样受热气化消失，从而得到与模样形状一致的铸件的铸造方法。消失模铸造与其他铸造方法的主要区别在于消失模铸造的模样留在铸型内，并受金属液的作用而在铸型中发生软化、熔融、气化和燃烧，产生液相—气相—固相的物理化学现象。

消失模铸造的铸件尺寸精度高，加工余量小；造型工艺大大简化，减少了相应的人为引起的缺陷；干砂、落砂方便，无飞边、毛刺，清理和打磨工作量减少；生产线柔性好，劳动条件好，对工人技术要求程度低，铸造设计自由度高，不受铸造工艺限制。模具设计投产周期长，浇注系统虽然简单，但是比传统工艺大，切除费工，工艺出品率偏低；泡沫塑料模样容易受力变形，从而导致铸件变形。

随着技术的发展，近年来出现几种适应于铝合金和镁合金的消失模铸造新技术，如真空低压消失模铸造技术、振动消失模铸造技术、消失模铸造压力凝固技术、真空低压消失模壳型铸造技术等。

2. V法铸造工艺及进展

V法铸造是真空密封造型或负压造型铸造工艺的简称，其原理是利用塑料薄膜覆膜成型并密封砂箱，依靠真空泵抽出型腔内空气，使型腔内、外形成压力差，使干砂紧实，形成所需型腔。其最大的优点是干砂不使用黏结剂，回用率高达95%以上，节能环保、落砂简单，改善了劳动条件，使铸件表面质量和尺寸精度大幅提高，如图3-23所示。

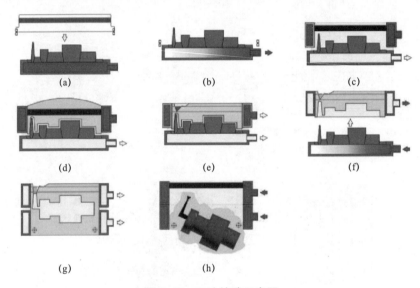

图3-23　V法铸造示意图

（a）薄膜加热；（b）模型覆膜面；（c）防砂箱子；（d）加砂振实；
（e）覆被膜；（f）起模；（g）待浇注的铸型；（h）打箱

3. 功率超声在液态成型中的应用

超声波是弹性介质中的一种机械波，作为一种能量形式，可影响或改变介质的性质。在金属凝固过程中施加适当的超声场，可以改善铸件的组织结构与力学性能，具体包括细化晶粒、除气、消除比重偏析和均匀化组织等，具有极好的理论和应用价值。

4. 计算机数值模拟在液态成型中的应用

在铸件形成过程中，计算机数值模拟可以对液固转变过程中产生的缩松、缩孔、夹杂、气孔和裂纹等铸造质量问题进行分析，预测产品质量，优化工艺流程，减少试验次数。

例如：铸件凝固过程的数值模拟，即通过铸件凝固过程数值模拟计算，确定铸件的温度场，描述出铸件在任意时刻的温度分布、凝固进程以及冷却速度情况，并可以以动态的方式显示铸件在三维方向上的各种情况，以确定最后凝固的部位并分析产生缩孔、缩松的位置和大小；铸件充型过程的数值模拟，即通过模拟计算，分析金属液体充型过程中的流体流动情况，即可以分析在给定工艺条件下，金属液在浇注系统以及铸型内的流动情况，包括流量分布、流速分布以及由此而导致的铸件温度场分布；铸件应力场的数值模拟，即通过对铸件凝固过程中热应力场、冷却过程中残余热应力的计算来预测铸件热裂、冷裂及变形、残余应力等缺陷，为控制和减少由应力应变造成的缺陷、优化铸造工艺、提高铸件尺寸精度及稳定性提供科学依据；铸件微观组织的数值模拟，即利用计算机模拟铸件凝固过程中的形核、长大过程，预测凝固后铸件的微观组织和可具备的性能。

5. 液态成型技术展望

为适应社会生产和科技发展要求，液态成型技术还需深入开展研究，具体体现在以下几个方面：高性能铸件的精确成型原理和技术；多元多相合金的凝固理论；复杂体系合金液态结构与凝固行为关系；计算机技术的深入应用和发展；液态成型与其他学科的交叉融合等。

第五节 常见铸件缺陷分析

一、常见缺陷类型及产生原因

由于铸造工艺过程复杂，故影响铸件质量的因素很多。铸件常见缺陷及分析见表 3-1。

表 3-1 铸件常见缺陷及分析

类别	名称	特征	形貌
孔眼	气孔	在铸件内部、表面或近于表面处有大小不等的光滑孔眼，形状为圆形、长条形，单个或聚集成片，颜色为白色或稍一点暗色，有时附有一层氧化皮	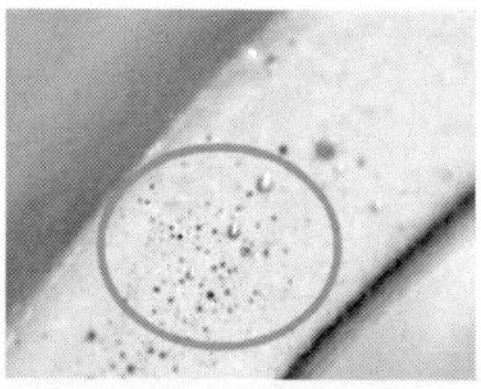
	缩孔	在铸件厚断面内部、两交界面的内部及厚断面和薄断面交界处的内部或表面，形状不规则，孔内粗糙不平，晶粒粗大	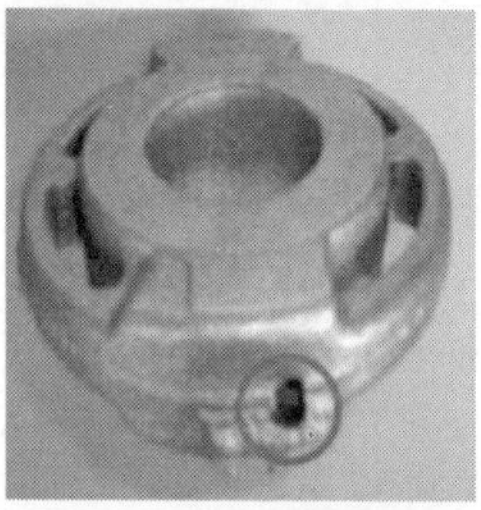
	缩松	在铸件内部微小而不连贯的缩孔，聚集在一处或多处，晶粒粗大，水压试验时渗水	
	砂眼	在铸件内部或表面有充塞着型砂的孔眼	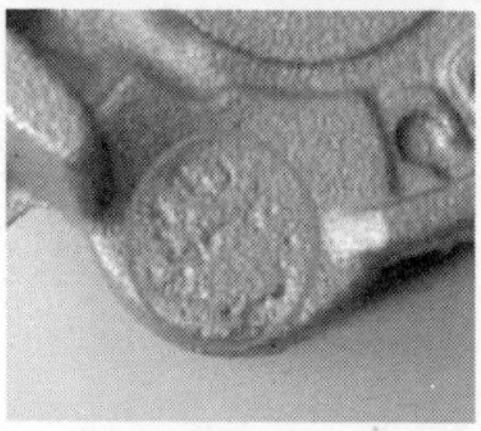

类别	名称	特征	形貌
裂纹	热裂纹	在铸件上有穿透或不穿透的裂纹，主要是弯曲形的，开裂处金属表皮氧化，一般是沿晶开裂	
	冷裂纹	在铸件上有穿透或不穿透的裂纹，主要是平直的，开裂处金属表皮未氧化，一般是穿晶裂纹	
	温裂纹	在铸件上有穿透或不穿透的裂纹，开裂处金属表皮氧化	
表面缺陷	粘砂	铸件表面粗糙，粘有砂粒	
形状尺寸不合格	浇不足	铸件未被浇满	
	冷隔	铸件上有未完全融合的缝隙或洼坑，交界边缘是圆滑的	

缺陷产生的原因分析：

（1）气孔：炉料不干，或含氧化物、杂质多；浇注工具或炉前添加剂未烘干；型砂含水过多或起模和修模时刷水过多；型芯烘干不充分或型芯通气孔被堵塞；舂砂过紧，导致型砂透气性差；浇注温度过低或浇注速度过快等。

（2）缩松与缩孔：铸件结构设计不合理，如壁厚相差过大，壁厚处未放冒口或冷铁；浇注系统和冒口的位置不对；浇注温度太高；合金化学成分不合格，收缩率过大，冒口太小或太少。

（3）砂眼：型砂强度太低或型砂和型芯的紧实度不够，故型砂被金属液冲入型腔；合箱时砂型局部被破坏；浇注系统不合理，内浇口方向不对，金属液冲坏型砂；合箱时型腔或浇口内散砂未清理干净。

（4）热裂纹：铸件在凝固后期，固相已形成完整的骨架，并开始线收缩，如果此时线收缩受到阻碍，铸件内将产生裂纹。由于这种裂纹是在高温下形成的，故称"热裂"。

（5）冷裂纹：冷裂是铸件处于弹性状态时，铸造应力超过合金的强度极限而产生的。冷裂往往出现在铸件受拉伸的部位，特别是有应力集中的地方。因此，铸件产生冷裂的倾向与铸件形成应力的大小密切相关。

（6）温裂纹：温裂纹是铸件在热处理或气割和焊补过程中产生的。由于裂纹产生后所处的温度和介质不同，故温裂纹的表面有时存在氧化薄膜、有时呈现金属光泽。

（7）粘砂：型砂和型芯的耐火性不够；浇注温度太高；未刷涂料或涂料太薄。

（8）浇不足与冷隔：浇注温度太低；浇注速度太慢或浇注曾有中断；浇注系统位置开设不当或内浇道横截面积太小；合金流动性差，铸件壁太薄；浇注时金属液不够量。

二、影响铸件质量的因素及预防措施

根据金属液态成型原理，其铸造的成型过程主要分为两个阶段，即液态金属充填铸型型腔、液态金属在铸型型腔中冷却凝固，铸件的质量与此两个阶段紧密相关。具体来说，液态金属的流动充型、铸型与液态金属接触，以型腔定型凝固，金属冷却凝固收缩以脱模，最后得到零件或毛坯。在此过程中，液态金属的充型能力、金属吸气、偏析和收缩等直接影响铸件质量。

1. 金属充型能力对铸件质量的影响及预防措施

液态金属填充进入铸型型腔的过程即为充型。液态金属在充型中，获得清晰轮廓和完整形状铸件的能力称为金属充型能力，其与液态金属的流动性有直接的关联，同时也受到结构设计和浇注条件的影响。此外，金属的化学成分会直接影响其液态金属的流动性。一般来说，纯金属以及具有共晶成分的合金具有较好的流动性。

浇注条件主要包括浇注温度和充型压头。

液态金属的黏度随浇注温度的升高而减小，此时过冷度高，其在铸型中保持流动能力的时间增长，这尤其对于薄壁类和流动性较差的合金具有重要意义，可以改善其液态金属的充型能力。在一定范畴中提升浇注温度，可避免铸件产生某些铸造缺陷，诸如浇不足、冷隔、气孔、夹渣等。但是浇注温度过高会导致液态金属吸气增加、氧化更严重，使得一次结晶粗大，易导致缩松、锁孔、粘砂等铸造缺陷。但随着浇注温度提高至一定程度之后，其对充型能力提高的影响作用将变得有限。因此，针对特定成分的合金，有适合于最佳充型能力的浇注温度范围。铝合金的浇注温度为 $680\sim780\ ℃$ ，铸钢的浇注温度为 $1\,520\sim1\,620\ ℃$ 。具体的浇注温度工艺还应考虑铸件结构的厚度，一般来说，薄壁复杂构件取浇注温度范围中的上限，厚大构件取浇注温度范围中的下限。

在浇注中液态金属在流动过程中受到的压力称为充型压头。充型压头越大，其液态金属的充型能力越好。在工业生产中，常用增加直浇道的高度的方法来提高液态金属的静压头，此外，也可以通过人工措施来提高充型压头，如压力铸造、低压铸造、真空吸铸等特种铸造方法。但是，要注意金属液的充型速度不能过快，否则会引起液态金属飞溅，导致金属氧化等缺陷。此外，浇注速度太快容易导致型腔中的气体来不及排出，从而增加反压力，造成冷隔和浇不足等铸造缺陷。

2. 金属吸气性对铸件质量的影响及预防措施

金属的吸气性是指气体溶入液态金属，增加液态金属中的气体含量，通常有以下几种情况：在熔炼过程中，气体进入液态金属，在浇注过程中，若浇包未烘干、浇注系统设计不合理、铸型型腔透气性不好、浇注速度不合理等，会导致铸型型腔内气体无法及时排出，从而使得气体进入液态金属。常见的气体主要是氢气，其次是氮气和氧气。金属液中含有气体一般会影响液态金属的铸造性能。

液态金属吸入气体的过程主要包含以下四个基本步骤，即包括 3 个吸附过程和 1 个扩散过程：

（1）气体分子撞击液态金属表面；

（2）气体分子在高温的液态金属表面离解，变为原子状态；

（3）气体原子选择与之亲和力强的金属元素，以化学吸附或者物理吸附的方式吸附于金属表面；

（4）气体原子扩散至液态金属内部，扩散过程决定了液态金属的吸气速度。

吸气过程需要一定时间，在没有达到液态金属气体饱和度之前，随着温度增加，气体与液态金属表面接触时间越长，液态金属吸收的气体量越大，直到达到液态金属在此状态的气体饱和浓度为止。

当温度下降时，液态金属中的气体会不断析出。气体析出主要通过以下三种途径：

（1）气体以原子态扩散到金属表面，然后蒸发（脱离吸附），此途径只有在极其缓慢的冷却条件下才能充分进行，且析出的气体量也较为有限，一般较少出现于实际生产中；

（2）气体原子与液态金属内部某些元素形成化合物，以非金属夹杂物的形式析出；

（3）以气泡形式从金属液溢出。

气体析出在实际生产过程中主要以后两者为主。在金属液凝固时，析出气体所形成的反压力易阻碍金属液的补缩，造成晶间疏松，即形成缩孔。

液态金属与熔渣和铸型型腔间的相互作用以及金属液内部的某些组元发生化学反应会产生气体，此气体若无法及时排除就会留在液态金属内部，待金属液冷却后形成气孔缺陷，一般称为反应性气孔。在砂型铸造中，型砂受热后产生气体，若此时型砂排气性较差，气体在界面上形成的气压超过一定数值后会导致气体侵入液态金属内部，部分气体溶入金属液，未溶入的气体部分则形成气泡，在金属液冷却凝固后变成气孔缺陷，此种气孔成为侵入性气孔。不同形式的气孔缺陷对铸件质量的影响不同。气体溶解于固溶体中会降低固溶体的韧性，例如氢溶于铁中会导致氢脆倾向，气体析出时产生的气孔会减小铸件的有效面积，导致铸件的局部应力集中，甚至成为导致断裂的裂纹源；尖角、裂纹状等形状不规则的气孔会导致铸件缺口敏感性提高而使铸件强度和疲劳强度降低；气孔会导致承受液压的铸件气密性降低；气体与金属其他元素形成金属氧化物、氮化物等夹杂会导致铸件力学性能下降。针对气孔对铸件的危害，一般采取各类脱气方法来去除液态金属中的气体，诸如：沸腾去气、真空脱气、通入活性或者惰性气体去气、氧化去气等。

3. 铸件偏析对铸件质量的影响及预防措施

铸件在凝固过程中会发生化学成分偏析，导致铸件很难获得化学成分完全均匀的铸件。偏析分为显微偏析和宏观偏析，是主要铸造缺陷之一，对铸件质量影响较大，其对铸件的力学性能、切削加工性能、耐腐蚀性、抗热裂、抗冷裂等均有危害。

液态金属结晶中溶质元素的再分配导致显微偏析，主要分为晶内（树枝晶）偏析和晶界偏析。晶内偏析是由于合金的不平衡结晶导致的，主要产生于在一定的结晶温度区间内能够形成固溶体的合金上。在相图上，固液相线之间水平距离越大，晶内偏析越严重。偏析元素在固溶体中扩散能力越小，晶内偏析越严重；凝固速度越快，导致偏析元素扩散不足，其晶内偏析越严重，但凝固速度快会导致固溶体晶粒细化，则可以减小晶内偏析，因此需要综合考虑二者影响因素。

晶界偏析根据结晶过程中晶界生长方向的问题主要分为以下两种情形：晶界与晶粒生长方向平行，固相晶界与液相之间形成曲率为负的表面凹槽，形成溶质原子富集区，此处亦容易导致其他杂质原子的富集，从而导致晶界偏析；两个晶粒生长方向相对，其晶界相互推移直至相遇，导致最后凝固的晶界部分含有较多溶质原子和其他低熔点杂质原子，形成晶界偏析。

减小晶内和晶界偏析的方法有：采用高温均化退火，使得晶内偏析溶质元素得到充分的扩散；对合金进行孕育处理以细化晶粒，或者加入某些元素，以控制树枝晶长大，增加树枝晶数量。

宏观偏析主要分为正常偏析、反偏析和比重偏析。从工程上来说，正常偏析是难以完全避免的，易导致铸件性能不均匀。反偏析现象的典型合金是铜—锡合金和铝—铜合金，反偏析会导致合金的耐压能力降低，同时也会恶化切削加工性能。防止反偏析的方法主要包括：增加凝固时的温度梯度，如使用金属型代替砂型进行浇注，或在液相中添加晶粒变质剂，以抑制粗大树枝晶的形成，从而避免晶界液相的反向流动。此外，还应该注意较小合金凝固时的压力，以及防止过多气体的进入。防止比重偏析的方式主要包括：增加凝固速度和充分搅拌液相，此外还可以加入某些元素，形成与液相密度相近树枝晶新相，使得偏析相的沉浮受阻，从而减小比重偏析。

4. 铸件的收缩对铸件质量的影响及预防措施

铸件的收缩是指铸件的体积与尺寸的缩减，在铸造中，主要是指金属从浇注、凝固、冷却至室温的过程中所引起的收缩。铸件的收缩主要经过 3 个阶段：液态收缩、凝固收缩、固态收缩。从浇注到凝固称为液态收缩，从凝固开始到凝固结束称为凝固收缩，从凝固终止到室温称为固态收缩。在铸件的液态成型中，不同位置所进行的这三个阶段并不是同步的，故而导致了各类缺陷的出现。

若液态收缩与凝固收缩所产生的空间得不到金属液的补充则会产生孔，一般发生于最后凝固的位置或铸件的厚大位置，集中分布且尺寸较大的孔洞称为缩孔，分散且尺寸相对较小的孔洞称为缩松。缩松、缩孔易导致铸件力学性能降低，并容易导致铸件渗漏。一般采用在铸件的厚大部位设计增加冒口，在凝固中将缩松、缩孔控制在冒口中形成，在浇注结束进行铸件清理时将冒口清除即可。此外，还可以在增加冒口的同时，在厚大部位安装冷铁，以增加其冷却速度，避免缩松、缩孔在厚大部位的形成。在固态收缩阶段，因铸件收缩的不均匀易导致铸造应力的产生。一般情况下，厚壁处易呈现压应力，薄壁处易呈现拉应力。当铸造应力过大时，易导致铸件产生变形、在应力集中处产生裂纹及引起铸件开裂等。首先，应在铸件设计环节，注重科学合理的结构设计，尽量结构简单、厚度均匀、结构对称等，以减小应力集中的发生；在铸造后，应及时进行热处理，以去除铸造应力。此外，还应注重合金成分、组织性能对铸件开裂倾向的影响，诸如降低导热性及使得铸件塑性降低的成分和组织会增加铸件的开裂倾向。

第六节　液态成型技术训练实例

实例——轰炸小飞机的铸造。

1. 实训目的

（1）增加对于液态成型的感性认识；

（2）了解铸造的基本过程；

（3）掌握铸造的造型方法。

2. 实训设备及工件材料

（1）型砂、模样、造型工具；

（2）熔炼用坩埚炉；

（3）熔炼用铝料或其他低熔点合金。

3. 实训内容及工艺过程

（1）砂型铸造挖砂造型方法的基本操作演示：实训教师为学生进行砂型铸造挖砂造型的操作过程演示，同时分析挖砂造型模样的特点。

（2）砂型铸造挖砂造型方法的初步认知实训：由于挖砂造型操作难度较大，故学生在实训教师演示试验后，首先进行挖砂造型方法的初步操作实习，使学生在实践中体会挖砂造型方法的操作技术难点。

（3）砂型铸造挖砂造型方法操作的重点技巧强调与演示：实训教师在学生进行了挖砂造型初步实训后，对学生的挖砂造型半成品进行指导，并总结学生在实践过程中遇到的难点，对挖砂造型的造型技巧与难点克服进行讲解和演示。

（4）砂型铸造挖砂造型方法操作的强化综合实训：学生在实训教师的指导下，进一步进行挖砂造型操作实训，完善个人挖砂造型的铸型型腔质量，为金属液浇注试验做好前期准备。

（5）液态铝合金浇注：在学生完成个人的挖砂造型型腔的基础上，进行铝合金金属液熔炼，对每个学生制作的铸型型腔进行浇注。

（6）铝合金铸件精修与缺陷分析：在实训教师的指导下，铸件经浇注—冷却—落砂清理后，学生得到本人亲手制作的铸件，并运用简单钳工工具对铸件进行修整，去除浇冒口，以提高铸件表面质量。

（7）每位学生在实训结束时应分别制作出挖砂造型的铸型型腔，并进行浇注，最终得到铝合金轰炸机模型铸件，如图 3-24 所示。实训教师根据学生挖砂造型操作过程、铸型型腔制作质量和最终飞机铸件质量给出成绩。

（8）结合实训过程，分析挖砂造型方法的模样结构特点、砂型铸造件的铸造缺陷，以及金属液熔炼的过程与特点。

 知识拓展

液态成型技术涉及金属的冶炼和质量控制、凝固理论、铸造方法、铸造工艺与设备等方面，铸造过程直接影响铸件内部的成分分布、组织与结构、晶粒尺寸与缺陷数量，以及铸件的使用性能等。随着科学技术的发展，会进一步推动新的铸造技术和液态成型理论的涌现。若想进一步深入学习相关的基本理论及关键技术，可参阅专业文献。

图 3-24 挖砂造型制作的轰炸机

 劳模工匠小课堂

毛腊生，男，汉族，中共党员，贵州绥阳人，中国航天科工集团第十研究院贵州航天精密设备有限公司技术顾问、有色合金铸造高级技师，享受政府特殊津贴。他曾获评全国劳动模范、全国道德模范、全国技术能手、大国工匠、中国铸造大工匠等荣誉称号，现为"国家级毛腊生技能大师工作室"领衔人。

为导弹铸造"外衣"，即制造舱体，是毛腊生的工作。导弹舱体是一种极为典型的铸件，其显著特点是单件尺寸庞大、内部结构错综复杂，舱体需要承受高温高压的严苛环境，一旦存在任何铸造缺陷，舱体就会提前失效，进而引发严重后果。因此，在导弹舱体所选用的砂型铸造工艺中，型砂的调配和砂模的制造是其中的关键。受限于导弹舱体独特的外形和结构特点，其造型过程并不便于开展机械化生产，即便在当今工业高度发达的时代，依然不得不依靠手工造型来完成。因此，"苦、脏、累"成了铸造岗位的"代名词"，而毛腊生的工作就是为砂模造型、修型。在造型过程中，他常常要以强制性体位进行精细操作，一起工作的多名同事因吃不了这份苦，先后转行或跳槽。但身材瘦弱的毛腊生，却干一行、爱一行、专一行、精一行，40 年如一日地扎根于生产一线，怀揣"匠心"，刻苦钻研，"读懂"冰冷的沙子，做好导弹，一步一步地完成了从学徒到大国工匠的蜕变。

他凭借丰富的经验和高超的技能，先后主持完成了无毒型砂、多种超大型薄壁舱体试制生产、耐高温镁合金实际运用等研制任务。在缺少文献资料和生产经验的情况下，他通过多种方式组合出"奇招"，解决了某重点导弹舱体铸造合格率低、某铝合金舱体"白裂纹"缺陷等"卡脖子"难题，其中 10 余项课题项目处于国内行业领先水平。毛腊生所铸造的产品，先后 4 次亮相天安门的盛大阅兵仪式，2015 年 9 月 3 日胜利日阅兵中"红旗 12"导弹的舱体就出自他之手。

多年来，毛腊生奋战在生产线上，积极利用"国家级技能大师工作室"这一平台开展传帮带，提升铸造技能水平，为航天事业发展贡献力量。毛腊生不只是铸造了一件件精密的产品，更用心血把全力以赴、爱岗敬业的"工匠精神"发挥到了极致。

第四章
塑性成型技术

内容提要：本章介绍了塑性变形的实质、塑性变形的分类、金属的可锻性以及金属塑性变形的基本规律等塑性成型基本知识，并进一步介绍了锻造的基本原理、工艺过程和设备，冲压的基本原理、工艺过程和设备。

第一节　概　述

利用金属在外力作用下发生塑性变形来获得具有一定形状、尺寸和力学性能的毛坯或零件的生产方法，称为金属塑性加工成型，也称压力加工。

金属塑性加工是具有悠久历史的加工方法，早在两千多年前的青铜器时期，我国劳动人民就已经发现铜具有塑性变形的性能，并掌握了锤击金属以制造兵器和工具的技术。随着近代科学技术的发展，已经赋予塑性加工技术以新的内容和含义。塑性成型的基本方法与特点见表4-1。

表 4-1　塑性成型的基本方法与特点

塑性成型名称		典型加工图	特点
锻造	自由锻		在自由锻锤或压力机上利用简单通用工具使坯料发生塑性变形，适合于单件、小批量锻件生产和大型锻件生产
	模锻	滚压模膛　终锻模膛　拔长模膛　预锻模膛　弯曲模膛	在模锻设备上使金属坯料在专用模膛内完成塑性变形，适合于生产形状复杂的中小型锻件

塑性成型名称	典型加工图	特点
冲压		一般在常温下进行，利用冲压模具使板材分离或变形，适合于大批量生产薄板结构件
轧制		坯料在轧辊间受压缩变形，主要用于将金属铸锭轧制成各种型材、板材、管材、线材，也适用于制造零件或毛坯
挤压		将金属坯料从挤压模的模孔或空隙中挤出，从而改变坯料截面形状，主要用于有色金属和管材的生产，也用于某些钢和有色金属的机械零件加工或毛坯的加工
拉拔		金属坯料通过拉拔模的模孔而减小截面尺寸，主要用于批量生产各种金属线材和小截面管材及型材

　　最常见的塑性加工方法包括锻造、冲压、轧制、挤压和拉拔等。塑性加工所用毛坯主要有棒材、锭材、板材、管材等。棒材和锭材主要采用锻造方法来成型，板材和管材主要采用冲压方法来成型。

　　塑性加工具有很多显著优点：金属经塑性变形后，所形成的零件具有完整的流线，因此力学性能好；不需要进行大量的切削加工，故产生的废料少，材料利用率高；很多塑性成型方法利用模具生产，故生产率高，产品尺寸稳定，互换性好；能够生产形状复杂的零件；操作简单，易于实现自动化。塑性加工由于具有上述的优点，因此被广泛应用于机械、电器、仪表、汽车、航空航天、国防以及轻工日用品等各个领域。

第二节　塑性成型基本原理

一、塑性变形的实质

　　所有的固态金属和合金都是晶体，晶体的原子在空间上按一定的规则排列，形成一定的空间点阵，如图4-1所示。当金属受到外力作用时，金属原子会在应力作用下离开原来位置，使原子间的相互距离发生变化，并引起原子位能的增加，处于高位能的原子总是具有恢复其平衡位置的倾向，当外力去除后，应力消失，变形也消失，此变形状态称为弹性变形阶段。当金属所受外力继续增加，内应力超过金属的屈服极限时，外力去除后，将出现永久性变形，此时金属进入弹性变形之后的塑性变形。

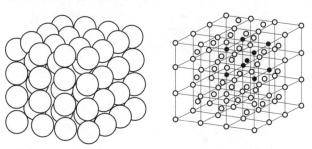

图 4-1　金属晶体点阵示意图

金属发生塑性变形时，任一单晶体所受的应力可分解为正应力和切应力。在切应力作用下，晶体的一部分相对于另一部分沿着原子密排面（滑移面）和原子密排方向（滑移方向）发生移动。这种滑移不是平面之间的刚性滑移，而是通过金属晶体内部的位错运动来实现的，主要包括滑移、扭折和孪生，如图4-2所示。

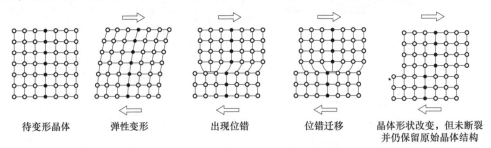

待变形晶体　　弹性变形　　出现位错　　位错迁移　　晶体形状改变，但未断裂并仍保留原始晶体结构

图 4-2　金属塑性变形的位错滑移解释

多晶体的塑性变形与单晶体并无本质差别，但是多晶体是由许多晶粒（即单晶体）组成的，每个晶粒的晶格位向不同，在受到外力作用时，晶格位向最易变形的晶粒首先发生晶内滑移而变形，此时由于晶界的影响，周围尚未发生塑性变形的晶粒则以弹性变形的方式相适应，并向有利于发生变形的位向产生轻微的转动，同时在首批变形晶粒的晶界处形成位错堆积，并引起越来越大的应力集中，达到一定程度时，变形便越过晶界传递到另一批晶粒中去。所以，多晶体的塑性变形是在一批一批的晶粒中逐步发生的，从少数晶粒开始逐步扩大到大量的晶粒中，从不均匀变形逐步发展为比较均匀的变形。多晶体的塑性变形可以看成是组成多晶体的许多单个晶粒产生变形的总和，且晶粒与晶粒之间也有滑动和转动，称为晶间变形。

综上，金属塑性变形是由金属晶粒内部产生相互滑移（晶内滑移）与晶粒之间发生相对滑动（晶间滑动）和转动的结果。

二、塑性变形的分类

1. 加工硬化
大多数金属在室温进行塑性变形，若需不断增加金属的变形程度，就必须不断增加所施加的外力，而当变形增加到一定程度时就会使金属发生破裂。这表明金属在室温下变形，随着变形程度的增加，金属的变形抗力增加了，而塑性、韧性降低了，这种现象称为加工硬化或冷作硬化。

加工硬化现象产生的原因主要是冷变形时，因晶粒的界面、合金中的某些硬质点、杂质原子及其他固定位错等对位错的移动产生阻碍作用，致使位错难以越过障碍物，造成大量位错堆积在障碍物处，因而增加了滑移阻力，若继续增加金属的变形程度，必须提高所施加的外力，才有可能使位错越过障碍物；同时，塑性变形中金属内部产生大量新的位错，并使滑移带附近的原子偏离其稳定位置而发生晶格畸变，使内应力增加，从而使滑移阻力增加；此外，位错的交滑移使晶体被分割成极小的晶粒碎块（称为亚晶），并使亚晶产生不同程度的转动以适应塑性变形，亚晶界聚集了大量位错，使滑移阻力进一步增加。金属变形过程中位错增殖、晶格畸变及亚晶的形成，都会增加晶体的滑移阻力，变形程度越大，滑移阻力也越大，因此，金属的硬度和强度随变形程度的增加而逐渐提高。

加工硬化在生产中具有很实用的现实意义，是强化金属的重要方法之一。纯金属以及某些不能通过热处理强化的合金，如低碳钢、纯铜、防锈铝、奥氏体不锈钢、高锰钢等，可通过冷拔、冷轧、冷挤压等工艺来提高其强度和硬度。但在冷轧薄板、冷拉细钢丝和多道拉伸的过程中，加工硬化会导致后道工序加工困难，甚至开裂报废，因此需在工序间适当穿插热处理来消除加工硬化。

2. 再结晶

加工硬化的金属是可以重新软化的。经塑性变形的金属内部具有形变储能，其金属原子处于不稳定状态，但在室温下原子活动能量较低，不可能自行恢复到稳定状态。当提高硬化后的金属温度时，由于原子获得了能量，增加了活动能力，因而这些处于不稳定状态的原子就会自行恢复到稳定状态，从而消除晶格畸变和残余应力。当温度足够高时，原子将以晶粒碎块和晶界上其他质点为结晶核心重新排列，并逐步长大为新的等轴晶，从而使硬化的组织完全消除，使金属重新得到软化，这种现象称为再结晶。

再结晶现象只有当硬化金属达到某一温度以上时才会发生，产生再结晶的最低温度与该金属熔点有着一定的关系，如纯金属的最低再结晶温度为

$$T_{再结晶} \approx 0.4 T_{熔点}（绝对温度）$$

当金属含有杂质和合金元素时，将使再结晶温度提高。表 4-2 所示为不同金属材料恢复阶段的去应力回火温度和再结晶阶段的再结晶回火温度。

表 4-2　不同金属材料恢复阶段的去应力回火温度和再结晶阶段的再结晶回火温度　　℃

金属材料		去应力回火温度	再结晶回火温度
钢	碳素结构钢及合金结构钢	500~650	680~720
	碳素弹簧钢	280~300	
铝及其合金	工业纯铝	100	350~420
	普通硬铝	100	350~370
铜及其合金（黄铜）		270~300	600~700

3. 冷变形与热变形

塑性变形分为冷变形和热变形。冷变形是在再结晶温度以下进行的变形，变形过程中不

发生再结晶，因而变形之后会产生加工硬化现象。热变形是在再结晶温度以上进行的变形，在变形过程中会同时产生硬化和再结晶软化。

冷变形可以获得精度较高和表面光洁的产品，因此在压力加工中得到广泛的应用，例如冷轧、冷拔、薄板冲压、冷镦等。冷变形对金属材料的组织和性能要求较高，其必须在室温下具有较高的塑性、较低的变形抗力、均一的组织和光滑的表面。对于金属铸锭，由于其塑性较低，只有先经热变形制成坯料，如轧制成板材、型材，才有可能承受冷变形。

金属压力加工中采用热变形较多，因为只有热变形才能以较小的能力产生较大的变形，并可获得细小的晶粒、均匀致密的组织和机械性能优良的产品，绝大部分钢和有色金属及其合金铸锭都是采用热变形制造的。

三、金属的可锻性

金属的可锻性是衡量金属材料经受锻压加工方法成型的难易程度，是金属的工艺性能指标之一，金属的可锻性好，表明材料适于采用锻压方法成型。金属的可锻性常用金属的塑性和变形抗力两个因素来衡量，金属材料的塑性越好，变形抗力越小，则其可锻性越好。

影响金属可锻性的因素主要有两个方面，包括金属的本质和金属的变形工艺条件。

1. 金属本质的影响

（1）化学成分不同的合金，其塑性不同，锻造性能也不同。一般来说，纯金属可锻性好；合金元素越复杂，含量越多，其可锻性越差。

（2）组织状态金属的组织结构不同，其可锻性差别很大。单一固溶体的塑性好且变形抗力小；化合物的塑性差且变形抗力大；面心立方和体心立方结构的金属塑性好，密排六方结构的金属塑性差；合金的组织越均匀，塑性越好；材料的晶粒越小，塑性越好，但变形抗力大。

2. 金属变形工艺条件的影响

1）变形温度

温度越高，原子活动能力越大，滑移所需的应力越小，因而变形抗力降低、塑性增加，因此加热有助于提高锻造性。但加热不当，如加热时间过长、加热温度过高，会产生氧化、脱碳、过热等缺陷，甚至造成过烧而使产品报废。所以金属的变形必须严格控制在规定温度内。

2）变形速度

采用常规锻造方法时，随着变形速度的增加，由于恢复和再结晶来不及重复进行，故使加工硬化未被彻底消除，造成金属的塑性下降、变形抗力增加、锻造性变差。因此，常规锻造塑性较差的金属时，应采用较低的变形速度（即用压机不用锤）。而在高速锤上锻造时，随着变形速度的增加，变形时间缩短，由塑性变形功转化而来的热量大大超过散失的热量，会明显提高变形温度，即热效应，使塑性增加、抗力减小、锻造性变好，所以常规设备难以锻造的高强度低塑性合金可以采用在高速锤上锻造。

3）变形时的应力状态

三向应力状态中，压应力数目越多，材料的塑性越好，但变形抗力增加。因为在拉应力下变形，金属内部的气孔、微裂纹等缺陷容易扩展，可能造成金属破坏而失去塑性，但在拉应力下金属易于滑移，所以变形抗力小；在压应力作用下变形，金属内部的微裂纹不易扩展，金属的塑性得到改善。但由于增加了金属内部的摩擦，故使变形抗力增加。因此，应根据不同材料的性质来选择不同的加工方式，塑性较好的材料应选择在拉应力状态下变形，如拉拔，以减少能量消耗；塑性较差的材料，应选择在三向压应力状态下变形，如挤压，以免开裂。

四、金属塑性变形的基本规律

1. 弹性变形定律

金属在发生塑性变形时需经过弹性变形再进入塑性变形阶段，因而金属在发生塑性变形的过程中，必然存在弹性变形，由于这部分弹性变形在塑性变形后要恢复，因此将导致塑性变形后的工件形状和尺寸发生变化，从而影响工件的精度。

2. 体积不变定律

金属在变形前和变形后的体积不变，称为体积不变定律。事实上，金属在发生塑性变形的过程中，总变形包括塑性变形和弹性变形两部分，卸载后弹性变形消失，而塑性变形过程中金属的体积不能精确等于卸载后的体积。此外，在锻造过程中，塑性变形锻合了钢坯内部的空隙、疏松、裂纹等，使毛坯密度增加，体积稍有减小。这种微小体积变化与坯料的宏观体积相比较可以忽略不计，一般在坯料尺寸计算、模锻毛坯设计等应用中仍依据体积不变定律来计算。

3. 最小阻力定律

金属在发生变形时，若其质点有向各个方向流动的可能，则每一质点都趋于沿最小阻力的方向流动。通常，质点流动阻力最小的方向是通过该质点指向金属变形部分周边的法线方向。根据这一定律可以确定金属变形中质点的移动方向，控制金属坯料变形的流动方位，降低能耗，提高生产效率。

第三节　锻造成型

锻造是一种利用锻压机械对金属坯料施加压力，使其产生塑性变形，以获得具有一定机械性能、一定形状和尺寸锻件的加工方法。

一、坯料加热与锻件冷却

1. 加热目的与锻造温度区间

锻造前一般需要加热，加热的目的是提高坯料的塑性并降低变形抗力，以改善其锻造性能。一般来说，随着温度的升高，金属材料的强度降低而塑性提高，所以加热后锻造，可以用较小的锻造力量使坯料产生较大的变形而不破裂。

加热温度太高，容易导致各类加热缺陷，而使锻件的质量下降，甚至造成废品。材料在锻造时所允许加热的最高温度称为该材料的始锻温度。在锻造过程中，随着热量的散失，温度不断下降，因而坯料的塑性越来越差，变形抗力越来越大，当温度下降到一定程度后，坯料不仅难以变形，且易于断裂，必须及时停止锻造，重新加热。材料停止锻造的温度称为该材料的终锻温度。从始锻温度开始到终锻温度之间的温度范围称为锻造温度区间。表4-3所示为不同金属材料的锻造温度区间。

表4-3　不同金属材料的锻造温度区间

金属		始锻温度/℃	终锻温度/℃
碳钢	$\omega(C)<0.3\%$	1 200~1 250	800~850
	$0.3\%<\omega(C)<0.5\%$	1 150~1 200	800~850
	$0.5\%<\omega(C)<0.9\%$	1 100~1 150	800~850
	$0.9\%<\omega(C)<1.4\%$	1 050~1 100	800~850
合金钢	合金结构钢	1 150~1 200	800~850
	合金工具钢	1 050~1 150	800~850
	耐热钢	1 100~1 150	850~900
铜合金		700~800	650~750
铝合金		450~490	350~400
镁合金		370~430	300~350
钛合金		1 050~1 150	750~900

　　锻件的温度可用仪表测定，在生产中也可以根据被加热金属的火色来进行判断，如表4-4所示。

表4-4　碳钢的加热温度与火色的关系

温度/℃	1 300	1 200	1 100	900	800	700	<600
火色	白色	亮黄	黄色	樱红	赤红	暗红	黑色

2. 加热缺陷

1）氧化和脱碳

　　钢是铁和碳组成的合金，采用一般方法加热时，钢料的表面不可避免地要与高温的氧气、二氧化碳及水蒸气等接触，发生剧烈的氧化，使坯料的表面产生氧化皮及脱碳层，每加热一次，氧化烧损量占坯料质量的2%~3%。在计算坯料质量时，应将烧损量考虑进去。脱碳层可以在机械加工的过程中被切削掉，一般不会影响零件的使用。但是，如果上述氧化现象过于严重，则会产生较厚的氧化皮和脱碳层，甚至导致锻件报废。减少氧化和脱碳的措施是严格控制送风量，快速加热，减少坯料加热后在高温炉中停留的时间，或采用少氧化、无氧化等加热方法。

2）过热和过烧

　　加热钢料时，如果加热温度超过始锻温度，或在始锻温度下保温过久，钢料内部的晶粒会变得粗大，这种现象称为过热。晶粒粗大的锻件力学性能较差，故可采取增加锻造次数或锻后热处理的方法使晶粒细化。

　　如果将钢料加热到更高的温度，或将过热的钢料长时间在高温下停留，则会造成晶粒间低熔点杂质的融化和晶粒边界的氧化，从而削弱晶粒之间的联系，这种现象称为过烧。过烧后的钢料是无法挽回的废品，锻造时一击便碎。

　　为了防止过热和过烧，要严格控制加热温度，不要超过规定的始锻温度，尽量缩短坯料高温下在炉内停留的时间；装料时一次装料不要太多，遇到有设备故障时需要停锻，并及时将炉内的高温坯料取出。

3）加热裂纹

尺寸较大的坯料，尤其是高碳钢和一些合金钢坯料，在加热过程中，如果加热速度过快或装炉温度过高，则可能由于坯料内部各部分之间较大的温差而引起温度应力，导致产生裂纹。这些坯料在加热时，要严格遵守加热规范。如对于大截面的坯料，采用多段加热及在低温阶段增加保温时间，以消除温度应力，达到 600 ℃ 以上时，坯料塑性增加，可以快速加热。一般来说，中碳钢的中小型锻件，以轧材为坯料时，不会产生加热裂纹，为了提高生产率、减少氧化、避免过热，应尽可能采取快速加热的方式。

3. 锻件冷却

锻件的冷却是保证锻件质量的重要环节，冷却方式包括：

（1）空冷。在无风的空气中，放在干燥的地面上冷却。

（2）坑冷。在填有石棉灰、砂子或炉灰等绝热材料的坑中，以较慢的速度冷却。

（3）炉冷。在 500~700 ℃ 的加热炉中随炉缓慢冷却。

一般来说，碳素结构钢和低合金钢的中小型锻件，锻后均采用冷却速度较快的空冷方法；成分复杂的合金钢锻件大多采用坑冷或炉冷。锻件冷却速度过快会造成表层硬化，难以进行切削加工，甚至产生裂纹。

二、锻造设备

锻造设备可按其工作原理分为两大类：一类是以冲击力来使金属材料产生塑性变形的锻锤，如空气锤、蒸汽—空气锤；另一类是以静压力使金属材料产生塑性变形的压力机，如水压机、油压机和曲柄压力机等。

1. 自由锻设备

1）空气锤

空气锤主要由锤身、传动部分、落下部分、操作配气机构及砧座组成。电动机通过减速机构及曲柄连杆机构带动压缩缸内的活塞上下往复运动，将压缩空气经上下阀送入工作缸的上腔或下腔，驱使锤杆和锤头上下运动进行打击。通过脚踏板或手柄操纵控制阀可使锻锤实现空转、提锤、锤头下压、连续打击和单次锻打等多种动作，满足锻造的各种需要。

空气锤的规格用落下部分（包括工作活塞、锤杆和上砧铁）的总质量来表示，国产空气锤的规格从 65 kg 到 750 kg 有多种。锻锤产生的冲击力一般是落下部分质量的 10 000 倍。空气锤工作时振动大、噪声大。

2）液压机

液压机是利用进入工作缸的高压水或油产生的很大静压力来锻压坯料的，其主体庞大，需配备复杂的液压及操作系统，另外还要配备大型加热炉、操作机、起重机，一般用于中大型锻件。液压机以静压力作用于坯料上，且作用时间长，有利于将坯料整个截面锻透，工作时振动小、劳动条件好，主要用于几十吨至数百吨大型锻件的锻造，如大型发电机的转子、大型化工设备的罐体等。

2. 模锻设备

模锻设备种类很多，大致可分为模锻锤、压力机等，其中模锻压力机规格以能产生的公称压力来表示，如25 000 kN（2 500 t）。模锻时，锻模安装在滑块与工作台之间，因此模锻设备比自由锻设备机身刚度大、滑块与立柱间的导向精度较高并有顶出锻件机构，易于实现机械化和自动化生产。

三、自由锻

自由锻是利用冲击力或压力使金属在上下砧面间各个方向自由变形，不受任何限制而获得所需形状及尺寸和一定机械性能的锻件的一种加工方法。

1. 自由锻的工序

自由锻工序一般可分为基本工序、辅助工序和修整工序三类。

（1）基本工序：能够较大幅度地改变坯料形状和尺寸的工序，也是自由锻造过程中的主要变形工序。如镦粗、拔长、芯棒拔长、冲孔、扩孔、弯曲和切割等工步。

（2）辅助工序：在坯料进入基本工序前预先变形的工序。如钢锭倒棱、压钳把、阶梯轴分段压痕等工步。

（3）修整工序：用来精整锻件尺寸和形状，使其完全达到锻件图纸要求的工序。一般是在某一基本工步完成后进行。如镦粗后的鼓形滚圆和截面滚圆、端面平整、弯曲校直等工步。

2. 基本工序

基本工序是主要的变形工序，下面主要介绍几种基本工序。

1）镦粗

镦粗是使坯料高度减小而横截面增大的锻造工序。若使坯料局部截面增大，则称为局部镦粗。镦粗时应注意镦粗部分的长度与直径之比应小于2.5～3，以防止镦弯。局部镦粗时，镦粗部分的高径比也应满足这一要求。发生镦弯现象时，应将坯料放平，轻轻锤击校正。当高径比过大或锤击力不足时，还可能将坯料镦成双鼓形，若不及时纠正，则会产生折叠，使锻件报废。

2）拔长

拔长是使坯料长度增加、横截面减小的锻造工序。拔长时，坯料沿下砧（抵铁）的宽度方向送进，每次的送进量应为抵铁宽度的0.3～0.7倍。若送进量太大，则金属主要向宽度方向流动，反而会降低拔长效率；若送进量太小，则又容易产生夹层。锻造时每次的压下量也不宜过大，以避免夹层的产生。

3）冲孔

冲孔是在坯料上锻出通孔或盲孔的工序。冲孔前应先将坯料镦粗，以尽量减少冲孔深度并使端面平整。由于冲孔时坯料的局部变形很大，为了提高塑性，防止冲裂，冲孔前应将坯料加热到始锻温度。为了保证孔位正确，应先试冲，即先用冲子轻轻冲出孔位的凹痕，以检查孔位是否正确，如有偏差，则可将冲子先放在正确位置上再试冲一次，加以纠正。孔位检查或修正无误后，可向凹痕内撒放少许煤粉（使其便于拔出冲子），再继续冲深，应注意保持冲子与砧面垂直，防止冲歪。

一般采用双面冲孔法，即将孔冲到坯料厚度的2/3～3/4深度时，取出冲子，翻转坯料，然后从反面将孔冲透。较薄的坯料可采用单面冲孔。

4）扩孔

扩孔是将钻孔底部或某些类型的基础镦的底部加以扩大，以便增加其承受载荷的区域。

扩孔的作用在于，在一个点钻孔时，如果直接钻比较大的孔径，用相应的钻头往往不能达到要求，因此可以先用较小的钻头来钻孔，再逐步扩大至规定尺寸，以尽量提高孔的形位公差。扩孔可以用来增加管子、杯状物或壳体等带孔工件的内径。

5）弯曲

弯曲是使坯料弯成一定角度或形状的工序。

6）扭转

扭转是将坯料的一部分相对于另一部分旋转一定角度的工序。扭转时应将坯料加热到始锻温度，受扭曲变形的部分必须表面光滑，面与面的相交处要有过渡圆角，以防扭裂。

7）切割

切割是分割坯料或切除锻件余料的工序。在切割方形截面工件时，应先将剁刀垂直切入工件，至快断开时将工件翻转，再用剁刀或克棍截断。切割圆形截面工件时，要将工件放入带有凹槽的剁垫中，边切割边旋转。

四、模锻

模锻是将坯料在模具腔内受锻压力作用而变形并充满型腔，最终获得复杂的零件形状的一种锻造工艺。模锻是大批量生产锻件的主要方式，但模锻生产受到设备吨位的限制，只适用于中小锻件的生产；又由于模具制造费用高、周期长，故而不适于单件小批量生产。

1. 胎模锻

胎模锻是介于自由锻和模锻之间的一种锻造方法，它是在自由锻上用简单的模具生产锻件的一种常用的锻造方法。胎模锻时模具不固定在锤头或砧座上，根据锻造过程需要，可以随时放在抵铁上或者取下。

2. 锤上模锻

锤上模锻是将锻模装在模锻锤上进行锻造。在锤的冲击力下，金属在模膛中成型，特别适合于多模膛模锻，能完成多种变形工序。

锻模模膛按其作用不同可分为模锻模膛、制坯模膛和切断模膛三大类。模锻模膛的作用是将坯料经过变形后形成锻件。模锻模膛有预锻模膛和终锻模膛，常设置在锻模的中间位置。制坯模膛的作用是将圆棒料毛坯制成横截面和外形基本符合锻件形状的中间坯料，然后将它放入模锻模膛中制成锻件。

3. 压力机上模锻

锤上模锻操作简便、工艺适应性广，在中小型锻件的生产中得到广泛的应用，但锤上模锻锻造时振动及噪声大、劳动条件差、蒸汽做功效率低、能源消耗大，近年来大吨位的模锻机有逐步被压力机取代的趋势。

曲柄压力机的冲压行程较大，但行程固定，机架刚度好，且滑块与导轨之间的间隙小，装配精度高，设有上下顶出装置，模锻斜度小甚至可以为零，因此锻件质量高，能够节省材料。其滑块的运动速度低，坯料变形速度慢，适合加工低塑性合金。采用静压力，振动小，噪声低，工人劳动条件好，易于实现自动化。但是，由于曲柄压力机滑块行程固定不变，且坯料在静压力下一次成型，金属不易充填较深的模膛，不宜用于拔长、滚挤等变形工序，故需先进行制坯工序或采用多模膛锻造。此外坯料的氧化皮也不易去除，必须严格控制加热量。

曲柄压力机与同样锻造能力的模锻锤相比，结构复杂、造价高，因此，适合大批量生产优质锻件。

4. 摩擦压力机上模锻

摩擦压力机具有模锻锤和曲柄压力机双重工作特性，既具有模锻锤的冲击力，又有曲柄压力机与锻件接触时间较长、变形力较大的特点。因此，既能完成镦粗、挤压等成型工序，又可进行精锻、校正、切边等后续工序的操作。

摩擦压力机带有顶料装置，可以用来锻造长杆类锻件，并可锻造小斜度或无斜度以及小余量和无余量的锻件，节省材料。摩擦压力机承受偏心载荷的能力较差，通常只进行单模膛模锻；传动效率和生产效率较低，能耗较大。

摩擦压力机因具有以上特点，故主要适用于中小批量生产中小模锻件，特别适合模锻塑性较差的金属和合金，如高温合金和有色金属。

第四节　冲压成型

冲压是金属塑性加工的基本方法之一，它是使金属或非金属在压力机的模具上对板料施压，使之产生分离或变形，从而获得一定形状、尺寸和性能的零件或毛坯的加工方法。因为通常在常温条件下加工，故而也称为冷冲压，只有当板料厚度超过 8 mm 或材料塑性较差时才采用热冲压。

冲压技术与其他加工方法相比，具有以下特点：

（1）冲压件尺寸精度高、表面光洁、质量稳定、互换性好，一般无须再进行机械加工即可装配使用；

（2）生产率高，操作简便，成本低，工艺过程易于实现机械化和自动化；

（3）可利用塑性变形的加工硬化提高零件的力学性能，可在材料消耗较少的情况下获得强度高、刚性大、质量小的零件；

（4）冲压模具结构较为复杂，加工精度要求高，制造费用高，因而适用于大批量生产。

冲压技术的应用范围极广，几乎在一切制造金属成品的工业部门中都广泛采用，尤其是在现代汽车、拖拉机、家用电器、仪器仪表、飞机、导弹、兵器以及日用产品生产中占有重要地位。

一、冲压设备

1. 冲床

冲床是进行冲压加工的基本设备。冲床的规格以标称压力来表达，如 100 kN（10 t），其他主要技术参数有滑块行程长度（mm）、滑块行程次数（次/min）和封闭高度等。冲床的操纵机构包括踏板、拉杆和离合器等。冲床开动后，带轮只做空转，曲轴不转；当踩下踏板、离合器接合时，曲轴旋转，带动滑块动作，踏板不松开，则滑块连续动作；踏板一松开，滑块便在制动器的作用下自动停止在最高位置。

传动机构包括带轮、曲轴和连杆等。电动机驱动带轮旋转，并经离合器使曲轴转动，通过连杆将旋转运动转变为滑块的上下往复运动。

工作台面与导轨垂直，滑块的下表面与工作台的上表面设有 T 形槽，用以安装紧固模具。滑块带动上模沿导轨做上下运动，完成冲压动作。

2. 剪床

剪床是专门用于裁剪板料的专用曲柄压力机，主要用于将板料剪切分离成一定宽度的条料或块料。

电动机带动轮使轮轴转动，通过齿轮传动及牙嵌离合器带动曲轴转动，使装有上刀片的滑块做上下运动，完成剪切动作。工作台上装有下刀片，制动器与离合器配合，可使滑块停在最高位置，为下次剪切做好准备。

3. 冲模

冲模主要由工作零件（凸模、凹模）、板料定位件（定位销）、脱模装置（卸料板、顶出装置）、模架（上模板、下模板、导柱、导套、凸模固定板、凹模固定板）四大部分组成。其中，工作零件是模具的核心，凸模与凹模共同对板料作用，使板料分离或变形；模架的下模板可固定在冲床的工作台上，导套和导柱分别固定在上、下模座上，使上、下模对准。

冲模按工序可分为三类：在冲床的一次行程中，在模具的一个工位上完成一道加工工序的称为简单冲模；在冲床的一次行程中，在模具的一个工位上完成两道以上冲压工序的称为复合冲模；在冲床的一次行程中，在模具的不同工位上完成两道甚至几十道工序的称为连续冲模（也称为跳步模）。冲模的模具结构复杂，精度要求高，因此制造难度大，费用高，但生产效率也高。

二、冲压基本工序

冲床的基本工序一般分为两大类：分离工序和变形工序。分离工序是通过冲压使板料的一部分相对于另一部分完全分离或部分分离；变形工序是在使工件不被破坏的前提下，通过冲压加工使板料发生塑性变形，形成零件形状。分离工序包括冲孔与落料，变形工序包括弯曲、拉深、起伏和胀形等。

1. 冲孔与落料

冲裁是使板料沿封闭轮廓线分离的工序，包括冲孔和落料。两种工序的分离过程和模具结构相同，其区别在于冲孔是为了得到冲压件上的孔，而落料是为了得到片状冲压件的外形。

冲裁变形的过程可以分为以下三个阶段：

（1）弹性变形阶段。凸模接触板料后，开始压缩材料，使板料产生弹性压缩变形，并被稍许挤入凹模。凸、凹模之间存在间隙 c，板料略有弯曲，使凹模上的板料上翘，间隙值越大，弯曲和板料上翘越明显。

（2）塑性变形阶段。凸模继续压入，压力增加，当材料的内应力达到屈服极限时便产生塑性变形。随着凸模的压入和塑性变形程度的增大，变形区材料硬化加剧。由于模具锋利刃口的作用，使板料与凸模、凹模刃口接触的上下转角处因应力集中而产生裂纹。至此，塑性变形阶段结束，冲裁变形力达到最大值。

（3）断裂分离阶段凸模继续压入，已产生的上下微裂纹向材料内部扩展延伸，上下裂纹相遇重合后，材料断裂分离。

2. 弯曲

弯曲是利用模具或其他工具将坯料一部分相对另一部分弯曲成一定的角度和圆弧的变形

工序。

坯料弯曲时，其变形区仅限于曲率发生变化的部分，且变形区外侧受拉伸，容易出现拉裂，而内侧受压缩，容易起皱。所以弯曲模的工作部分应有一定的圆角，以防止工件外表面弯裂。

弯曲变形与其他方式的塑性变形一样，在总变形中一定存在一部分弹性变形，当外力去除后，塑性变形被保留下来，而弹性变形部分恢复，从而使坯料产生与弯曲变形方向相反的变形，这种现象称为回弹。回弹现象会影响弯曲件的尺寸精度。影响回弹值大小的因素很多，主要有材料的力学性能、板料厚度、弯曲形状、相对弯曲半径以及弯曲力的大小等。回弹是弯曲变形中难以完全克服的现象，但采取一定的工艺措施可以减小回弹。一般在设计弯曲模时，可使模具角度与工件角度相差一个回弹角，这样在弯曲回弹后能得到较准确的弯曲角度，工件精度要求高时还可增加校正工序。

3. 拉深

拉深是利用模具将已落料的平面板坯压制成各种开口的空心零件，或将已制成的开口空心件毛坯制成其他形状空心零件的一种变形工艺，又称拉延。

在拉深过程中，处于凸模底部的筒底金属基本不变形，只起到传力作用，受径向和切向拉应力作用；筒壁由凸缘部分经塑性变形后转化而成，为已变形区，受轴向拉应力作用；凸缘区是拉深变形区，这部分金属在径向拉应力和切向拉应力的作用下不断收缩并逐渐转化为筒壁。

为了避免拉裂，拉深凹模和凸模时工作部分应加工成圆角。为确保拉深时板料能够顺利通过，凹模与凸模之间应有比板料厚度大的间隙。拉深时，为了防止板料起皱，常用压边圈通过模具上的螺钉将板料压住。此外，深度大的拉深需经多次才能完成，为此，在拉深工序之间通常要进行退火处理，以消除拉深过程中金属产生的加工硬化。

4. 起伏

起伏成型是依靠材料的延伸使工件形成凹陷或凸起的冲压工序。起伏成型中，材料厚度的改变是非意图性的，即厚度的少量改变是在变形中自然形成的，不是设计的指定要求。

第五节　其他塑性成型方法

随着工业水平的不断进步，人们对于金属塑性成型加工生产提出了越来越高的要求，除了生产各种毛坯件外，也要求能够直接生产出更多的具有较高精度与质量的成品零件，其他塑性成型方法在近代的生产中也得到了蓬勃发展和广泛的应用，本节主要介绍轧制、挤压与拉拔等方法的特点和应用。

一、轧制

轧制加工方法是利用金属坯料与轧辊接触面间的摩擦力，使得金属在两个回转轧辊的特定空间中产生塑性变形，以获得一定截面形状并改变其性能的塑性加工工艺方法。轧制生产的坯料主要是金属锭，其产品一般为钢板、钢管和各种型钢。

轧制过程中，坯料靠与轧辊间的摩擦力得以连续通过轧辊缝隙，在压力作用下变形，使坯料的截面减小、长度增加。轧制的方法有多种，如按照轧辊轴线与坯料轴线的相对空间位置和轧辊的不同转向可分为纵轧、斜轧和横轧，如图4-3所示。轧辊轴线相互平行而转向相反的轧制方法称为纵轧，目前用来制造扳手、钻头、连杆、履带、汽轮机叶片等。轧辊相互交叉成一定角度配置，以相同方向旋转，轧件在轧辊作用下绕自身轴线做反向旋转，同时做轴向运动向前送进的轧制方法称为斜轧，又称为螺旋轧制或横向螺旋轧制，斜轧可以直接热轧出带螺旋线的高速滚刀体、自行车后闸壳以及冷轧丝杠等。轧辊轴线与轧件轴线平行且轧辊与轧件做相对转动的轧制方法称为横轧，横轧适合模数较小的齿轮零件的大批量生产。

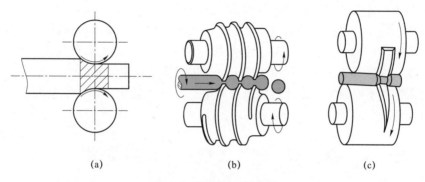

图 4-3　轧制的三种方法
（a）纵轧；（b）斜轧；（c）横轧

二、挤压

挤压工艺是将金属毛坯放入模具中，在强大的压力作用下迫使金属从型腔中挤出，从而获得所需形状、尺寸及具有一定力学性能的零件的塑性加工方法。工业上广泛应用的几种挤压方法包括正向挤压法、反向挤压法、侧向挤压法、玻璃润滑挤压法和连续挤压法等，其中以正向挤压法和反向挤压法最为常用。

正挤压时，金属的流动方向与挤压轴方向相同，其最主要的特征是金属与挤压筒内壁有相对滑动，故存在很大的摩擦，它会使金属流动不均匀，导致挤压件制品头部与尾部、表层与中心部的组织性能不均匀。反挤压时，金属的流动方向与挤压轴相反，其特点是除靠近模孔附近处之外，金属与挤压筒内壁间无相对滑动，故无摩擦，挤压能耗较低，且反挤压时金属流动主要集中在模孔附近的区域，因而金属制品长度方向上的变形是均匀的。

挤压法的优点在于：具有比轧制更为强烈的三向应力状态，使金属可以发挥最大的塑性；不仅可以生产形状简单的管、棒和型材，也可以生产断面复杂以及变断面的管材和型材；具有极大的生产灵活性；产品尺寸精确，表面质量高，易于实现生产自动化。

挤压法的缺点在于：金属的废料损失较大，加工速度低，沿长度与断面方向上制品的组织和性能不够均一，工具消耗较大。

三、拉拔

拉拔加工方法是金属材料在拉力作用下，通过一定形状、尺寸的模孔使其产生塑性变形，以获得与模孔形状、尺寸相同的小截面材料的塑性成型方法。拉拔工艺分为冷拔、热拔和温拔三种。冷拔是指被拉拔的线材在室温（再结晶温度下）进入模孔，并在模孔中产生塑性变形，其特点是具有光亮的表面、足够精确的断面尺寸和一定的力学性能；热拔是指被拉拔的线材预热到再结晶温度以上再进行拉拔，主要用于低塑性、高熔点、难变形的金属线材，其特点是可以完全消除拉拔过程中产生的加工硬化，提高线材的塑性；温拔是指被拉拔的线材预热温度控制在再结晶温度以下、恢复温度以上所进行的拉拔，主要用于低塑性、高合金线材。

在多数情况下采用冷拔，以提高产品的质量和尺寸精度。拉模孔的制造材料一般选用硬质合金，此模具材料可以提高模孔几何形状的准确性和使用寿命。拉拔产品主要是各种细线材、薄壁管和各种特殊几何形状的型材等。

拉拔的特点在于：经拉拔的钢丝尺寸精确、表面质量好；其制品种类多、规格多；断面的受力和变形均匀对称，断面质量好；经拉拔后的制品力学性能显著提高；拉拔设备规模小、工具简单、维修方便，在一台拉丝机上可以生产多种规格和品种的产品；为实现安全拉拔，各道次压缩率不能过大，因此拉拔道次较多，摩擦力较大，消耗能量较多，工序繁多，成品率相对较低。

第六节 塑性成型技术训练实例

实例——易拉罐罐体制作。

1. 实训目的

（1）了解和体会塑性成型的基本工艺；

（2）掌握冲床设备的使用方法；

（3）熟悉易拉罐罐体制作的基本工序。

2. 实训设备及工件材料

（1）冲床；

（2）铝制板材。

3. 实训内容及加工过程

1）落料—拉伸复合工序

拉伸时，坯料边缘的材料沿着径向形成杯。拉伸比 $m=36.55\%$，坯料直径 $D_p=140.20$ mm±0.01 mm，杯直径 $D_C=88.95$ mm。

2）罐体成型工序

为防止拉伸时筒壁变薄破裂，在拉伸时应选择分次拉伸，即第 1 次变薄拉伸：20% ~ 25%；第 2 次变薄拉伸：23%~28%；第 3 次变薄拉伸：35%~40%。对于 CCB-1A 型罐用铝材 3104H19，其凹模锥角合理取值为 $\alpha=5°~8°$。

3）底部成型

若罐底沟外壁夹角 α_1 大于 40°，则凸模圆弧 R 不能小于 3 倍的料厚。但 R 太大，将会减小强度。球面和罐底沟内壁圆弧 R_1 至少为 3 倍料厚，通常 R_1 取 4~5 倍料厚。减小罐底沟内壁夹角 α_2 将增加强度，生产中大多数采用 10°以下。罐底球面半径常用公式 $R_球=d_1/0.77$ 确定，实际取 $R_球=45.72$ mm。

知识拓展

塑性成型以塑性变形机制为理论，通过控制材料的塑性成型流动来制造毛坯或零件，涉及材料性能学、材料成型设备、模具设计与制造、冷却润滑和自动化等方面，在不断深化的变形条件下，材料塑性流动规律将为新的塑性成型方法提供理论支撑和实施可能。例如目前在大型锻件成型、回转塑性成型、板材与管材成型、超塑性成型、精密塑性成型等方面均有最新的研究与进展。若想进一步深入学习相关的基本理论及关键技术，则可参阅相关专业文献。

 劳模工匠小课堂

刘伯鸣，男，汉族，中共党员，中共二十大代表、中国一重水压机锻造厂副厂长，享受国务院政府特殊津贴，先后荣获"全国劳动模范""中华技能大奖""中央企业百名杰出工匠""龙江楷模""大国工匠年度人物"等荣誉称号，现为"国家级刘伯鸣技能大师工作室"领衔人。

自由锻是目前进行超大型锻件制造最有效的工艺途径，适合于个性化、小批量、大吨位的锻件。刘伯鸣的工作是掌控1.5万t水压机，利用自由锻工艺，把数百吨重的钢锭，制成轴、辊、筒、环等各类锻件。为解决EO反应器超大管板锻件问题，刘伯鸣首创"体外锻造"的方式，使锻件的加工达到了既定工艺尺寸，也成功实现了"体外锻造"大型锻件国内的首次尝试，解决了该类产品锻造生产中的"卡脖子"难题。

从业30多年来，刘伯鸣独创40种锻造方法，开发31项锻造技术，核电领域关键部件锻造工艺的难点在刘伯鸣手中相继突破。针对日本企业在大型锻件领域的技术封锁，刘伯鸣带领团队发起"过渡段筒节一体化"课题攻关，解决了过渡段一体化面临形状特殊、扩孔前两段壁厚不均、扩孔时走料不同步等诸多实际情况造成的困难障碍，一次性完成了16件一体化筒节过渡段锻造。他出色地完成了20余项超大、超难核电锻件和超大筒节的锻造任务，如三代核电锥形筒体、水室封头、主管道、715 t核电常规岛转子等，其中，首件CAP1400锥形筒体更是实现了一次锻造成功。

刘伯鸣在国家核电以及石化领域的产品锻造过程中，积极推动专项产品的国产化进程，实现对进口产品的有效替代，大力提升我国超大型铸锻件极端制造的整体技术水准以及在国际上的竞争力。"我和同事们见证了国家超大锻件国产化、产业化的全部历程。"刘伯鸣说，"现在的锻造跟以前也有了天壤之别，以前是苦干实干，现在还要创新地干!"凭借自己持之以恒、实干创新的工匠精神，他书写下令人瞩目的成绩并做出卓越的贡献。

第五章

连接成型技术

内容提要：本章主要介绍材料连接成型技术的特点、分类，尤其是焊接技术的基本原理、典型焊接方法以及常见焊接缺陷与质量检测手段，并介绍了焊接技术的未来发展趋势。

第一节　概　　述

材料通过机械、物理化学或冶金方式，由简单型材或零件连接成复杂零件和机械部件的工艺过程称为连接成型。材料连接成型是制造技术的重要组成部分，其包含机械连接成型、物理化学连接成型以及冶金连接成型。冶金连接是材料连接的主要方法，应用最为广泛。

第二节　连接成型的基本原理

金属原子是依靠金属键结合在一起的，两个原子间结合力的大小是引力与斥力共同作用的结果，如图5-1所示。

当原子间的距离为 r_A 时，结合力最大。对于大多数金属，$r_A \approx 0.3 \sim 0.5$ nm。当原子间的距离大于或小于 r_A 时，结合力都会显著降低。理论上讲，当两个被连接的固体材料表面的距离接近 r_A 时，就可以在接触表面上进行扩散、再结晶等物理、化学过程，从而形成键合，以实现材料原子间的连接。然而，事实上即使是经过精细加工的表面，其表面粗糙度仍有几微米到几十微米，在微观上是凹凸不平的，不平度约为 r_A 的 10^4 倍。另外在材料表面上还常常有氧化膜、油污和水分等吸附层，这些都会阻碍材料的紧密接触。

为了克服阻碍材料表面紧密接触的各种因素，在连接工艺上主要采取以下两种措施。

（1）对被连接的材质施加压力，以破坏接触表面的氧化膜，使结合处增加有效的接触面积，从而达到紧密接触。

（2）对被连接材料局部或整体加热。对金属来讲，使结合处达到塑性或熔化状态，此时接触面的氧化膜迅速被破坏，降低了金属变形的阻力。加热也会增加原子的振动能，促进扩散、再结晶、化学反应和结晶过程的进行。

金属焊接的温度和压力存在一定的关系。比如纯铁，金属加热的温度越低，实现焊接所需的压力就越大，如图5-2所示。当金属的加热温度 $T<T_1$ 时，压力必须在 AB 线的右上方（Ⅰ区）才能实现焊接；当金属的加热温度 T 在 $T_1 \sim T_2$ 之间时，压力应在 BC 线以上（Ⅱ

区）；当 $T>T_2=T_M$（T_M是金属的熔化温度）时，则实现焊接所需的压力为零，即为熔焊（Ⅲ区）。

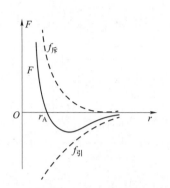

图 5-1　原子间的作用力与距离的关系

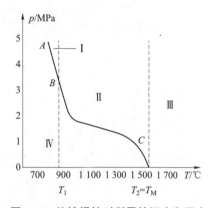

图 5-2　纯铁焊接时所需的温度和压力

Ⅰ—高压焊接区；Ⅱ—电阻焊区；Ⅲ—熔焊区

第三节　焊 接 成 型

传统意义上的焊接是指采用物理或化学的方法，使分离的材料产生原子或分子间的结合，形成具有一定性能要求的整体。换句话说，焊接是指通过适当的手段（加热、加压或两者并用），使两个分离的物体（同种材料或异种材料）产生原子间结合而形成永久性连接的加工方法。对于焊接概念至少包含三个方面的含义：一是焊接的途径，即加热、加压或两者并用；二是焊接的本质，即微观上达到原子间的结合；三是焊接的结果，即宏观上形成永久性的连接。

焊接过程的实质就是采用物理和化学方法克服被连接物体表面的凹凸不平、表面氧化物及其他表面杂质，使被连接物体之间的距离能接近于原子晶格距离并形成结合力。为了实现材料之间可靠的焊接，必须采取以下几点有效措施：

（1）用热源加热被焊母材的连接处，使之发生熔化，利用熔融金属间的相溶及液—固两相原子的紧密接触来实现原子间的结合。

（2）对被焊母材的连接表面施加压力，在清除连接面上的氧化物和污物的同时，克服连接界面的不平度，或产生局部塑性变形，使两个连接表面的原子相互紧密接触，并产生足够大的结合力。

（3）对填充材料加热使之熔化，利用液态填充材料将固态母材润湿，使液—固界面的原子紧密接触，相互扩散，产生足够大的结合力，从而实现连接。

由于焊接方法种类繁多，且新的方法不断涌现，因此对焊接进行分类的方法也有很多。按照焊接工艺特征可以将焊接方法分为熔焊（Fusion Welding）、压焊（Pressure Welding）和钎焊（Brazing and Soldering）三大类，然后再根据不同的加热方式、焊接工艺特点将每一大类方法细分为若干小类，如图 5-3 所示。

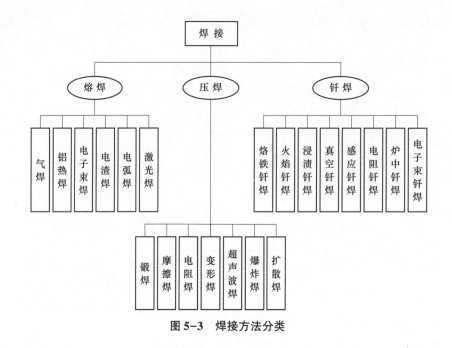

图 5-3　焊接方法分类

一、熔焊

熔焊也称为熔化焊，是将被焊件在待焊处局部加热熔化，使连接处的界面熔合，然后冷却结晶形成焊缝的焊接方法。根据焊接热源的不同，熔焊又可细分为以化学热作为热源的气焊、铝热焊；以熔渣电阻热作为热源的电渣焊；以电弧作为主要热源的电弧焊，包括焊条电弧焊、埋弧焊、熔化极氩弧焊、二氧化碳气体保护电弧焊、钨极氩弧焊、等离子弧焊等；以高能束作为热源的电子束焊和激光焊等。

电弧焊是熔焊中应用最广泛的一种焊接方法，其利用电弧作为热源。电弧焊可分为焊条电弧焊、埋弧焊、气体保护焊以及等离子弧焊等。

（1）焊接电弧。

焊接电弧是在电极和工件之间的气体介质中长时间有力的放电现象，即在局部气体介质中大量电子流通过的导电现象。产生电弧的电极可以是金属丝、钨丝、碳棒或焊条。

焊接电弧根据其物理特征，可分为阳极区、弧柱区和阴极区三个区域，如图 5-4 所示。其中，阳极区主要是由电子撞击阳极时电子的动能和位能（逸出功）转化而来的，产生的热量约占电弧总热量的 43%，平均温度约为 2 600 K；弧柱区是位于阴、阳两极区中间的区域，弧柱区温度虽高（约 6 100 K），但由于电弧周围的冷空气和焊接熔滴的外溅，故所产生的热量只占电弧热的 21%左右；阴极区主要由正离子碰撞阴极时的动能及其与电子复合时的位能（电离能）转化而来，产生的热量约占电弧总热量的 36%，平均温度约为 2 400 K。

电弧的热量与焊接电流和电弧电压的乘积成正比。焊条电弧焊只有 65%～85%的热量用于加热和熔化金属，其余的热量则散失在电弧周围和飞溅的金属液中。电弧中阴极区和阳极区的温度与电极材料有关。比如，当两极均为低碳钢时，阴极区温度约为 2 400 K，阳极区温度约为 2 600 K，弧柱区中心温度最高，可达 6 000~8 000 K。

（2）焊接接头。

焊接接头由焊缝金属、熔合区和热影响区三部分组成，如图 5-5 所示。焊接时，母材局部受热熔化形成熔池，熔池不断移动并冷却后形成焊缝；焊缝两侧部分母材受焊接加热的影响而引起焊件内部组织和力学性能变化的区域称为焊接热影响区；焊接接头中焊缝与热影响区过渡的区域称为熔合区。

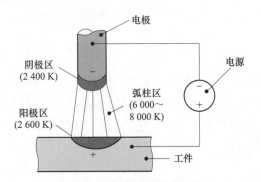

图 5-4　焊接电弧结构示意图

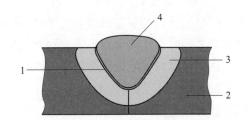

图 5-5　焊接接头示意图

1—熔合区；2—母材；3—热影响区；4—焊缝金属

1. 焊条电弧焊

焊条电弧焊即手工电弧焊（Shielded Metal Arc Welding），是利用焊条与工件间产生的电弧热，将工件和焊条熔化而形成焊接的方法，如图 5-6 所示。手工电弧焊设备包含弧焊机、焊接电缆、焊钳、面罩、敲渣锤、钢丝刷以及焊条保温桶等。其中，弧焊机可分为交流弧焊机和直流弧焊机两大类。

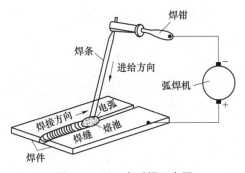

图 5-6　手工电弧焊示意图

（1）交流弧焊机。交流弧焊机实质上是一台降压变压器，可将工业用的电压（220 V 或 380 V）降低到空载电压及工作电压（20~35 V），同时能提供很大的焊接电流，并能在一定范围内调节。

交流弧焊机结构简单，价格便宜，工作噪声小，使用和维修方便，应用广泛，但电弧稳定性较差。

（2）直流弧焊机。直流弧焊机可分为旋转式直流弧焊机和整流式直流弧焊机两类。

旋转式直流弧焊机由一台交流电动机和一台直流弧焊发电机组成，又称为弧焊发电机组，其引弧容易、电流稳定、焊接质量较好，但结构复杂、噪声较大、价格较贵。

整流式直流弧焊机将交流电通过整流元件整流转换为直流电供焊接使用，其结构简单、价格便宜、效率高、噪声小、易维修，得到广泛应用。

直流弧焊机输出端有正极和负极之分，因此工作线路有正接和反接两种接法：工件接正极、焊钳接负极的接法称为正接；工件接负极、焊钳接正极的接法称为反接。焊接厚板时，一般采用直流正接法，这时电弧中的热量大部分集中在焊件上，加快了焊件的熔化，保证了足够的熔深；焊接薄板时，为了防止烧穿，宜采用直流反接。

综合以上的弧焊机特点，使用酸性焊条焊接低碳钢时，应优先选用价格低廉、维修方便的交流弧焊机；使用碱性焊条焊接高压容器、高压管道等重要钢结构，或焊接合金钢、有色金属、铸铁时，则应选用直流弧焊机。对于购置能力有限而焊件材料的类型繁多时，可优先选用通用性强的交、直流两用弧焊机。

焊条电弧焊可用于室内、室外、高空和各种方位，设备简单，容易维护，焊钳小，使用方便，适于焊接高强度钢、铸钢、铸铁和非铁金属，其焊接接头可与母材的强度接近，是焊接生产中应用最广泛的焊接方法。

1）焊条电弧焊的原理及过程。

焊条电弧焊的焊接过程如图 5-7 所示。电弧在焊条与被焊工件之间燃烧，电弧热使工件和焊芯同时熔化混合而形成熔池，同时也使包覆在焊条表面的药皮熔化和分解。药皮熔化后与液态金属发生物理化学反应，并形成熔渣不断从熔池中上浮；同时，药皮受热分解产生大量的保护气体（CO_2、CO 和 H_2），围绕在电弧周围。熔渣与气体能防止空气中 O 和 N 的侵入，对熔化金属和熔池起到保护作用。

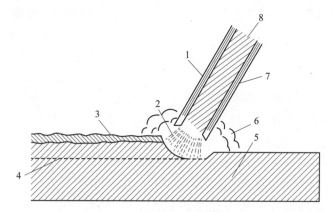

图 5-7　焊条电弧焊的焊接过程

1—药皮；2—电弧；3—凝固渣壳；4—焊缝金属；5—母材金属；6—保护气体；7—焊条；8—焊芯

2）焊条。

焊条由药皮和焊芯两部分组成，焊芯起导电和填充焊缝金属的作用，药皮则用于保证焊接顺利并使焊缝具有一定的化学成分和力学性能。

（1）焊芯。

焊芯是组成焊缝金属的主要材料，它的化学成分和非金属夹杂物的多少将直接影响焊缝质量。以结构钢焊条为例，其焊芯应符合国家标准 GB/T 14957—1994《熔化焊用钢丝》的要求。焊芯的直径即为焊条直径，最小为 $\phi 1.6$ mm，最大为 $\phi 8$ mm，其中，以 $\phi 3.2 \sim \phi 5$ mm 的焊条应用最广。焊接合金结构钢和不锈钢用的焊条，应采用相应的合金结构钢、不锈钢的焊接钢丝作焊芯。

（2）药皮。

药皮是矿石粉末、铁合金粉、有机物和化工制品等原料按一定比例配置后压涂在焊芯表面上的。焊条药皮原料的种类、名称及其作用见表 5-1。

表 5-1 焊条药皮原料的种类、名称及其作用

原料种类	原料名称	作用
稳弧剂	碳酸钾、碳酸钠、长石、大理石、钛白粉、钠水玻璃、钾水玻璃	改善引弧性能，提高电弧燃烧的稳定性
造气剂	淀粉、木屑、纤维素、大理石	形成保护气体，隔绝空气，保护熔滴和熔池
造渣剂	大理石、萤石、菱苦土、长石、锰矿、钛铁矿、黏土、钛白粉、金红石	熔化后形成具有一定物理和化学性能的熔渣，保护焊缝
脱氧剂	锰铁、硅铁、钛铁、铝块、石墨	使焊缝金属脱氧，以提高焊缝的机械性能
合金剂	锰铁、硅铁、铬铁、钼铁、钒铁、钨铁	向焊缝金属中添加有益的合金元素
稀渣剂	萤石、长石、钛白粉、钛铁矿	增加熔渣流动性，降低熔渣黏度
粘接剂	钾水玻璃、钠水玻璃	将药皮牢固地粘在钢芯上

药皮在焊接过程中的作用主要体现在以下三个方面：

① 机械保护作用。

药皮熔化或分解后产生气体和熔渣，防止熔滴和熔池与空气接触。熔渣凝固后形成的渣壳覆盖在焊缝表面，可防止高温的焊缝金属被氧化，并可降低焊缝金属的冷却速度。

② 冶金处理作用。

通过熔渣和铁合金进行脱氧、去硫、去磷、去氢和渗合金等焊接冶金反应，从而使焊缝获得合适的化学成分。

③ 改善焊接工艺性。

在电弧稳定性、飞溅、熔滴过渡、焊缝成型等方面，改善焊条的焊接工艺性能。

（3）焊条的种类和型号。

根据焊芯成分，我国将焊条分为七大类，即碳钢焊条、低合金钢焊条、不锈钢焊条、堆焊焊条、铸铁焊条及焊丝、铜及铜合金焊条、铝及铝合金焊条等，其中应用最多的为碳钢焊条和低合金钢焊条。

根据国标 GB/T 5117—1995《碳钢焊条》和 GB/T 5118—1995《低合金钢焊条》的规定，两种焊条型号用大写字母 "E" 和数字表示，如 E4303、E5015 等。"E" 表示焊条；型号中四位数字的前两位表示熔敷金属抗拉强度的最小值；第三位数字表示焊条适用的焊接位置（"0" 及 "1" 表示适用于各种焊接位置，"2" 表示适用于平焊及平角焊，"4" 表示适合于向下立焊）；第三位与第四位数字组合表示药皮类型和电流种类。

按熔渣性质还可分为酸性焊条和碱性焊条两大类。

① 酸性焊条。

药皮熔渣中以酸性氧化物（如 SiO_2、TiO_2、Fe_2O_3 等）为主的焊条称为酸性焊条。通常使用的 J422（E4303）焊条即为酸性焊条。此类焊条药皮的氧化性强，电弧中的氢离子和氧离子易于结合，有利于防止氢气孔的产生；对铁锈不敏感；难以清除熔池中的硫磷杂质，易于形成偏析，热裂倾向大；焊缝金属中含氧量高，其冲击韧性低。该焊条焊接工艺性好，适合各种电源，电弧稳定，成本低，但焊缝强度稍低，渗合金作用弱，故不宜焊接承受重载和要求高强度的重要结构件。

② 碱性焊条

药皮熔渣中以碱性氧化物（CaO、FeO、MnO 等）为主的焊条为碱性焊条，比较典型的有 J507（E5015）焊条。此类焊条药皮的氧化性弱，药皮中加有强脱氧剂，使焊缝中的氧含量及杂质均极少；焊缝的塑性和韧性都很好；对油污、锈、水敏感性大；药皮中的萤石在高温下分解，能排出有毒烟尘 HF，使电弧的稳定性变差，工艺性能也差。因此，该类焊条一般要求采用直流电源，焊缝强度高，抗冲击能力强，但操作性差，电弧不够稳定，成本高，故只适合焊接重要结构件。

（4）焊条的选用原则。

选用焊条时通常是根据焊件的化学成分、力学性能、抗裂性、耐腐蚀性以及高温性能等要求，选用相应的焊条种类，再综合考虑焊接结构形状、受力情况、焊接设备条件和焊条价格来选定具体型号。

① 根据母材金属类别选择相应种类的焊条。例如，焊接低碳钢或低合金钢时，应选用结构钢焊条；而焊接不锈钢或耐热钢时，则应选用相应型号的焊条。

② 应保证焊缝性能与母材性能相同或相近。例如，选用结构钢焊条时，首先根据母材的抗拉强度按"等强"原则选择焊条的强度级别；其次，对于焊缝韧性和延性要求较高的重要结构，或易产生裂纹的结构（刚性大，施焊环境温度低等），应选用碱性焊条甚至超低氢焊条、高韧性焊条等。

③ 焊条工艺性能要满足施焊操作的需要。例如，向下立焊、管道焊接、底层焊、盖面焊、重力焊，可选用相应的专用焊条。

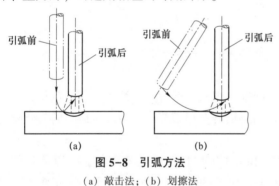

图 5-8 引弧方法
(a) 敲击法；(b) 划擦法

3）基本操作

焊条电弧焊的基本操作主要有引弧、运条及收尾。

（1）引弧。

引弧是指引燃焊剂电弧的短暂过程，常用的有敲击法和划擦法两种，如图 5-8 所示。引弧时，首先将焊条末端与工件表面接触形成短路，然后迅速将焊条向上提起 2~4 mm，电弧即被引燃。

（2）运条。

运条是指电弧引燃后，焊条不断向下送进并沿焊接方向移动的过程。为了维持电弧稳定燃烧，运条须保持三个方向协调动作：一是焊条送进速度和焊条熔化速度相同，以保持电弧长度基本不变；二是焊条不断地横向摆动，以获得具有一定宽度的焊缝；三是焊条沿焊接方向以一定的焊接速度移动，焊接速度尽量保持均匀，速度太快会产生焊缝断面不合格和假焊，速度太慢会产生焊缝断面过大、工件变形和烧穿等缺陷。

（3）收尾。

收尾是指焊缝焊好后熄灭电弧的过程。收尾时需要特别注意的是应在熄弧前填满收尾处的弧坑。收尾的工艺方法有划圈法（在终点做圆圈运动，填满弧坑）、回焊法（到终点后再反方向往回焊一小段）和反复断弧法（在终点处多次熄弧、引弧，把弧坑填满）。

2. 埋弧自动焊

埋弧焊（Submerged Arc Welding）是电弧在焊剂层下燃烧的一种电弧焊接方法，具有焊接质量好、效率高、成本低的特点，是工业生产中广泛应用的一种焊接方法。

1）埋弧焊过程

埋弧焊的焊接过程如图 5-9 所示。焊接时电源的两极分别接在导电嘴和焊件上，颗粒状焊剂由软管流出后，均匀地堆敷在装配好的焊件上，送丝机构驱动焊丝经送丝辊和导电嘴连续送进，使焊丝端部插入覆盖在焊接区的焊剂中，在焊丝和焊件之间引燃电弧。在电弧热的作用下，焊丝端部、工件局部母材和焊剂熔化并部分蒸发，金属和焊剂的蒸发气体形成一个气泡，电弧就在这个气泡内燃烧。同时，部分焊剂熔化成熔渣，熔渣浮在金属熔池的表面，一方面可以保护焊缝金属，防止空气的污染，并与熔化金属产生物理、化学反应，改善焊缝金属的成分及性能；另一方面还可以使焊缝金属缓慢冷却。

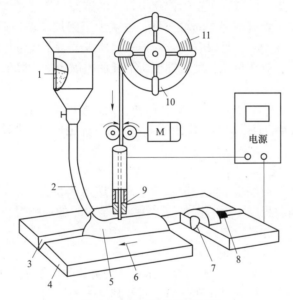

图 5-9　埋弧焊的焊接过程

1—焊剂漏斗；2—软管；3—坡口；4—母材；5—焊剂；6—焊接方向；
7—熔敷金属；8—渣壳；9—导电嘴；10—送丝机构；11—焊丝

埋弧焊有自动埋弧焊和半自动埋弧焊两种方式。半自动埋弧焊的焊丝送进由机械完成；电弧移动则由人工进行，劳动强度大，目前已很少采用。自动埋弧焊的焊丝送进和电弧移动均由专门的机械自动完成，具有很高的生产率。

2）埋弧焊特点

埋弧焊与焊条电弧焊相比，具有以下特点：

（1）埋弧焊的主要优点。

① 焊缝质量好。

首先，埋弧焊的电弧被掩埋在颗粒状焊剂及其熔渣之下，电弧及熔池均处于焊剂与熔渣的保护之中，保护效果比焊条电弧焊好，焊缝含氮和含氧量显著降低。其次，熔池体积大，液态停留时间长，冶金反应充分，减少了焊缝中产生气孔和裂纹等缺陷的可能性，焊缝化学成分稳定，表面成型美观，力学性能好。此外，焊接参数可自动调节，大大降低了焊接过程对焊工操作技能的依赖程度。

② 生产效率高。

与焊条电弧焊相比，埋弧焊使焊丝导电长度缩短，且不存在药皮受热分解的问题，因而焊接电流和电流密度均明显提高，使得埋弧焊的电弧功率、熔深能力及焊丝熔化速度都相应增大。在特定条件下，埋弧焊可实现 10~20 mm 厚钢板的单面焊双面成型。埋弧焊的最高焊接速度可达 60~150 m/h，而焊条电弧焊则不超过 6~8 m/h，故埋弧焊与焊条电弧焊相比有更高的生产效率，并且由于埋弧焊的焊接速度很大，故热影响区较窄，焊件的变形也较小。另外，焊剂和熔渣的隔热保护作用使电弧热辐射的损失较少，金属飞溅也得到有效控制，电弧热效率显著提高。

③ 节省焊接材料和电能。

埋弧焊使用较大的焊接电流，可使焊件获得较大的熔深，故埋弧焊的工件可不开或只开小坡口，因而不仅减少了焊缝中焊丝的填充量，也减少了因加工坡口而消耗掉的焊件金属。另外，焊接时金属飞溅极少，并且没有焊条的损失，所以节省了大量焊接材料。此外，埋弧焊热量集中，热效率高，故在单位长度焊缝上所消耗的电能也大为降低。

④ 改善劳动条件。

埋弧焊实现了焊接过程自动化，操作比较简便，大大减轻了焊工的劳动强度，并且电弧在焊剂层下燃烧，没有弧光的有害影响，焊接烟尘和有害气体也较少，劳动条件得到明显改善。

（2）埋弧焊的缺点。

① 难以在空间位置施焊。

埋弧焊依靠颗粒状焊剂堆积形成保护条件，而且熔池体积大，液态金属和熔渣的量多，因此主要适于水平或倾斜程度不大的位置的焊接。其他位置的埋弧焊须采用特殊措施，在保证焊剂能覆盖焊接区时才能进行焊接。

② 难以焊接易氧化的金属材料。

应用于埋弧焊的焊剂主要成分为 MnO、SiO_2 等金属及非金属氧化物，具有一定的氧化性，因而不可作为铝、镁、钛等氧化性强的金属及其合金的焊剂。

③ 不适于焊接薄板和短焊缝。

焊剂的化学成分决定了埋弧焊电弧弧柱的电位梯度较大，因而电流小于 100 A 时电弧的稳定性不好，故不适合焊接厚度小于 1 mm 的薄板。另外，埋弧自动焊机的准备时间较长，焊接端焊缝的生产率不如焊条电弧焊，仅适于长焊缝的焊接。

3）埋弧焊的分类及应用

埋弧焊作为一种高效、优质的焊接方法，发展迅速，已演变出多种埋弧焊工艺方法并在工业生产中得到了实际应用。埋弧焊按照送丝方式、焊丝数量及形状、焊缝成型条件等分成多种类型，如表 5-2 所示。

表 5-2　埋弧焊的分类及其应用范围

分类依据	分类名称	应用范围
按送丝方式	等速送丝埋弧焊； 变速送丝埋弧焊	细焊丝、大电流密度； 粗焊丝、小电流密度

分类依据	分类名称	应用范围
按焊丝数目或形状	单丝埋弧焊； 双丝埋弧焊； 多丝埋弧焊； 带极埋弧焊	常规对接、角接、筒体纵缝、环缝焊； 高生产率对接、角接焊； 螺旋焊管等超高生产率对接焊； 耐磨、耐蚀合金堆焊
按焊缝成型条件	双面埋弧焊； 单面焊双面成型埋弧焊	常规对接焊； 高生产率对接焊、难以双面焊的对接焊

埋弧焊所具有的焊缝高质量、高熔敷速度、大熔深以及自动操作方式，使其特别适用于大型工件的焊接。埋弧焊广泛应用于船舶、锅炉、化工容器、桥梁、起重机械及冶金机械制造业等领域。

埋弧焊可焊接从 1.5 mm 厚的薄板到非常厚的重型工件。焊接的钢种有碳素结构钢、低合金结构钢、不锈钢、耐热钢以及复合钢材等，对于高强度结构钢、高碳钢、马氏体时效钢和铜合金也可用埋弧焊进行焊接。

3. 气体保护焊

气体保护焊（Gas Shielded Arc Welding）是利用外加气体作为电弧介质并保护电弧和熔融金属的电弧焊。常用的保护气体有氩气和二氧化碳两种。

1）氩弧焊

氩弧焊（Argon Arc Welding）是以氩气作为保护介质的电弧焊。焊接时，电弧在电极和工件之间产生，此时在电弧周围通上氩气，形成气体保护层以隔绝空气，防止空气对电极、熔池及邻近热影响区产生有害影响。氩气是惰性气体，高温下不与金属发生化学反应，也不溶于液态金属，因此对焊接区的保护效果好，可用于焊接化学性质活泼的金属，并能获得高质量的焊缝。氩弧焊按所用电极的不同，可分为不熔化极氩弧焊和熔化极氩弧焊两种。

（1）不熔化极氩弧焊。

不熔化极氩弧焊以高熔点的钨或钨合金（钍钨、铈钨）为电极，焊接时电极不熔化，只起导电与产生电弧的作用，适用于焊接厚度小于 6 mm 的工件，如图 5-10（a）所示。

焊接时，根据需要可以添加或者不添加填充金属。当焊接 3 mm 以下薄焊件时，常采用卷边（弯边）接头直接熔合；焊接厚、大焊件时，需手工添加填充金属；焊接钢材时，多采用直流电源正接，以减少钨极的烧损；焊接铝、镁及其合金时采用直流反接或交流电源，因为电极间正离子撞击工件熔池表面可使氧化膜破碎，有利于焊件金属熔合和保证焊接质量。

钨极氩弧焊的优点主要如下：

① 保护作用好，焊缝金属纯净：焊接时整个焊接区包括钨极、电弧、熔池、填充金属端部及熔池附件的工作表面均受到氩气的保护；

② 焊接过程稳定；

③ 焊缝成型性好；

④ 具有清除氧化膜的能力，为铝、镁及其合金的焊接提供了非常有利的条件；

⑤ 焊接过程便于自动化。

钨极氩弧焊的缺点在于：

① 需要高压引弧措施；

② 对工件清理要求严格；

③ 生产率低。

钨极氩弧焊可用于几乎所有金属和合金的焊接，但由于其成本较高，故主要用于不锈钢、高合金钢、高强度钢以及铝、镁、铜、钛等有色金属及其合金的焊接。钨极氩弧焊生产率虽不如其他的电弧焊高，但是由于容易获得高质量的焊缝，故特别适合于薄件、精密零件的焊接，已广泛应用于航空航天、原子能、化工、纺织、锅炉、压力容器等多个工业领域。

（2）熔化极氩弧焊。

熔化极氩弧焊（Argon Metal Arc Welding）是指用氩气作为保护气，连续送进的焊丝既作为电极又作为填充金属，在焊接过程中焊丝不断熔化并过渡到熔池中去而形成焊缝的焊接方法，如图5-10（b）所示。

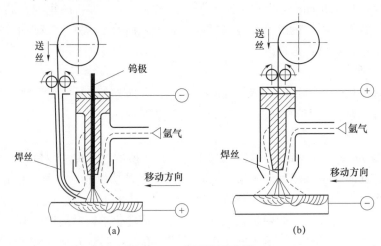

图 5-10　氩弧焊示意图

（a）不熔化极氩弧焊；（b）熔化极氩弧焊

熔化极氩弧焊与其他焊接方法相比具有以下特点：

① 电弧空间无氧化性，能避免氧化反应的发生；焊接中不产生熔渣；焊丝中无须加脱氧剂。

② 与二氧化碳气体保护焊相比，熔化极氩弧焊电弧及熔滴过渡稳定，焊接飞溅少，焊缝成型美观。

③ 与钨极氩弧焊相比，熔化极氩弧焊焊丝和电弧的电流密度大，熔敷效率高，母材熔深大，焊接变形小，生产效率高。

④ 采用焊丝为正的直流电弧焊接铝及铝合金时，对母材表面的氧化膜具有良好的阴极清理作用。

熔化极氩弧焊的不足之处在于：

① 焊接成本高；

② 焊接过程对油、锈等污染比较敏感；

③ 氩气对焊枪的冷却作用差。

熔化极氩弧焊几乎可以焊接所有的金属材料，既可以焊接碳钢、合金钢、不锈钢等金属材料，又可以焊接铝、镁、铜、钛及其合金等容易氧化的金属材料，已广泛地用于工程机械、化工设备、矿山设备、机车车辆、船舶制造及电站锅炉等多个行业。

2）二氧化碳气体保护焊

二氧化碳气体保护焊是指以二氧化碳作为保护气体的熔化极电弧焊，如图 5-11 所示。二氧化碳气体保护焊按操作方式不同可分为自动焊及半自动焊。对于较长的直线焊缝和规则的曲线焊缝，可采用自动焊；而对于不规则的或较短的焊缝，则采用半自动焊，这也是实际生产中应用最多的形式。

二氧化碳气体保护焊的优点如下：

① 高效节能，即二氧化碳电弧热量集中，具有很高的加热效率；

② 细焊丝（焊丝直径≤1.6 mm）焊接时可使用较小的电流，实现短路过渡方式；

③ 用粗焊丝（焊丝直径>1.6 mm）焊接时可以使用较大的电流，实现颗粒过渡；

④ 二氧化碳气体保护焊是一种低氢型焊接方法，抗锈能力强，焊缝的含氢量极低，焊接低碳钢时不易产生冷裂纹，同时也不易产生氢气孔；

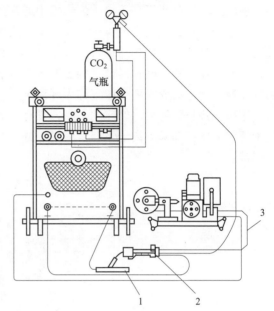

图 5-11 二氧化碳气体保护焊示意图
1—工件；2—焊枪；3—焊丝

⑤ 使用的气体和焊丝价格便宜，来源广泛；

⑥ 明弧焊接，便于监视与控制电弧和熔池，有利于实现焊接过程的机械化和自动化。

与焊条电弧焊和埋弧焊相比，二氧化碳气体保护焊也存在一些不足：

① 焊接过程中金属飞溅较多，焊缝外形较为粗糙；

② 不能焊接易氧化的金属材料，且不适合在有风的地方施焊；

③ 焊接过程弧光较强，尤其是采用大电流焊接时，电弧的辐射较强；

④ 设备比较复杂。

二氧化碳气体保护焊的应用可以按照采用的焊丝直径来进行分类。当焊丝直径≤1.6 mm 时，主要以短路过渡形式焊接薄板材料，适合厚度<3 mm 的低碳钢和低合金结构钢；当焊丝直径>1.6 mm 时，一般采用大的焊接电流和高的电弧电压来焊接中厚板。

为了适应现代工业的发展需求，目前在生产中除了采用一般性的二氧化碳气体保护焊外，还发展了一些新的方法，比如二氧化碳电弧点焊、二氧化碳保护立焊、二氧化碳保护窄间隙焊、二氧化碳加其他气体（如 CO_2+O_2）保护焊以及二氧化碳气体与焊渣联合保护焊等。

4. 等离子弧焊

等离子弧焊是以等离子弧作为热源进行焊接的方法。焊接电弧可分为自由电弧和等离子弧。自由电弧是未受外界约束的电弧；等离子弧是受外部条件约束并受到压缩的电弧，其具有很高的能量密度（$10^5 \sim 10^6$ W/cm^2）。

图 5-12 所示为等离子弧焊的原理示意图。在钨极和水冷喷嘴之间加一高电压，经高频振荡使气体电离成自由电弧，该电弧受到机械压缩、热压缩及电磁压缩等共同作用后形成等离子弧。机械压缩是指电弧经过有一定孔径的水冷喷嘴通道，使电弧截面受到约束，不能自由扩展。热压缩是指当在等离子弧焊枪中通入氩气时，冷气流均匀地包围着电弧，使电弧外围受到强烈冷却，迫使带电粒子向弧柱中心集中，弧柱被进一步压缩。电磁压缩是指定向运动的电子、粒子流形成相互平行的载流导体，在弧柱电流本身的磁场作用下，产生的电磁力使弧柱进一步压缩。电弧经过三种压缩效应后，能量高度集中在直径很小的弧柱中，弧柱中的气体被充分电离成等离子体，称为等离子弧。当喷嘴直径很小、气体流量及电流强度较大时，等离子弧自喷嘴喷出的速度很高，具有很大的冲击力，这种等离子弧称为刚性弧，主要用于切割金属；如果等离子弧调节温度较低、冲击力较小，则该等离子弧为柔性弧，主要用于焊接。

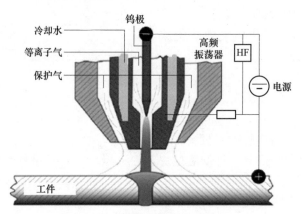

图 5-12　等离子弧焊的原理示意图

等离子弧焊接与钨极氩弧焊相比，主要优点如下：

① 等离子弧的电离度较高，电流较小时仍很稳定，可焊接微型精密零件及更薄的金属；

② 电弧能量密度大，熔透能力强，10~12 mm 厚的钢板可不开坡口，一次焊透双面成型，焊接速度快，生产率高，变形小；

③ 电弧方向性强，挺度好，稳定性好，电弧容易控制；

④ 钨极内缩在喷嘴内部，不会与工件接触，可以避免焊缝金属产生夹钨现象，焊缝质量好。

等离子弧焊的缺点在于：

① 焊接时需要保护气和等离子气两股气流，焊接过程控制和焊枪结构复杂；

② 焊接需控制的工艺参数较多，对焊接操作人员的技术要求较高；

③ 设备复杂，气体消耗量大，只适合于室内焊接。

目前，等离子弧焊已在工业生产中广泛应用，特别是航空航天等军工和尖端工业技术所用的铜及铜合金、钛及钛合金、合金钢、不锈钢及钼等金属的焊接，如钛合金的导弹壳体、微型继电器、电容器的外壳及飞机上的一些薄壁容器等的焊接。

二、压力焊

压焊也称压力焊，是在焊接过程中必须对焊件施加压力（加热或不加热）以完成焊接的连接方法。其中，施加压力的大小与材料的种类、焊接温度、焊接环境和介质等因素有关，而压力的性质可以是静压力、冲击压力或爆炸力。

通常情况下，焊接区金属在压力焊过程中仍处于固相状态，通过在压力（加热或不加热）作用下产生的塑性变形、再结晶和扩散等作用形成焊接接头，压力对形成连接接头起主导作用。此时，加热可促进焊接过程的进行，更易于实现焊接。在少数压力焊（电阻电焊、电阻缝焊等）过程中，焊接区金属已经熔化并同时被施加压力。压力焊的过程为加热—熔化—冶金反应—凝固—固态相变—形成接头，这类似于熔化焊的一般过程。但是，通过对焊接区施加一定的压力可以提高焊接接头的质量。

压力焊的种类繁多，包括锻焊、摩擦焊、电阻焊、变形焊、超声波焊和爆炸焊等。近些年来，一些新的压力焊方法发展迅速，比如搅拌摩擦焊、激光辅助搅拌摩擦焊和激光—高频焊等复合焊接工艺。

1. 电阻焊

电阻焊是对组合焊件经电极加压，利用电流通过焊接接头的接触面及邻近区域产生的电阻热来进行焊接的方法。其根据接头形式不同可分为点焊、缝焊和对焊。

1）点焊

点焊是将焊件装配成搭接接头，并压紧在两柱电极之间，利用电阻热熔化母材金属，形成焊点的焊接方法，如图 5-13 所示。

点焊时采用低电压、大电流的短时间脉冲加热，电流集中在接触面，使之形成一个焊接金属熔核。当切断电流、去除压力时，两焊件接触处的熔核凝固而形成组织致密的焊点。在完成一个焊点焊接后，电极立刻移至另一个焊点，此时一部分电流会流经已经焊好的焊点，这种现象称为分流现象。分流将使正在焊接的焊点处电流减小，进而影响焊接质量。因此，两相邻焊点之间应保持一定的距离。

2）缝焊

缝焊是连续的点焊过程，即利用连续转动的盘状电极代替柱状电极，焊后获得相互重叠的连续焊缝，如图 5-14 所示。其盘状电极不仅对焊件加压、导电，同时依靠自身的旋转带动焊件前移，完成缝焊。

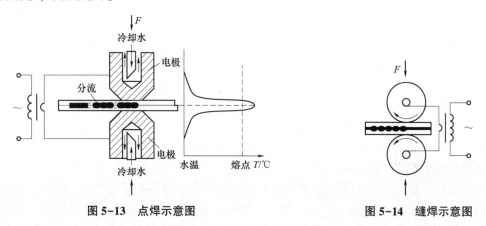

图 5-13　点焊示意图　　　　　　　　图 5-14　缝焊示意图

缝焊的焊点相互重叠 50% 以上，密封性好，主要用于制造密封性要求高的薄壁结构；缝焊时分流现象较严重，焊接相同厚度的工件，其焊接电流为点焊的 1.5~2 倍。

3）对焊

对焊是利用电阻热将焊件断面对接焊合的一种电阻焊，可分为电阻对焊和闪光对焊，如图 5-15 所示。

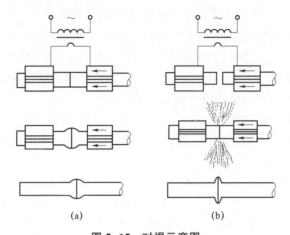

图 5-15 对焊示意图

（a）电阻对焊；（b）闪光对焊

（1）电阻对焊：将焊件夹紧在电极上，预加压力并通电，接触处迅速加热到塑性状态后增大压力，同时断电，接触处产生塑性变形并形成牢固接头。电阻对焊操作简单，接头较光滑，但焊件接头表面清理要求严格，否则易造成加热不均匀或夹渣。

（2）闪光对焊：焊件夹紧在电极上，然后接通电源，并使焊件缓慢接触，强电流通过少数触点使其迅速熔化，甚至气化。在蒸气压力和电磁力作用下，液态金属发生爆破，以火花形式从接触处飞出而形成"闪光"。由于焊件不断送进，故可保持一定的闪光时间。当焊件端面加热到全部熔化时，迅速对焊件加压并断电，焊件即在压力下产生塑性变形而焊合在一起。闪光对焊过程中焊件端面的氧化物及杂质，部分被闪光火花带走，部分在加压时随液体金属挤出，故接头处夹渣少、质量高。但金属损耗多，焊后有毛刺需要清理。

4）电阻焊的特点及应用

电阻焊的优点如下：

① 电阻焊加热迅速且温度较低，焊件热影响区及变形小，易获得优质接头；

② 无须外加填充金属和焊剂；

③ 无弧光，噪声小，烟尘、有害气体少，劳动条件好；

④ 电阻焊件结构简单，质量轻，气密性好，易于获得形状复杂的零件；

⑤ 易实现机械化、自动化，生产率高。

但因影响电阻大小的因素都可使热量波动，故接头质量不稳定，在一定程度上限制了电阻焊在某些重要构件上的应用，并且电阻焊耗电量较大、焊机复杂、造价较高。

点焊适用于低碳钢、不锈钢、铜合金和铝镁合金等，主要用于板厚 4 mm 以下的薄板冲压结构及钢筋的焊接。缝焊主要用于板厚 3 mm 以下、焊缝规则的密封结构的焊接，如油箱、消声器、自行车大梁等。对焊主要用于制造封闭性零件（如自行车圈、锚链）、轧制材料接长（如钢管、钢轨的接长）和异种材料制造（如高速钢与中碳钢对焊成的铰刀、铣刀、钻头等）。

2. 搅拌摩擦焊

搅拌摩擦焊是由英国焊接研究所针对铝合金、镁合金等轻金属开发的一种固相连接技术，具有焊接变形小及无裂纹、气孔、夹渣等缺陷，被誉为"继激光焊后又一次革命性的焊接技术"，受到广泛的重视。搅拌摩擦焊无须填充材料和保护气体，能耗低，对环境无污染，是一种绿色连接技术。

图 5-16 所示为搅拌摩擦焊的工作原理示意图。焊接工具主要包括夹持部分、搅拌肩和搅拌头。搅拌头直径约为搅拌肩直径的 1/3，长度比母材厚度稍短些。搅拌头与焊缝垂直线有 2°~5°的夹角，以减小搅拌头在焊接过程中的阻力，避免搅拌头的折损。主轴带动搅拌头以一定速度旋转并逐渐插入被焊材料，与被焊材料摩擦生热，并在搅拌摩擦时结合搅拌头对焊缝金属的挤压，使接头金属充分塑性软化，搅拌头边旋转边沿着焊接方向向前移动，在热—机耦合作用下形成致密的金属间结合。

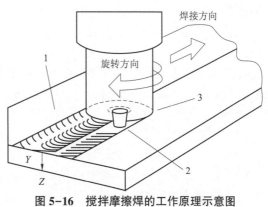

图 5-16　搅拌摩擦焊的工作原理示意图
1—工件；2—搅拌头；3—搅拌肩

搅拌摩擦焊的优点在于接头区没有熔焊的裂纹、气孔等缺陷，彻底解决了铝合金的焊接问题；焊接过程中母材不熔化，易于实现全位置焊接和高速连接；接头无变形或变形很小，可以实现精密连接；焊接接头为锻造组织，接头力学性能好；焊接过程无飞溅和烟尘；没有弧光辐射，是一种安全的焊接方法。

搅拌摩擦焊已在欧、美等发达国家的航空航天工业中获得应用，并已成功应用于在低温下工作的铝合金薄壁压力容器的焊接，完成了纵向焊缝的直线对接和环形焊缝沿圆周的对接。

三、钎焊

钎焊是利用熔点比被焊材料熔点低的合金或金属作钎料，经过加热使钎料熔化而母材不熔化，液态钎料通过毛细作用填充接头接触面的间隙，润湿被焊材料表面，通过液相与固相之间的相互扩散而实现连接。根据所使用钎料熔点的高低，钎焊可分为硬钎焊和软钎焊，其中钎料熔点高于 450 ℃的为硬钎焊，而钎料熔点低于 450 ℃的则为软钎焊。根据钎焊的热源和保护条件的不同，钎焊可分为火焰钎焊、浸渍钎焊、感应钎焊、炉钎焊以及电阻钎焊等。

钎焊的工艺过程：被钎接工件接触表面经清洗后，以搭接接头形式进行装配，把钎料置于装配间隙附近或装配间隙内，当工件与钎料一起加热到稍高于钎料的熔化温度后，液态钎料借助毛细作用被吸入和流布在固态工件间隙内，于是被钎接的金属与钎料间进行相互溶解和扩散作用，冷凝后即形成钎接接头。为了获得优质的钎焊接头，须满足三个基本条件：液态钎料能够良好润湿被连接的母材；液态钎料能够充分填满整个钎缝；液态钎料可与母材发生良好的化学作用。

1. 钎料

钎料是指钎焊接头的填充金属，按其熔化温度可分为软钎料和硬钎料。其中，软钎料为熔点温度低于 450 ℃的钎料，如镓基钎料、锡基钎料、铅基钎料、锌基钎料等；硬钎料为熔点温度高于 450 ℃ 的钎料，如铝基钎料、银基钎料、铜基钎料、镍基钎料、钛基钎料等。

根据加工工艺的需要，铅料可以制成丝、棒、片、箔、粉状、环状等，以及钎料与钎剂合一的膏状。在选择钎料时需遵循以下原则：

（1）钎料应满足结构的使用要求；

（2）应考虑钎料与母材的相互作用：铜磷钎料不能钎接钢和镍，因为会在界面生成极脆的磷化物；

（3）在满足使用条件的前提下，使用便宜的钎料。

2. 钎剂

钎剂的主要作用是去除母材和液态钎料表面上的氧化物并保护其表面不再被氧化，从而改善钎料对母材表面的润湿能力，提高焊接过程的稳定性。钎剂可分为软钎剂、硬钎剂、铝用钎剂和气体钎剂。

钎剂的性能应满足：

（1）应具有足够的去除母材和钎料表面氧化物的能力；

（2）熔化温度及最低活性温度低于钎料的熔化温度；

（3）在钎焊温度下，应具有足够的润湿能力和良好的铺展性能。

3. 钎焊的分类

按钎料的熔点不同，钎焊可分为软钎焊和硬钎焊。

软钎焊是指钎料液相线温度低于 450 ℃，接头强度低，一般为 60~190 MPa，工作温度低于 100 ℃ 的钎焊，主要用于受力不大、工作温度低的工件，如仪表零件、导电元件及受力较小的钢铁、铜等金属构件的连接。常用的软钎料有焊锡线、焊锡条、焊锡膏以及焊锡球等。

硬钎焊是指钎料熔点在 450 ℃ 以上、接头强度在 200 MPa 以上的钎焊，主要用于受力较大的钢铁和铜合金构件、工具及刀具的焊接。常用的硬钎料有铝基、铜基以及银基合金等。

钎焊的加热方式分为火焰加热、电阻加热、感应加热、炉内加热、盐浴加热及烙铁加热等，可根据钎料种类、工作形状与尺寸、接头数量、质量要求及生产批量等综合考虑选择。

4. 钎焊的特点及应用

钎焊与熔化焊相比，加热温度低，对焊接金属组织和性能的影响小；焊接变形较小，易于保证结构尺寸，可实现精密加工；生产率高，可实现多个零件、多条焊缝的一次连接，易于实现连续自动化生产；可实现异种金属与合金、非金属与非金属以及金属与非金属的连接；可实现形状特殊、结构复杂、壁厚、粗细差异较大构件的连接。

钎焊主要用于精密、微型、复杂、多焊缝、异种材料等的焊接，在航空、航天、核能、电子通信、仪器仪表、电器、电机、机械等部门有广泛的应用，尤其对微电子工业的各种电路板元器件、微电子器件等，钎焊是唯一可行的连接方法。

四、先进焊接技术简介

焊接技术自发明至今已有百余年的历史，工业生产中的一切重要产品，如航空、航天及核能工业产品中的生产制造都离不开焊接技术。焊接技术的发展趋势是"发展高效、自动化、智能化、节能、环保型的焊接，以及适应 21 世纪新型工程材料发展趋势的焊接工艺、设备和耗材"。目前新材料、电子技术、计算机技术及机器人技术的发展已渗透到焊接技术的各个领域中，为焊接工艺的发展提供了机遇。

1. 电子束焊接

电子束焊接属于熔化焊，是一种高能密度的焊接方法，通常在真空中进行。其将电子束作为焊接热源，利用汇聚的空间定向高速电子轰击工件，将其动能转化为热能，从而使金属熔合。如图 5-17 所示，电子束焊接的具体过程是：电子束在真空或非真空中，经过加速和聚焦后，撞击工件表面，使被焊工件处的金属熔化和蒸发，高压金属蒸气将熔化金属排开，使电子束能够继续撞击深处固态金属，从而在被焊金属上钻出小孔，而表层高温同时向工件深处传导，随着电子束的移动，液态金属流向熔池后端，最终冷却后形成焊缝。

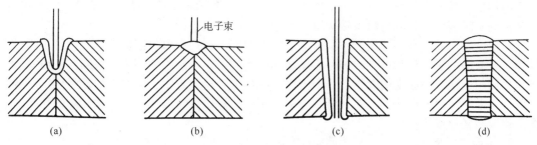

图 5-17　电子束焊接过程

（a）电子束撞击工件表面、金属蒸发；（b）金属蒸气排开液体金属，电子束钻入母材；（c）电子束穿透工件；（d）焊缝凝固

电子束焊接的特点如下：

电子束功率密度高，穿透能力强，其焊缝深宽比大；焊接速度快，焊接热影响区小，焊接变形小，焊缝质量高；真空电子束焊接可以防止焊缝受到氧、氮等有害气体污染，焊缝纯度高，可适用于活泼金属的焊接；可以焊接真空密封元件，使其焊接后元件内部保持真空状态；电子束具有精确、快速的可控性。但是电子束焊接设备复杂、价格较高；真空电子束焊接的工件尺寸和形状受到真空室空间大小的限制；对焊接前的接头加工和装配要求较高，其间隙小而均匀，需保证接头位置准确；焊接时会产生 X 射线，需要加以防护。

电子束焊接适用于多种焊接材料，如钢铁、有色金属以及异种金属材料的接头，也可焊接无机非金属材料和复合材料，诸如石英玻璃、陶瓷等。其可用于汽车齿轮、电子器件、医用骨科植入物，以及飞机、卫星结构件及核反应堆内部构件的焊接。

2. 超声波焊接

超声波焊接属于压力焊，不需要外加热源，没有气液相污染。图 5-18 所示为超声波焊接示意图，超声波焊接是利用超声波的高频振荡（高频发生器产生 16~80 kHz 高频电流），通过激磁线圈产生交变磁场，使电磁能转化为振动能，再传送至声极，声极对两被焊工件加载压力，产生平行于连接面的机械振动，使得被焊工件接触面产生强烈的摩擦作用，破碎与清除表面氧化物和污染物，加速界面扩散和再结晶，从而达到焊接的固相焊方法。根据接头形式不同，超声波焊接可分为点焊、缝焊、环焊和线焊。

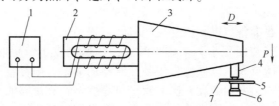

图 5-18　超声波焊接示意图

1—超声波发生器；2—换能器；3—变幅杆；4—上声极；5，7—工件；6—下声极

超声波焊接的特点如下：

超声波焊接能够实现同种、异种金属，以及金属与非金属之间的焊接，适用于金属箔片（厚度 0.002 mm）、细丝和微型器件的焊接；其固态焊接的特性，使其不会氧化、污染和损伤电子器件，因此适用于半导体硅片与金属丝的精密焊接；可以焊接厚薄度差异较大以及多层箔片叠置的焊件，诸如电子管灯丝、热电偶丝的焊接；由于焊接时不加热、不通电，因此适用于焊接高导热率和高导电率的材料，如铝、铜等；由于能够破碎和清除待连接表面的氧化膜和污染物，因此对焊件表面的清洁度要求不高，允许少量的氧化膜和油污存在。但是，超声波焊接制造成本较高，仅限于细薄件的焊接；焊点表面由于高频振动易导致疲劳破坏，因此不利于焊接硬而脆的材料；接头形式单一，目前只限于搭接接头。

目前，超声波焊接广泛用于小型微电子器件的焊接，在微电机制造中，取代了电阻焊和钎焊，尤其适用于电枢与铜导线和整流子之间的连接，以及励磁线圈中铝线圈、铜线圈和铝导线之间的连接；在航空航天领域，宇宙飞船的核电转换装置中，铝与不锈钢组件、导弹地接线等皆采用超声波焊接；在新材料制备中，超声波焊接可在玻璃、陶瓷和硅片的热喷涂表面上连接金属丝或箔。

3. 机器人焊接

机器人焊接是指以工业机器人作为执行机构，通过编程控制完成焊接任务的过程，具有高精度、高效率和高质量的特点，涵盖了焊接工艺制定、焊缝跟踪、焊枪姿态控制、多机器人协调控制等诸多方面。图 5-19 所示为焊接机器人系统原理图。

焊接机器人的主要优点有：能够稳定和提高焊接质量，保证其均匀性；能够提高劳动生产效率，即可全天 24 h 连续工作；能够改善工人的劳动条件，可在有害环境下工作；能够降低对工人操作技术的要求；能够缩短产品改型换代的准备周期，减少相应的设备投资；能够在空间站建设、核能设备检修、深水焊接等极限条件下完成人工难以进行的焊接作业。焊接机器人按用途可分为点焊机器人和弧焊机器人两大类。

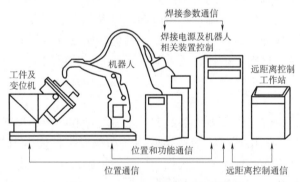

图 5-19　焊接机器人系统原理图

点焊机器人系统在汽车工业中应用广泛，汽车车体装配时，大约 60% 的焊点都是由机器人完成的。点焊机器人不仅要求有足够的负载能力，而且在点与点之间移位时速度要快捷，动作要平稳，定位要准备，以减少移位的时间，提高工作效率。点焊机器人要求有较全的作业性能，具体有：安装面积小，工作空间大；快速完成小节距的多点定位；定位精度高，以确保焊接质量；持重大，以便携带内装变压器的焊钳；内存容量大，示教简单，节省工时；点焊速度与生产线速度相匹配，同时安全可靠性好；有足够的自由度。

弧焊机器人在通用机械、金属结构等许多行业中得到广泛应用。弧焊机器人是包括各种电弧焊附属装置在内的柔性焊接系统，对其性能有特殊的要求，其中对运动轨迹要求较严。

在弧焊作业中，焊枪应跟踪工件的焊道运动，并不断填充金属形成焊缝，其速度的稳定性和轨迹精度为±0.2~0.5 mm。由于焊枪的姿态对焊缝质量也有一定影响，因此在跟踪焊道的同时，焊枪姿态的可调范围应尽量大。

其他一些基本性能要求：设定焊接条件（电流、电压、速度等）；摆动功能；坡口填充功能；焊接异常功能检测；焊接传感器（起始点检测、焊道追踪）的接口功能。

焊接机器人目前正朝着能自动检测厚度、工件形状、焊缝轨迹和位置、坡口尺寸和形式、对缝的间隙，自动设定焊接规范参数、焊枪运动点位或轨迹、填丝或送丝速度、焊钳摆动方式，实时检测是否形成所需要的焊点和焊缝、是否有内部或外部焊接缺陷及排除等智能化方向发展。

焊接柔性生产系统是在成熟焊接机器人技术的基础上发展起来的更为先进的自动化焊接加工系统，由多台焊接机器人组成，可方便地实现对多种不同类型的工件进行高效率的焊接加工，习惯上又称为焊接机器人柔性生产线。焊接柔性生产系统的显著特点在于对多种工件类型变化的适应性及生产过程的高度自动化。其主要优点如下：具备单个焊接机器人工作站所具有的一切优点；进一步降低了工人的劳动强度，改善了工作环境；进一步提高了生产效率，保证长期有效地连续生产；缩短新品开发周期，减少相应设备的投资；可以适应多品种同时生产。

典型的焊接柔性生产系统应由若干既相互独立又有一定联系的机器人工作站、运输系统、物料库、FMS 控制器及安全装置组成，每个焊接机器人既可以独立作业，又可以按一定的工艺流程进行流水作业，完成对整个工件的焊接，系统控制中心可以对生产系统的各个环节进行实时监视和控制。

第四节　焊接缺陷与质量检测

焊接结构具有很多优越性，但也曾出现过不少焊接结构破坏事故，说明在焊接结构中会存在某种形式的缺欠。缺欠可定义为焊件典型构造上出现的一种不连续性，诸如力学特性、冶金特性或物理特性上的不均匀性。一定量的缺欠累积便会形成缺陷，使得零件或产品无法达到使用要求，从而造成财产和安全隐患。因此，掌握焊接缺陷及其形成原因以及对焊接结构进行质量检测尤为重要。

一、焊接缺陷

1. 焊接缺陷类型

1）咬边

由于焊接参数选择不当或操作工艺不正确，而沿焊趾的母材部位产生的沟槽或凹陷称为咬边，如图 5-20 所示。

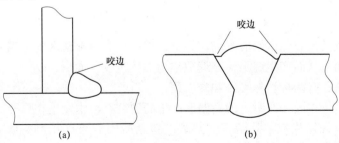

图 5-20　咬边

2）未焊透

焊接时接头根部未完全熔透的现象称为未焊透，如图5-21所示。

图 5-21　未焊透

3）未熔合

熔焊时焊道与母材之间或焊道与焊道之间未完全融化结合的部分，点焊时母材与母材之间未完全融化结合的部分，统称为未熔合，如图5-22所示。

图 5-22　未熔合

4）气孔

焊接气孔是由于在熔池液体金属冷却结晶时产生气体，同时冷却结晶速度很快，气体来不及逸出熔池表面所造成的，如图5-23所示。

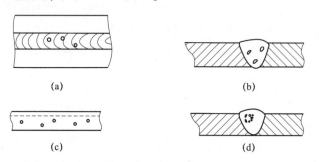

图 5-23　气孔缺陷

（a）外部气孔；（b）内部气孔；（c）连续气孔；（d）密集气孔

5）焊接裂纹

在焊接应力及其他致脆因素的共同作用下，焊接接头中部地区的金属原子结合力遭到破坏，形成新的界面，从而产生缝隙，该缝隙称为焊接裂纹，如图5-24所示。

常见的焊接裂纹有两种：热裂纹和冷裂纹。

热裂纹一般是指在固相线附近的高温区产生的裂纹，经常发生在焊缝区，在焊缝结晶过程中产生，也有少许发生在热影响区。热裂纹包括凝固裂纹（结晶裂纹）、近缝区液化裂纹、多边化裂纹和高温失塑裂纹等。

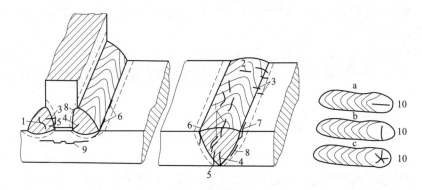

图 5-24 焊接裂纹

1—焊缝中的纵向裂纹；2—焊缝中的横向裂纹；3—熔合区裂纹；4—焊缝根部裂纹；5—热影响区根部裂纹；
6—焊趾纵向裂纹（延迟裂纹）；7—焊趾纵向裂纹（液化裂纹，再热裂纹）；8—焊道下裂纹；9—层状撕裂；
10—弧坑裂纹；a—纵向裂纹；b—横向裂纹；c—星型裂纹

冷裂纹对钢来说，通常是指在马氏体相变温度以下产生的裂纹，主要分布在热影响区，个别情况下也出现在焊缝上。冷裂纹包括延迟裂纹、淬硬脆化裂纹和低塑性脆化裂纹。

6）夹渣

焊后残留在焊缝中的熔渣称为夹渣，如图 5-25 所示。

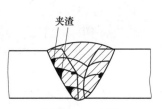

图 5-25 夹渣

2. 典型焊接缺陷产生的原因以及预防、改进措施

1）咬边

对于手工电弧焊，导致咬边的原因一般为电流太强、电弧过长或者母材不洁等，可通过调低电流、保证适当弧长、清洁母材等方法改善。

对于二氧化碳气体保护焊，导致咬边的原因一般为电弧过长、焊接速度过快及立焊摆动或操作不良使焊道两边填补不足，可通过降低弧长与速度、改正操作等方法改善。

2）未焊透

对于手工电弧焊，导致未焊透的原因一般为焊条选用不当、电流太低、焊接速度太快而温度上升不够等，可通过选用适当焊条、使用适当电流、改用适当焊接速度等方法改善。

对于二氧化碳气体保护焊，导致未焊透的原因一般为电弧过小、焊接速度过低、电弧过长、开槽设计不良，可通过降低弧长与速度、降低弧长、增加开槽度数、增加间隙、减少根深等方法改善。

3）气孔

按照形成气孔的气体来源不同可以分为析出型气孔和反应型气孔。

析出型气孔是由于高温时熔池金属中溶解了较多的气体，凝固时由于气体的溶解度突然下降，气体过于饱和来不及逸出而引起的。过饱和气体主要是从外部侵入的氢和氮。

反应型气孔是指由冶金反应产生的不溶于金属的气体（如 CO 和 H_2O）等引起的气孔。如钢焊接时钢中的氧化物与碳反应能产生大量的 CO，反应式为

$$FeO+C=CO\uparrow+Fe$$

从形成气孔的原因和条件分析，防止焊缝气孔的措施主要有以下几个方面：

（1）消除气体来源。

工件及焊丝表面的氧化膜、铁锈、油污和水分均可在焊接过程中向熔池提供氧和氢，它

们的存在通常是焊缝形成气孔的重要原因。因此，焊接前应尽可能清除钢板表面的氧化膜、铁锈、油污和水分。

空气入侵也是熔池气孔的来源之一，特别是氮气孔。对于手工电弧焊，关键是要保证引弧时的电弧稳定性和药皮的完好及其发气量。气体保护焊关键要保证足够的气体流量和气体纯度。

（2）正确选择焊接材料。

从冶金性能看，焊接材料的氧化性与还原性的平衡对气孔有显著影响。研究表明，随着熔渣氧化性的增大，形成 CO 气孔的倾向增大；相反，若还原性增大，则氢气孔的倾向增大。因此，如果能控制熔渣的氧化性和还原性的平衡，则能有效地防止这两类气孔的发生。

（3）优化焊接工艺。

焊接工艺主要有焊接电流、焊接电压和焊接速度等。对于手工电弧焊，如果电压过高，会使空气中的氮气侵入熔池；若焊接速度太大，则会增大熔池的凝固速度，导致气泡上浮时间减少而残留在焊缝中形成气孔。因此，焊接工艺的选取对于减少气孔的形成至关重要。

4）焊接裂纹

热裂纹中的典型裂纹为凝固裂纹。金属结晶是先结晶的金属较纯，后结晶的金属含杂质较多，并富集在晶界。在焊缝金属凝固结晶后期，低熔点共晶被推向柱状晶交遇的中心部位，形成一种所谓的液态薄膜，此时由于收缩而受到拉伸应力，液态薄膜就成了薄弱带，在拉伸应力作用下有可能在这个薄弱地带开裂而形成凝固裂纹。因此，凝固裂纹是焊缝中存在的液态薄膜和焊缝凝固过程中受到拉伸应力共同作用的结果。

从凝固裂纹的形成原因和条件分析，防止焊接热裂纹的措施主要有以下几项：

（1）控制合金元素。

合金元素对凝固裂纹的影响非常复杂，是影响裂纹的最本质因素。某个元素的影响并不是孤立的，与其所处的合金系有关。以碳钢和低合金钢为例，讨论合金元素对凝固裂纹的影响：

① S、P 几乎在各类钢中都会增大凝固裂纹倾向，即使微量的存在，也会使结晶温度区间大为增加。

② C 是钢中影响结晶裂纹的主要元素，并能加剧其他元素的有害作用。

③ Mn 具有脱硫作用，能置换 FeS 中的 Fe 为 MnS，同时改善硫化物形态，将薄膜状 FeS 变为球状分布，提高焊缝的抗裂性。

④ Si 是 δ 相形成元素，应有利于消除结晶裂纹，但当含量超过 0.4% 时，易形成硅酸盐，增加裂纹倾向。

⑤ Ni 易与 S、P 形成多种低熔共晶，使结晶裂纹倾向增大。

（2）合理选择工艺元素。

① 合理选择焊接材料和控制焊接参数，可以减少有害杂质偏析及降低应变增长率。

② 对于一些易于向焊缝转移某些有害杂质的母材，焊接时必须尽量减小熔合比，或者开大坡口，或者减小熔深甚至堆焊隔离层。

③ 减小焊接电流或者线能量以减小过热，有利于改善抗裂性，但也必须避免冷却速度偏大，以致变形速率增大，否则会不利于防止热裂纹。

冷裂纹中典型裂纹为延迟裂纹。延迟裂纹的形成与被焊钢材的淬硬组织、接头中的含氢量以及接头所处的拘束应力状态密切相关。焊接热影响区淬硬程度越大或淬硬马氏体数量越多，越易形成冷裂纹；延迟裂纹的延迟行为主要是由氢引起的；焊接接头的内应力包括热应力和相变应力，热应力会使焊接区加热时发生膨胀而冷却时收缩，从而导致焊后产生不同程度的拉应力，增大冷裂倾向；而相变会使体积发生膨胀，减轻焊后收缩产生的拉伸应力，减小冷裂倾向。

因此，防止冷裂纹的原则就是控制冷裂纹的三大因素，即尽可能降低拘束应力、消除一切氢的来源并改善组织。

（1）冶金方面。

选择抗裂性好的钢材，从冶炼技术上提高母材的性能；采用多元微合金化的钢材，尽可能降低钢中的有害杂质；选用低氢或超低氢焊条，严格限制药皮含水量；选用低氢的焊接方法，如二氧化碳气体保护焊具有一定的氧化性，可获得低氢焊缝。

（2）工艺方面。

调整预热温度和线能量以及采用多道焊工艺，以防止奥氏体晶粒粗化，有利于氢的逸出和减轻硬化，从而可显著降低接头冷裂倾向。

二、质量检测

焊接质量检验是焊接结构工艺过程的组成部分，通过对焊接质量的检验和分析缺陷产生的原因，可以采取有效措施，减少和防止焊接缺陷，保证焊接质量，包括焊前检验、工艺过程检验和成品检验三部分。

焊前和焊接过程中对影响质量的因素进行检查，可防止和减少缺陷。成品检验在焊接工作完毕之后，主要分为两类：破坏性检测和非破坏性检测。

1. 非破坏性检测

1）外观检测

用肉眼或低倍数放大镜检查焊缝区是否有可见的焊接缺陷，如表面气孔、裂纹、咬边等，并检查焊缝外形和尺寸是否合格。

2）磁粉检测

铁磁性材料工件被磁化后，由于不连续性的存在，使工件表面和近表面的磁力线发生局部畸变而产生漏磁场，吸附施加在工件表面的磁粉，在合适的光照下形成目视可见的磁痕，从而显示出不连续性的位置、大小、形状和严重程度。因此，可通过焊缝上磁粉的吸附情况判断焊缝中缺陷所在的位置和大小，如图 5-26 所示。

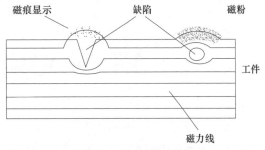

图 5-26　磁粉检测原理

3）超声波检测

频率在 20 kHz 以上的超声波能够在固体金属中传播，它在由一种介质传入另一种介质时，在两种物质的界面处会出现反射现象。当用这种超声波检测有缺陷的焊件时，焊接接头内部的裂纹、空气、夹渣等截面就会像焊件的上下表面一样反射超声波，并可在超声波检测仪的荧光屏上看到一个脉冲波形。如果焊件内部无任何缺陷，则在荧光屏上只能看到焊件上下表面反射的始波和底波。超声波检测原理如图 5-27 所示。

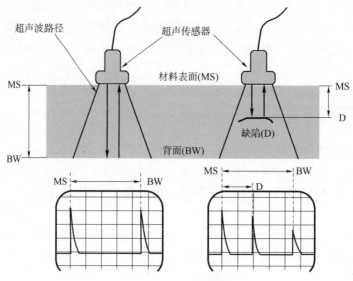

图 5-27　超声波检测原理

4）x 射线和 γ 射线检测

x 射线和 γ 射线都属于电磁波，都能不同程度地透过金属。当经过不同种类的物质时，衰减程度有很大的不同，其衰减量与所通过的物质的密度成正比。如果用 x 射线或 γ 射线照射焊件，由于焊缝中的裂纹、气孔和未焊透等部位密度较小，因此射线的衰减量比无缺陷部位要小，从焊件底面透出的射线量就较多，放在底部的感光胶片感光就比较强，底片洗出来之后就会显示出缺陷的位置、形状及大小信息。

2. 破坏性检测

对于允许加工的焊件，也可以采用力学性能检测这种破坏性检测方法，这种检测方法一般用于研究试制工作，较少用于生产检测。力学性能检测通常需做以下几种试验：拉伸试验、冲击试验、弯曲和压扁试验、硬度试验及疲劳试验等。

第五节　其他连接成型技术简介

随着科学技术的不断发展，在航空、机械、轻工、化工、建筑、玻璃、仪表以及塑料等行业，对结构连接接头的质量要求越来越高，焊接成型技术并不能解决所有构件的连接问题，机械连接与物理化学连接在工业领域也有着广泛的应用。

一、铆接

铆接是一种机械连接方法，是使用铆钉插入预先钻好的孔内，之后使用铆枪或其他工具将铆钉头部压平，使其与周围材料紧密连接，从而使两个或多个金属零件形成高强度和可靠的牢固紧密连接，图 5-28 所示为典型铆接示意图。随着现代技术的发展，出现了电磁铆接、自冲铆接等新的铆接技术。

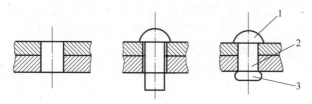

图 5-28　典型铆接示意图

1—顶头；2—钉杆；3—墩头

按照连接方式，铆接的类型主要分为活动铆接、固定铆接和密封铆接。活动铆接的结合件可以相互转动，例如剪刀；固定铆接的结合件不能相互活动，如角尺、桥梁等；密封铆接铆缝严密，不漏气体、液体，常用于密封容器或结构。

除了铆接以外，螺钉、螺栓连接也属于机械连接。机械连接主要应用于机架与机器的装配，以及那些易于损坏并需要频繁更换的部件的连接。与焊接相比，机械连接具有一些独特的特点和优势。焊接连接被认为是一种牢固、稳定且可靠的永久性连接方式，它能够节省金属材料，减轻结构质量，并简化加工与装配的工序。然而，焊接连接一旦形成，通常不可拆卸，如果需要拆卸，则可能需要破坏部分结构。此外，焊接过程还需要专门的设备来完成，如加热、加压、钎焊等工艺，这在某种程度上限制了其灵活性。相比之下，机械连接提供了更高的灵活性和可拆卸性，允许对连接件进行快速组装和拆卸，而不会损坏连接件本身。这种方法不需要复杂的焊接工艺，因此在某些应用场景下，机械连接可能更为便捷和经济。不过，机械连接相对于焊接连接，在某些方面如密封性和整体强度等方面可能不具优势。选择焊接还是机械连接，通常取决于具体的应用需求、成本效益分析以及对连接部件的维护和更换要求。

二、胶接

胶接是利用胶粘剂把两种性质相同或不同的物质牢固粘合在一起的连接方法。胶黏剂亦称粘接剂，是指能够形成一薄膜层，并通过此薄膜层传递应力，将一个物体与另一个物体表面紧密连接，满足一定物理化学性能要求的媒介物质。图 5-29 所示为胶接示意图。

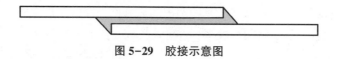

图 5-29　胶接示意图

1. 胶接的过程

胶接的过程一般包括表面处理、涂胶、合拢和固化四个阶段。

（1）表面处理：固体表层的性态与内部均有明显的差异，经过长期暴露后其差异甚至会加大，在宏观上表现为光滑的表面，在微观上均较为粗糙，其微观上存在的凹凸不平具有很强的吸附性，会吸附气体、水膜、油脂、尘埃等，对于铝合金等强氧化性金属还会形成表面氧化膜。因此，对胶黏件的表面进行适当处理是形成理想胶接接头的重要保障。

（2）涂胶：为把胶黏剂均匀涂覆在待黏接件的表面，并使得其充分浸润、扩散、流变和渗透，可根据胶黏剂成分和性态、待连接工件的材质和构件形状等，选用刷涂、喷涂、注入、热熔等方法，涂胶以后视胶黏剂成分的不同，晾置一段时间，以使得所含溶剂在合拢前挥发掉。

（3）合拢：涂胶并经过晾置后的两个工件表面叠合在一起，为赶除空气、密实胶层，可进行适当的按压、锤压和滚压，对溶剂胶黏剂最好错动几次，其挤出的胶应及时清除。

（4）固化：使合拢后的胶黏剂变成固体是获得优质胶黏接头性能的关键，固化分为初固化、基本固化、后固化三个阶段。初固化是在室温下放置一段时间，又称凝胶；基本固化常在一定压力、温度下进行，以使胶黏层完全固化，其所需的压力、温度和时间取决于胶黏剂的性态；后固化是为了进一步提高固化强度、消除内应力，一般在一定温度下保持一定时间。

2. 胶接的特点

（1）胶接的优点：可以连接同种或者异种金属以及非金属的各类形状、厚度、尺寸的接头，特别适合于异型、异质、薄壁、微小、热敏等制品的连接；不削弱结构，避免了焊点、焊缝周围的应力集中；没有焊接引起的相变、脆硬、变形等；适合大面积的胶接，表面光滑美观；过程简单，几乎不需要大型设备，无高精度加工要求；粘接的异种金属没有电化学腐蚀的风险；具有连接、密封、绝缘、防腐蚀、隔热、消声等功能；可以在水下等特殊条件下使用；价格低廉。

（2）胶接的弱势：胶接的强度还不够高，目前的水平很难与高强度钢相媲美；耐久性还不够高，胶黏剂的老化，即随着胶黏层使用时间的推移而变差，使其变色、龟裂、起波、膨胀、发黏，以及强度降低、延伸率缩小等。发生老化的原因主要是热、光、氧、介质等的作用，使得在胶黏层的聚合物大分子内主价键和大分子间次价键遭到破坏，以及氧化、水解、碱溶引起的断键、交联变化等。抗老化的研究一直是胶黏剂和胶接技术发展中的至关重要的问题。

3. 胶接的应用

胶接可用于制作蜂窝夹层结构，此种结构的比强度和比刚度较高；还可用于金属切削刀具的粘接，硬质合金刀具使用焊接方法连接与固定于刀杆时，由于焊接高温易导致刀片产生裂纹，从而缩短使用寿命，故采用粘接可避免此类问题。此外，胶接还可用于铸件中气孔和砂眼的修补。

三、卯榫连接

卯榫是木工构件的经典连接方式，其中凸出的部分称为榫，凹进去的部分称为卯，将榫头插入榫槽，榫与卯咬合，从而将两个及多个部件连接成一体的连接方法称为榫卯连接。古建筑中榫卯种类繁多、名目复杂。依据卯榫结构是否可见，可分为明榫、暗榫；依据榫头是否贯穿构件，又有透榫、半榫之分；而依据榫卯形状又可分为直榫、燕尾榫、馒头榫、十字榫和桁椀等。图5-30所示为卯榫连接示意图。

卯榫结构广泛应用于中国古建筑和家具之中，不使用钉子，以构成富有弹性的架构。这种结构看似每个构件都较为单薄，但是卯榫结构中的卯与榫相互结合和支撑所形成的连接结构整体却能够承受较

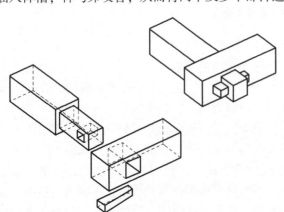

图5-30 卯榫连接示意图

大的受力。卯榫结构历史悠久，在河姆渡新石器时代，中华民族祖先就已经开始使用卯榫结构，属于中华民族独特的工程创新。与铁钉钉入木材相比，卯榫结构连接因其可有效限制木件之间向各个方向的扭动，不易造成木材劈裂，因此便于运输和维修，且更加结实耐用。

第六节 连接成型技术训练实例

一、实例1——平敷焊

1. 实训目的

（1）了解焊条电弧焊的过程、特点和应用；

（2）熟悉焊条电弧焊的主要设备及工具；

（3）掌握平敷焊的焊缝起头、焊道连接、焊道收尾等操作方法。

2. 实训设备及工件材料

（1）实训设备：交流弧焊机、直流弧焊机；

（2）工件材料：Q235钢板。

3. 实训内容及加工过程

实训内容为在平焊位置的焊件上堆敷焊道，如图5-31所示。具体加工过程如下：

（1）在钢板上划直线；

（2）启动电弧焊机；

（3）调节焊接电流；

（4）引弧并起头；

（5）运条；

（6）收尾；

（7）检查焊缝质量。

平敷焊焊接完成后的实物效果如图5-32所示。

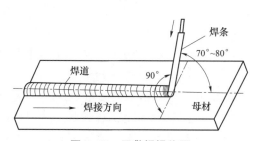

图5-31 平敷焊操作图

图5-32 平敷焊焊接完成后的实物效果

二、实例2——平对接焊

1. 实训目的

掌握平对接焊的操作方法及操作要领，使焊出的焊缝断面形状、尺寸满足要求。

2. 实训设备及工件材料

（1）实训设备：交流弧焊机、直流弧焊机；

（2）工件材料：Q235 钢板。

3. 实训内容及加工过程

实训内容为在平焊位置上焊接对接接头，如图5-33所示。具体操作步骤如下：

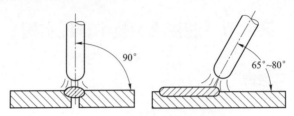

图 5-33　平对接焊及焊条角度

（1）用砂纸将待焊处进行打磨处理，直至露出金属光泽；

（2）装配及定位焊；

（3）引弧—运条—收尾。

平对接焊焊接完成后的实物效果如图5-34所示。

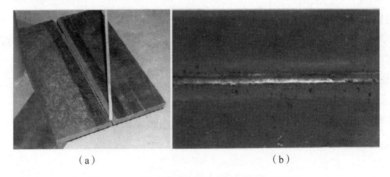

　　　　　（a）　　　　　　　　　　　　　（b）

图 5-34　平对接焊焊接完成后的实物效果

（a）焊接前；（b）焊接后

🔄 **知识拓展**

随着科学技术的不断发展，材料连接成型技术在人类生产和生活中发挥着越来越重要的作用。特别是焊接技术自发明至今已有百余年的历史，工业生产中的一切重要产品，如航空、航天及核能工业产品中的生产制造都离不开焊接技术。焊接技术的发展趋势是"发展高效、自动化、智能化、节能、环保型的焊接，以及适应21世纪新型工程材料发展趋势的焊接工艺、设备和耗材"。目前新材料、电子技术、计算机技术及机器人技术的发展已渗透到焊接技术的各个领域，为焊接工艺的发展提供了机遇，主要体现在计算机辅助焊接技术、焊接机器人以及焊接柔性生产系统三个方面。若想进一步了解或深入学习相关的基本理论及关键技术，可参阅专业文献。

🔵 **劳模工匠小课堂**

卢仁峰，男，汉族，中共党员，中国兵器工业集团首席焊接技师，享受国务院政府特殊津贴。他曾荣获"中华技能大奖""全国技术能手""中央企业优秀共产党员""大国工匠年度人物"等荣誉，现为"国家级卢仁峰技能大师工作室"领衔人。

　　一辆坦克的车体由数百块装甲钢板焊接而成，长短焊缝多达八百多条，焊接质量事关车体强度，严重影响到作战、行驶和涉水。卢仁峰的工作就是为坦克装甲车辆"缝制"保护伞——坦克车体的焊接制造。从最早的五九式坦克，到如今的第四代新型主战坦克，卢仁峰都曾参与攻关研发。20多岁的卢仁峰已经是单位重点培养的技术骨干，然而1986年的一场事故让卢仁峰左手遭受重创。但他没有放弃焊接工作，硬是靠给自己量身定做手套和牙咬焊帽的办法，泡在车间里日复一日地刻苦练习，终于在五年后恢复了过去的焊接水平，并再次成为单位里焊接技术的领军人。某型号坦克使用的高强度装甲防护钢，碳当量高达1%以上，焊接性差，极易产生焊接缺陷。卢仁峰前后经过1 000多块材料、300多种方法的不断试验，最终掌握了装甲钢的加工特性，顺利通过穿甲弹冲击和车体涉水等质检环节。在某型号轮式战车的首次批量生产中，焊接变形和焊缝成型出现了难以控制的问题，卢仁峰和工友们对每个工艺细节认真推敲、反复试验，最终利用焊接变形的特性，采用"正反面焊接，以变制变"的方法，将产品合格率由60%提升到96%，保证了该型号重点装备的如期交付。

　　几十年如一日，从一名普通工人到首席焊接技师，卢仁峰用一只手执着追求焊接技术革新，被誉为"独手焊侠"。他先后解决了某车辆焊接变形和焊缝成型等23项"卡脖子"技术难题，摸索出熔化极氩弧焊、微束等离子弧焊、单面焊双面成型等焊接方法，发明了短段逆向带压操作法、短段双向减应力焊接操作法、特种车辆焊接变形控制等多项成果与国家专利。他在坚持不懈的创造性劳动中不断产出科研创新成果，为国内军用装备高强度、高硬度壳体制造奠定了深厚的技术基础，获得了军工界的高度评价。

第六章

其他材料成型技术

内容提要：本章主要介绍非金属材料及复合材料的典型成型技术，并对粉末冶金技术的工艺原理以及新技术发展进行了详细阐述。

第一节 概 述

随着科学技术的发展，非金属材料越来越多地应用在国民经济的各个领域，非金属材料的成型技术也得到了较快的发展。非金属材料是指除金属以外的工程材料，其品种繁多，在工程上常用的主要有塑料、橡胶和陶瓷等。另外，单一材料已经很难满足零件在强韧性、稳定性、耐蚀性和经济性等各方面的要求，因而出现了复合材料。复合材料的成型与非金属材料的成型有着密切联系。

非金属材料与金属材料在结构和性能上有较大差异，与金属材料的成型相比，非金属材料成型有以下特点：

（1）非金属材料可以是液态成型，也可以是固态成型，成型方法灵活多样，可以制成形状复杂的零件。

（2）非金属材料的成型通常是在较低温度下产生的，成型工艺较为简便。

（3）非金属材料的成型一般要与材料的生产工艺结合。例如，陶瓷应先成型再烧结，复合材料常常是将固态的增强料与呈流态的基料同时成型。

第二节 非金属材料成型

一、塑料制品成型

塑料的原料一般为粉末状、颗粒状或液体，根据要求有时需要加入适当的添加剂，如增塑剂、填料、防老化剂、阻燃剂和增强材料等。无论是热塑性塑料还是热固性塑料，一般都需要在一定的温度和压力下才能塑压成型。塑料成型的方法包括注射成型、挤出成型、浇注成型、真空成型和吹塑成型等。

1. 注射成型

注射成型是将塑料原料放在注射成型机的料桶内，加热至熔融状态，在柱塞或螺杆的压力作用下，以较高的速度和压力注入封闭的模具内腔，冷却凝固后，打开模具即可得到所需的制品。注射成型是热塑性塑料的一种主要成型方法。图6-1所示为注射成型示意图。

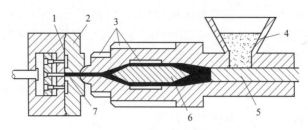

图 6-1　注射成型示意图
1—制品；2—模具；3—加热装置；4—粒状塑料；5—柱塞；6—分流梳；7—喷嘴

注射成型主要应用于热塑性塑料和流动性较大的热固性塑料，可以成型几何形状复杂、尺寸精确及带各种嵌件的塑料制品，如电视机外壳、日常生活用品等。目前注射制品约占塑料制品总量的 30%。近年来新的注射技术如反应注射、双色注射、发泡注射等的发展和应用，为注射成型提供了更加广阔的应用前景。

2. 挤出成型

挤出成型是指将塑料原料放在挤出机的料桶内，加热至熔融状态，再靠螺旋杆将熔融的塑料连续不断地由模嘴中挤出而成为塑料型材，如图 6-2 所示。对于挤出成型，更换不同的模嘴可以生产出不同截面的型材。该方法适用于热塑性塑料制品的生产，不能用于热固性塑料制品的生产。

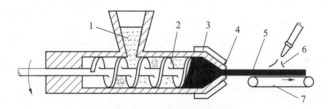

图 6-2　挤出成型示意图
1—塑料粒；2—螺杆；3—加热装置；4—口模；5—制品；6—空气或水；7—传送装置

挤出成型的塑料件内部组织均匀致密，尺寸比较稳定、准确。其几何形状简单，截面形状不变，因此模具结构也较简单，制造维修方便，同时能连续成型，生产率高，成本低，几乎所有热塑性塑料及小部分热固性塑料均可采用挤出成型。塑料挤出的制品有管材、板材、棒材、薄膜和各种异型材等。

3. 压制成型

压制成型又称为模压成型，与粉末冶金的压制成型相似，即将塑料原料放入金属模具内，加热加压，使其在模具内成型、硬化，如图 6-3 所示，这是热固性塑料通常采用的成型方法。压制过程中的三个基本参数（压制温度、压力和压制时间）相互关联，其对压制品的质量影响很大。

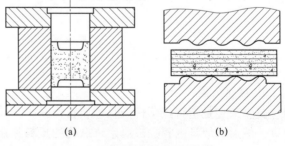

（a）　　　　　　　　　（b）

图 6-3　压制成型示意图
（a）模压法；（b）层压法

压制成型设备简单（主要设备是液压机）、工艺成熟，是最早出现的塑料成型方法。它不需要流道与浇口，物料损失少，制品尺寸范围宽，可压制较大的制品；但其成型周期长，生产效率低，较难实现现代化生产，对形状复杂、加强肋密集、金属嵌件多的制品不易成型。

4. 浇铸成型

浇铸成型与金属的铸造十分类似，如有些树脂在常温下就是液态，有些树脂加热后变为液态，在树脂中加入固化剂等添加剂，将配制好的混合液浇入模具内，即可在室温或加热的条件下，通过化学变化于模具内固化成型。该方法适用于热固性塑料的成型，也适用于某些热塑性塑料制品的生产。

浇铸成型可分为静态浇铸、动态浇铸、离心浇铸、流延浇铸和滚塑等。

（1）静态浇铸是在常压下将树脂的液态单体或预聚体注入大口模腔中，经聚合固化定型得到制品的成型方法，如图6-4（a）所示。静态浇铸可生产各种型材和制品，有机玻璃即是典型的浇铸制品。

（2）动态浇铸则是将原料加入到高速旋转的模具中，在离心力的作用下，使原料充入模腔，然后使之硬化为制品。

（3）离心浇铸可生产大直径的管制品、空心制品、齿轮和轴承，如图6-4（b）所示。

（4）流延浇铸是将热塑性塑料溶于溶剂中配成一定浓度的溶液，然后以一定的速度流布在连续回转的基材上（一般为无接缝的不锈钢带），通过加热使溶剂蒸发而使塑料硬化成膜，从基材上剥离即为制品。流延法常用来生产薄膜。

（5）滚塑成型是将塑料加入到模具中，然后模具沿两垂直轴不断旋转并使之加热，模具内的塑料在重力和热的作用下，逐渐均匀地涂布、熔融黏附于模腔的整个表面，成型为所需要的形状，经冷却定型得到制品。滚塑可生产大型的中空制品。

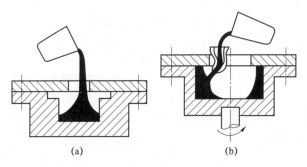

（a）   （b）

图6-4　浇铸成型示意图

（a）静态浇铸；（b）离心浇铸

5. 真空成型

真空成型是指将热塑性塑料片放在模具中，周边压紧，通过加热器把塑料片加热至软化温度，然后将模具内腔抽成真空，软化的塑料片在大气压力的作用下与模具内表面贴合，冷却硬化后即得到所需的塑料制品。

6. 吹塑成型

吹塑成型是先制成熔融状态的塑料坯，将其置入金属模具内，用压缩空气把坯料吹胀并与模具内表面贴合，冷却硬化后打开模具即可取出中空的制品。

塑料的切削性能一般较好，可以在金属加工机床、木材加工机床或专用机床上进行机械加工。值得注意的是，塑料的导热性比金属材料低很多，强度、硬度也低，因此加工时容易引起工件变形。塑料切削加工的表面粗糙，有时可能出现分层、开裂和崩落等现象，如果冷却条件不好，切削的摩擦热会使热固性塑料焦化，使热塑性塑料软化而成为废品。

二、橡胶制品成型

橡胶的加工过程主要包括生橡胶的塑炼、塑炼胶与配合剂的混炼、成型和硫化等。

1. 塑炼

塑炼是增加橡胶可塑性的工艺过程。由于橡胶具有高弹性，可塑性极差，难以与配合剂混合及成型加工，所以使橡胶具有必要的可塑性在工艺上极为重要。塑炼增加可塑性、降低弹性的实质是使橡胶分子链断裂（称为降解），减少大分子的长度。橡胶的可塑性只是在胶料和制品的生产阶段中需要，对于成品，需要的是橡胶的弹性。橡胶制品的弹性是在加工过程的最后阶段——硫化获得的。

塑炼分为低温硫化和高温硫化，低温硫化以机械降解为主，氧起到稳定分子链断裂后产生的游离基的作用；高温硫化以自动氧降解为主，机械作用可强化橡胶与氧的接触。生橡胶的塑炼是在开放式或密闭式炼胶机上进行的。

2. 混炼

混炼是通过机械作用使塑炼后的生橡胶与各种配合剂均匀混合的工艺过程，其是橡胶加工过程中的重要工序之一，混炼胶料的质量对进一步加工及成品的质量有着决定性的影响。混炼也是在开放式或密闭式炼胶机上进行的。

3. 成型

成型的工艺方法有压延、压出、模压和注射成型等。压延是将混炼胶通过辊压制成一定厚度、宽度或各种断面形状的胶片，或者在所用的纺织物上挂起一层薄的胶层的工艺过程。压出成型与塑料的挤出成型有相似之处，其采用螺杆压出成型机进行生产，通过压出机螺杆的旋转，使胶料在螺杆和筒壁之间受到强大的挤压力，胶料被加热塑化，并不断向前推送，最后通过模嘴压出具有一定断面形状的半成品。更换不同的模嘴，可以压出各种断面形状的橡胶坯件。

模压成型也称为热压成型，往往和硫化同时进行，模压后就能得到橡胶制品，其加工原理和过程与塑料的模压成型类似。而对于一些流动性好的橡胶，也可以采用注射成型，其过程和原理与塑料注射成型相似。

4. 硫化

硫化是指将塑性橡胶转化为弹性橡胶的工艺过程。其本质是塑性橡胶在硫黄、促进剂和活性剂的作用下发生化学反应，在橡胶分子链上形成化学交联键，使橡胶链状结构变成网状结构。交联键主要由硫形成，因此该过程称为硫化。但是，凡是能够使塑性橡胶转变为空间网状结构的弹性橡胶的工艺，不管是否使用硫黄，都称为硫化。在工业生产中，很多橡胶制品的硫化与成型是同时进行的。

橡胶制品的生产工艺流程如图6-5所示。

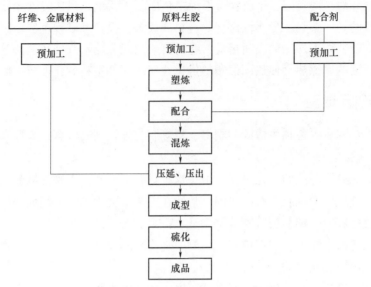

图 6-5　橡胶制品的生产工艺流程

三、陶瓷成型

陶瓷属于无机非金属材料，其种类繁多，大致可分为传统陶瓷和现代陶瓷。传统陶瓷是以黏土、长石和石英等天然原料，经过粉碎、成型和烧结制成的，主要用作日用陶瓷、建筑陶瓷、卫生陶瓷以及工业上应用的电绝缘陶瓷、过滤陶瓷等。现代陶瓷是以人工化合物为原料的陶瓷，如氧化物陶瓷、氮化物陶瓷、碳化物陶瓷、硅化物陶瓷，以及石英质、刚玉质、碳化硅质陶瓷等，主要应用于化工、冶金、机械、电子和某些新技术领域。陶瓷的共同性能特点是硬度高、抗压强度大、耐高温、耐磨损、抗氧化、耐腐蚀，但属于脆性材料，急冷急热性差。

现代陶瓷从性能上分为结构陶瓷和功能陶瓷。结构陶瓷是指具有力学性能及部分热学和化学功能的现代陶瓷；功能陶瓷是指具有电、磁、声、光、热等特别功能的现代陶瓷。陶瓷品种繁多，生产工艺过程也各不相同，但一般都要经历四个步骤：粉体制备、成型、坯体干燥和烧结。

1. 粉体制备

陶瓷粉体的制备方法一般可分为粉碎法和合成法两类。粉碎法由粗颗粒来获得细粉，通常采用机械粉碎，现在发展了气流粉碎，在粉碎过程中容易混入杂质，且不易获得粒径在 1 μm 以下的微细颗粒。合成法是由离子、原子、分子通过成核和长大、聚集、后处理来获得微细颗粒的方法，其特点是纯度和粒度可控，均匀性好，颗粒微细。合成法包括固相法、液相法和气相法。

2. 成型

成型是将陶瓷粉料加入塑化剂等制成坯料，并进一步加工成具有特定形状和尺寸的半成品的过程。成型技术的目的是得到内部均匀和高密度的坯体。成型主要分为干法成型和胶态成型。而陶瓷胶态成型技术方面的最新进展，包括注射成型中的水溶液注射成型、温度诱导成型、直接凝固注模成型、电泳沉积成型、凝胶注模成型、水解辅助固化成型、压滤成型和离心注浆成型。

3. 坯体干燥

成型后的各种坯体一般含有水分，为提高成型后的坯体强度和致密度，需要进行干燥，以除去部分水分，同时坯体也会失去可塑性。

4. 烧结

烧结是指将颗粒状陶瓷坯体置于高温炉中，使其致密化形成强固体材料的过程。烧结开始于坯料颗粒间空隙的排除，以使相应的相邻粒子结合成紧密体。烧结的方法有很多，如常压烧结、热压烧结、热等静压烧结、反应烧结、等离子烧结、自蔓延烧结和微波烧结等。

第三节　粉末冶金材料成型

粉末冶金是一种以金属粉末或金属与非金属粉末的混合物为原料，经过成型和烧结而制取金属材料、复合材料及其制品的工艺过程。它既是制取金属材料的一种冶金方法，又是制造机器零件的一种加工方法。粉末冶金技术的雏形在公元前 3000 年左右就出现了，直到 1909 年首次制成电灯钨丝以后，粉末冶金技术才有了快速发展，应用范围也越来越广泛。

图 6-6 所示为粉末冶金制备金属基复合材料的工艺过程，其主要分为冷压、烧结和热压，主要步骤包括：筛分粉末；基体粉末与增强体粉末均匀混合；通过预压把复合粉末制成生坯，其密度为 70%~80%；除气；热压/烧结；二次加工（挤压、锻造、轧制、超塑性成型等）。粉末冶金工艺结合二次加工不仅可以获得完全致密的坯锭或制品，同时可满足所设计材料结构性能的需求，也可以直接将混合粉末进行高温塑性加工，在致密化的同时达到最终成型的目的。粉末冶金法对基体合金和增强体粉末种类基本没有限制，而且可以任意调整增强体的含量、尺寸和形貌等。复合材料的可设计性强，并且粉末冶金法的制备温度较低，有效减轻了基体与增强体之间的界面反应，所制备的复合材料具有良好的物理力学性能且质量稳定。

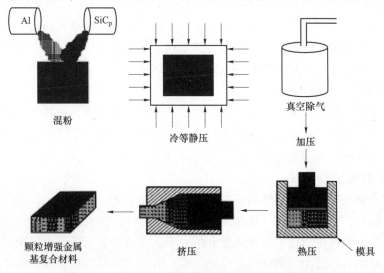

图 6-6　粉末冶金制备金属基复合材料的工艺过程

粉末冶金成型涉及多道制备工序，在制备过程中需从材料的性能要求出发，综合考虑各个工序对材料性能的影响，如粉末制备、粉末固结、二次加工以及后续处理过程等。

一、粉末制备

制取粉末是粉末冶金的第一步。粉末冶金的粉末种类有很多，从材质上有金属粉末、合金粉末、金属化合物粉末等；从粉末的粒度上有从 $500 \sim 1\,000\ \mu m$ 的粗粉末到粒度小于 $0.1\ \mu m$ 的超细粉末，不同材质、不同粒度的粉末的制取方法是不同的。从制粉过程的实质来看，现有制粉方法分为机械法和物理化学法。机械法是将原料机械地粉碎而制取粉末，而化学成分基本不会发生变化；物理化学法是利用物理或化学的作用，改变原材料的化学成分或聚集状态而获得粉末。在工业生产中，应用最广泛的是还原法、雾化法和电解法，气相沉积法和液相沉积法在特殊领域也有着重要的应用。

二、成型

1. 普通模压成型

普通模压成型是将配制好的粉料装在钢制压模里，通过冲模对粉料加压，卸压后将压坯从凹模内取出。成型压力越大，粉末颗粒之间的空隙越小，压坯的密度、强度越高。压坯的强度主要来自粉末颗粒之间的机械啮合力和粉末颗粒表面原子之间的引力。在生产中，为了使压坯具有足够的强度，往往在成型前添加成型剂。在压制过程中，粉末在压力的作用下流动，由于粉末之间、粉末与模壁之间存在着摩擦，不能像液体那样压力处处均等，所以压坯各个部位的密度和强度并不是非常均匀的。为了提高压坯密度的均匀性，可以加入适当的润滑剂，降低压模和粉料接触表面的表面粗糙度并在模壁上涂润滑油，以及采用双向压制等。

2. 特殊成型

1）等静压成型

等静压成型又分为冷等静压和热等静压两种方法。前者一般采用水或油作为压力介质，加压时不加热；后者常用气体（如氩气）作为压力介质，加压的同时还要加热，即成型和烧结是一次完成的。等静压成型的基本原理是：用高压泵将流体介质压入耐高压的钢质密封容器内，高压流体的静压力直接作用于装在弹簧模套内的粉末体上，粉末体在各个方向上同时均衡地受压，从而获得密度均匀和强度较高的压坯。

2）连续成型

粉末连续成型法包括粉末轧制法、粉末挤压法和喷射成型法。这些方法的特点是：粉末在压力的作用下，用松散状态连续变化成为具有一定密度和强度以及所需尺寸形状的压坯，主要用来生产各种板材、带材、管、棒及其他形状的型材。

3）粉末注射成型

粉末注射成型是粉末冶金与塑料注射成型技术相结合的一种新工艺，即先将粉末与热塑性黏结剂均匀混合，使其成为在一定温度下具有良好流动性能的流态物质，之后把此流态物质装入注射成型机的料斗，在一定的温度和压力下，将其注射入模具内成型，所得到的坯块在进行烧结之前需要将其中的热塑性黏结剂去除。其所采用的方法有溶解浸出法和加热分解法，加热分解法可以与烧结过程联系在一起进行。

4）粉浆浇铸成型

粉浆浇铸成型工艺在陶瓷工业中应用已久，在粉末冶金生产中的应用则是开始于 20 世纪 30 年代。粉浆浇铸成型工艺的原理类似于铸造，其基本过程是：将粉末与水或其他液体混合制成一定浓度的悬浮粉浆，然后浇注到所需形状的石膏模中，多孔的石膏模吸收粉浆中的水分或其他液体，从而使粉浆物料在石膏模内致密并形成与石膏模内腔形状相同的坯件。

5）爆炸成型

爆炸成型是利用炸药爆炸时产生的巨大冲击力，将粉末压成相对密度极高的压坯。爆炸成型装置可以分为直接加压式和间接加压式两种。

直接加压式爆炸成型装置的粉末装在薄壁钢管内，钢管两端用钢垫塞封，上端钢垫用木塞或黏土基垫隔；炸药包扎在钢管外，最外层用硬纸壳扎实。当雷管引爆炸药时，爆炸瞬间产生巨大的压力和冲击波压缩钢管内的粉末体，使其致密成型。直接加压式爆炸成型的压力高（10~50 GPa），但压力梯度大，易于导致材料的局部过热或氧化。

间接加压式爆炸成型是通过飞片、液体或气体等传导压力的介质缓冲冲击波，从而能够形成更均匀的压力（5~20 GPa），来减少材料的损伤。

三、烧结

烧结是粉末冶金生产中必不可少的工序。从根本上说，粉末冶金是由粉末成型和粉末烧结两道工序组成的。在特殊情况下，如粉末松装烧结，可以没有成型工序，但是烧结工序或相当于烧结的高温工序是不可缺少的。

烧结是粉末或粉末压坯，在适当的温度和气氛条件下加热，使粉末颗粒之间通过原子扩散发生黏结，粉末颗粒的聚集体变为晶粒的聚集体，从而获得具有所需物理性能和机械性能的制品或材料。

粉末等温烧结过程大致可以分为黏结、烧结颈长大及闭孔隙球化和缩小三个阶段。

1. 黏结阶段

烧结初期，粉末颗粒间的原始接触点或面转变成晶体结合，即通过形核、长大的结晶过程形成烧结颈。在此阶段，颗粒内部的晶粒不发生变化，颗粒外形也基本未变，整个烧结体尚未发生收缩，密度增加极少，但烧结体的强度和导电性由于颗粒结合面增大而有明显增加。

2. 烧结颈长大阶段

原子向颗粒结合面迁移时烧结颈扩大，颗粒间距缩小，形成连续的孔隙网络，随着晶粒长大，孔隙大量消失，烧结体收缩密度且强度增加。

3. 闭孔隙球化和缩小阶段

当烧结体密度达到 90% 以后，多数孔隙被完全分隔而成为封闭的孔隙，封闭的孔隙形状趋于球形，并不断缩小，这个阶段可以延续很长时间，但是仍残留少量的封闭孔隙不能消除。

上述三个阶段仅仅说明烧结的主要过程，其实烧结中还有一些可能出现的现象，如粉末表面气体或水分的挥发，氧化物的还原和离解，金属的恢复和再结晶，以及晶粒的长大、颗粒内应力消除等。

四、二次加工

常用的二次加工方法有挤压、轧制、锻造和超塑性成型等。粉末冶金制品在挤压过程中处于三向压应力状态，因而提高了塑性变形能力。挤压可以有效破碎颗粒氧化膜，改善界面结合和增强颗粒的分散状况，从而大幅度提高强度和塑性，但由于设备所限，故挤压产品的尺寸受限。轧制和锻造通过引入较大的剪切应力来改善增强颗粒的分散及细化基体晶粒，从而明显提高粉末冶金制品的力学性能。采用锻造和轧制可制得大尺寸、组织均匀的粉末冶金板、锭或最终产品。

五、后处理

某些情况还需要对粉末冶金制品进行均匀化处理和尺寸稳定化处理，通过热处理改善增强体的分散状况，或通过降低、消除材料内部的残余应力来提高尺寸稳定性。

第四节　复合材料成型

一、树脂基复合材料成型

目前树脂基复合材料的成型方法已有 20 多种，被成功地用于工业生产，如手糊成型法、喷射成型法、缠绕成型法、模压成型法和树脂传递模塑成型法等。

1. 手糊成型法

手糊成型法是用纤维作为增强材料、树脂作为基体材料，先将树脂配制成胶液，在模具上手工铺敷成型，树脂固化后脱模，从而获得复合材料制品的一种方法。

手糊成型法的优点是操作灵活，制品尺寸和形状不受限制，模具简单，但生产效率低、劳动强度大。该方法主要适用于多品种、小批量生产精度要求不高的制品。手糊成型制作的玻璃钢产品广泛用于建筑制品、造船业、汽车、火车、机械电器设备、防腐产品及体育、游乐设备等，如生产波形瓦、浴盆、玻璃钢大棚、贮罐、风机叶片、汽车壳体、保险杠、各种油罐、配电箱和赛艇等。

2. 喷射成型法

喷射成型法是将不饱和树脂胶液与玻璃纤维在喷射过程中混合，经喷射沉积在模具上，然后经压辊滚压，使纤维浸透树脂，沉积的物料被压实并去除气泡，最后固化为复合材料制品。图 6-7 所示为喷射成型法工作过程示意图。

喷射成型法效率高，制品无接缝，适应性强。该方法用于制造汽车车身、船身、浴缸、异形板和机罩等。

3. 缠绕成型法

缠绕成型法是在控制纤维张力和预定线型的条件下，将连续的纤维粗纱或布带浸渍树脂胶液连续地缠绕在相应制品内腔尺寸的芯模或内衬上，然后在室温或加热条件下使之固化成型为一定形状制品的方法，如图 6-8 所示。与其他成型方法相比，用此方法获得的复合材料制品有以下特点：比强度高，缠绕成型玻璃钢的比强度三倍于钢，可使产品结构在不同方向的强度比最佳。缠绕成型多用于生产圆柱体、球体及某些正曲率回转体制品，对非回转体制品或负曲率回转体则较难缠绕。

4. 模压成型法

模压成型法与高分子材料的模压成型工艺原理相同，只是模压材料中含有增强材料，根据增强材料的形态和铺设方式的不同，复合材料的模压成型又可分为短纤维模压成型、毡料模压成型和织物模压成型等。

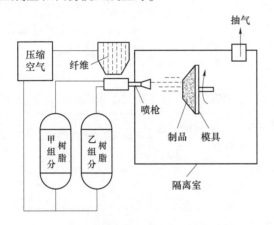

图 6-7　喷射成型法工作过程示意图

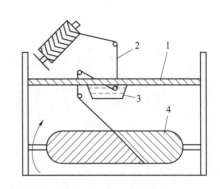

图 6-8　缠绕成型法

1—平移机构；2—纤维；3—树脂槽；4—制品

模压成型的主要优点：生产效率高，便于实现专业化和自动化生产；产品尺寸精度高，表面光洁；能一次成型结构复杂的制品；批量生产，价格相对低廉。其不足之处在于模具制造复杂，投资较大。模压成型最适合于批量生产中小型复合材料制品，目前也能生产大型汽车部件、浴盆、整体卫生间组件等。

5. 树脂传递模塑成型法

树脂传递模塑成型是指在模具的型腔里预先放置增强材料（包括螺栓、聚氨酯泡沫塑料等嵌件），夹紧后，在一定温度及压力下从设置的注入孔将配好的树脂注入模具中，使之与增强材料一起固化，最后起模、脱模而得到制品。此方法能制造出表面光洁、高精度的复杂构件，挥发性物质少，环保效果好。

二、金属基复合材料成型

金属基复合材料的成型过程是基体与增强体复合的过程。制取金属基复合材料的最大困难在于解决好增强材料与基体金属的界面问题。不论采用哪种方法来制取金属基复合材料，在复合工艺时都必须经过高温，以使增强材料与基体之间通过原子扩散达到牢固结合。然而，扩散或反应过度，则会导致增强材料特别是纤维损伤（相容性差）；如果它们之间没有反应，相互独立（润湿性差），则会结合不牢固。因此，增强材料大部分需要进行预处理，来改善增强材料与基体金属的相容性和润湿性。预处理通常采用化学、物理或机械的方法，在增强材料表面沉积一层过渡层，过渡层能够将基体金属与增强材料紧密结合在一起。

金属基复合材料体系繁多，且各组分的物理、化学性质差异较大，复合材料的用途也有很大差别，因而复合材料的成型方法也是千差万别的。但总体来讲，金属基复合材料的成型方法可以分为固态法、液态法以及其他成型方法。表 6-1 所示为金属基复合材料的主要成型方法和适用范围。

表 6-1　金属基复合材料的主要成型方法和适用范围

类别	成型方法	适用金属基复合材料体系		典型的复合材料及产品
		增强材料	金属基体	
固态法	粉末冶金法	SiC_p、Al_2O_3、SiC_w、B_4C_p 等颗粒、晶须及短纤维	Al、Cu、Ti 等金属	SiC_p/Al、SiC_w/Al、Al_2O_3/Al、TiB_2/Ti 等金属基复合材料零件、板、锭坯
	热压固结法	B、SiC、C（Cr）、W 等连续或短纤维	Al、Ti、Cu、耐热合金	B/Al、SiC/Al、SiC/Ti、C/Al、C/Mg 等零件、管、板
	热等静压法	B、SiC、W 等纤维、颗粒、晶须	Al、Ti、超合金	B/Al、SiC/Ti 管
	挤压、拉拔轧制法	C（Cr）、Al_2O_3 等纤维及 SiC_p、Al_2O_{3p}	Al	C/Al、Al_2O_3/Al 棒、管
液态法	挤压铸造法	各种类型增强材料、纤维、晶须、短纤维及 C、Al_2O_3、SiC_p、Al_2O_3·SiO_2	Al、Zn、Mg、Cu 等	SiC_p/Al、SiC_w/Al、C/Al、C/Mg、Al_2O_3/Al、SiO_2/Al 等零件、板、锭、坯
	真空压力浸渍法	各种纤维、晶须、颗粒增强材料	Al、Mg、Cu、Ni 基合金以及 Zr 基非晶合金等	C/Al、C/Cu、C/Mg、SiC_p/Al、SiC_w+SiC_p/Al、W_p/Zr 基非晶等零件、板、锭、坯
	搅拌法	颗粒、短纤维及 Al_2O_3、SiC_p	Al、Mg、Zn	铸件、锭坯
	共喷沉积法	SiC_p、Al_2O_3、B_4C、TiC 等颗粒	Al、Ni、Fe 等金属	SiC_p/Al、Al_2O_3/Al 等板坯、管坯、锭坯
	真空铸造法	C、Al_2O_3 连续纤维	Mg、Al	零件
其他方法	原位生成法		Al、Ti	铸件
	电镀及化学镀	SiC_p、B_4C、Al_2O_3 颗粒、C 纤维	Ni、Cu 等	表面复合层
	热喷涂法	颗粒增强材料及 SiC_p、TiC	Ni、Fe	管、棒等

　　固态法主要包括扩散结合法、粉末冶金法等。扩散结合法是将预制成型的金属基复合材料的条带按照制品的形状、纤维体积密度和增强方向进行铺设、层叠和裁剪，在低于基体金属熔点 70~200 ℃的温度下施加静压力，使它们通过原子扩散进行结合，从而获得金属基复合材料。扩散结合法制备的碳纤维、硼纤维增强铝合金或镁合金复合材料已经在航空航天等领域获得成果并得到广泛应用。粉末冶金法是将晶须或颗粒增强材料与金属粉末均匀混合，

在模具内加压烧结成型。从原理上讲，粉末冶金法也是利用加压、加热使基体金属与增强材料通过原子扩散实现紧密结合的，这与扩散法相同。它们之间的区别在于：粉末冶金法是利用金属粉末作为基体的原料，使用的增强材料的形态是颗粒或晶须（短纤维），而扩散结合法用的是连续纤维，即长纤维。粉末冶金法的优点与扩散结合法相同，也是由于加热温度较低而对增强材料的化学损伤较小。但是，在混料和热压的过程中对增强材料的机械损伤大，增强材料所占体积分数不高，基体金属粉末制备技术要求高。粉末冶金法制备的碳化硅晶须、颗粒增强铝合金、镁合金和钛合金等，已成功应用于飞机构件、涡轮发动机叶片、活塞、连杆等。

液态法是将基体金属熔化成液态，通过不同的方式使其进入增强材料的缝隙中，经过凝固成型，二者紧密牢固结合。当增强材料是晶须、短纤维或长纤维时，往往需要将它们先制成具有一定空隙度的预制件，然后采用压铸或抽真空的方法将金属液压入或吸入，凝固成为一体。

其他成型方法还包括原位生成法、物理气相沉积法、化学气相沉积法、化学镀和电镀及复合镀法等。

三、陶瓷基复合材料

陶瓷基复合材料的成型方法根据增强材料的形态不同可以分为两类：一类是对于用短纤维、晶须或颗粒增强的陶瓷基复合材料，一般采用传统的陶瓷成型工艺，主要是热压烧结；另一类是对于连续纤维增强的陶瓷基复合材料，主要采用料浆浸渍热压法和化学气相渗透法。

1. 热压烧结

热压烧结成型是将松散的或预成型的陶瓷基复合材料混合物在高温下通过外压使其致密化的成型方法。该方法只用于制造形状简单的零件。

2. 料浆浸渍热压成型

料浆浸渍热压成型的主要工艺过程为：采用纤维黏附一层配置好的陶瓷粉体浆料，然后将附有浆料的纤维排布成一定结构的坯体，再经过干燥、除去有机黏结剂，最后热压烧结成陶瓷基复合材料制品。此方法不损伤增强纤维，能制造大型制品，工艺简单。

3. 化学气相沉积

化学气相沉积是先将纤维做成所需形状的型体，然后在预成型体的空隙中通入适当气体，该气体能够发生热分解或化学反应，并且反应的产物是所需要的陶瓷，反应生成的陶瓷沉积在纤维表面，直至将空隙填满。采用化学气相沉积法可以制取高致密度、高强度和高韧性的复合材料制品。

⟳ 知识拓展

随着全球工业化的快速发展，其他材料成型技术已广泛应用于各个领域。其中，粉末冶金具有原材料利用率高、制造成本低、废料损耗少、材料综合性能好、产品尺寸精度高且稳定等优点，更可用于制备传统方法无法制备的材料和难以加工的零件，在现代机械制造领域发挥着越来越重要的作用。目前粉末冶金技术的发展方向主要集中在粉末冶金新材料、粉末制备新工艺、粉末成型新技术以及烧结新工艺四个方面。若想进一步了解或深入学习相关的基本理论及关键技术，可参阅相关专业文献。

第 三 篇

切削加工技术训练

第七章

切削加工基础知识

内容提要：本章主要介绍切削加工的基础知识，包括切削运动与切削用量，刀具的结构、几何角度与材料，机械加工的常见技术要求，常用质量检验技术与量具，是切削加工生产的必备知识。

第一节 概 述

切削加工是利用切削工具从工件上切去多余材料的加工方法，以保证工件符合图纸规定的技术要求，是机械制造领域用于实现零件几何精度的主要方式，又称为机械加工或机加，一般通过机床来实现，也可以由操作者手工完成。由于切削加工一般在常温下进行，不需要加热，因此传统上也称之为冷加工。

切削加工是一大类制造技术的统称，包含传统的车削、铣削、刨削、磨削、镗削、插削、拉削、钻孔、铰孔、螺纹加工、抛光等众多生产技术，是机械制造技术的重要组成部分。机械制造业承担着为整个工业化社会提供基本生产装备的任务，因此，切削加工技术水平的高低直接影响着企业、地区甚至国家的基本生产力水平。

切削加工具有加工精度宽、适应面广和生产率高等特点。

一、加工精度宽

切削加工可以达到的精度和表面粗糙度范围很广，可以获得很高的加工精度和很低的表面粗糙度。现代切削加工技术已经可以达到尺寸公差 IT12 ~ IT3 的精度，表面粗糙度 Ra 值可达 25 ~ 0.008 μm。

二、适应面广

切削加工零件的材料、形状、尺寸和质量范围较大。切削加工多用于金属材料的加工，如各种碳钢、合金钢、铸铁、有色金属及其合金等，也可用于某些非金属材料的加工，如石材、木材、塑料和橡胶等。现代制造业已经有了各种型号及大小的机床，既可以加工数十米以上的大型零件，也可以加工很小的零件，加工的表面既包括常见表面，如外圆、内圆、锥面、螺纹、齿形，也可以加工不规则的空间三维曲面。切削加工的零件重的可达数百吨，如船闸的闸门；轻的只有几克，如微型仪表零件。

三、生产率高

在常规条件下，切削加工的生产率一般高于其他加工方法，只有在少数特殊场合低于精密铸造、精密锻造和粉末冶金等方法。

第二节 切削运动与切削用量

切削加工的基本特征是使用刀具切除工件上多余的材料。为了加工出各种形式的表面，并且要实现设计图纸规定的几何精度要求，工件与刀具之间必须实现准确的相对运动。

一、切削运动

切削加工机床负责提供各种形式的运动，完成各种表面的加工。因此，切削运动就成为划分机床及切削加工方法类别的主要依据。图 7-1 所示为目前常见机床实现的切削运动。

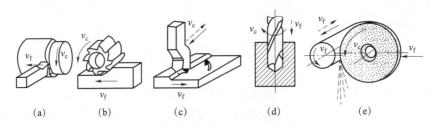

图 7-1 目前常见机床实现的切削运动
（a）车削；（b）铣削；（c）刨削；（d）钻削；（e）磨削

各种切削运动按照其特性以及在切削过程中的作用不同，可以分为主运动和进给运动。

1. 主运动

主运动是指直接切除毛坯上多余的材料并使之成为切屑，以形成新表面的运动。在各种切削过程中，主运动都是指速度最快、消耗机床功率最多的运动。因此，对于单工位机床，主运动只有一个。在图 7-1 中，v_c 表示主运动，车削的主运动是工件的旋转运动；铣削和磨削的主运动分别是铣刀和砂轮的旋转运动；刨削的主运动是刨刀的往复直线运动；钻削的主运动是钻头的旋转运动。

2. 进给运动

进给运动是指使切削加工持续下去，不断地使工件上新的部位投入切削的运动。在图 7-1 中，v_f 表示进给运动，车削的进给运动是刀具的移动；铣削的进给运动是工件的移动；磨削的进给运动是工件的旋转运动、往复轴向移动及砂轮的横向移动；钻削的进给运动是刀具的轴向移动。

在任何单功能机床的切削加工中，主运动都只有一个，而进给运动可以有多个。

3. 切削过程中的表面

在切削加工的过程中，工件上会形成三个位置不断变化的表面：待加工表面、已加工表面和过渡表面，统称为工件表面，如图 7-2 所示。

1）待加工表面

工件上待切除的表面，即表层将被切去一层多余材料的表面。

2）已加工表面

工件上经刀具切削后产生的表面。

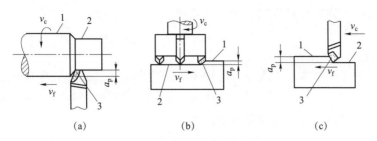

图7-2 加工中形成的表面及切削用量三要素

（a）车削；（b）铣削；（c）刨削

1—待加工表面；2—已加工表面；3—过渡表面

3）过渡表面

工件上切削刃正在切削的表面，它是待加工表面与已加工表面之间的过渡部分，故称为过渡表面。

二、切削用量

在切削加工中，仅仅定性地了解主运动和进给运动的形式是远远不够的，还必须准确地对切削运动进行定量表示，这样才能完成具体的切削加工任务。

切削速度 v_c、进给量 f 或进给速度 v_f 以及切削深度 a_p 统称为切削用量三要素，是切削加工技术中十分重要的工艺参数，如图7-2所示。这些参数的选取是否合理，会直接影响到生产安全、产品质量及生产效益。

1. 切削速度 v_c

主运动量化后得到的参数是切削速度 v_c，指单位时间内工件或刀具沿主运动方向相对位移的距离，单位是 m/s 或者 m/min。

当主运动为回转运动（如车削、铣削、磨削和钻削）时，其切削速度按下式计算：

$$v_c = \frac{\pi D n}{1\,000}$$

式中：D——工件或刀具上的最大直径（mm）；

n——工件或刀具的转速（r/s 或 r/min）。

当主运动为往复直线运动（如刨削）时，切削速度按下式计算：

$$v_c = \frac{2L n_r}{1\,000}$$

式中：L——刀具往复运动行程长度（mm）；

n_r——刀具每分钟往复次数（次/min）。

2. 进给量 f 和进给速度 v_f

进给运动量化后得到的参数是进给量 f。在车削和铣削中，进给量指的是执行主运动的工件（如车削）或者刀具（如铣削）旋转一圈的过程中，刀具或者工件沿进给方向的位移量，单位是 mm/r。在刨削中，进给量指的是执行主运动的刀具每往复一次，工件沿进给方向间歇移动的位移量，单位是 mm/str。

进给速度 v_f 是指进给运动在单位时间内移动的量，单位是 mm/s 或者 mm/min；进给速度和进给量是对于相同物理过程的表示，因此两者一般可以按以下关系换算：

$$v_f = n \cdot f$$

3. 切削深度 a_p

切削深度是指工件上待加工表面与已加工表面之间的垂直距离，单位是 mm。它会影响加工的质量、切削的效率、刀具的磨损、切削力和切削热等诸多方面。

车削加工时切削深度又称为背吃刀量，可以按下式计算：

$$a_p = \frac{D-d}{2}$$

式中：D——待加工表面的直径（mm）；

　　　d——已加工表面的直径（mm）。

第三节　刀具的结构与材料

刀具是完成切削任务的主要装置，其性能的好坏直接影响着切削加工的质量和效率。影响刀具性能的因素很多，其中主要的因素包括刀具的结构和材料。

一、刀具的结构

1. 刀具切削部分的结构

切削加工中会用到各种各样的刀具，每类刀具都有自己独特的几何形状及结构。从图 7-3 中可以看出，各类单刃或多刃刀具在切削的时候，其切削部分都与车刀的切削部分类似。因此，下面以车刀为例来讨论刀具的结构及几何角度。

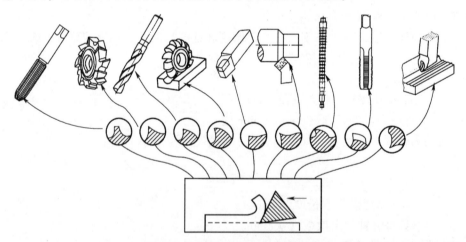

图 7-3　各类刀具切削部分的形状

车刀的主体结构包括切削部分和夹持部分，如图 7-4 所示。切削部分担负着切削工作，夹持部分则用来把刀具装夹在刀架上。

切削部分是个比较复杂的几何体，由多个刀具表面及切削刃组成，如图 7-4 所示。构成刀具切削部分的要素有：前刀面、主后刀面、副后刀面、主切削刃、副切削刃和刀尖。

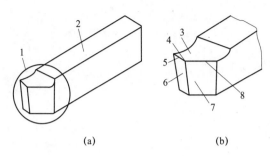

图 7-4　车刀的结构

1—切削部分；2—夹持部分；3—前刀面；4—刀尖；5—副切削刃；6—副后刀面；7—主后刀面；8—主切削刃

（1）前刀面：刀具上有切屑沿之流过的表面，也称为前面。

（2）主后刀面：刀具上与前刀面相交而形成主切削刃的刀具表面，位置与过渡表面相对，也称为主后面。

（3）副后刀面：刀具上同前刀面相交形成副切削刃的刀具表面，位置与已加工表面相对，也称为副后面。

（4）主切削刃：前刀面与主后刀面的交线，在切削过程中起主要的切削作用。

（5）副切削刃：前刀面与副后刀面的交线，在切削过程中起辅助切削作用。

（6）刀尖：主切削刃与副切削刃的交点，实际上往往是一段短线或半径很小的圆弧刃。

2. 刀具的辅助平面

为了确定刀具切削部分的几何角度，需要确定一系列辅助平面，再在这些辅助平面投影图中标注刀具的几何角度。这些辅助平面是对刀具进行几何角度设计、制造、刃磨及测量等的基准。

由于刀具的工作角度与切削时的工作状况有关，故在刀具的设计、制造等工作中通常采用静止参考系，即不考虑进给运动大小所产生的影响，这样可以使问题简化，并能够满足一般生产要求。静止参考系是指在定义用于测量刀具几何角度的辅助平面时，不考虑进给运动的大小对合成切削速度的影响，并且假设刀具（以车刀为例）刀尖安装与工件轴线等高、刀杆中心线垂直于进给方向等。

静止参考系定义的辅助平面包括基面（P_r）、主切削平面（P_s）和正交平面（P_o）等，如图 7-5 所示。

（1）基面（P_r）：通过切削刃上选定点，垂直于该点主运动方向的平面。

（2）主切削平面（P_s）：通过切削刃上选定点，与主切削刃相切并且垂直于基面的平面。

（3）正交平面（P_o）：通过切削刃上选定点，同时垂直于主切削平面和基面的平面。

3. 刀具几何角度与选用原则

在辅助平面构成的参考系中标注的基本几何角度有主偏角（κ_γ）、副偏角（κ_γ'）、前角（γ_o）、主后角（α_o）、刃倾角（λ_s），如图 7-6 所示。具有适当的几何角度是刀具顺利完成切削工作的重要条件。下面介绍基本几何角度的标注和测量及其在切削加工中所起的基本作用和选用原则。

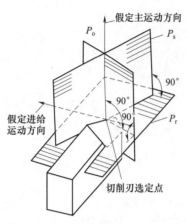

图7-5　构成静止参考系的辅助平面

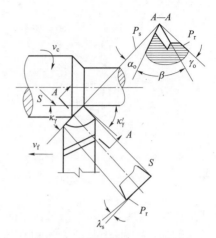

图7-6　刀具的静止几何角度

（1）前角（γ_o）：在正交平面中标注和测量的角度，即在正交平面投影中测得的前刀面与基面间的夹角。以刀尖为选定点，如果主切削刃在基面的下方，则前角为正值；反之为负值。

① 作用：前角越大，则切削刃越锋利，切削时产生的切削力小、切削区的温度低；但是如果前角太大，刀具切削部分的强度就会明显下降，散热能力也会下降，容易造成崩刃或者磨损速度过快的情况。

② 选用原则：一般的原则是在保证刀具强度的条件下尽量选用大前角，同时要兼顾刀具材料和工件材料的性能以及具体的加工要求。当工件材料的强度和硬度都较小时，可以选用较大的前角，反之则选择较小的前角；粗加工时可以选择较小的前角，而精加工时可以选择较大的前角。例如，常用于加工钢材的硬质合金刀具前角为5°~15°。

（2）主后角（α_o）：在正交平面中标注和测量的角度，即在正交平面投影中测得的主后刀面与主切削平面间的夹角。

① 作用：减小后刀面与工件过渡表面之间的摩擦，同时它与前角一起影响着刀具切削刃的强度和锋利程度。

② 选用原则：在考虑加工要求及工件材料性能等因素后，粗加工时一般取较小的主后角，精加工时取较大的主后角；工件材料强度与硬度较高时取较小的主后角，反之取较大的主后角。主后角一般为6°~8°。

（3）主偏角（κ_γ）：在基面中标注和测量的角度，即主切削平面与侧平面间的夹角。

① 作用：主偏角的大小直接影响着切削力的方向、切削刃参加工作的长度，以及刀尖的强度和刀具的散热条件，另外还与副偏角一同影响着已加工表面的表面粗糙度，如图7-7所示。注：侧平面是指过主切削刃上选定点，平行于进给运动和主运动方向的平面。

② 选用原则：粗加工时，如果工艺系统（机床、夹具、工件、刀具）刚性好，可以选用较小的主偏角，这样可以增大刀尖强度并改善散热条件；如果加工的是诸如车削细长轴这样的工件，由于工件刚性差，则应选取较大的主偏角，以减小切削力沿工件半径方向的分力，这样可以减小工件在切削力的作用下发生弯曲变形进而影响加工精度的倾向。

（4）副偏角（κ_γ'）：在基面中标注和测量的角度，即副切削平面与侧平面间的夹角。

① 作用：与主偏角一同影响已加工表面的表面粗糙度。减小副偏角可以有效地降低残

留面积的高度，从而提高表面质量，如图 7-7 所示。

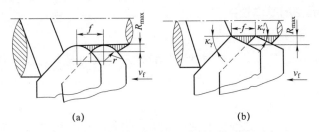

图 7-7　车削时主偏角与副偏角的影响

（a）考虑刀尖圆弧的影响；（b）不考虑刀尖圆弧的影响

② 选用原则：精加工时为了提高表面质量，可以选用较小的副偏角，甚至可以采用圆弧状的修光刃；如果需要提高刀尖的强度，也可以采用较小的副偏角。一般选用的角度为 $5° \sim 10°$。

（5）刃倾角（λ_s）：在主切削平面中标注和测量的角度，即主切削刃与基面间的夹角。以刀尖为选定点，参考切削速度方向，如果主切削刃在基面的下方，则刃倾角为正值；反之为负值。

① 作用：影响切屑流出的方向，采用正值刃倾角时切屑沿工件的待加工表面流出，采用负值刃倾角时切屑沿工件的已加工表面流出，采用零值刃倾角时切屑垂直于主切削刃流出，如图 7-8 所示；影响刀尖的强度，在加工的表面不连续时，如果采用正值刃倾角的刀具，则工件首先冲击的是刀尖，如果采用负值刃倾角的刀具，则首先冲击的是前刀面，如图 7-9 所示；影响切削力的方向，采用正值刃倾角时，切削力的径向分力较小，反之则较大。

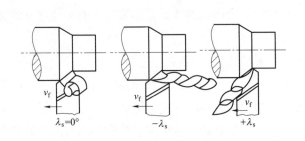

图 7-8　刃倾角对切屑流向的影响

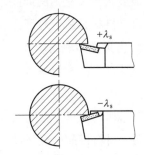

图 7-9　刃倾角对刀尖强度的影响

② 选用原则：精加工时取正值，粗加工或者有冲击时取负值。常用的角度是 ±5°。

由于切削加工技术涉及的工件材料、刀具材料以及具体的加工条件千变万化，因此具体的选用可以参见相关手册，或者通过实验来确定。

二、刀具材料

刀具的夹持部分在工作中要承受强大的冲击力，因此要求有足够的强度和韧性，一般采用较好的钢材即可；而切削部分需要承受巨大的压力和摩擦力及很高的温度等，因此需要有更高的性能。

1. 刀具材料应具备的基本性能

1）硬度高

具有足够高的硬度是作为刀具材料的基本特性。一般情况下，刀具必须比工件硬才能进行切削，通常要求刀具的常温硬度在 HRC60 以上。

2）耐磨性好

刀具材料的耐磨性指的是其抵抗磨损的能力。刀具工作时需要承受摩擦的剧烈程度远远超出普通机件之间的滑动摩擦，因而对于其耐磨性也就有了更高的要求。一般来说，硬度高的材料耐磨性也较好。但材料的耐磨性还取决于材料中硬质点的性质、数量、颗粒大小、形状以及分布状态，所以耐磨性实际上是材料强度、硬度以及显微结构等多方面因素的综合体现。

3）足够的强度和韧性

由于刀具在工作中需要承受巨大的压力，同时还有不同程度的振动及冲击作用，故刀具材料必须具备足够的强度和韧性，这样才能避免出现崩刃以及断裂现象。

4）耐热性

在切削特别是高速切削和强力切削过程中，切削区会产生很高的温度，因此刀具必须能够在这样的高温环境下保持足够的硬度、耐磨性、强度和韧性，这样才能保持其切削能力。这种耐热性又称为热硬性或红硬性，是衡量刀具优劣的主要依据之一。

5）较好的工艺性

刀具材料的工艺性包含两方面的内容：刀具材料必须便于制造，能够方便地加工成需要的准确形状与尺寸，例如要求刀具材料可锻造、可焊接、可切削且具有良好的热处理性能等；刀具材料必须来源广泛，而且应具有合理的价格，这样其在制造业中的应用才有效益。

2. 常见的刀具材料

刀具材料的种类很多，主要有碳素工具钢、合金工具钢、高速钢、硬质合金、陶瓷、立方氮化硼以及金刚石等。其中碳素工具钢及合金工具钢的耐热性较差，因此仅用于一些手工或者低速切削刀具；金刚石和立方氮化硼在其适用的领域具有很好的切削性能，但是价格昂贵；陶瓷材料目前已经发展出了很多牌号，其应用也在迅速扩展。当前使用的最普遍的刀具材料是硬质合金和高速工具钢。

1）硬质合金

硬质合金是用耐磨性与耐热性都很好的碳化物（如 WC、TiC、TaC、NbC 等）和黏结剂（Co、Ni、Mo 等）粉末，经过高压成型并烧结制成的，因此不属于钢的范畴。硬质合金的硬度可以达到 HRA80~93（相当于 HRC74~81），耐热温度可以达到 800~1 000 ℃，其切削性能优于高速钢。硬质合金的缺点是韧性较差，不耐冲击。硬质合金一般用于制成各种形状的刀片，采用焊接或者机械方式夹固在刀体上。

根据 GB/T 18376.1—2008，硬质合金按照其使用领域的不同可以分为 P、M、K、N、S、H 六个类型，如表 7-1 所示。

表 7-1 硬质合金分类及应用领域

类别	使用领域
P	长切屑材料的加工，如钢、铸钢、长切屑可锻铸铁等的加工
M	通用合金的加工，用于不锈钢、铸钢、锰钢、可锻铸铁、合金钢、合金铸铁等的加工
K	短切屑材料的加工，如铸铁、冷硬铸铁、短切屑可锻铸铁、灰口铸铁等的加工
N	有色金属、非金属材料的加工，如铝、镁、塑料、木材等的加工
S	耐热和优质合金材料的加工，如耐热钢的加工，含镍、钴、钛的各类合金材料的加工
H	硬质材料的加工，如淬硬钢、冷硬铸铁等的加工

为满足不同使用要求，以及根据切削工具用硬质合金材料的耐磨性和韧性的不同，硬质合金可分成若干组，用 01、10、20 等两位数字表示组号，必要时可以在两个组号之间插入一个补充组号（用 05、15、25 等表示）。

切削工具用硬质合金牌号由类别代码、分组号和细分号（需要时使用）组成，如图 7-10 所示。

图 7-10 硬质合金牌号规则

常见牌号硬质合金的作业条件及性能提高方向如表 7-2 所示。

表 7-2 常见牌号硬质合金的作业条件及性能提高方向

牌号	作业条件		性能提高方向	
	被加工材料	适应的加工条件	切削性能	合金性能
P01	钢、铸钢	高切削速度、小切削截面、无振动条件下的精车、精镗		
P10	钢、铸钢	高切削速度及中、小切削截面条件下的车削、仿形车削、车螺纹和铣削	↑ 切削速度 进给量 ↓	↑ 耐磨性 韧性 ↓
P20	钢、铸钢、长切屑可锻铸铁	中等切削速度、中等或大切削截面条件下的车削、偏形车削和铣削及小切削截面的刨削		
P30	钢、铸钢、长切屑可锻铸铁	中或低等切削速度、中等或大切削截面条件下的车削、铣削、刨削和不利条件下 * 的加工		
P40	钢、含砂眼和气孔的铸钢件	低切削速度、大切削角、大切削截面以及不利条件下 * 的车削、刨削、切槽和自动机床上的加工		

牌号	作业条件		性能提高方向	
	被加工材料	适应的加工条件	切削性能	合金性能
M01	不锈钢、铁素体钢、铸钢	高切削速度、小载荷、无振动条件下的精车、精镗	↑ ┃ 切 进 削 给 速 量 度 ↓ ┃	↑ ┃ 耐 韧 磨 性 性 ┃ ↓
M10	不锈钢、铸钢、锰钢、合金钢、合金铸铁、可锻铸铁	中、高等切削速度及中、小切削截面条件下的车削		
M20		中等切削速度、中等切削截面条件下的车削、铣削		
M30		中、高等切削速度及中、大切削截面条件下的车削、铣削、刨削		
M40		车削、切断、强力铣削加工		
K01	铸铁、冷硬铸铁、短切屑可锻铸铁	车削、精车、铣削、镗削、刮削	↑ ┃ 切 进 削 给 速 量 度 ↓ ┃	↑ ┃ 耐 韧 磨 性 性 ┃ ↓
K10	布氏硬度高于220的铸铁、短切屑的可锻铸铁	车削、铣削、镗削、刮削、拉削		
K20	布氏硬度高于220的灰口铸铁、短切屑的可锻铸铁	中等切削速度下的轻载荷粗加工，半精加工的车削、铣削、镗削等		
K30	铸铁、短切屑可锻铸铁	在不利条件下*可能采用大切削角的车削、铣削、刨削、切槽加工，对刀具的韧性有一定的要求		
K40	铸铁、短切屑可锻铸铁	在不利条件下*的粗加工，采用较低的切削速度、大的进给量		
N01	有色金属、塑料、木材、玻璃	高切削速度下，有色金属铝、铜、镁及塑料、木材等非金属材料的精加工或半精加工	↑ ┃ 切 进 削 给 速 量 度 ↓ ┃	↑ ┃ 耐 韧 磨 性 性 ┃ ↓
N10		较高切削速度下，有色金属铝、铜、镁及塑料、木材等非金属材料的精加工或半精加工		
N20	有色金属、塑料	中等切削速度下，有色金属铝、铜、镁及塑料、木材等非金属材料的粗加工或半精加工		
N30		中等切削速度下，有色金属铝、铜、镁及塑料、木材等非金属材料的粗加工		

续表

牌号	作业条件		性能提高方向	
	被加工材料	适应的加工条件	切削性能	合金性能
S01	耐热和优质合金：含镍、钴、钛的各类合金材料	中等切削速度下，耐热钢和钛合金的精加工	↑　│ 切　进 削　给 速　量 度　↓ │	↑　│ 耐　韧 磨　性 性　│ │　↓
S10		低切削速度下，耐热钢和钛合金的半精加工或粗加工		
S20		较低切削速度下，耐热钢和钛合金的半精加工或粗加工		
S30		较低切削速度下，耐热钢和钛合金的断续切削，适用于半精加工或粗加工		
H01	淬硬钢、冷硬铸铁	低切削速度下，淬硬钢、冷硬铸铁的连续轻载荷精加工	↑　│ 切　进 削　给 速　量 度　↓ │	↑　│ 耐　韧 磨　性 性　│ │　↓
H10		低切削速度下，淬硬钢、冷硬铸铁的连续轻载荷半精加工		
H20		低切削速度下，淬硬钢、冷硬铸铁的连续轻载荷半精加工、粗加工		
H30		低切削速度下，淬硬钢、冷硬铸铁的半精加工		

注：＊不利条件是指原材料或铸造、锻造的零件表面硬度不匀，加工时的切削深度不匀、间断切削以及振动等情况

2）高速工具钢

高速工具钢又称为高速钢、锋钢或者白钢，是一种含钨（W）、铬（Cr）、钼（Mo）、钴、钒（V）等合金元素的高合金工具钢。根据国标 GB/T 9943—2008 规定，高速钢按化学成分可分为钨系高速钢和钨钼系高速钢；按性能可分为低合金高速工具钢、普通高速工具钢和高性能高速钢。

高速钢淬火后硬度可达 HRC62~70，高性能高速钢在切削温度为 550~650 ℃时，硬度仍可保持 HRC60 以上。

高速钢具有较好的强度和韧性以及良好的工艺性，但与硬质合金相比，其切削性能有限，因此多用于制造形状、结构复杂的刀具和模具。表 7-3 所示为常用高速钢的牌号及用途。

表 7-3　常用高速钢的牌号及用途

类别	牌号	主要用途
普通高速钢	W18Cr4V	用途广泛，主要用于制造钻头、铰刀、铣刀、拉刀、丝锥、齿轮刀具等
	W6Mo5Cr4V2	用于制造要求热塑性好和受较大冲击负荷的刀具，如轧制钻头等
	W14Cr4VMnRe	用于制造要求热塑性好和受较大冲击负荷的刀具，如轧制钻头等

类别		牌号	主要用途
高性能高速钢	高碳	95W18Cr4V	用于制造对韧性要求不高，但对耐磨性要求较高的刀具
	高钒	W12Cr4V4Mo	用于制造形状较简单，对耐磨性要求较高的刀具
	超硬	W6Mo5Cr4V2Al	可用于制造结构复杂和难加工的刀具
		W10Mo4Cr4V3Al	用于制造耐磨性好、耐用度高的刀具
		W6Mo5Cr4V5SiNbAl	用于制造形状简单的刀具，用于制造钻头来加工铁基高温合金时效果显著
		W12Cr4V3Mo3Co5Si	硬度高，耐磨、耐热性好，用于制造加工超高强度钢的刀具效果显著
		W2Mo9Cr4VCo8（M42）	用于制造难加工材料的刀具，因其磨削好，故可用于制造复杂刀具，但价格昂贵

第四节　零件加工的技术要求

零件的加工质量包括零件的加工精度和表面粗糙度两方面。

一、加工精度

加工精度分为尺寸精度、形状精度、方向精度、位置精度和跳动精度。

1. 尺寸精度

尺寸精度是指零件加工后实际尺寸与理想尺寸的符合程度。尺寸精度用尺寸公差等级表示，国家标准规定为 20 级，即 IT01，IT0，IT1，…，IT18，从前向后，公差等级逐渐降低，IT01 公差等级最高，IT18 公差等级最低。对同一基本尺寸，公差等级越高，公差值越小；对不同的基本尺寸，若公差等级相同，则尺寸精度相同。表 7-4 所示为公称尺寸至 10 000 mm 的各级公差带。

表 7-4　公称尺寸至 10 000 mm 的各级公差带

基本尺寸/mm		公差等级																			
大于	至	IT01	IT0	IT1	IT2	IT3	IT4	IT5	IT6	IT7	IT8	IT9	IT10	IT11	IT12	IT13	IT14	IT15	IT16	IT17	IT18
		μm													mm						
—	3	0.3	0.5	0.8	1.2	2	3	4	6	10	14	25	40	60	0.10	0.14	0.25	0.40	0.60	1.0	1.4
3	6	0.4	0.6	1	1.5	2.5	4	5	8	12	18	30	48	75	0.12	0.18	0.30	0.48	0.75	1.2	1.8
6	10	0.4	0.6	1	1.5	2.5	4	6	9	15	22	36	58	90	0.15	0.22	0.36	0.58	0.90	1.5	2.2
10	18	0.5	0.8	1.2	2	3	5	8	11	18	27	43	70	110	0.18	0.27	0.43	0.70	1.10	1.8	2.7
18	30	0.6	1	1.5	2.5	4	6	9	13	21	33	52	84	130	0.21	0.33	0.52	0.84	1.30	2.1	3.3
30	50	0.6	1	1.5	2.5	4	7	11	16	25	39	62	100	160	0.25	0.39	0.62	1.00	1.60	2.5	3.9

基本尺寸 /mm		公差等级																			
		IT01	IT0	IT1	IT2	IT3	IT4	IT5	IT6	IT7	IT8	IT9	IT10	IT11	IT12	IT13	IT14	IT15	IT16	IT17	IT18
大于	至	μm													mm						
50	80	0.8	1.2	2	3	5	8	13	19	30	46	74	120	190	0.30	0.46	0.74	1.20	1.90	3.0	4.6
80	120	1	1.5	2.5	4	6	10	15	22	35	54	87	140	220	0.35	0.54	0.87	1.40	2.20	3.5	5.4
120	180	1.2	2	3.5	5	8	12	18	25	40	63	100	160	250	0.40	0.63	1.00	1.60	2.50	4.0	6.3
180	250	2	3	4.5	7	10	14	20	29	46	72	115	185	290	0.46	0.72	1.15	1.85	2.90	4.6	7.2
250	315	2.5	4	6	8	12	16	23	32	52	81	130	210	320	0.52	0.81	1.30	2.10	3.20	5.2	8.1
315	400	3	5	7	9	13	18	25	36	57	89	140	230	360	0.57	0.89	1.40	2.30	3.60	5.7	8.9
400	500	4	6	8	10	15	20	27	40	63	97	155	250	400	0.63	0.97	1.55	2.50	4.00	6.3	9.7
500	630	4.5	6	9	11	16	22	30	44	70	110	175	280	440	0.70	1.10	1.75	2.8	4.4	7.0	11.0
630	800	5	7	10	13	18	25	35	50	80	125	200	320	500	0.80	1.25	2.00	3.2	5.0	8.0	12.5
800	1 000	5.5	8	11	15	21	29	40	56	90	140	230	360	560	0.90	1.40	2.30	3.6	5.6	9.0	14.0
1 000	1 250	6.5	9	13	18	24	34	46	66	105	165	260	420	660	1.05	1.65	2.60	4.2	6.6	10.5	16.5
1 250	1 600	8	11	15	21	29	40	54	78	125	195	310	500	780	1.25	1.95	3.10	5.0	7.8	12.5	19.5
1 600	2 000	9	13	18	25	35	48	65	92	150	230	370	600	920	1.50	2.30	3.70	6.0	9.2	15.0	23.0
2 000	2 500	11	15	22	30	41	57	77	110	175	280	440	700	1 100	1.75	2.80	4.40	7.0	11.0	17.5	28.0
2 500	3 150	13	18	26	36	50	69	93	135	210	330	540	860	1 350	2.10	3.30	5.40	8.6	13.5	21.0	33.0
3 150	4 000	16	23	33	45	60	84	115	165	260	410	660	1 050	1 650	2.60	4.10	6.6	10.5	16.5	26.0	41.0
4 000	5 000	20	28	40	55	74	100	140	200	320	500	800	1 300	2 000	3.20	5.00	8.0	13.0	20.0	32.0	50.0
5 000	6 300	25	35	49	67	92	125	170	250	400	620	980	1 550	2 500	4.00	6.20	9.8	15.5	25.0	40.0	62.0
6 300	8 000	31	43	62	84	115	155	215	310	490	760	1 200	1 950	3 100	4.90	7.60	12.0	19.5	31.0	49.0	76.0
8 000	10 000	38	53	76	105	140	195	270	380	600	940	1 500	2 400	3 800	6.00	9.40	15.0	24.0	38.0	60.0	94.0

　　在选择尺寸公差等级时，简单的结构可以通过计算确定，但对于大多数较复杂的机械结构，通常参考以往工程实践经验确定。表 7-5 所示为各级公差的一般应用范围及举例。

　　在机械产品设计过程中，确定零部件尺寸及公差的步骤通常如下：

　　（1）进行原理结构设计，此时可以确定每个零件及结构的基本尺寸。

　　（2）装配设计和零件设计，此时需要确定各主要尺寸的公差等级，通常是参照以往的工程设计经验，如表 7-5 所示。

　　（3）对照表 7-4 所示的各级公差带，根据前面确定的公差等级和各基本尺寸查出各尺寸的公差带宽度。

　　（4）结合各装配件之间的配合关系确定孔、轴尺寸的基本偏差。

　　（5）将基本尺寸、公差等级与基本偏差相结合，完成装配图及零件图的尺寸标注。

表 7-5 各级公差的一般应用范围及举例

公差等级	应用范围及举例
IT01	用于特别精密的尺寸传递基准。例如特别精密的标准量块
IT0	用于特别精密的尺寸传递基准及宇航中特别重要的精密配合尺寸。例如，特别精密的标准量块，个别特别重要的精密机械零件尺寸，校对检验 IT6 级轴用量规的校对量规
IT1	用于精密的尺寸传递基准、高精密测量工具、个别特别重要精密的配合尺寸。例如，高精密标准量规，校对检验 IT7~IT9 级轴用量规的校对量规，个别特别重要的精密机械零件尺寸
IT2	用于高精密的测量工具、特别重要的精密配合尺寸。例如检验 IT6~IT7 级工件用量规的尺寸制造公差，校对检验 IT8~IT11 级轴用量规的校对塞规，个别特别重要的精密机械零件尺寸
IT3	用于精密测量工具、小尺寸零件的精密配合以及与 C 级滚动轴承配合的轴径和外壳孔径。例如，检验 IT11~IT8 级工件用量规和校对检验 IT13~IT9 级轴用量规的校对量规，与特别精密的 P4 级滚动轴承内环孔（直径至 100 mm）相配合的机床主轴，精密机械和高速机械的轴颈，与 P4 级向心球轴承外环相配合的壳体孔径，航空及航海工业中导航仪器上个别特殊精密的小尺寸零件的精度配合
IT4	用于精密测量工具、高精度的精密配合及与 P4 级、P5 级滚动轴承配合的轴径和外壳孔径。例如，检验 IT12~IT9 级工件用量规和校对 IT14~IT12 级轴用量规的校对量规，与 P4 级轴承孔（孔径>100 mm）及与 P5 级轴承孔相配的机床主轴，精密机械和高速机械的轴颈，与 P4 级轴承相配的机床外壳孔，柴油机活塞销及活塞销座孔径，高精度（1~4级）齿轮的基准孔径或轴径，航空及航海工业中所用仪器的特殊精密的孔径
IT5	用于配合公差要求很小、形状公差要求很高的条件下，这类公差等级能使配合性质比较稳定；用于机床、发动机和仪表中特别重要的配合尺寸，一般机械中应用较少。例如，与 P5 级滚动轴承相配的机床箱体孔，与 E 级滚动轴承孔相配的机床主轴，精密机械及高速机械的轴颈，机床尾架套筒，高精度分度盘轴颈，分度头主轴，精密丝杠基准轴颈，高精度镗套的外径等；发动机主轴仪表中精密孔的配合，5 级精度齿轮的基准孔及 5 级、6 级精度齿轮的基准轴
IT6	配合表面有较高的均匀性要求，能保证相当高的配合性质，使用稳定可靠，广泛地应用于机械中的重要配合。例如，与 E 级轴承相配的外壳孔及与滚子轴承相配的机床主轴轴颈，机床制造中的装配式青铜蜗轮、轮壳外径安装齿轮、蜗轮、联轴器、皮带轮、凸轮的轴颈；机床丝杠的支承轴颈、矩形花键的定心直径、摇臂钻床的立柱等；机床夹具导向件的外径尺寸，精密仪器中的精密轴，航空及航海仪表中的精密轴，自动化仪表，手表中特别重要的轴，发动机中气缸套外径、曲轴主轴颈、活塞销、连杆衬套、连杆和轴瓦外径；6 级精度齿轮的基准孔和 7 级、8 级精度齿轮的基准轴颈，特别是精密（如 1 级或 2 级精度）齿轮的顶圆直径
IT7	在一般机械中广泛应用，应用条件与 IT6 相似，但精度稍低。例如机床中装配式青铜蜗轮轮缘孔径，联轴器、皮带轮、凸轮等的孔径，机床卡盘的座孔，摇臂钻床的摇臂孔，车床丝杠的轴承孔，机床夹头导向件的内孔，发动机中的连杆孔、活塞孔，铰制螺柱的定位孔；纺织机械中的重要零件，印染机械中要求较高的零件，精密仪器中精密配合的内孔，电子计算机及电子仪器、仪表中的重要内孔，自动化仪表中的重要内孔，7 级、8 级精度齿轮的基准孔和 9 级、10 级精密齿轮的基准轴

公差等级	应用范围及举例
IT8	在机械制造中属于中等精度，而在仪器、仪表及钟表制造中，由于基本尺寸较小，所以属于较高精度范围，在农业机械、纺织机械、印染机械、自行车、缝纫机、医疗器械中应用较广。例如，轴承座衬套沿宽度方向的尺寸配合，手表中跨齿轴、棘爪拨针轮等与夹板的配合，无线电仪表中的一般配合
IT9	应用条件与 IT8 相类似，但精度低于 IT8 时采用。例如，机床中轴套外径与孔、操纵件与轴、空转皮带轮与轴、操纵系统的轴与轴承等的配合，纺织机械、印染机械中的一般配合零件，发动机中机油泵体的内孔，气门导管的内孔，飞轮与飞轮套的配合，自动化仪表中的一般配合尺寸，手表中要求较高零件的未注公差的尺寸，单键连接中键宽的配合尺寸，打字机中运动件的配合尺寸
IT10	应用条件与 IT9 相类似，但要求精度低于 IT9 时采用。例如，电子仪器、仪表中支架上的配合，导航仪器中绝缘衬套孔与集电环衬套轴，打字机中铆合件的配合尺寸，手表中基本尺寸小于 18 mm 时要求一般的未注公差的尺寸及大于 18 mm、要求较高的未注公差尺寸，发动机中油封挡圈孔与曲轴皮带轮毂的配合尺寸
IT11	广泛应用于间隙较大，且有显著变动也不会引起危险的场合，亦可用于配合精度较低、装配后允许有较大的间隙的场合。例如，机床上法兰盘止口与孔、滑块与滑移齿轮、凹槽等；农业机械、机车车厢部件及冲压加工的配合零件，钟表制造中不重要的零件，手表制造用的工具及设备中未注公差的尺寸，纺织机械中较粗糙的活动配合，印染机械中要求较低的配合尺寸，磨床制造中的螺纹连接及粗糙的动连接，不作测量基准用的齿轮顶圆直径公差等
IT12	配合精度要求很低，装配后有很大的间隙，适用于基本上无配合要求的部位，要求较高的未注公差的尺寸极限偏差。例如，非配合尺寸及工序间尺寸，手表制造中工艺装备的未注公差尺寸，计算机工业中金属加工的未注公差尺寸的极限偏差，机床制造业中扳手孔和扳手座的连接等
IT13	应用条件与 IT12 相类似。例如，非配合尺寸及工序间尺寸，计算机、打字机中切削加工零件及圆片孔，两孔中心距的未注公差尺寸等
IT14	用于非配合尺寸及不包括在尺寸链中的尺寸。例如，在机床、汽车、拖拉机、冶金机械、矿山机械、石油化工、电机、电器、仪器仪表、航空航海、医疗器械、钟表、自行车、缝纫机、造纸与纺织机械等机械加工零件中未注公差尺寸的极限偏差
IT15	用于非配合尺寸及不包括在尺寸链中的尺寸。例如，冲压件、木模铸造零件、重型机床制造，当基本尺寸大于 3 150 mm 时的未注公差的尺寸极限偏差
IT16	用于非配合尺寸，相当于旧国标的 10 级精度公差。例如，打字机中浇铸件的尺寸，无线电制造业中箱体的外形尺寸，手术器械的一般外形尺寸，压弯延伸加工用尺寸，纺织机械中木件的尺寸，塑料零件的尺寸，木模制造及自由锻造的尺寸
IT17 IT18	用于非配合尺寸，塑料成型尺寸，手术器械的一般外形尺寸，冷作和焊接用尺寸的公差

2. 形状精度

形状精度是指加工后零件上线、面的实际形状与理想形状的符合程度。国家标准 GB/T 1182—2008 规定的形状公差有 6 项，以控制加工出的零件形状的准确度，如表 7-6 所示。

表7-6　形状公差的项目和符号（GB/T 1182—2008）

公差类型	几何特征	符号	有无基准	参见条款
形状公差	直线度	—	无	18.1
	平面度	▱	无	18.2
	圆度	○	无	18.3
	圆柱度	⌭	无	18.4
	线轮廓度	⌒	无	18.5
	面轮廓度	⌓	无	18.7

3. 方向精度

方向精度是指加工后零件上的点、线、面的实际方向与理想方向的符合程度。国标 GB/T 1182—2008 规定的方向公差有 6 项，如表7-7 所示。

表7-7　方向公差项目及符号（GB/T 1182—2008）

公差类型	几何特征	符号	有无基准	参见条款
方向公差	平行度	∥	有	18.9
	垂直度	⊥	有	18.10
	倾斜度	∠	有	18.11
	线轮廓度	⌒	有	18.6
	面轮廓度	⌓	有	18.8

4. 位置精度

位置精度是指加工后零件上的点、线、面的实际位置与理想位置的符合程度。国标 GB/T 1182—2008 规定的位置公差有 6 项，以控制加工出的零件各要素的位置精度，如表7-8 所示。

表7-8　位置公差项目及符号（GB/T 1182—2008）

公差类型	几何特征	符号	有无基准	参见条款
位置公差	位置度	⊕	有或无	18.12
	同心度（用于中心点）	◎	有	18.13
	同轴度（用于轴线）	◎	有	18.13
	对称度	═	有	18.14
	线轮廓度	⌒	有	18.6
	面轮廓度	⌓	有	18.8

5. 跳动精度

跳动精度指的是加工后零件上的点、线、面在绕基准轴旋转时，根据既定方法测量得到跳动偏差的量。国标 GB/T 1182—2008 规定的跳动精度主要包括圆跳动和全跳动两项，如表7-9所示。

表 7-9 跳动公差的项目及符号

公差类型	几何特征	符号	有无基准	参见条款
跳动公差	圆跳动	↗	有	18.15
	全跳动	↗↗	有	18.16

二、表面粗糙度

1. 零件表面的形貌

零件表面的形貌既有微观特征，又有宏观规律，还存在介于微观与宏观之间的形态。为便于分析讨论，通常将零件表面的形貌分为形状误差、表面波纹度和表面粗糙度。

观察零件表面形貌，可以看到其通常都是由众多微小峰谷组成的，如图 7-11 所示。

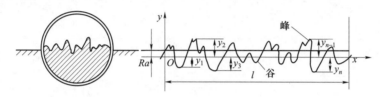

图 7-11 零件表面的微观形貌

零件表面中峰谷的波长和波高之比大于 1 000 的形貌属于形状误差。

零件表面中峰谷的波长和波高之比在 50~1 000 的形貌属于表面波纹度。

零件表面中峰谷的波长和波高之比小于 50 的形貌称为表面粗糙度。

2. 表面粗糙度

表面粗糙度是指在已加工表面上形成的微观形貌，通常是在毛坯制造或机械加工过程中形成的。国家标准规定了表面粗糙度的评定参数及其数值。表面粗糙度常用参数有轮廓算术平均偏差 Ra 和不平度平均高度 Rz，其单位为 μm。

轮廓算术平均偏差 Ra 的计算公式为

$$Ra = \frac{1}{l} \int_0^l |y(x)| \, dx$$

或采用以下公式作为近似计算：

$$Ra = \frac{1}{n} \sum_{i=1}^n |y_i|$$

在机械加工过程中，采用不同的加工方法可以达到的表面粗糙度水平亦不相同。表面粗糙度对零件及部件具有多方面的影响：

（1）影响工作面的摩擦和磨损特性；

（2）影响配合关系的可靠性；

（3）影响装配件的接触刚度；

（4）影响零件的疲劳强度；

（5）影响零件的耐腐蚀性；

（6）影响零件的胶合能力、吸附能力及美观。

表 7-10 列举了各种加工方法能达到的公差等级、表面粗糙度及其应用。

表 7–10　各种加工方法能达到的公差等级、表面粗糙度及其应用

加工方法	公差等级	表面粗糙度 Ra/mm	应用
精密加工，如研磨、抛光	IT2~IT01		量块、量仪制造
	IT5~IT3	0.008~0.1	精密仪表、精密机件的光整加工
珩磨、精磨、精铰、精拉	IT6~IT5	0.2~0.4	一般精密配合，在机床、较精密的机器制造、仪器制造中应用最广泛
粗磨、粗拉、粗铰、精车、精镗、精铣、精刨	IT8~IT7	0.8~1.6	
粗拉、半精车、半精镗、半精铣、半精刨、压铸件	IT10~IT9	3.2~6.3	中等精度的各种表面加工
粗车、粗镗、粗铣、粗刨、钻孔	IT13~IT11	12.5~25	粗加工
冲压	IT14		非配合零件加工
铸造、锻造、焊接、气割	IT18~IT15	50	

第五节　质量检验与常用量具

零部件的质量检验需要依据国家或有关管理部门制定的技术标准，以及企业的工艺规程进行。由于生产过程受大量主客观因素的影响，必然会造成产品质量的波动，因此，质量检验的目的是找出产品的缺陷，分析其产生的原因，并对其进行控制。

检验的对象可以是原材料、零件、半成品、标准件，也可以是单件产品或成批产品。检验项目可以是单项检验，也可以是综合检验。

一、质量检验的方法

产品质量检验的方法可以分为两大类，破坏性检验和非破坏性检验，这里只简单介绍非破坏性质量检验。表 7–11 列出了质量检验的常用方法、内容及手段。

表 7–11　质量检验的常用方法、内容及手段

检验方法	检验内容及手段
致密性检验	检验锅炉、管道、箱体、泵体、阀体等，采用煤油试验、气压试验和水压试验等方法
渗透检验	检验金属或非松孔性固体非金属毛坯等零件表面的微小缺陷，如裂纹等，用渗透剂和显像剂检验

续表

检验方法	检验内容及手段
磁粉检验	检验铁磁性金属和合金毛坯等零件表层的微小缺陷，如裂纹、夹层、气孔、未焊透等，用磁化法和磁轭法等检验
超声波检验	检验大型锻件、焊接件或棒料的内部缺陷，如裂纹、气孔、夹渣等，用脉冲反射法和脉冲穿透法检验
射线检验	检验重要铸件、焊接件、工件的内部缺陷，如气孔、夹渣、裂纹、夹层、未焊透等，常用的检验方法有 X 射线法和 γ 射线法
尺寸检验	检验工件的尺寸及配合要求，用计量器具、测距仪、经纬仪、激光测量仪等检验
表面粗糙度检验	检验毛坯和加工工件表面微观不平度，用样板、显微镜、轮廓仪、光切及干涉显微镜、激光测微仪等检验
形位公差检验	检验加工后工件的形状和位置公差，用计量器具、激光测量仪等检验

二、常用的量具

在产品制造过程中，为保证被加工零件的各项技术参数符合设计要求，均必须进行检验。量具和量仪就是用来测量工件尺寸、角度和检验工件形位公差的计量器具。

1. 游标卡尺

游标卡尺是一种结构简单、使用方便、测量精度较高的量具，可以直接测量工件的外径、内径、长度和深度等尺寸，测量精度可分为 0.02 mm、0.05 mm 和 0.1 mm 三种。

以图 7-12 所示的 0.02 mm 游标卡尺为例，其测量尺寸范围为 0~200 mm，尺身的刻度线间距为 1 mm，当两卡爪贴合时，游标上的 50 等分格正好等于尺身上的 49 mm，即游标上每格为 49÷50=0.98（mm），表示尺身与游标每格相差 0.02 mm。

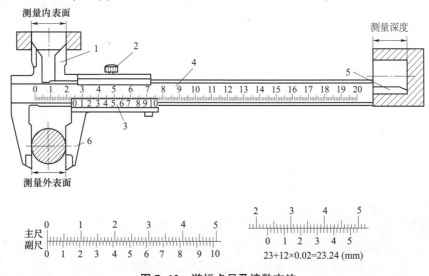

图 7-12　游标卡尺及读数方法

1—内量爪；2—制动螺钉；3—游标；4—尺身；5—深度尺；6—外量爪

测量读数时，先由游标将左尺身上的最近刻度读出整数，然后将游标上与尺身对准的刻线数乘以 0.02 mm 读出小数，整数与小数相加就是测量尺寸。图 7-12 中的读数为

$$23+12\times0.02=23.24\ （mm）$$

2. 百分尺

百分尺是一种精度比游标卡尺高的量具，测量精度为 0.01 mm，用于测量工件的尺寸。百分尺有外径百分尺、内径百分尺和深度百分尺等。外径百分尺按测量范围分为 0~25 mm、25~50 mm、50~75 mm 等多种规格。

外径百分尺是由固定套筒和活动套筒组成的，图 7-13 所示为 0~25 mm 外径百分尺，活动套筒上有 50 等分的刻度线，活动套筒旋转一周，带动测微螺杆移动 0.5 mm，故活动套筒上每一小格的读数为 0.5÷50=0.01 （mm）。

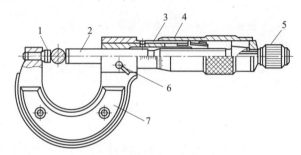

图 7-13　外径百分尺

1—测砧；2—测微螺杆；3—固定套筒；4—活动套筒；5—测力装置；6—止动器；7—尺架

用外径百分尺测量读数时，先读出固定套筒上的读数（为 0.5 mm 的整数倍），然后读出活动套筒上小于 0.5 mm 的小数，固定套筒上的读数与小数相加就是测量尺寸。图 7-14 中外径百分尺的读数如下：

图 7-14（a）所示为

$$6+5\times0.01=6.05\ （mm）$$

图 7-14（b）所示为

$$35.5+12\times0.01=35.62\ （mm）$$

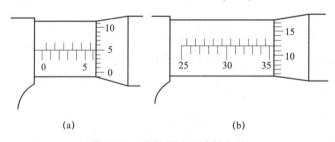

(a)　　　　　(b)

图 7-14　外径百分尺读数方法

3. 百分表

百分表是一种精度较高的比较量具，它只能读出相对数值，主要用于测量工件的形状和位置误差以及加工时的找正，如图 7-15 所示。百分表的测量精度为 0.01 mm。

百分表的测量杆移动 1 mm，大指针回转一圈，同时小指针转一格。测量时大指针转过一格的读数值为 0.01 mm，小指针转过一格的读数值为 1 mm，小指针的刻度范围为百分表

的测量范围，测量的大、小指针读数之和就是测量尺寸的变动量。百分表的刻度盘可以转动，供测量时大指针对零用。百分表的应用示例如图 7-16 所示。

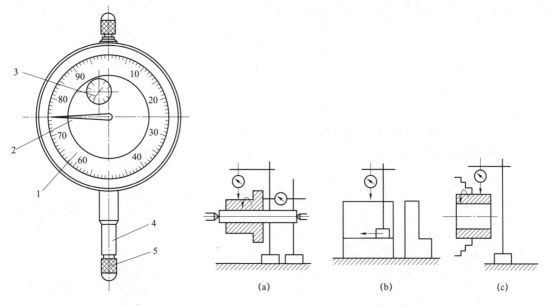

图 7-15 百分表
1—表盘；2—大指针；3—小指针；
4—测量杆；5—测量头

图 7-16 百分表的应用示例
（a）测量端面和径向跳动；（b）测量平行度；
（c）工件找正

4. 万能角度尺

万能角度尺是一种用于测量工件角度的量具，它可以直接测量工件的内外角度。如图 7-17 所示，万能角度尺的测量精度为 2′。

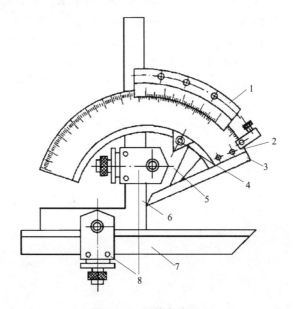

图 7-17 万能角度尺
1—游标；2—主尺；3—基尺；4—制动头；5—底板；6—角尺；7—直尺；8—卡块

万能角度尺主尺上两刻度线之间的夹角为 $1°$，游标共 30 格，总共为 $29°$，游标每格为 $29°÷30=58'$，即主尺与游标每格相差 $2'$，因此这把万能角度尺的读数精度为 $2'$。测量时通过改变基尺、角尺和直尺之间的相互位置，能测出 $0°\sim320°$ 内的任意角度。

5. 塞规

塞规又称厚薄规，是一种用于测量间隙大小的定尺寸量具，如图 7-18 所示。它由一组厚度不等的薄钢片组成，其厚度印在每片钢片上，使用时根据被测间隙插入钢片，塞入的最大厚度即为被测间隙值。

6. 刀口形直尺

刀口形直尺是用光隙法检验直线度和平面度的量具，如图 7-19 所示。根据刀口形直尺与工件表面间的间隙，可判断误差状况，也可用塞尺检验间隙的大小。

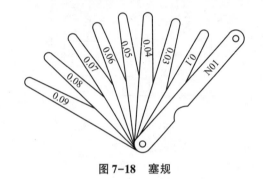

图 7-18　塞规

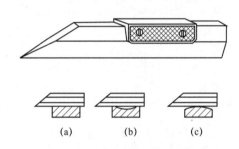

图 7-19　刀口形直尺及其应用

（a）测量平直表面；（b）测量内凹表面；（c）测量内凸表面

知识拓展

本章主要介绍了传统的切削加工理论基础及相关的质量检验技术知识。随着传感器技术、计算机技术、自动控制技术和图像识别技术的迅速发展，在线测量技术以及高精度测量仪器设备（如三坐标测量机、激光干涉仪、球杆仪、测头、三维扫描仪）等在质量检验与检测以及自动化生产领域中得到了越来越多的重视，其发展将会对科技、生产和社会产生更加显著的影响。若想进一步深入学习相关的基本理论及关键技术，可参阅相关专业文献。

第八章
车削加工技术

内容提要：本章介绍车削加工的基本概念、常用的车床和车床附件、车刀的种类和安装，介绍了车削常用的加工方法及基本操作，并通过典型零件对车削工艺进行了分析。

第一节　概　述

车削加工是指在车床上，利用工件的旋转运动和刀具的直线运动或曲线运动来改变毛坯的形状和尺寸，加工出符合要求的零件的加工技术。在车削加工中，主运动是工件的旋转运动，进给运动是刀具的移动。进给运动既可以是直线运动，也可以是曲线运动，不同的进给方式，使用不同的刀具，就可以加工出各种回转表面。如图 8-1 所示，在车床上可以加工内、外圆柱面，内、外圆锥面，车端面，车台阶，切环形槽及切断，加工内、外螺纹及滚花，还可以车削成型表面等。除可以加工各种金属材料外，在车床上还可以车削尼龙、橡胶、塑料等非金属材料。

车削加工的经济精度为：尺寸公差等级 IT10~IT8，表面粗糙度值 $Ra6.3~0.8\ \mu m$。

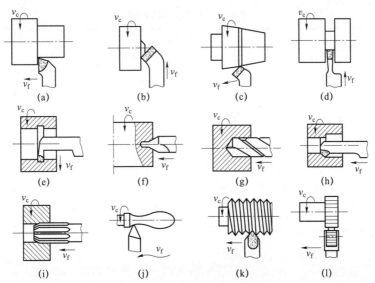

图 8-1　车削加工常见表面

（a）车外圆；（b）车端面；（c）车锥体；（d）切断；（e）切内槽；（f）钻中心孔；
（g）钻孔；（h）镗孔；（i）铰孔；（j）车成型表面；（k）车螺纹；（l）滚花

第二节　车床与车床附件

在各类金属切削机床中，车床是应用最广泛的一类，约占机床总数的 50% 以上。按工艺特点、布局形式和结构特性等不同，车床可以分为卧式车床、立式车床、转塔车床、仿形车床、多刀车床、自动车床及数控车床等，其中卧式车床应用最为普遍。本节以卧式车床 C6132A 为例介绍车床的型号及车床的组成。

一、车床型号及主要技术参数

1. 车床型号

机床的型号是机床产品的代号，反映了机床的类别、主要参数、结构特性和使用特性。按照 GB/T 15375—2008《金属切削机床型号编制方法》，我国的机床型号用汉语拼音首字母及阿拉伯数字进行编制，主要由机床的类别代号、组别代号、系列代号、主参数代号及重大改进顺序号等部分组成，例如：

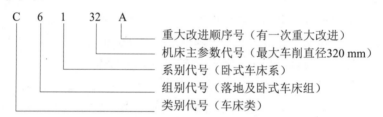

（1）类别代号：《金属切削机床型号编制方法》规定金属机床共分为 12 大类，见表 8-1，其中"C"为车床代号，读"车"音。

表 8-1　机床的类别代号

类别	车床	钻床	镗床	磨床		齿轮加工机床	螺纹加工机床	铣床	刨插床	拉床	电加工机床	切断机床	其他机床
代号	C	Z	T	M，2M，3M		Y	S	X	B	L	D	G	Q
参考读音	车	钻	镗	磨，2磨，3磨		牙	丝	铣	刨	拉	电	割	其

（2）组别、系别代号：机床的组别、系别代号用两位阿拉伯数字表示。第一位数字代表组，第二位数字代表系。每类机床按用途、性能、结构分成若干组，如车床类分为 10 组，用数字"0~9"表示，其中"6"代表落地及卧式车床组，"5"代表立式车床组。每组车床又分若干系，如落地及卧式车床组中有 6 个系，用数字"0~5"表示，其中"1"代表卧式车床。

（3）机床主参数代号：机床的主参数是机床的重要技术规格，常用主参数折算值（1/10 或/100）或实际值表示，位于组别、系别代号之后。主参数的尺寸单位一般为毫米（mm），如 CM6132 车床，主参数折算后的值为 32，折算系数为 1/10，即主参数（床身上最大回转直径）为 320 mm。

（4）重大改进顺序号：当机床的结构、性能有重大改进和提高，并需按新产品重新设计、试制和鉴定时，按其设计改进的次序分别用字母"A、B、C…"表示，附在机床型号的末尾，以区别于原机床型号，如 C6132A 表示经第一次重大改进、床身最大回转直径为 320 mm 的卧式车床。

2. 主要技术参数

C6132A 型车床的电动机功率为 4.5 kW，转速为 1440 r/min，车削工件的最大直径为 320 mm，两顶尖间最大距离为 750 mm，主轴有 12 级转速，其纵向、横向进给量范围较大，可车削公制、英制螺纹。

二、卧式车床的组成

不同型号的卧式车床，其组成结构略有不同，但主要都由床身、主轴箱、进给箱、溜板箱、光杠和丝杠、刀架及尾座等组成，图 8-2 所示为 C6132A 卧式车床的结构组成。

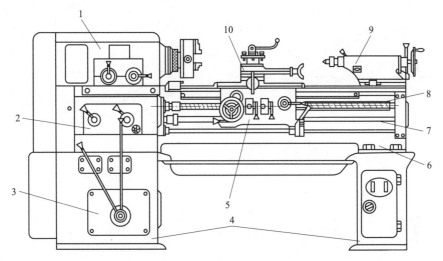

图 8-2　C6132A 卧式车床的结构组成

1—主轴箱；2—进给箱；3—变速箱；4—床脚；5—溜板箱；6—床身；7—光杠；8—丝杠；9—尾座；10—刀架

1. 床身

床身是车床的基础部件，用来支撑和连接各主要部件并保证各部件之间有正确的相对位置。床身上面有内、外两组平行的导轨，分别用于尾座及大拖板的运动导向和定位，床身的左、右两端分别支撑在左、右床脚上，左、右床脚内分别装有变速箱和电气箱。

2. 主轴箱

主轴箱安装在床身的左上侧，主要实现主轴的启动、停止、变速和换向等功能，并把主轴的运动传递给进给箱。主轴箱内装有一根空心的主轴和主轴变速机构，通过改变变速机构手柄的位置，可使主轴获得各挡转速。主轴前端的内锥面可插入顶尖，外锥面用以安装卡盘等车床附件。在车削过程中，主轴带动工件旋转，实现主运动。

3. 进给箱

进给箱主要实现进给运动的变速，以获得不同的进给量和螺距。进给箱内装有进给运动的变速机构，通过改变进给箱变速手柄的位置，即可改变箱内变速机构的齿轮啮合关系，使光杠和丝杠获得不同的旋转速度，最终通过溜板箱带动刀具移动，实现进给运动。

4. 溜板箱

溜板箱为车床进给运动的操纵箱。溜板箱内装有纵向、横向进给传动机构，通过箱内的齿轮变换，将光杠传来的旋转运动传递给刀架，使刀架（车刀）做纵向或横向的进给运动。

5. 刀架

刀架用来夹持车刀并使其做纵向、横向或斜向进给运动，主要由大拖板、中拖板、小拖板、转盘和方刀架组成，如图 8-3 所示。大拖板可带动车刀沿床身导轨做纵向运动；中拖板可以带动车刀沿大拖板上的导轨做横向运动；转盘与中拖板通过螺栓连接，松开螺母，转盘可在水平面内转动任意角度。小拖板可沿转盘上面的导轨做短距离移动，当转盘转过一个角度时，转盘上导轨也转过一个角度，此时小拖板可带动刀具沿相应方向做斜向进给运动；最上面的方刀架专门用来夹持刀具，最多可装四把车刀。

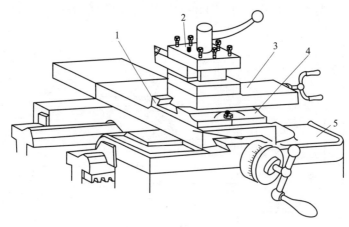

图 8-3　刀架的组成
1—中拖板；2—方刀架；3—小拖板；4—转盘；5—大拖板

6. 尾座

尾座安装在车身内侧导轨上，用来支撑工件或安装孔加工工具（如钻头、中心钻等）。尾座可在导轨上做纵向移动并能固定在所需要的位置上。

除上述组成部分外，卧式车床还有一些重要的传动件，如挂轮箱，其通过更换挂轮架来改变由主轴传入进给箱的速度，还可用于加工不同种类的螺纹；光杠，用于实现普通进给运动；丝杠，用于实现加工螺纹时的纵向进给运动。

三、车床附件及工件的安装

在车削不同类型的工件时，应选用不同的车床附件来安装工件。车床常用的附件主要有三爪卡盘、四爪卡盘、花盘、顶尖、心轴、中心架及跟刀架等。在安装工件时，要保证工件加工表面的中心线与车床主轴的中心线重合；在定位、夹紧工件时，应保证工件上有位置精度要求的表面与设计基准保持正确关系，然后将工件夹紧，避免在切削力的作用下使工件松动或脱落。

1. 三爪卡盘

三爪卡盘又称三爪自定心卡盘，是车床上最常用的附件，其结构如图 8-4 所示。三爪卡盘是由一个大锥齿轮（背面有平面螺纹）、三个小锥齿轮及三个卡爪等组成的锥齿轮传动机构。三爪卡盘的夹紧力较小，主要用来安装截面为圆形、正六边形等的中小型轴类或盘套类工件。

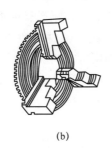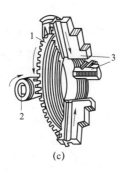

（a）　　　　　　　（b）　　　　　　　（c）

图8-4　三爪卡盘结构
（a）外形；（b）反爪；（c）构造
1—大锥齿轮；2—小锥齿轮；3—卡爪

三爪卡盘的三个卡爪是同时等速移动的，所以用它安装工件时可以自动找正，方便迅速。当用卡盘钥匙转动小锥齿轮时，三个卡爪沿卡盘体上的径向槽同时向卡盘中心缩进或离散，从而实现夹紧或松开不同直径的工件。当所装夹的工件外径较小时，直接将工件插入三个卡爪之间进行夹紧；当装夹盘、套类零件，且工件孔径较大时，可以将卡爪伸入工件，通过卡爪的径向张力夹紧工件。如工件的直径较大，则可换上反爪进行夹紧。图8-5所示为三爪卡盘装夹工件的几种方式。

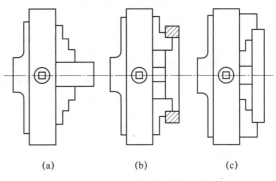

（a）　　　　　（b）　　　　　（c）

图8-5　三爪卡盘装夹方式
（a）夹外圆；（b）夹内孔；（c）反爪夹紧

2. 四爪卡盘

四爪卡盘夹紧力较大，主要用于装夹截面为椭圆形、四方形及其他形状不规则的工件，有时也可用于装夹尺寸较大的圆形工件，装夹更可靠。四爪卡盘的外形如图8-6（a）所示，与三爪自动定心卡盘不同，它的四个卡爪分别由四个径向螺杆单独控制其移动。在装夹工件时，四个卡爪只能用卡盘钥匙逐一调节，不能自动定心，使用时一般要与划针盘、百分表配合进行工件找正，如图8-6（b）和图8-6（c）所示。四爪卡盘装夹工件不方便，但通过找正后，工件的安装精度较高，夹紧可靠。

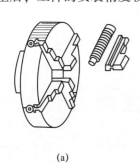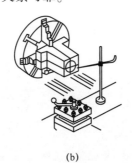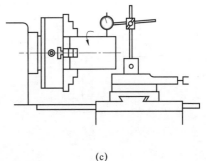

（a）　　　　　　　（b）　　　　　　　（c）

图8-6　四爪卡盘的外形及其装夹方式
（a）外形；（b）夹内孔；（c）反爪夹紧

3. 花盘

花盘是安装在主轴上的大直径铸铁圆盘，其端面有很多长槽用于压紧螺栓。花盘用于装夹形状不规则且用三爪或四爪卡盘无法装夹的工件。如图8-7所示，用花盘装夹工件时有两种形式：直接将工件安装在花盘上；利用弯板将工件安装在花盘上。用花盘装夹工件时，必须利用划针盘等对工件进行找正，同时由于工件重心往往偏向一边，为防止在加工过程中产生振动，需在花盘的另一边加上平衡铁进行平衡。

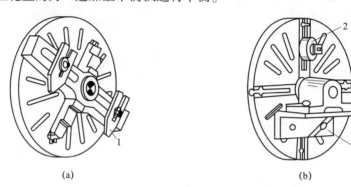

(a)   (b)

图8-7　花盘及花盘弯板装夹工件

（a）在花盘上安装工件；（b）在花盘上用弯板安装工件

1—压板；2—配重；3—弯板

4. 心轴

对于形状复杂或位置精度要求较高的盘套类零件，可以采用心轴进行装夹。这种装夹方法能保证零件的外圆与内孔的同轴度以及端面对孔的垂直度等要求。用心轴装夹工件时，首先必须将工件的内孔进行精加工，加工精度达到IT8级以上，表面粗糙度达到$Ra1.6\ \mu m$，然后再以孔作为定位基准将工件安装在心轴上，最后将心轴安装在前、后顶尖之间，完成后续加工。

常用的心轴有圆柱心轴和圆锥心轴两种。如图8-8所示，当工件的长度比孔径小时，一般用圆柱心轴安装，工件装入心轴后用螺母锁紧，夹紧力较大，但对中性较差。圆柱心轴一次可装夹多个工件。当工件的长度大于孔径时，通常采用小锥度心轴装夹工件。小锥度心轴的锥度为1：1 000~1：1 500，靠其与工件接触面之间的过盈配合来夹紧工件，对中准确，拆卸方便，但切削力不能太大，以防工件在心轴上滑动而影响正常切削。

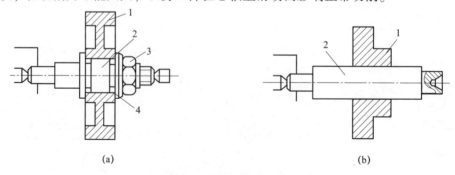

(a)   (b)

图8-8　心轴装夹工件

（a）圆柱心轴装夹工件；（b）圆锥心轴装夹工件

1—零件；2—心轴；3—螺母；4—垫片

5. 顶尖

顶尖是车削较长或工序较多的轴类零件常用的车床附件。用顶尖装夹工件时，根据需要可以采用一卡一顶的装夹方式，即工件一端采用三爪或四爪卡盘夹紧，另一端用尾架的后顶尖顶住，由卡盘带动旋转，这种装夹方式夹紧力较大，比较适合轴类零件的粗加工和半精加工；也可以采用双顶尖夹紧方式，如图8-9所示，工件夹在两顶尖之间，由拨盘带动鸡心夹头（卡箍），鸡心夹头带动工件旋转，前顶尖随主轴一起旋转，后顶尖在尾座内固定不转。

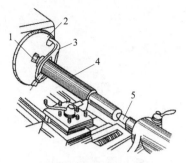

图8-9 双顶尖装夹工件

1—前顶尖；2—拨盘；3—卡箍；
4—工件；5—后顶尖

6. 中心架与跟刀架

在车床上加工细长轴时，为防止工件振动或防止工件被车刀顶弯，除利用顶尖装夹工件外，还需使用中心架或跟刀架作为辅助支承，以提高工件刚性、减小变形。

1）中心架

中心架多用于加工阶梯轴或细长轴的端面、中心孔及内孔等。用压板及压板螺栓将中心架固定在车床导轨上，通过调整中心架上的三个可调支承爪，使它们分别与工件上已预先加工过的一段光滑外圆接触，就能达到固定和支承工件的作用，然后再分段进行车削。图8-10所示为利用中心架车削细长轴的端面或轴端孔。

2）跟刀架

跟刀架在车削细长轴或丝杠时起辅助支承的作用，如图8-11所示。一般将跟刀架固定在大拖板上，使其随大拖板一起做纵向移动。使用跟刀架时，应首先在工件上靠后顶尖的一端车削出一小段外圆，并以此来调节跟刀架支承爪的位置和松紧程度，然后再车削工件的全长。

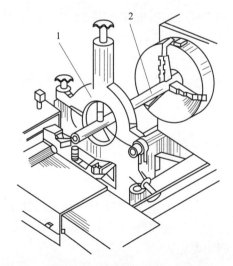

图8-10 利用中心架车削细长轴的端面或轴端孔

1—中心架；2—工件

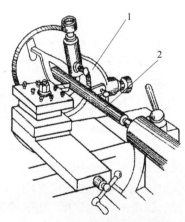

图8-11 利用跟刀架车削细长轴

1—跟刀架；2—工件

第三节　车　　刀

一、车刀的分类

车刀种类很多，也有不同的分类方式，一般按照用途、形状、刀头材料及结构形式进行分类。

1. 按用途分类

按用途分，可分为外圆车刀、端面车刀、切断刀、内孔车刀和螺纹车刀等，不同的车刀用于加工不同的表面，如图 8-12 所示。

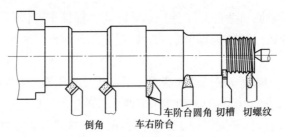

倒角　　　车右阶台　　车阶台圆角　切槽　切螺纹

图 8-12　常见的车刀及其用途

2. 按形状分类

按形状分，可分为直头车刀、弯头车刀、偏刀和成型车刀等。

3. 按刀头材料分类

按刀头材料分，可分为高速钢车刀、硬质合金车刀、陶瓷车刀和金刚石车刀等。

4. 按结构形式分类

按刀体的连接形式分，可分为整体式车刀、焊接式车刀和机械夹固式车刀 3 种结构形式。

1）整体式车刀

车刀的切削部分与夹持部分材料相同，用于在小型车床上加工零件或加工有色金属及非金属，例如高速钢车刀。

2）焊接式车刀

车刀的切削部分与夹持部分材料完全不同。切削部分材料多以刀片形式焊接在刀杆上，常用的硬质合金车刀就属于焊接式车刀。

3）机械夹固式车刀

机械夹固式车刀分为机械夹固式和机械夹固可转位式，前者切削刃用钝后可集中重磨，后者切削刃用钝后可快速转位再用，特别适用于自动生产线和数控车床。机械夹固式车刀避免了刀片因焊接产生的应力、变形等缺陷，刀杆利用率高。

二、车刀的刃磨

对于整体式车刀和焊接式车刀而言，未经使用的新车刀或用钝的车刀，必须经过刃磨才能保证车刀应具有的几何形状和角度要求，以便顺利完成车削工作。车刀的刃磨质量直接影响着加工质量和刀具的耐用度。单件和成批生产时，一般由刀具的使用者在砂轮机上刃磨，此种刃磨方法简单易行，应用比较广泛，但刃磨质量不易保证。在大批量生产时，一般由刃磨工在专用刃磨机床上进行集中刃磨，这里只简单介绍用砂轮机刃磨车刀的工艺方法。

目前广泛使用的砂轮有白色的氧化铝砂轮（白刚玉砂轮）和绿色的碳化硅砂轮，当刃磨高速钢车刀或刃磨硬质合金车刀刀体时，采用氧化铝砂轮；当刃磨硬质合金车刀刀头时，采用碳化硅砂轮。

启动砂轮机和刃磨车刀时，操作者必须站在砂轮侧面，以免砂轮破碎发生人身事故。刃磨车刀时，双手要拿稳车刀，用力要均匀，车刀倾斜角度要合适，一般应在砂轮的圆周表面中间部位磨，并需要左右移动，使砂轮磨耗均匀，不出现沟槽。磨高速钢车刀时，刀头发热，应放入水中冷却，以避免刀具因升温过高而退火软化；磨硬质合金车刀时，刀头发热，可将刀柄置于水中冷却，以避免硬质合金刀片过热沾水急冷而产生裂纹。在砂轮机上将车刀各面磨好之后，还应该用油石研抛车刀各面，进一步降低各切削刃及各面的表面粗糙度 Ra 值，从而提高车刀的耐用度和工件加工表面的质量。图 8-13 所示为刃磨外圆车刀的步骤。

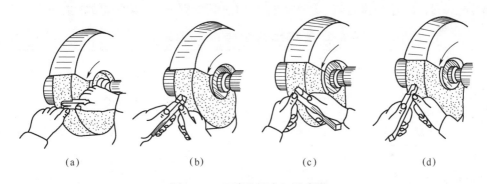

(a)　　　　　　(b)　　　　　　(c)　　　　　　(d)

图 8-13　刃磨外圆车刀的步骤

（a）磨前刀面；（b）磨主后刀面；（c）磨副后刀面；（d）磨刀尖圆弧

三、车刀的安装

车刀应正确地安装在方刀架上，这样才能使车刀在切削过程中具有合理的几何角度，从而保证车削的加工质量及车刀的耐用度。车刀的安装如图 8-14 所示，其基本要求如下：

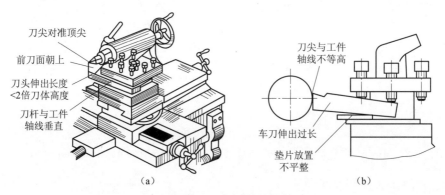

刀尖对准顶尖
前刀面朝上
刀头伸出长度
<2倍刀体高度
刀杆与工件
轴线垂直

刀尖与工件
轴线不等高
车刀伸出过长
垫片放置
不平整

(a)　　　　　　　　　　　(b)

图 8-14　车刀的安装

（a）正确安装方式；（b）错误安装方式

（1）刀尖应与车床主轴轴线等高且与尾座顶尖对齐，车刀刀杆中心线应与进给方向垂直，其底面应平放在方刀架上。

（2）刀头伸出刀架的长度不宜过长，一般不超过刀杆厚度的两倍，以防切削时产生振动，影响加工质量。

（3）刀具应垫平、放正、夹牢。垫片的数量不宜过多，以1~3片为宜，一般用两个螺栓交替锁紧车刀。

（4）锁紧方刀架。装好零件和刀具后，检查加工极限位置是否会发生干涉和碰撞。

第四节　常见车削加工方法与基本操作

零件的加工阶段通常划分为粗车、半精车和精车三个阶段。粗车的目的是尽快去除大部分加工余量，使工件接近最终尺寸及形状。因此采用较大的背吃刀量和进给量，选用中等或中等偏低的切削速度。精车的目的是保证工件的加工精度和表面粗糙度要求，因此应采用较小的进给量与背吃刀量，同时选用较高的切削速度。加工阶段的划分与切削用量的选择见表8-2。

表8-2　加工阶段的划分与切削用量的选择

内容	粗车	半精车	精车
加工精度等级	IT12~IT11	IT10~IT9	IT8
表面粗糙度/μm	$Ra6.3$	$Ra3.2~1.6$	$Ra1.6~0.8$
背吃刀量/mm	1~3	0.5~1	0.1~0.3
进给量/(mm·r^{-1})	0.4~0.5	0.2~0.3	0.05~0.1
切削速度	低速	中速	高速

一、车端面

对工件端面进行车削的方法称为车端面。端面是零件轴向定位、测量的基准，在车削加工中一般先将其车出。车削端面时常使用弯头车刀和偏刀，图8-15所示为车削端面的几种情形。

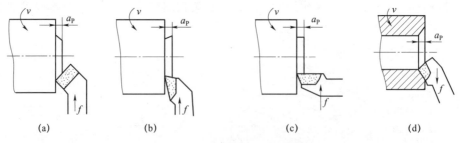

图8-15　车削端面的几种情形

（a）弯头车刀车削；（b）右偏刀（由外向中心）车削；（c）左偏刀车削；（d）右偏刀（由中心向外）车削

车削端面时应注意以下事项：

（1）安装车刀时，应注意刀尖要对准工件旋转中心，以免在车出的端面中心残留凸台。

（2）用45°弯头车刀车端面时，是由工件外缘向中心车削，中心的凸台是逐步车掉的，这样不易损坏刀尖。

（3）用右偏刀车削端面时，车刀由工件外缘向中心进给，为避免损坏刀尖，在切近工件中心时应放慢速度。由于右偏刀由外向中心进给时用的是副切削刃，故当切削深度较大时，在切削抗力的作用下会使车刀扎入工件而形成凹面，此时可以采取由中心向外缘的进给方式，或采用左偏刀和弯头车刀车削端面，如图8-16所示。

（4）在精车端面时，多由中心向外缘进给，以提高加工质量。

（5）在车削无孔的大端面时，多采用弯头车刀，为了防止刀架受切削力影响而产生移动，若车出凹面和凸台现象，则应将床鞍紧固在床身上。

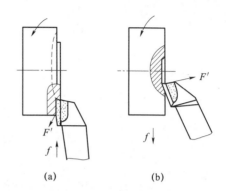

图8-16　右偏刀车端面两种进给方式对比
（a）由外缘向中心进给；（b）由中心向外缘进给

二、车削外圆与台阶

工件旋转，车刀做纵向进给，车刀严格保持与工件轴线的平行轨迹，即可车出外圆面。车削外圆常用的刀具有90°偏刀（左偏刀、右偏刀）、弯头车刀（主偏角为45°和75°）、直头外圆车刀和尖刀等。其中，尖刀主要用于粗车或车削没有台阶或台阶不大的工件，45°弯头车刀多用于车外圆、端面及倒角，但切削时径向分力大，如果车削细长轴类工件，则工件容易被顶弯并引起振动，所以常用来车削刚性较好的工件；90°偏刀主要用于车削细长轴类零件的外圆和台阶面；75°车刀的刀尖角较大，刀头强度好，用于粗车削余量较大的铸件或锻件。常见的外圆车刀车削外圆的几种情形如图8-17所示。

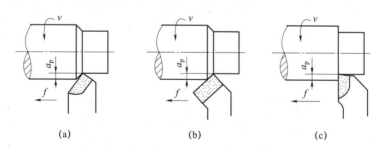

图8-17　常见的外圆车刀车削外圆的几种情形
（a）尖刀车削外圆；（b）弯头车刀车削外圆；（c）偏刀车削外圆

车削外圆时应注意以下事项：

（1）在车削外圆时，要根据工件的加工余量决定走刀的次数和每次走刀的背吃刀量，由于刻度盘和横向进给丝杠都有误差，故在半精车或精车时，往往不能满足进刀精度要求。为了准确地确定背吃刀量，保证工件的加工精度，通常采用试切的方法来调整背吃刀量。试切的方法与步骤如图8-18所示。

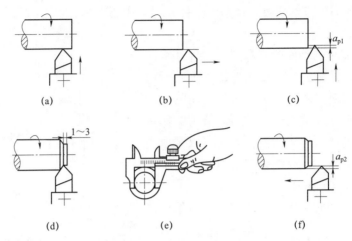

图8-18　试切的方法与步骤

（a）开车对刀，使车刀与工件表面有轻微接触；（b）沿进给反方向退出车刀；（c）横向进刀 a_{p1}；

（d）纵向切削长度 1~3 mm；（e）退出车刀，停车，进行测量；（f）如果尺寸不到，再进刀 a_{p2}

（2）车削外圆时，要准确地获得所车削外圆的尺寸，必须掌握好每一次走刀的背吃刀量，而背吃刀量的大小是通过转动横向进刀刻度盘手柄进而调节横向进给丝杠来实现的。横向进刀刻度盘紧固在丝杠轴头上，中拖板（横刀架）和丝杠螺母紧固在一起，当横向进刀刻度盘手柄转一圈时，丝杠也转一圈，此时中拖板就随丝杠横向移动一个螺距。由此可知，横向进刀手柄每转一格，中拖板即车刀横向移动的距离为：丝杠螺距/刻度盘格数。

车外圆时，车刀向工件中心移动为进刀，远离中心移动为退刀。对于 C6132 A 型车床，横向丝杠的螺距为 4 mm，刻度盘共分 200 格，每格分度值为 0.02 mm。所以，刻度盘沿顺时针转一格，横向进刀 0.02 mm，工件直径减小 0.04 mm。这样就可以根据背吃刀量的大小来决定进刀格数。在进刻度时，如果刻度盘手柄转过了所需的刻度，或试切后发现车出的尺寸有差错而需将车刀退回，考虑到丝杠和螺母之间有间隙，则刻度盘不能直接退回到所需的刻度，应按图8-19所示的方法进行纠正。

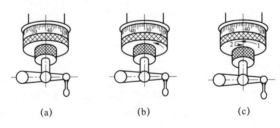

图8-19　手柄的正确操作

（a）要求手柄转至30，但转到了40；（b）直接退回到30是错误的；（c）应多退半圈后再转至30

台阶面车削多采用偏刀，主要有一次车出和多次车出两种切削方法。对于高度小于 5 mm 的低台阶，加工时可一次车出；对于高度大于 5 mm 的高台阶，应分层多次进行车削，如图8-20所示。

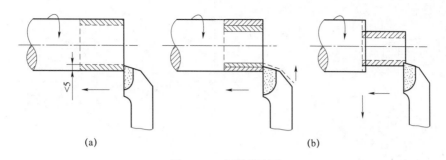

图 8-20 车削台阶面

(a) 车削低台阶面；(b) 车削高台阶面

三、切槽与切断

在工件表面车削沟槽的方法称为切槽。轴类或盘套类零件的外圆表面、内孔表面或端面上常常有一些沟槽，如螺纹退刀槽、砂轮越程槽、油槽和密封圈槽等，这些槽都是在车床上用切槽刀加工形成的。切槽刀的刀头较窄，两侧磨有副偏角和副后角，因此刀头很薄弱，容易折断。装刀时，应保证刀头两边对称。在车床上切槽的方法如图 8-21 所示，当车削宽度小于 5 mm 的窄槽时，用主切削刃的宽度与槽宽相等的切槽刀一次车出；当车削宽度大于 5 mm 的宽槽时，先沿纵向分段粗车，再精车修光槽的两侧面和底面。切槽时刀具的移动应缓慢、均匀、连续，刀头伸出的长度应尽可能短些，以免引起振动。

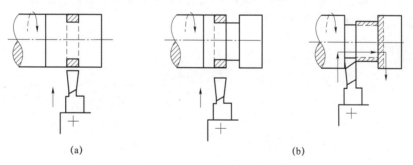

图 8-21 在车床上切槽的方法

(a) 切窄槽；(b) 切宽槽：第一、二次横向进给，最后一次横向进给后再纵向进给车槽底

切断是将坯料或工件从夹持端分离下来的操作。车削中，往往是将长的棒料按尺寸要求下料，或是把已加工完毕的工件从坯料上切下来，切断方法如图 8-22 所示。

切断使用切断刀，切断刀的形状与切槽刀相似，只是刀头更加窄而长，常将主切削刃两边磨出斜刃，以利于排屑和散热；安装切断刀时刀尖必须与工件中心等高，否则切断处将留有凸台，也容易损坏刀具。同时切断刀不宜伸出太长，否则会降低刀具的刚性。切断时切削速度要低，即采用缓慢、均匀的手动进给，以防进给量太大而造成刀具折断。通常情况下，在切断铸铁件等脆性材料时采用直进法切削，切断钢件等塑性材料时采用左右借刀法切削，如图 8-23 所示。

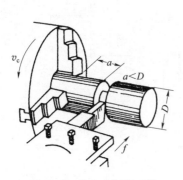

图 8-22　车床上切断工件

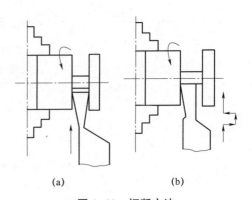

图 8-23　切断方法

（a）直进法；（b）左右借刀法

四、车锥面

在机械制造工业中，除采用圆柱孔和圆柱体作为配合表面外，还广泛采用圆锥体和圆锥孔作为配合表面。例如，车床主轴孔与顶尖的结合、车床尾架套筒锥孔与钻头锥柄的配合等。因为当圆锥面的锥度较小时，可传递很大的扭矩；锥面装拆方便，且多次装拆仍能保证精确的定心作用；圆锥面结合的同轴度较高，所以圆锥面应用很广泛。圆锥面分为内圆锥面和外圆锥面。圆锥的基本参数有大端直径、小端直径、锥的轴向长度及圆锥角，如图 8-24 所示，加工时只要保证其中任何三个参数即可。在车床上加工锥面的方法有四种：旋转小刀架法、偏移尾座法、宽刀法和靠模法。

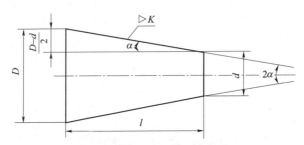

图 8-24　圆锥体的参数定义

1. 旋转小刀架法

旋转小刀架法车削圆锥，是把小刀架按工件的圆锥半角转动一个相应的角度，使车刀的运动轨迹与所要加工的圆锥素线平行，固定小刀架后，再通过手动进刀加工出圆锥体。这种方法不受锥角大小的限制，内、外锥面都可加工，如图 8-25 所示。但一般只能用双手交替转动小刀架车削圆锥，零件表面粗糙度较难控制。另外，受小刀架的行程限制，其只能车削圆锥长度较短的零件。

这种方法的优点是：既可车削外圆锥，也可车削内圆锥，还可加工大锥角圆锥；小刀架斜置角度一次调准，在正常情况下不会发生变化；一批工件的锥角误差能可靠地稳定在角度公差范围。其缺点是：由于一般中、小型车床上的滑板不能自动进给，故手动进给劳动强度大，工件表面粗糙度难以保证。

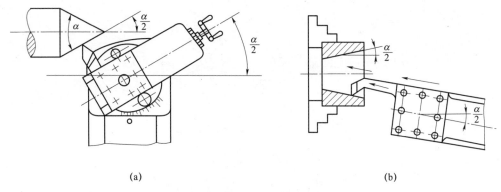

图 8-25　旋转小刀架法车削圆锥

（a）车削外圆锥；（b）车削内圆锥

2. 偏移尾座法

如图 8-26 所示，偏移尾座法就是工件用顶尖安装，根据所加工工件锥角的大小，把尾架顶尖偏移相应的距离，使工件的轴线与机床主轴轴线相交一个圆锥角，车刀纵向进给，车出所需的圆锥体。由于顶尖在中心孔中是歪斜的，即接触不良，故车削圆锥体时尾座偏移量不能过大。采用偏移尾座法车削锥体时必须将工件安装在两顶尖间加工。

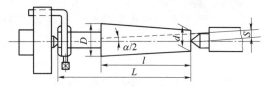

图 8-26　偏移尾座法车削圆锥

偏移尾座法车圆锥面的优点是：能采用自动进给进行车削；能车削较长的圆锥面。但受尾座偏移距离的限制，不能车削整体圆锥和圆锥孔；不能车削锥度大的圆锥面；调整尾座偏距比较麻烦，特别是当一批工件的总长不一致或中心孔深度不同时，车削出的锥度也不一样。所以这种方法一般用于半精车，即留下一定的余量，然后再通过磨削达到加工精度要求。

3. 宽刀法

宽刀法是利用车刀的刃形形成圆锥斜角，其中，宽刀属于成型刀具。宽刀法主要用于成批生产中锥面较短的内、外圆锥面的车削。车削时，要求刀刃平直，安装车刀时使主刃与工件轴线夹角为圆锥斜角即可，如图 8-27 所示。宽刀法车削锥面的优点是加工锥角的大小不受限制，不用调整机床，加工方便，效率较高。但由于切削刃较宽，故切削时容易产生振动，影响加工质量，其主要适用于车削锥面较短的内、外圆锥面，一般锥面长度限于 10~15 mm。

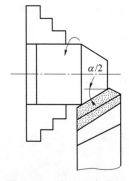

图 8-27　宽刀法车锥面

4. 靠模法

靠模法是利用靠模板装置，使车刀在纵向进给的同时，相应地产生横向进给，两个方向进给的合成运动使刀尖轨迹与工件轴线所成夹角正好等于圆锥半角 $\alpha/2$，从而车削出内、外圆锥面，如图 8-28 所示。

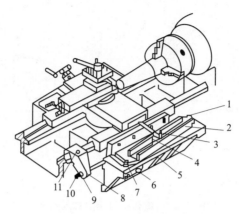

图 8-28　靠模装置

1—底座；2—锥度靠模板；3—丝杠；4—滑块；5—靠模体；6, 7, 11—螺钉；8—卦脚；9—调节螺母；10—拉杆

　　靠模装置以其底座固定在车床床鞍上，它下面的燕尾导轨与靠模体 5 上的燕尾槽滑动配合。靠模体上装有锥度靠模板 2，它可绕中心旋转，并与工件轴线相交成所需的圆锥斜角 $\alpha/2$。两个螺钉 7 用来固定锥度靠模板。滑块 4 与中滑板丝杠 3 连接，可以沿着锥度靠模板自由滑动。当需要车削圆锥时，通常用两个螺钉 11 通过卦脚 8、调节螺母 9 及拉杆 10 把靠模体 5 固定在车床床身上。螺钉 6 用来调整靠模板的斜度，当床鞍做纵向移动时，滑块就沿着靠模板斜面滑动。丝杠和中滑板上的螺母连接，这样床鞍做纵向进给时，中滑板就能沿着靠模板斜度做横向进给，车刀运动就合成斜进给运动。当不需要使用靠模时，只要把固定在床身上的两个螺钉 11 松开，床鞍就带动整个附件一起移动，使靠模失去作用。

　　靠模法车削圆锥面的优点：可以自动进给车削内、外圆锥面，长或短圆锥面均可车削；靠模结构复杂，但校准较为简单，对于成批加工的工件，其锥度误差可控制在较小的范围内，加工质量比较稳定，适用于某些锥面较长、锥角不大、加工精度要求较高且批量较大的锥面加工。

五、钻孔和镗孔

　　在车床上用钻头加工内孔称为钻孔，用镗刀加工内孔称为镗孔。在车床上钻孔的方法如图 8-29 所示。将工件装夹在卡盘上，钻头安装在尾座套筒锥孔内，钻孔前先车削平端面并车削出中心凹坑；钻孔时转动尾座手轮使钻头缓慢进给。钻孔时应注意经常退出钻头排屑，且进给不能过猛，以免折断钻头，注意钻钢料时应加切削液进行冷却润滑。

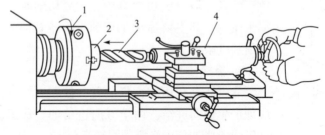

图 8-29　在车床上钻孔的方法

1—三爪卡盘；2—工件；3—钻头；4—尾座

钻孔的步骤如下：

（1）车削平端面，定出中心位置。

（2）装夹钻头，锥柄钻头直接装在尾座套筒锥孔内，直柄钻头用钻夹头夹持。

（3）调整尾座位置，使钻头能进给到所需长度，并使套筒伸出长度较短，固定尾座。

（4）开车进行钻削，开始时进给要慢，使钻头准确地钻入；钻削时切削速度不应过大，以免钻头剧烈磨损；钻削过程中应经常退出钻头排屑。钻削碳素钢时需加切削液，孔即将钻通时应减慢进给速度，以防折断钻头。孔钻通后，应先退钻头、后停车。

镗孔由镗刀伸进孔内进行切削。图8-30所示为在车床上镗孔的方法。镗孔能较好地保证同轴度，常作为孔的半精加工和精加工方法；用车床镗孔比车外圆困难，切削深度要比车外圆选得小些；装刀时，镗刀杆的伸出长度只需略大于孔的深度即可；镗孔操作也应采用试切法调整切削深度，并注意手柄的转动方向应与车外圆时的方向相反。

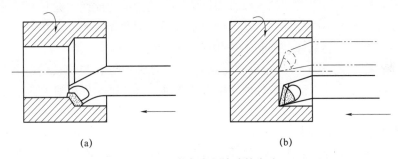

（a）　　　　　　　　　　　　　（b）

图8-30　在车床上镗孔的方法

（a）镗通孔；（b）镗不通孔

镗孔的操作步骤如下：

（1）选择和安装镗刀。镗通孔应选用通孔镗刀，镗不通孔用不通孔镗刀；镗刀刀杆应尽可能粗些，伸出刀架的长度应尽量小，以保证刀杆刚度；刀尖应与孔中心等高或略高，刀杆中心线应大致平行于纵向进给方向。

（2）选择切削用量。镗孔时不易散热，且镗刀刚度较小，又难以加切削液，所以切削用量应比车外圆时小。

（3）粗镗时，先试切，调整切深，以自动进给进行切削，必须注意镗刀横向进给方向与外圆车削时方向相反；精镗时，切深和进给量应更小，当孔径接近最后尺寸时，应以很小的切深重复镗几次，以消除孔的锥度。

六、车削螺纹

螺纹在机械连接和机械传动中应用非常广泛，按不同的分类方法可将螺纹分为多种类型：按其用途可分为连接螺纹与传动螺纹；按其标准可分为公制螺纹与英制螺纹；按其牙型可分为三角螺纹、梯形螺纹、矩形（方牙）螺纹等。其中，公制三角螺纹应用最广泛，称为普通螺纹，主要用于连接。

通常决定螺纹形状的基本要素有三个：牙型角、螺距及螺纹中径。图8-31所示为普通螺纹的基本要素，加工螺纹时必须保证这三个基本要素，以保证螺纹的加工质量。

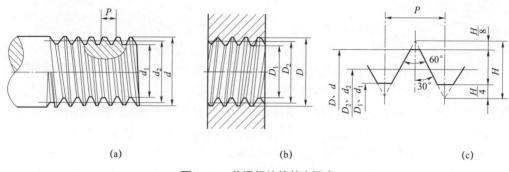

图 8-31　普通螺纹的基本要素
(a) 外螺纹；(b) 内螺纹；(c) 螺纹要素

在车床上可以加工各种类型的螺纹，通过更换挂轮架上的配换齿轮和改变进给箱上的手柄位置，可以得到各种不同的导程；在刀架上安装与牙型角相符的螺纹车刀，就可以加工公制螺纹、英制螺纹、公制蜗杆、英制蜗杆和特殊螺纹等。

（1）为了使车出的螺纹形状正确，必须使车刀刀头的形状与螺纹的截面形状相吻合；安装时应使螺纹车刀的前刀面与工件回转中心线等高，且应采用样板对刀，使刀尖的对称平分线与工件轴线垂直。

（2）车削螺纹时是用丝杠带动刀架进给的，加工左旋螺纹刀架向右进给、右旋螺纹刀架向左进给。为保证工件的螺距，必须严格地保证工件转一转，车刀移动一个工件螺距的位移。在具体操作时，根据所加工工件的螺距，按进给箱上的标牌指示，调整挂轮箱的配换齿轮或进给箱手柄的位置。

（3）为了保证所得螺纹牙型和螺距的准确性，螺纹车削过程中刀具和工件都必须装夹牢固，不得有微小的松动；螺纹快要车成时，应及时停车，锉去毛刺，用螺纹环规或标准螺母进行检验。

车削螺纹时，首先根据加工工件的公称直径加工出螺杆或底孔、螺纹尽头的退刀槽及端部倒角；然后根据螺距调整好车床，将转速调低，利用正反车法车削螺纹。螺纹的牙型是经过多次走刀而形成的，如图 8-32 所示，车削螺纹的具体步骤如下：

（1）对刀：开车，使车刀与工件轻轻接触，记下刻度盘数，向右退出车刀。

（2）试切：开车，合上开合螺母，走刀至退刀槽，在工件表面车出一条螺旋线，横向退出车刀，停车。

（3）检查：开反车，使车刀退回工件右端，停车，用钢尺或者游标卡尺检查螺距是否正确。

（4）进刀切削：调整切深，开车切削，车钢料要加切削液。

（5）退刀：车刀行至螺纹端头时应快速退出，然后停车，开反车，快速向右退回刀架。

（6）重复：调整切削深度，重复以上步骤直至达到要求。

车螺纹应注意以下事项：

（1）避免乱扣：螺纹是经过多次进刀形成的，为避免把螺纹车乱（即乱扣），必须保证每次进刀时刀尖都落在前次进刀的刀槽内，因此在加工中应保持工件和车刀装夹牢固，并保持二者的相对位置不变。每次进刀应牢记刻度数，当加工工件的螺距与丝杠的螺距不是整数倍时，就使用正反车，但不能提起开合螺母。

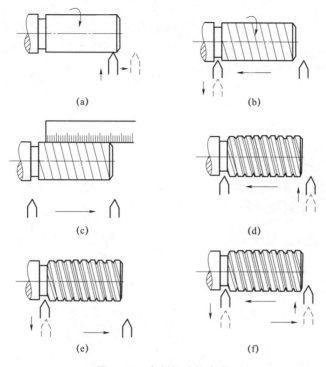

图 8-32　车削螺纹的步骤

（a）对刀；（b）试切；（c）检查；（d）进刀切削；（e）退刀；（f）重复

（2）保证螺纹中径：螺纹的中径是逐次进刀形成的，进刀量过大时会导致刀尖崩刃或工件被顶弯。

（3）控制背吃刀量：车螺纹时每次背吃刀量应控制在 0.1～0.15 mm，并随着车削次数的增加减小背吃刀量。总的背吃刀量以牙型的高度为准，用刻度盘和螺纹量规来控制。

七、车削成型面

对表面轮廓为曲面的回转体零件的加工称为车削成型面，如在普通车床上切削手柄、手轮、球体等都称为车削成型面。车削成型面的常见方法有双手控制法、成型车刀法及仿形靠模法等。

1. 双手控制法

如图 8-33 所示，双手控制法是利用双手同时摇动中拖板和小拖板的手柄，控制车刀刀尖运行的轨迹与所需加工成型面的曲线相符，从而车削出成型面。在车削过程中要经常用成型样板检验车削表面，经过反复的加工、检验、修正直至最后完成成型面的加工。双手控制法加工成型面，对操作者的技术要求较高，生产率低，加工精度低，但由于不需要特殊的设备，加工简单、方便，故一般在单件、小批量生产中广泛应用。

2. 成型刀法

如图 8-34 所示，成型刀法是利用刀刃形状与成型面轮廓相对应的成型刀车削成型面的加工方法。用成型车刀加工成型面时，车刀只要做横向进给就可以车出所需的成型面。此法操作方便、生产率高，但由于样板刀的刀刃不能太宽，刃磨的曲线不十分准确且刃磨困难，因此，一般适用于加工形状简单、轮廓尺寸要求不高的成型面。

3. 靠模法

用靠模法车削成型面与用靠模法车削锥面的原理是一样的，只是靠模的形状与工件回转母线的形状一致。该方法操作简单，零件的加工尺寸不受限制，可实现自动进给，生产率高，但靠模的制造成本高，适用于大批量生产。

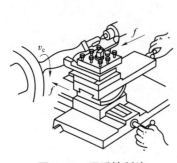

图 8-33　双手控制法

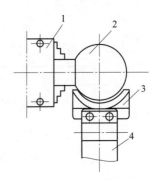

图 8-34　成型刀法

1—卡盘；2—工件；3—刀片；4—刀杆

八、滚花

许多工具和机械零件的手柄部分，为了增加摩擦力和表面美观，往往要在其表面上滚压出各种不同的花纹，如百分尺的套管、绞杠扳手及螺纹量规等。这些花纹一般都是在车床上用滚花刀滚压而成的，如图 8-35 所示。滚花的实质是用滚花刀在光滑的工件表面进行挤压，使其产生塑性变形而形成花纹，花纹的形式取决于滚花刀上滚轮的花纹形式，有直纹和网纹两种。滚花时径向挤压力很大，因此，加工时工件的转速要低，并需要充分供给冷却润滑液以免损坏滚花刀，防止细屑滞塞在滚花刀的滚轮内而产生乱纹。

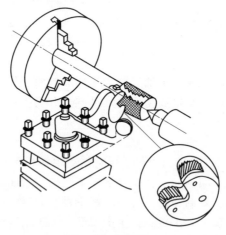

图 8-35　滚花加工

第五节　典型零件的车削工艺

由于零件都是由不同表面组成的，故在生产中往往需经过若干个加工步骤才能由毛坯加工出成品。零件形状越复杂，精度、表面粗糙度要求就越高，需要的加工步骤也就越多。一般适合于车床加工的零件，有时还需经过铣削、刨削、磨削、钳工、热处理等工序才能完成。因此，制定零件的加工工艺时，必须综合考虑，合理安排加工步骤。

制定零件的加工工艺，一般要解决以下几方面问题：

（1）毛坯的选用：根据零件的形状、结构、材料、数量和使用条件，确定毛坯的种类（如棒料、锻件、铸件等）。

（2）加工顺序的确定：根据零件的精度、表面粗糙度等全部技术要求，以及所选用的毛坯，确定零件的加工顺序（除对各表面进行粗加工、精加工外，还包括热处理方法的确定及安排等）。

（3）切削用量的确定：根据所加工零件的材料、加工精度和表面粗糙度要求确定切削用量等。

（4）刀、夹、量具的确定：根据所加工零件的材料、形状、加工顺序确定刀具、量具、装夹方法和测量方法。

加工轴类、盘套类零件时，其车削工艺是整个工艺过程的重要组成部分，有的零件通过车削即可完成全部加工内容。下面以典型的轴类零件和盘套类零件为例，介绍车削加工工艺的制定流程。

一、轴类零件的车削

轴类零件通常是长度与直径比大于3的工件，根据长径比大小不同又可以把轴类零件分为长轴类零件与短轴类零件。通常将长径比大于等于4的轴类零件称为长轴，长径比小于4的零件称为短轴。轴类零件通常用三爪卡盘安装，当长径比较大时可用中心架、跟刀架或顶尖支承。

图8-36所示为一个典型轴类零件的加工图，零件的加工工艺见表8-3。

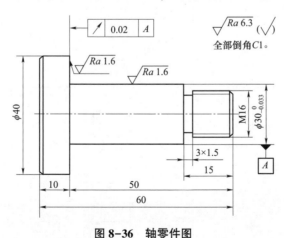

图8-36 轴零件图

表 8-3　典型轴类零件的加工工艺

序号	加工内容	加工简图	刀具或量具	附件
1	三爪卡盘装夹，伸出长度 75 mm，车端面		45°弯头车刀	
2	车外圆 ϕ40 mm×65 mm		45°弯头车刀	
3	粗车外圆 ϕ31 mm×50 mm；车外圆 ϕ16 mm×15 mm		90°偏刀	
4	车退刀槽 3 mm×1.5 mm；倒角 C1		切槽刀；45°弯头车刀	三爪卡盘
5	车螺纹 M16		螺纹车刀	
6	精车外圆至尺寸 $\phi30_{-0.033}^{0}$ mm×35 mm		90°偏刀	
7	切断，保证尺寸 11 mm		切断刀	
8	掉头，车端面，保证尺寸 10 mm		45°弯头车刀	
9	倒角 C1		45°弯头车刀	
10	检验		游标卡尺、千分尺	

二、盘套类零件的车削

盘套类零件主要由孔、外圆及端面组成，通常工件的直径尺寸大于长度。这类零件的端面及外圆相对于孔中心线有圆跳动精度要求。在加工时，通常使用三爪卡盘安装，在一次安装时尽量做到尽可能将有位置精度要求的端面、外圆和孔加工出来。如果有位置精度要求的表面较多，又不能在一次安装中完成，则应对孔先进行精加工，二次安装时再用孔作定位基准来加工未加工的表面，且多使用心轴装夹。

图 8-37 所示为齿轮坯零件图，零件的加工工艺见表 8-4。

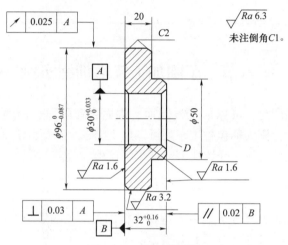

图 8-37　齿轮坯零件图

表 8-4　典型盘套类零件的加工工艺

序号	加工内容	加工简图	刀具或量具	附件
1	下料，$\phi 100$ mm×36 mm			
2	三爪卡盘装夹，伸出长度 15 mm； 车端面； 车外圆 $\phi 53$ mm×11 mm		45°弯头车刀； 90°偏刀	三爪卡盘
3	掉头，夹 $\phi 53$ mm，靠紧； 车端面 B 至 21.5 mm； 车外圆至 $\phi 96_{-0.087}^{0}$ mm； 钻孔 $\phi 27$ mm； 粗、精镗孔至 $\phi 30_{0}^{+0.033}$ mm； 内倒角 C1，外倒角 C2		右偏刀； 45°弯头车刀； 钻头； 镗刀	三爪卡盘
4	掉头装夹； 内倒角 C1		45°弯头车刀	三爪卡盘

续表

序号	加工内容	加工简图	刀具或量具	附件
5	用心轴装夹； 车端面 D，保证总长 $32^{+0.16}_{0}$ mm； 车外圆 $\phi50$ mm，精车台阶面，保证长度 20 mm； 外倒角 C2		右偏刀； 90°偏刀； 45°弯头车刀	顶尖、卡箍、心轴
6	检验		游标卡尺； 千分尺	

第六节　车削加工技术训练实例

车削加工技术应用广泛，可以加工外圆面、端面、台阶面、锥面，还可以钻孔、车螺纹、车成型面、滚花等，榔头柄包含了车削可以加工的各个特征及表面，是一个非常典型的车削工件，下面以榔头柄为例，介绍典型零件车削过程。

一、实训目的

（1）了解车削加工的加工工艺，并掌握榔头柄加工工艺的编制方法；
（2）掌握各个特征的车削方法及操作要点；
（3）熟悉车床的基本操作，并能独立完成工件的加工。

二、实训设备及工件材料

（1）实训设备：C6132A 车床。
（2）工件材料：2A12 铝合金。

三、实训内容及加工过程

按照图 8-38 所示榔头柄零件图图纸要求，完成该零件的加工，加工工艺见表 8-5，具体加工过程如下：

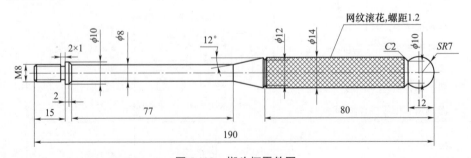

图 8-38　榔头柄零件图

（1）按照图纸要求下料，加工外圆并钻中心孔；

（2）车两个槽；

（3）车球体；

（4）滚花、修平毛刺；

（5）完成螺纹加工、钻中心孔；

（6）车锥面，完成中间部分加工；

（7）检验。

表 8-5　榔头柄加工工艺

序号	加工内容	加工简图
1	下料，$\phi16$ mm×190 mm； 钻中心孔； 车外圆	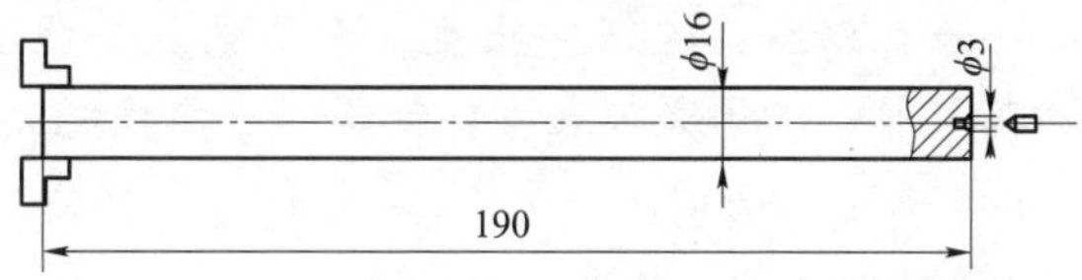
2	车两个尖角槽	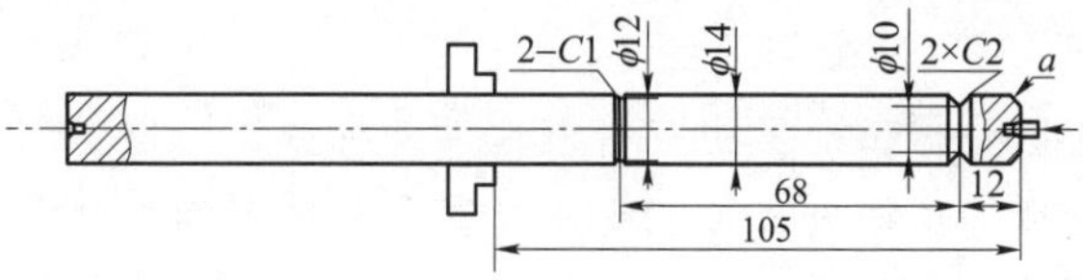
3	车球体	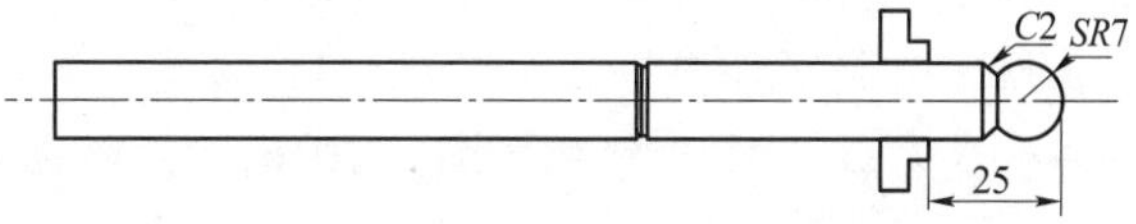
4	滚花； 修毛刺	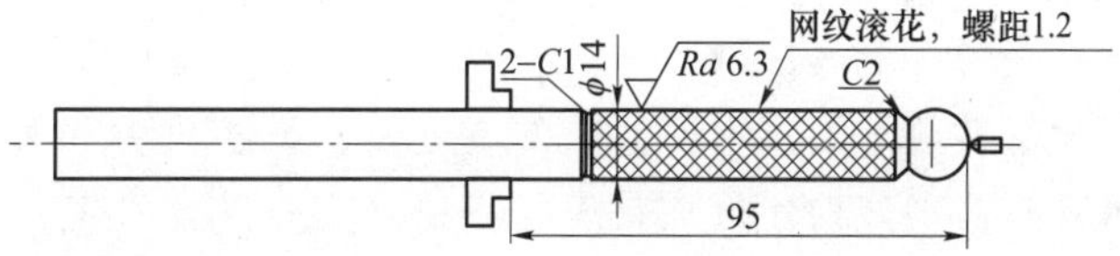
5	车螺纹 M8； 钻中心孔	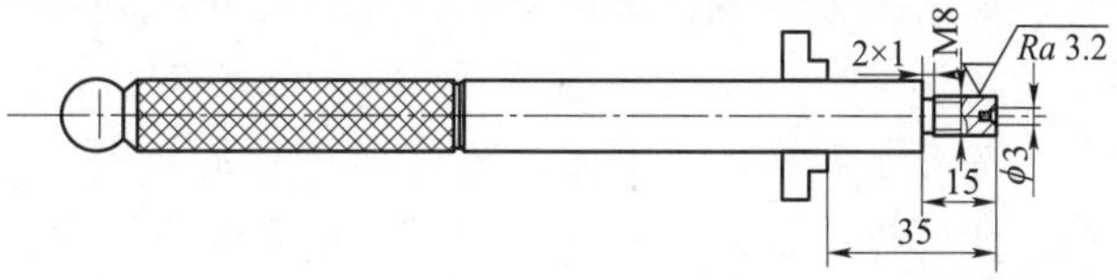
6	车中间部分； 车锥面	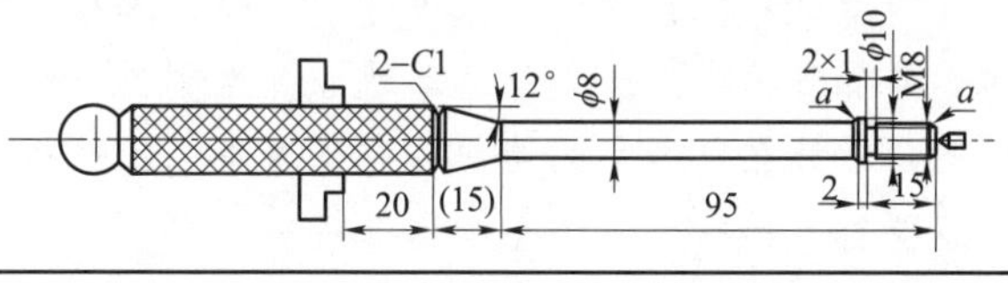

🔄 知识拓展

在现代制造业快速发展的背景下，车削加工技术正朝着更高效、更精密的方向发展。这一趋势体现在几个关键技术的发展上，包括高速车削、超精密车削和金刚石车削技术。高速车削技术通过显著提高车削速度，实现了材料切除率的大幅提升，特别适合加工高强度材料、铝合金和铸件。这种技术的应用，使得车削速度可达 73 000 m/min，极大地提高了生产效率和加工质量，而超精密车削技术则将车削加工的精度推向了新的高度。在超精密车床上，使用精细研磨的单晶金刚石车刀进行微量车削，切削厚度可达到仅 1 μm 左右，这使得加工出的零件表面达到极小的表面粗糙度，适用于高精度的光学零件，如球面、非球面和平面的反射镜等。例如，核聚变装置中使用的直径为 800 μm 的非球面反射镜就是通过这种技术加工而成的。金刚石车削技术是超精密车削的一个典型代表，其采用的金刚石刀具的刀刃口圆弧半径不断减小，直接影响到被加工表面的表面粗糙度，这对于光学系统如射电望远镜的主镜面等高精度光学零件的加工至关重要。金刚石车削技术的应用不仅限于有色金属材料如元氧铀或铝合金的加工，其产品广泛应用于光学系统中的反射镜加工。

劳模工匠小课堂——车削

赵晶，女，汉族，1983 年出生，中共党员，数控车削高级技师，中国兵器工业集团有限公司首席技师，二十大代表，曾荣获"中华技能大奖""内蒙古自治区五一劳动奖章"及"全国技术能手""全国'三八'红旗手""中央企业优秀共产党员"等荣誉称号，现为"国家级赵晶技能大师工作室"领衔人。

中国兵器工业集团中内蒙古第一机械集团股份有限公司是我国主战坦克研制生产基地，赵晶所在的第四分公司主要从事重型装甲车辆零部件的机械加工制造，其中的液压传动部件的精密加工是一项核心难题。赵晶的任务是专攻薄壁加工和套类零部件高精度加工，她独创了"一位双刀套类零件操作法"，可以将此类零件的产品合格率提高到 99.7%，产品加工精度也能由毫米级公差提升到微米级。2016 年，赵晶作为全国十强中唯一的女性参加央视《中国大能手》节目中的"数控刀客"决赛，她凭借加工出一个"壁厚小于 0.3 mm 酒杯"的绝技获得了冠军。

随着材料加工技术的不断发展进步，数控设备和加工技术也在不断迭代升级。3D 打印技术让赵晶和她的团队成员多了一项攻克关键核心零部件加工技术的法宝，利用 3D 打印技术进行产品的提前试验、反复验证，可解决零件个性化、减少毛坯下料投入、优化产品工艺等问题。2020 年，四分公司接到了 10 个具有空间异形曲面的零件制造项目，在众人束手无策之际，赵晶带领团队主动承担起这项艰巨的任务。她利用 3D 打印技术制作出 1∶1 的实体模型，逐一排除刀具、装夹、切削参数等影响因素，在吃透了该项目的工作原理和设计思路后，再利用计算机软件进行三维建模、辅助编程，重新编写了一套专门在立式加工中心上使用的数控加工程序，优化了运动轨迹，待到再次进行试验加工，该零件精度终于达标。这种新模式，让她在复杂空间曲面的高精度加工领域探索出了一条新路线。赵晶说："必须用极致的态度对自己的产品精雕细琢，精益求精。"

多年来，赵晶在 30 余个型号工程中先后攻克了数百种零件的加工难题，完成技术攻关 70 余项，带领工作室成员完成了技术革新、合理化建议 100 余项，获得国家专利 10 余项，创造经济效益超 3 000 万元，也让她成长为兵器工业数控精密加工领域的杰出技能人才。

第九章

铣削加工技术

内容提要：本章主要介绍铣削加工的基本概念，常用的铣床及铣床附件、铣刀的种类及安装，铣削常用的加工方法及基本操作，并对典型零件进行了铣削工艺分析。

第一节 概 述

在铣床上利用铣刀的旋转和工件的移动对工件进行的切削加工，称为铣削加工。铣削加工范围很广，主要用来加工各类平面（水平面、垂直面、斜面）、沟槽（直槽、键槽、角度槽、T 形槽、V 形槽、圆弧槽、螺旋槽等）和成型面，也可进行钻孔、铰孔和镗孔加工等，如图 9-1 所示。

铣削加工精度一般为 IT9～IT7，表面粗糙度值一般为 $Ra6.3～1.6~\mu m$。

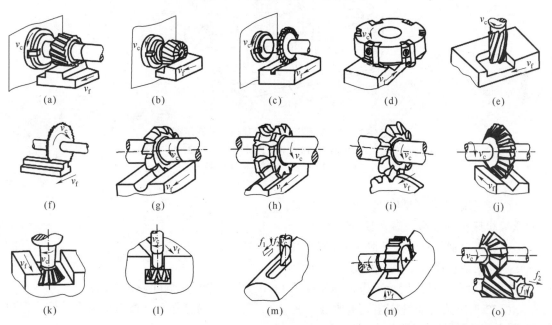

图 9-1 铣削加工的应用范围

(a) 圆柱铣刀铣平面；(b) 套式铣刀铣台阶面；(c) 三面刃铣刀铣直槽；(d) 端铣刀铣平面；

(e) 立铣刀铣凹平面；(f) 锯片铣刀切断；(g) 凸半圆铣刀铣凹圆弧面；(h) 凹半圆铣刀铣凸圆弧面；

(i) 齿轮铣刀铣齿轮；(j) 角度铣刀铣 V 形槽；(k) 燕尾槽铣刀铣燕尾槽；(l) T 形槽铣刀铣 T 形槽；

(m) 键槽铣刀铣键槽；(n) 半圆键槽铣刀铣半圆键槽；(o) 角度铣刀铣螺旋槽

第二节　铣床与铣床附件

一、铣床

铣床的种类很多，常用的有卧式万能升降台铣床、立式升降台铣床、龙门铣床和数控铣床等。

1. 卧式万能升降台铣床

卧式万能升降台铣床简称为卧式万能铣床，是铣床中应用最广泛的一种，如图 9-2 所示。卧式是指铣床主轴轴线与工作台台面平行，万能是指其加工范围广，加工能力强。下面以 X6132 型卧式万能铣床为例，介绍卧式万能铣床的型号、组成部分及作用。

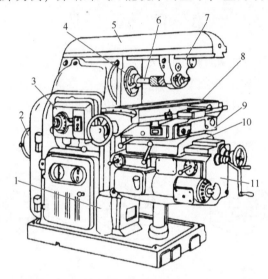

图 9-2　X6132 型卧式万能升降台铣床示意图

1—床身；2—电动机；3—主轴变速机构；4—主轴；5—横梁；
6—刀杆；7—吊架；8—纵向工作台；9—转台；10—横向工作台；11—升降台

X6132 型卧式万能铣床型号的具体含义：

X—机床类别代号，表示铣床；

6—机床组别代号，表示卧式升降台铣床；

1—机床系别代号，表示万能升降台铣床；

32—主参数代号，表示工作台面宽度的 1/10，即工作台面宽度为 320 mm。

X6132 型卧式万能铣床主要由床身、横梁、主轴、纵向工作台、横向工作台、转台、升降台和底座等组成，各部分作用如下：

1）床身

床身是机床的主体，固定在底座上，用来固定和支撑连接铣床上所有的部件，内部装有主轴、主轴变速箱、电气设备及润滑油泵等部件。

2）横梁

横梁安装在铣床床身的顶部，可沿床身的水平导轨移动。横梁上装有吊架，横梁和吊架的主要作用是支撑刀杆外伸的一端，以加强刀杆的刚性。

3）主轴

主轴是前端带锥孔的空心轴，锥孔的锥度一般是 7：24，其作用是安装带孔铣刀刀杆并带动铣刀旋转。

4）纵向工作台

纵向工作台用来安装夹具和工件，并带动工件做纵向移动，其长度为 1 250 mm，宽度为 320 mm。

5）横向工作台

横向工作台位于升降台上面的水平导轨上，用来带动纵向工作台一起做横向移动。

6）转台

转台可将纵向工作台在水平面内扳转一定的角度（正、反均为 0°～45°），以便铣削螺旋槽等，具有转台的卧式铣床称为卧式万能铣床。

7）升降台

升降台主要用来支撑工作台，并带动工作台沿床身的垂直导轨上下移动，以调整工件与铣刀的距离并实现垂直进给。

8）底座

底座用以支撑床身和升降台，具有足够的刚度和强度，内盛切削液。

2. 立式升降台铣床

立式升降台铣床简称立式铣床。立式铣床主轴与工作台台面垂直，图 9-3 所示为 X5032 型立式铣床示意图，其中 X 表示铣床类机床；50 表示立式万能升降台铣床；32 表示工作台面宽度为 320 mm。立式铣床安装主轴的部分称为立铣头，立铣头可按加工需要，在垂直方向上左、右扳转一定角度，以便加工斜面等。

立式铣床由于操作时观察和调整铣刀位置都比较方便，又便于装夹硬质合金面铣刀进行高速铣削，故生产效率较高，可以加工平面、台阶和沟槽等。

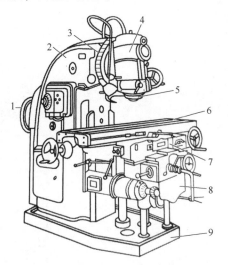

图 9-3　X5032 立式铣床示意图

1—电动机；2—床身；3—主轴头架旋转刻度；
4—主轴头架；5—主轴；6—纵向工作台；
7—横向工作台；8—升降台；9—底座

3. 龙门铣床

龙门铣床主要用来加工大型或较重的工件，有单轴、双轴、四轴等多种形式。图 9-4 所示为四轴龙门铣床。该铣床上有四个铣头，每个铣头均有单独的驱动电动机、变速传动机构、主轴部件及操作机构等，它可以同时用四个铣头对工件的几个表面进行加工，所以龙门铣床生产率高，适合大批量生产。

4. 数控铣床

数控铣床是精密、自动化的新型机床，综合应用了计算机、自动控制、伺服驱动、精密测量和新型机械结构等多方面的技术。图 9-5 所示为数控立式升降台铣床，这种新型机床

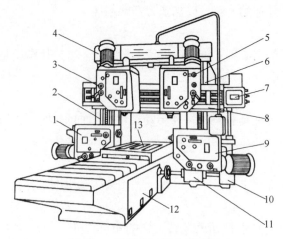

图 9-4　四轴龙门铣床示意图

1—左水平铣头；2—左立柱；3—左垂直铣头；4—连接梁；5—右垂直铣头；6—右立柱；

7—垂直铣头进给箱；8—横梁；9—右水平铣头；10—进给箱；11—右水平铣头进给箱；12—床身；13—工作台

具有适应性强、加工精度高、加工质量稳定和生产效率高等优点。它利用数字信息技术控制铣床的各种运动，实现零件的自动加工，主要适用于单件和小批量生产，可以加工表面形状复杂、精度要求高的工件。关于数控铣床的详细介绍可参考第十七章的相关内容。

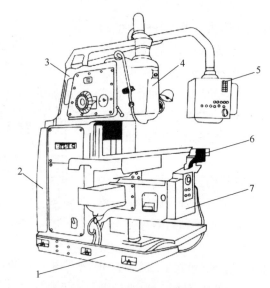

图 9-5　数控立式升降台铣床示意图

1—底座；2—床身；3—变速箱；4—滑动立铣头；5—吊挂控制箱；6—工作台；7—升降台

二、铣床附件

铣床的附件主要有平口钳、回转工作台、分度头和万能铣头等。使用铣床附件能有效地扩大工件的安装范围，铣削特殊表面。

1. 平口钳

平口钳是一种通用夹具，主要用于安装尺寸较小且形状较规则的板块类、盘套类、轴类及支架类零件。图9-6所示为平口钳的结构示意图，其主要由底座、钳身、固定钳口、活动钳口、钳口铁及螺杆等组成。安装时，将底座下的定位键放入工作台的T形槽内，拧紧螺栓即可获得正确的安装位置，若松开钳身上的螺母，钳身便可以扳转一定的角度，以满足零件的安装位置要求。

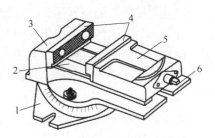

图 9-6　平口钳的结构示意图
1—底座；2—钳身；3—固定钳口；
4—钳口铁；5—活动钳口；6—螺杆

2. 回转工作台

回转工作台又称为转盘或圆形工作台，主要用于较大零件的分度工作和圆弧面、圆弧槽的加工。回转工作台有手动和机动两种进给方式，其内部有一套蜗轮蜗杆机构，摇动手轮，通过蜗杆轴就能直接带动与转台相连接的蜗轮转动。回转工作台周围有刻度，可以用来观察和确定回转工作台位置。回转工作台有固定螺钉，拧紧固定螺钉，回转工作台就固定不动。回转工作台中央有一个孔，利用它可以方便地确定工件的回转中心。当底座上的槽和铣床工作台的T形槽对齐后，即可用螺栓把回转工作台固定在铣床工作台上。在铣削圆弧槽时，工件安装在回转工作台上，铣刀旋转时，用手均匀缓慢地摇动回转工作台即可给工件铣削出圆弧槽，如图9-7所示。

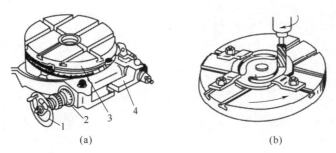

(a)　　　　　　　　　　　　(b)

图 9-7　回转工作台
（a）回转工作台结构；（b）回转工作台铣削圆弧槽
1—手轮；2—蜗杆轴；3—转盘；4—底座

3. 分度头

在铣削工作中，常会遇到铣削六方、齿轮、花键等工作，此时工件每铣过一个面或槽后，要按要求转过一定的角度，铣下一个面或槽，这种工作称为分度。分度头就是一种用于分度的装置，主要用来安装需要进行分度的工件。分度头可在水平、垂直及倾斜三种位置工作，可以铣削多边形、齿轮、花键、螺旋面及球面等，分度头是万能铣床上的重要附件。分度头种类很多，有简单分度头、万能分度头、光学分度头及自动分度头等，其中应用最多的是万能分度头，如图9-8所示。

万能分度头的主轴是空心的，两端均为锥孔，前锥孔可装入顶尖，后锥孔可装入心轴，以便在差动分度时挂轮把主轴的运动传给侧轴，以带动分度盘旋转。主轴前端外部有螺纹，用来安装三爪卡盘，松开壳体上部的两个螺钉，主轴可以随回转体在壳体的环形导轨内转动，因此主轴除安装成水平外，还能扳成倾斜位置。当主轴调整到所需的位置后，应拧紧螺钉。对于主轴，其倾斜的角度可以从刻度上看出。在壳体下面固定有两个定位块，以便与铣床工作台面的 T 形槽相配合，用来保证主轴轴线准确地平行于工作台的纵向进给方向。

万能分度头常用于单件小批量生产中，利用分度头主轴上的卡盘夹持工件，使被加工工件的轴线相对于铣床工作台在向上 90° 和向下 10° 的范围内倾斜成需要的角度，以加工各种位置的沟槽、平面等；与工作台纵向进给运动配合，通过配换挂轮，能使工件连续转动，以加工螺旋沟槽和斜齿轮等。

4. 万能铣头

万能铣头是一种扩大卧式铣床加工范围的附件，在卧式铣床上装上万能铣头，不仅能完成各种立铣的工作，而且还可以根据铣削的需要，把铣头主轴扳成任意角度。如图 9-9 所示，万能铣头的底座用螺栓固定在铣床的垂直导轨上；铣床主轴的运动通过铣头内的两对锥齿轮传到铣头主轴上；铣头的壳体可绕铣床主轴轴线偏转任意角度；铣头主轴的壳体还能在铣头壳体上偏转任意角度。因此，铣头主轴能在空间偏转成所需的任意角度，从而扩大卧式铣床的加工范围。

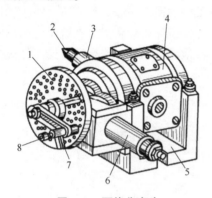 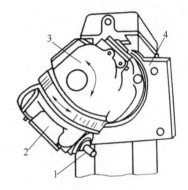

图 9-8　万能分度头　　　　　　　图 9-9　万能铣头

1—分度盘；2—顶尖；3—主轴；4—转动体；　　1—铣刀；2—铣头主轴壳体；
5—底座；6—挂轮轴；7—扇形叉；8—手柄　　　　　3—壳体；4—底座

三、工件的安装

在铣床上，可以通过通用夹具（如平口钳、分度头等）、压板和螺栓将工件直接压紧在工作台面或其他附件和夹具上，或采用专用夹具或组合夹具进行装夹。

1. 用平口钳安装工件

在铣削加工时，常使用平口钳装夹工件，其具有结构简单、夹紧牢靠等特点，所以应用广泛。平口钳的尺寸规格是以其钳口宽度来区分的。平口钳分为固定式和回转式两种。回转式平口钳可以绕底座旋转 360°，固定在水平面的任意位置上，因而扩大了其工作范围，是目前平口钳应用的主要类型。平口钳用两个 T 形螺栓固定在铣床上，底座上还有一个定位键，它与工作台上中间的 T 形槽相配合，以提高平口钳安装时的定位精度。

在用平口钳安装工件时，工件应安装在固定钳口与活动钳口之间，并以固定钳口为定位基准，如图 9-10 所示，图 9-10（a）中工件的设计基准面紧贴固定钳口为正确操作，

图 9-10（b）中工件的设计基准面紧贴活动钳口为不正确操作。此外，工件的待加工表面必须高于钳口；工件的定位面应紧贴钳口，不允许有空隙；刚性不足的工件需采用辅助支撑，以免由于夹紧力过大而使工件变形。

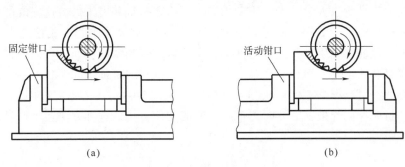

图 9-10　平口钳安装工件

（a）正确操作；（b）不正确操作

2. 用分度头安装工件

分度头一般应用于等分工作中，它既可以将分度头卡盘与尾架顶尖一起使用安装轴类零件，也可以只使用分度头卡盘安装工件。此外，由于分度头的主轴可以在垂直平面内转动，因此可以利用分度头在水平、垂直及倾斜位置安装工件，如图 9-11 所示。

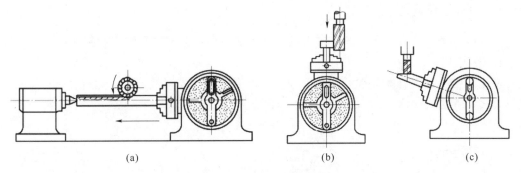

图 9-11　分度头安装工件

（a）用分度头和顶尖一起安装工件；（b）用分度头卡盘在垂直位置安装工件；（c）用分度头卡盘在倾斜位置安装工件

3. 用压板螺栓安装工件

对于大型工件或平口钳难以安装的工件，可用压板螺栓和垫铁将工件直接固定在工作台上，如图 9-12 所示。使用压板螺栓安装工件进行加工时，首先压板的位置要安排得当，压点要靠近切削面，压力大小要适合；粗加工时，压紧力要大，以防止切削过程中工件移动；精加工时，压紧力要合适，注意防止工件发生变形；工件如果放在垫铁上，要检查工件与垫铁是否贴紧，若没有贴紧，则必须垫上铜皮或纸，直到贴紧为止；压板必须压在垫铁处，以免工件因受压紧力而变形；安装薄壁工件时，在其空心位置处，可用活

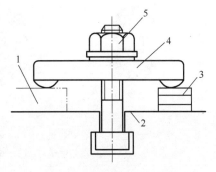

图 9-12　压板螺栓安装工件

1—工件；2—工作台；3—垫铁；
4—压板；5—螺母

动支撑增加刚度；工件压紧后，要用划针盘复查加工线是否仍然与工作台平行，避免工件在压紧过程中变形或移动。

4. 用专用夹具或组合夹具安装工件

当零件的生产批量较大时，可采用专用夹具或组合夹具装夹工件，这样既能提高生产效率，又能保证产品质量。专用夹具就是根据工件的几何形状及加工方式特别设计的工艺设备，它不仅可以保证加工质量、提高劳动生产率、减轻劳动强度，而且可以使许多通用机床能够加工形状复杂的工件。组合夹具是由一套预先准备好的各种不同形状、不同规格尺寸的标准元件组成的，可以根据工件形状和工序要求装配成各种夹具，当夹具用完后便可拆开，并经清洗、油封后存放起来，需要时再重新组装成其他夹具。这种方法给生产带来了极大的便利。

第三节 铣 刀

铣刀是旋转的多刃刀具，其每一个刀齿都相当于一把车刀固定在铣刀的回转面上，生产率较高。铣刀的种类很多，结构各异，各种铣刀的主要几何参数如外径、孔径、齿数等均标印在铣刀端面或颈部，以便识别和方便使用。常用的铣刀有端铣刀、圆柱铣刀、盘铣刀、锯片铣刀、立铣刀、键槽铣刀、角度铣刀和成型铣刀等。

一、铣刀的类型

铣刀的分类方式有很多，若按铣刀的安装方法不同可分为带孔铣刀和带柄铣刀两大类。

1. 带孔铣刀

常用的带孔铣刀有圆柱铣刀、圆盘铣刀、角度铣刀和成型铣刀等，如图 9-13 所示。带孔铣刀多用在卧式铣床上。

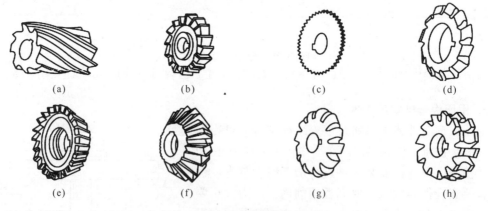

图 9-13 带孔铣刀

(a) 圆柱铣刀；(b) 三面刃铣刀；(c) 锯片铣刀；(d) 模数铣刀；

(e) 单角度铣刀；(f) 双角度铣刀；(g) 凸圆弧铣刀；(h) 凹圆弧铣刀

1）圆柱铣刀

圆柱铣刀刀齿分布在圆柱表面上，一般有直齿和斜齿之分，主要用在卧式铣床上铣削中小型平面。它一般都是用高速钢整体制成的，螺旋形切削刃分布在圆柱表面上，没有副切削刃，螺旋形的刀齿切削时是逐渐切入和脱离工件的，所以切削过程较平稳，主要用于卧式铣床上加工宽度小于铣刀长度的狭长平面。

根据加工要求不同，圆柱铣刀有粗齿和细齿之分，粗齿的容屑槽大，齿数少，螺旋角大，用于粗加工；细齿的齿数多，切削平稳，用于精加工。对于圆柱铣刀，当外径较大时，常制成镶齿的。

2）圆盘铣刀

常见的圆盘铣刀有三面刃铣刀和锯片铣刀等。三面刃铣刀主要用于加工不同宽度的沟槽及小平面、小台阶面等；锯片铣刀用于铣窄槽或切断材料。

3）角度铣刀

角度铣刀具有各种不同的角度，通常分为单角度铣刀和双角度铣刀两类。单角度铣刀用于加工斜面，双角度铣刀用于铣 V 形槽等。

4）成形铣刀

模数铣刀、凸圆弧铣刀和凹圆弧铣刀均为成型铣刀，其切削刃分别呈齿槽形、凸圆弧形和凹圆弧形，主要用于加工与切削刃形状相对应的齿槽、凸圆弧面和凹圆弧面等成型面。

2. 带柄铣刀

常用的带柄铣刀有端铣刀、立铣刀、键槽铣刀、T 形槽铣刀和燕尾槽铣刀等，如图 9-14 所示。带柄铣刀多用于立式铣床上，其有直柄和锥柄之分，一般直径小于 20 mm 的做成直柄，直径较大的多做成锥柄。

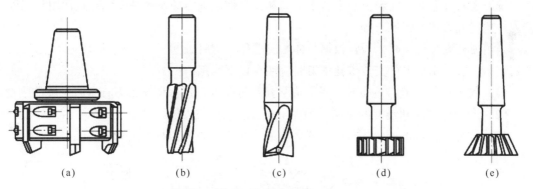

图 9-14 带柄铣刀

（a）端铣刀；（b）立铣刀；（c）键槽铣刀；（d）T 形槽铣刀；（e）燕尾槽铣刀

1）端铣刀

端铣刀的刀齿分布在铣刀的端面和部分圆柱面上，一般用于立式铣床加工大平面，可进行高速铣削，生产率较高，如图 9-14（a）所示。

2）立铣刀

立铣刀有直柄和锥柄之分，多用于加工沟槽、小平面和台阶面等，如图 9-14（b）所示。立铣刀圆柱面上的切削刃是主切削刃，端面上分布着副切削刃，主切削刃一般为螺旋齿，这样可以增加切削平稳性，提高加工精度。由于普通立铣刀端面中心处无切削刃，所以立铣刀工作时不能做轴向进给，端面刃主要用来加工与侧面相垂直的底平面。

3）键槽铣刀

键槽铣刀用于加工封闭式键槽，如图9-14（c）所示，它的外形与立铣刀相似，不同的是它在圆周上只有两个螺旋刀齿，其端面刀齿的刀刃延伸至中心。因此，在用键槽铣刀铣两端不通的键槽时，可以做适量的轴向进给。键槽铣刀主要用于加工圆头封闭键槽，它的直径就是平键的宽度。键槽铣刀既具有钻头的功能，又具有立铣刀的功能，用它进行加工时，先沿铣刀轴线对工件钻孔，再沿工件轴线铣出键槽的全长，要做多次垂直进给和纵向进给才能完成键槽的加工。

4）T形槽铣刀

T形槽铣刀用于加工T形槽，如图9-14（d）所示。

5）燕尾槽铣刀

燕尾槽铣刀用于加工燕尾槽，如图9-14（e）所示。

二、铣刀的安装

铣刀在铣床上的安装形式由铣刀的类型、使用的机床及工件的铣削部位所决定。

1. 带孔铣刀的安装

带孔铣刀的安装是利用刀杆将带孔铣刀安装在卧式铣床上，刀杆的一端为锥体，装入铣床主轴前端的锥孔内，并用拉杆螺钉穿过铣床主轴将刀杆拉紧，刀杆的另一端支撑在吊架内。其主轴动力是通过主轴内锥孔与刀杆外锥面之间的键连接传给刀杆进而带动刀杆旋转的。铣刀在刀杆上的轴向定位是由若干套筒和压紧螺母确定的。此种安装方式适用于三面刃铣刀、角度铣刀和半圆铣刀等。

当用刀杆安装铣刀时，通常根据具体情况选用长刀杆或短刀杆，图9-15所示为长刀杆的安装示意图。用长刀杆安装带孔铣刀时应注意以下几点：

（1）铣刀应尽可能靠近主轴，吊架应尽量靠近铣刀，以保证铣刀刀杆具有足够的刚性。

（2）套筒的端面和铣刀的端面必须擦干净，以减少铣刀的跳动。

（3）在拧紧刀杆的压紧螺母时，必须先装上吊架，以防刀杆受力弯曲。

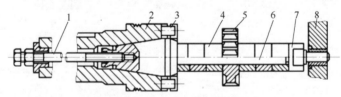

图9-15　长刀杆的安装示意图

1—拉杆；2—主轴；3—端面键；4—套筒；5—铣刀；6—刀杆；7—压紧螺母；8—吊架

2. 带柄铣刀的安装

带柄铣刀的安装分锥柄铣刀安装和直柄铣刀安装两种情况。锥柄铣刀的直径一般为10~50 mm，安装这类铣刀可选择合适的过渡套筒装入机床主轴孔中并用拉杆螺钉拉紧；直柄铣刀的直径一般在20 mm以下，可使用弹簧夹头装夹，弹簧夹头可装入机床的主轴孔中，如图9-16所示。

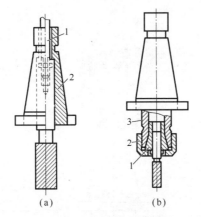

图 9-16　带柄铣刀的安装

（a）锥柄铣刀的安装；

1—拉杆；2—变锥套

（b）直柄铣刀的安装

1—夹头体；2—螺母；3—弹簧套

第四节　常见铣削加工方法及基本操作

铣床的加工范围很广，可以加工平面、斜面、垂直面、各种沟槽和成型面，也可以完成孔加工。下面介绍常见的铣削加工方法及基本操作。

一、铣平面

1. 常用铣刀

在日常加工中，卧式和立式铣床均可进行平面铣削，其常用的铣刀如图 9-17 所示，包括端铣刀 ［见图 9-17（a）和图 9-17（b）］、圆柱铣刀 ［见图 9-17（c）］、套式立铣刀 ［见图 9-17（d）~图 9-17(f)］、三面刃铣刀 ［图 9-17（g)］、立铣刀 ［见图 9-17（h）和图 9-17（i）］。

2. 铣削方式

在铣削平面时，常用的铣削方式有两种：圆周铣削和端面铣削，如图 9-18 所示。圆周铣削和端面铣削两种铣削方法在铣削单一的平面时是分开的，而在铣削台阶和沟槽等组合面时往往是同时存在的。现就铣削单一平面时的情况，对端铣和周铣分析比较如下。

1）圆周铣削

用圆柱铣刀铣削平面的方法称为圆周铣削，又称周铣法。周铣法根据铣刀转动方向和工件进给方向不同，又可分为顺铣和逆铣两种铣削方式，如图 9-19 所示。当铣刀旋转方向与工件进给方向一致时称为顺铣，反之称为逆铣。

逆铣时，切屑的厚度从零开始渐增，实际上，铣刀的刀刃开始接触工件后，将在表面滑行一段距离才真正切入金属，这就使刀刃容易磨损，并增加加工表面的表面粗糙度。逆铣时，由于铣刀对工件有上抬的切削分力，故会影响工件安装在工作台上的稳固性。

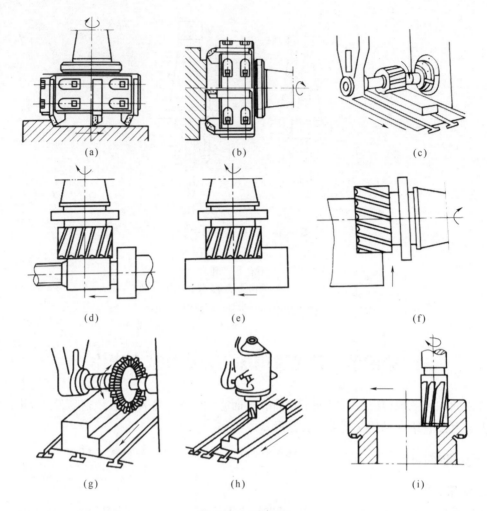

图 9-17　铣平面

（a），（b）端铣刀；（c）圆柱铣刀；（d），（e），（f）套式立铣刀；（g）三面刃铣刀；（h），（i）立铣刀

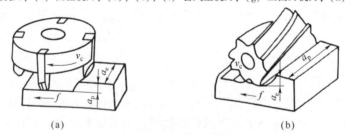

图 9-18　铣平面的两种方式

（a）端铣；（b）周铣

　　相对于逆铣，顺铣则没有上述缺点，从提高刀具寿命和零件表面质量、增加零件夹持的稳定性等观点出发，一般以采用顺铣法为宜。但是，顺铣时工件的进给会受到工作台传动丝杠与螺母之间间隙的影响，因为铣削的水平分力与工件的进给方向相同，铣削力忽大忽小就会使工作台窜动和进给量不均匀，甚至引起打刀或损坏机床。因此，必须在纵向进给丝杠处

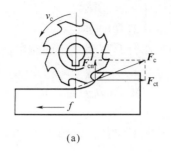
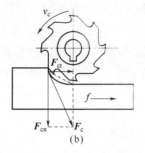

图 9-19　逆铣和顺铣

（a）逆铣；（b）顺铣

有消除间隙的装置才能采用顺铣。但一般铣床上并没有消除丝杠螺母间隙的装置，故只能采用逆铣法。另外，对铸锻件表面的粗加工，顺铣因刀齿首先接触黑皮，将加剧刀具的磨损，此时也应采用逆铣。所以，在实际生产中采用逆铣法较多。

2）端面铣削

用端面铣刀铣削平面的方法称为端面铣削，又称端铣法。根据铣刀和零件相对位置的不同，端面铣削可分为对称铣、不对称逆铣、不对称顺铣三种铣削方式，如图 9-20 所示。

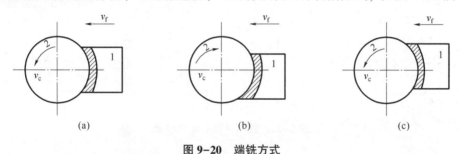

图 9-20　端铣方式

（a）对称铣；（b）不对称逆铣；（c）不对称顺铣

1—工件；2—铣刀

与周铣相比，端铣铣平面较为有利。这是因为周铣时，同时切削的刀齿数与加工余量有关，一般仅有 1~2 个，而端铣时，同时切削的刀齿数与被加工表面的宽度有关，而与加工余量无关，即使在精铣时，也有较多的刀齿同时工作。因此，端铣的切削过程比周铣平稳，有利于提高加工质量。当端铣刀的刀齿切入和切出零件时，虽然切削层厚度较小，但不像周铣时切削层厚度变为零，从而改善了刀具后刀面与零件的摩擦状况，提高了刀具耐用度，并可减小表面粗糙度。此外，端铣还可以利用修光刀齿修光已加工表面，因此端铣可达到较小的表面粗糙度。

周铣可用多种铣刀铣削平面、沟槽、齿形和成型面等，适应性较强，圆柱铣刀的前角较大，选用较大螺旋角时具有很好的切削效果，可以铣削一些难加工材料；端铣只能加工平面，而且主要用于大平面的铣削加工，而周铣多用于小平面、各种沟槽和成型面的铣削，所以周铣比端铣的适应性好。综上所述，铣削平面大多采用端铣。

3. 铣削步骤

铣削平面的操作步骤如图 9-21 所示，具体如下：

（1）移动工作台对刀，刀具接近工件时开机，铣刀旋转，缓慢移动工作台，使工件和铣刀接触，将垂直进给刻度盘的零线对准，如图9-21（a）所示。

（2）纵向退出工作台，使工件离开铣刀，如图9-21（b）所示。

（3）调整铣削深度。利用刻度盘的标志，将工作台升高到规定的铣削深度，然后将升降台和横向工作台紧固，如图9-21（c）所示。

（4）切入。先手动使工作台纵向进给，当切入工件后改为自动进给，如图9-21（d）所示。

（5）下降工作台，退回。铣完一遍后停机，下降工作台，如图9-21（e）所示，并将纵向工作台退回，如图9-21（f）所示。

（6）检查工件尺寸和表面粗糙度值，依次继续铣削至符合要求为止。

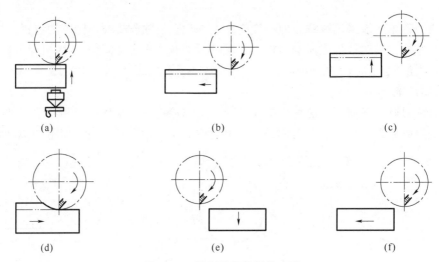

图9-21　铣削平面的操作步骤

二、铣斜面

斜面铣削既可以在卧式或立式升降台铣床上进行，也可以在龙门铣床上进行。铣削时可用平口钳或压板装夹定位工具将工件偏转适当角度后再安装夹紧，旋转加工表面至水平或竖直位置以方便加工；也可使用万能分度头或可倾工作台将工件调整安装到适合加工的位置铣削，或者利用万能铣头将铣刀调整到需要的角度铣削。

铣削斜面常用的方法有偏转工件铣斜面、偏转铣刀铣斜面和用角度铣刀铣斜面三种。

1. 偏转工件铣斜面

偏转工件铣斜面法通常在立式铣床或装有万能铣头的卧式铣床上进行，即将铣刀轴线倾斜成一定角度，工作台采用横向进给进行铣削。此时安装工件的方法有以下三种：

（1）根据划线安装，如图9-22（a）所示。

（2）使用倾斜垫块安装，如图9-22（b）所示。

（3）利用分度头安装，如图9-22（c）所示。

2. 偏转铣刀铣斜面

偏转铣刀铣斜面法通常在立式铣床或装有万能铣头的卧式铣床上进行，即将铣刀轴线倾斜一定角度，工作台采用横向进给进行铣削，如图9-23所示。用此方法铣削时，由于工件必须横向进给才能铣出斜面，因此受工作台行程等因素制约，不易铣较大的斜面。

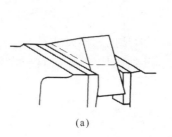 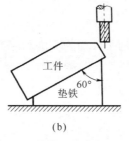 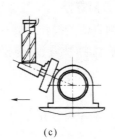

(a)　　　　　　　　　(b)　　　　　　　　　(c)

图 9-22　偏转工件铣斜面

3. 用角度铣刀铣斜面

铣小斜面的工件时，可用角度铣刀进行铣削，如图 9-24 所示。

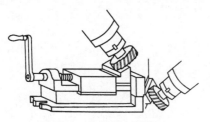 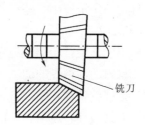

图 9-23　偏转铣刀铣斜面　　　　　图 9-24　用角度铣刀铣斜面

三、铣沟槽

在铣削加工中，沟槽多采用直径为 2~20 mm 的直柄立铣刀或盘铣刀铣削，如图 9-25 所示。铣床能加工的沟槽种类很多，如直槽、键槽、角度槽、燕尾槽、T 形槽、圆弧槽和螺旋槽等。

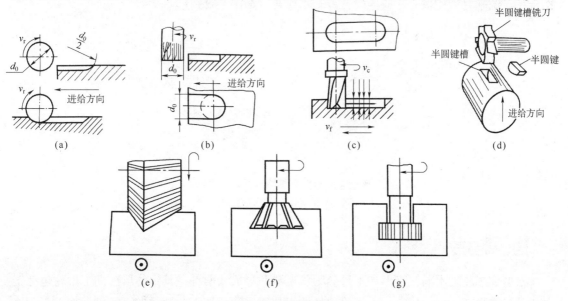

图 9-25　铣沟槽

（a）在卧式铣床上用圆盘铣刀铣直槽；（b）在立式铣床上用立铣刀铣直槽；（c）在立式铣床上用键槽铣刀铣键槽；（d）在卧式铣床上用半圆键槽铣刀铣半圆形键槽；（e）铣角度槽；（f）铣燕尾槽；（g）铣 T 形槽

1. 铣削直槽

铣削直槽的操作步骤如下：

（1）选择铣刀。根据图纸上的工件槽的宽度和深度选择合适的三面刃铣刀。

（2）校正夹具和安装工件。把虎钳安装在工作台上，并加以校正，使钳口与工作台纵向进给方向平行，再把工件安装在虎钳内。

（3）确定铣削用量。

（4）调整铣刀对工件的位置和铣削深度。

2. 铣削 T 形槽

加工 T 形槽，必须先用立铣刀或三面刃铣刀铣出直槽，然后在立式铣床上用 T 形槽铣刀铣出 T 形槽，最后用角度铣刀铣出倒角。由于 T 形槽的铣削条件差、排屑困难，所以应经常清除切屑，且切削用量取小一些，并加注足够的切削液。

3. 铣削螺旋槽

在铣削加工中，经常会遇到螺旋槽的加工，如斜齿圆柱齿轮的齿槽、麻花钻头、立铣刀、螺旋圆柱铣刀的沟槽等的加工。螺旋槽的铣削通常在卧式万能铣床上进行，铣削螺旋槽的工作原理与车螺纹基本相同。

铣削时，刀具做旋转运动，工件一方面随工作台做纵向直线移动，同时又被分度头带动做旋转运动，两种运动必须严格保持如下关系：即工件转动一周，工作台纵向移动的距离等于工件螺旋槽的一个导程 L。该运动是通过丝杠分度头之间的配换齿轮来实现的。为了使铣出的螺旋槽的法向截面形状与盘形铣刀的截面形状一致，纵向工作台必须带动工件在水平面内转过一个角度，以使螺旋槽的方向与铣刀旋转平面相一致。在铣削时，工作台转过的角度等于工件的螺旋角，转过的方向由螺旋槽的方向决定。在铣削左螺旋槽时，应顺时针扳转工作台；在铣削右螺旋槽时，应逆时针扳转工作台，如图 9-26 所示。

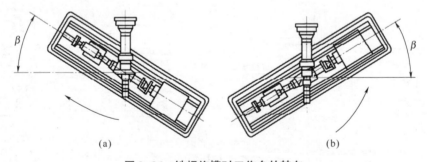

(a)　　　　　　　　　　　　　　　(b)

图 9-26　铣螺旋槽时工作台的转向

（a）铣左旋螺旋槽；（b）铣右旋螺旋槽

四、铣齿形

根据加工原理不同，齿形加工可分为仿形法和展成法两种，其中仿形法加工齿轮包括铣齿加工和磨齿加工，展成法加工齿轮包括插齿加工、滚齿加工、珩齿加工、剃齿加工等。这里主要介绍铣齿加工，其他齿形加工方法可参考相关资料。

仿形法又称成型法，是采用与被加工齿轮齿槽形状相近的成型铣刀在铣床上利用分度头逐槽加工而成的。由于渐开线形状与齿轮的模数 m、齿数 z 和压力角 α 有关，因此，从理论上讲不同模数和齿数齿轮的渐开线形状都是不一样的，所以在加工某一种模数和齿数的齿形时，都需要一把相应的成型模数铣刀。

在实际生产中，一般把齿轮铣刀在同一模数中分成 8 个号数，每号铣刀允许加工一定范围齿数的齿形，铣刀的形状是按该号范围中最小齿数的形状来制造的，其中，最常用的为一组八把的模数铣刀。在选刀时，应先选择与工件模数相同的一组，再按加工轮齿数从表 9-1 中查得铣刀号数即可。

表 9-1 模数铣刀刀号的选择参考表

刀号	1	2	3	4	5	6	7	8
加工齿数范围/齿	12~13	14~16	17~20	21~25	26~34	35~54	55~134	135 以上及齿条

铣圆柱齿轮的操作步骤如下：

（1）安装分度头和尾架时必须严格保证前后顶针的中心连线与工作台平行，并与工作台进给方向一致。

（2）根据齿轮的齿数进行分度计算与调整，分齿时分度头手柄的转数按 $n = 40/Z$ 来计算。

（3）检验齿轮坯的精度，用百分表检查轮坯外圆与孔径的同轴度，使之调整到轮坯外圆和孔径的同轴度不超过 0.05 mm。

（4）确定进给速度、进给量，齿深不大时，可一次粗铣完，约留 0.2 mm 作为精铣余量；齿深较大时，应分几次铣出整个齿槽。

（5）选择和安装铣刀。按表 9-1 选择合适的铣刀，把它安装在刀轴上并紧固。

6）对中心。用试切法对中心。

加工时，齿轮坯套在心轴上，安装于分度头主轴与尾架之间，每铣削一齿，就利用分度头进行一次分度，直至完成全部齿数的铣削，如图 9-27 所示。

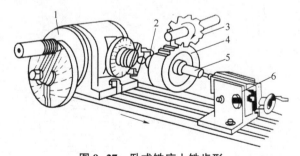

图 9-27 卧式铣床上铣齿形

1—分度头；2—卡箍；3—模数铣刀；4—工件；5—心轴；6—尾架

第五节　典型零件的铣削工艺

按照图 9-28 所示零件图纸要求，完成 V 形块的铣削加工。

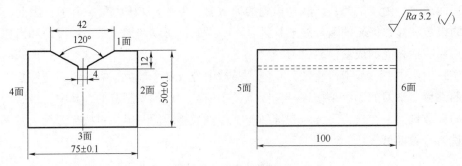

图 9-28　V 形块零件图

V 形块的铣削操作步骤如表 9-2 所示。

表 9-2　V 形块的铣削操作步骤

序号	加工内容	加工简图	刀具或量具	附件
1	将 3 面紧靠在平口钳导轨面上的平行垫铁上，以 3 面为基准，铣削平面 1，使 1、3 两面间的尺寸至 52 mm		立铣刀	平口钳
2	以 1 面为基准，紧贴固定钳口，在零件与活动钳口间垫圆棒，夹紧后平面 2，使 2、4 两面间的尺寸至 77 mm		立铣刀	
3	以 1 面为基准，紧贴固定钳口，翻转 180°，在零件与活动钳口间垫圆棒，夹紧后平面 4，使 2、4 两面间的尺寸至 75 mm±0.1 mm		立铣刀	
4	以 1 面为基准，铣平面 3，使 1、3 两面间的尺寸至 50 mm±0.1 mm		立铣刀	
5	铣 5、6 两面，使 5、6 两面间的尺寸至 100 mm		立铣刀	
6	按划线找正，铣直槽，槽宽为 4 mm，槽深为 12 mm		键槽铣刀	

续表

序号	加工内容	加工简图	刀具或量具	附件
7	铣 V 形槽至尺寸 42 mm		燕尾槽铣刀	平口钳
8	检验		游标卡尺、千分尺	

第六节 铣削加工技术训练实例

六柱鲁班锁，源于中国古代榫卯结构，凸出部分叫榫，凹进部分叫卯。鲁班锁包含了铣削可以加工的多种表面及沟槽，是一个非常典型的铣削零件。下面以六柱鲁班锁为例，介绍典型零件铣削过程。

一、实训目的

（1）了解铣削加工的加工工艺，并掌握六柱鲁班锁的加工方法；
（2）掌握铣削平面和直槽的加工方法，以及工件的装卡定位方法；
（3）熟悉铣床的基本操作，并能独立完成工件的加工。

二、实训设备及工件材料

（1）实训设备：X5025B 立式升降台铣床；
（2）工件材料：2Al2 铝合金。

三、实训内容及加工过程

按照图 9-29 所示六柱鲁班锁零件图图纸要求，完成该零件的加工。以 2 号零件为例，说明具体加工过程，如表 9-3 所示。

表 9-3　六柱鲁班锁 2 号零件的铣削操作步骤

序号	加工内容	刀具或量具	附件
1	铣削 1 面基准面至尺寸要求	端铣刀	平口钳
2	以 1 面为基准，铣削 3 面至尺寸要求	端铣刀	
3	铣削 4 面至尺寸要求	端铣刀	
4	以 4 面为基准，铣削 2 面至尺寸要求	端铣刀	
5	换专用夹具，铣削 6 面至尺寸要求	立铣刀	
6	铣削 5 面至尺寸要求	立铣刀	
7	铣削中间槽至尺寸要求	立铣刀	
8	检验	游标卡尺、千分尺	

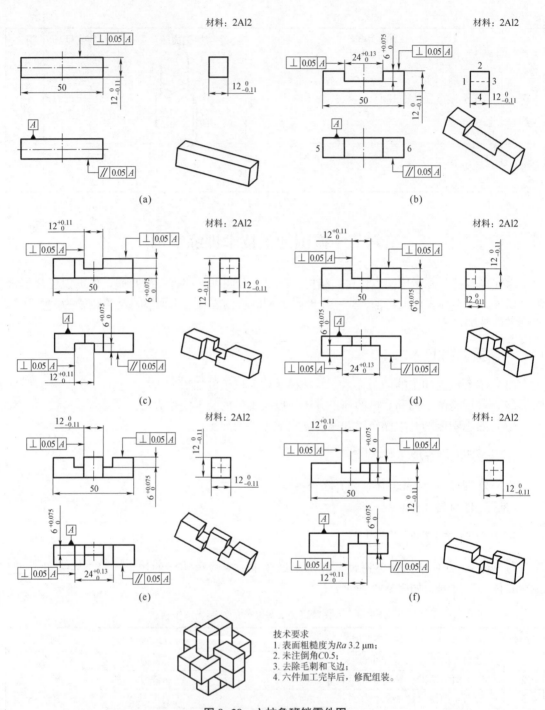

图9-29 六柱鲁班锁零件图

（a）1号零件；（b）2号零件；（c）3号零件；（d）4号零件；（e）5号零件；（f）6号零件

知识拓展

随着铣削工艺的日益成熟与科技的发展，发展出了许多新的工艺，这些工艺技术适应了社会发展对金属加工的需要。

（1）高速铣削加工技术。高速铣削加工技术是一种主要用于模具加工的新技术，可加工复杂的自由表面和细微形状，它具有缩短工期、降低成本、提高精度的优点。近年来快速发展的高速铣削加工，大幅度提高了加工效率，并可获得极小的表面粗糙度。另外，还可加工高硬度模块，具有温升低、热变形小等优点。高速铣削加工技术的发展，对汽车、家电行业中大型型腔模具制造注入了新的活力。

（2）微铣削加工技术。在微制造加工领域，微铣削具有加工材料的多样性和能实现三维曲面加工的独特优势，是微细加工研究领域中，由硅微工艺跨入非硅工艺、由电加工跨入非电加工、由二维加工跨入三维加工的一项重要的先进制造技术。

劳模工匠小课堂——铣削技术

秦世俊，男，汉族，山东披县人，1982年6月出生，中共党员，现任航空工业哈尔滨飞机工业集团有限责任公司航空工业首席技能专家，黑龙江省总工会兼职副主席。他曾荣获全国五一劳动奖章、中华技能大奖、全国向上向善好青年、中国质量提名奖、龙江楷模及龙江工匠、大国工匠年度人物等荣誉。

秦世俊所在的分厂主要负责飞行器起落架和旋翼零部件的加工，他所经手的产品将直接关系到驾驶员的安全，只要是误差超过0.01 mm的零件，都不能投入使用。

起落架外筒一般是铸件，由于铸造工艺水平的制约，每个批次零件腹板的厚度都存在差异。传统工艺只能靠反复铣削与反复测量来保证尺寸要求，这种方法生产效率低且产品质量不稳定。针对这一难题，秦世俊决心进行技术革新。他利用"逆向思维"的创新视角，通过反向采集点位确定零件加工余量，从而实现"一刀成型"。

在某型飞机项目中，扭轴是一种精度要求高、加工难度大的关键件，对此，秦世俊研制出一套可分解的抱胎夹紧工装。它能在长轴体的中间位置形成有效支撑，解决零件装夹问题，一方面保证了加工精度达标，同时也将生产效率提高了近4倍。

在一次任务中的某机型零件关键件——起落架系统，其配合面表面精度要求高，需保证表面粗糙度在$Ra0.4\ \mu m$以上。对于这类精度面的传统加工方式，是先采用镗削，再进行钳工研磨，这导致生产周期长、质量稳定性差。秦世俊全面分析历史数据，结合机床精度、加工参数、刀具等的综合考虑，不断探索着最优的工艺方案。经过一个多月的反复尝试，他最终实现了镗削表面粗糙度达到$Ra0.13\sim0.18\ \mu m$的镜面级加工，彻底解决了困扰行业多年的难题，甚至超越了理论极限值，同时实现了零件一次交检合格率100%，且将加工效率提高了近3倍。

多年以来的沉淀和积累，秦世俊解决了薄、软、脆性材料的多种机械加工难题，能够在厚度只有0.01 mm的铝箔纸上用普通的数控铣床加工出文字。秦世俊常说："精品与废品的距离只有0.01 mm，成功与失败的差别仅在于能否全情投入。"他凝练的多种新型加工方法也纳入了公司产品工艺规程，超1 000项技术创新、各项改革，大幅提升了企业的产品生产效率，为航空制造业增添了浓墨重彩的一笔。

第十章
钳工与装配

内容提要：本章主要介绍钳工基本操作及应用，内容涉及划线、锯削、锉削、錾削、孔加工、螺纹加工、装配技术及工程训练实例等。

第一节　概　　述

钳工（Benchwork）泛指在机械制造中以手工操作为主要方式的生产活动，由于工作过程中经常需要使用台式虎钳对工件进行固定，因此称为钳工。在自动化技术、智能制造技术高速发展的今天，仍然有大量的生产活动需要由劳动者的双手来完成，特别是在高精度、复杂结构产品的生产中。

一、钳工的意义

钳工作为人类文明以来最早出现的生产方式，始终在引领机械制造领域的技术进步。目前，人们日常生活中常见的终端消费品生产已广泛应用了自动化生产技术，从而达到了极高的生产率与很低的生产成本，以至于人们在认识上产生了一些误区，例如：所有产品都应该采用自动化方式生产；如果想要生产产品，就必须引进国外的技术与设备；钳工是落后、原始、已经淘汰的生产技术等。

上述看法都是片面的、有害的，会阻碍技术的进步。

人类文明发展到今天，生产技术领域的每一次重要进步，都离不开人类对生产工具的发明与创造。制造工具和使用工具，是人类劳动的基本特征。生产装备的自主研发与制造能力，是行业技术发展水平的标志。不论是高级数控机床，还是工业机器人，特别是精密光学量具、高精度检测设备，这些生产装备不论是从技术方面还是从经济性方面看，均不可能采用自动化的方式进行大批量生产，而是必须以人为主体，通过劳动者高超的技术水平与丰富的生产经验，灵活运用各项生产工具来完成。钳工生产方式的手工装配与调试，是众多高端机电产品必经的生产过程。

钳工是典型的劳动密集型或者"劳动+技术"密集型生产方式。由于大量的使用劳动者，生产过程高度依靠劳动者的技能与经验，因此具有生产成本高、劳动强度大等缺点。特别是随着经济水平的提高，劳动力成本也会随之提高。因此，钳工并不适合从事普通的大批量生产，而是适用于具有较高价值的单件、小批量生产。

由于社会发展存在不平衡及不充分的特点，故钳工这种工作方式在一些低价值产品批量生产中也有应用，这种情况在经济不发达地区表现得更加明显。

二、钳工的分类

由于机械制造的工作内容很复杂，不同生产领域对钳工的工作经验、技术特点均有不同的要求，因此钳工通常分为三类：工具钳工、机修钳工和装配钳工。

1. 工具钳工

工具钳工主要负责非标准刃具、量具、夹具和模具等工具的制作、装配、调试及修理工作。大型机械制造企业通常会自主研发大量的工艺装备，因此会有独立的工具钳工。

2. 机修钳工

机修钳工主要负责对生产线中的生产设备进行维修和保养。在规范的大、中型机械制造企业中，通常会有比较完整的机床设备三级保养制度。其中一级保养为日常保养，由机床操作者完成；二级保养需要有机修钳工参与，对机床进行检查，清洗规定部位，疏通油路，更换油线和油毡，调整配合间隙，紧固规定的部位；三级保养则是由机修钳工主导，操作者配合，需要对机床进行较全面的分解、检查、修理，更换磨损件，局部恢复精度，润滑系统清洗、换油，电气系统检查等。机床保养制度通常涵盖企业中大多数主要设备，因此机修钳工的工作对于保证企业的正常生产能力至关重要。

根据我国现行职业分类有关规定，一些负责终端机械产品维修的工种如汽车修理，同样属于机修钳工的范畴。

3. 装配钳工

在现代机械制造生产过程中，比较复杂的机械产品如发动机、变速箱、机床、工业机器人等，仍然以人工装配为主要生产方式，通常越是高端、豪华、精密的机械产品，就越多采用人工装配技术。在智能制造技术高速发展的今天，大多数汽车生产的主要部件装配与整车装配仍然采用人工装配。通过采用科学的装配方法和高水平的检测设备，装配钳工可以在生产过程中获得很高的装配精度，从而生产出精度更高的产品。

第二节　钳工基本操作

钳工的基本操作主要包括划线、锯削、锉削、錾削、刮削、研磨等，以及孔加工与螺纹加工。其中，划线主要用于为后续加工做准备；锯削、锉削、錾削既可以对工件进行修整，也可以制作一些特殊的结构；刮削、研磨可以提高零件的精度及表面质量。

一、划线

根据图纸的要求，在毛坯或者半成品表面划出加工界线的操作称为划线。

1. 划线的作用

（1）检查毛坯是否合格，并对毛坯进行必要的清理。

（2）合理地分配各部分的加工余量。

（3）划出工件安装、找正及加工的位置标志。

2. 划线的分类

划线操作可以分为平面划线和立体划线两种。平面划线是在工件的一个平面上划线，通常用于薄板零件加工，如图10-1（a）所示；立体划线则是在工件的多个表面上进行划线，通常用于在长、宽、高三个方向上均有尺寸要求的零件加工，如图 10-1（b）所示。

图 10-1　划线

（a）平面划线；（b）立体划线

3. 划线工具

划线工具按用途不同可以分为基准工具、测量工具、绘划工具和夹持工具四类。

1）基准工具

基准工具为划线操作提供了可以作为基准的公共平面和垂直面等，以便于确定工件上有关表面的准确位置，主要有划线平板和方箱两种。

（1）划线平板：划线平板一般由铸铁制成，其外形如图 10-2（a）所示。工作平面经过精刨或者刮削，其平面度误差较小，表面粗糙度值也较小，一般作为实施划线操作的基本平台。

（2）方箱：方箱常用铸铁制成，六个面都经过了精加工，相邻两面相互垂直。为了便于夹持工件，在方箱的一面上往往有 V 形槽和带螺栓的支架，可以安装轴类零件，如图 10-2（b）所示。

将划线平板与方箱结合起来使用，即可在工件表面上划出比较准确的、相互垂直的线。

2）测量工具

测量工具用于测量工件的尺寸和角度，常用的有钢板尺、游标高度尺、直角尺和角度尺等，如图 10-3 所示。

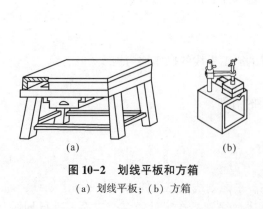

图 10-2　划线平板和方箱

（a）划线平板；（b）方箱

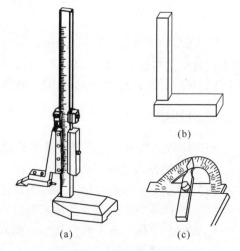

图 10-3　常用的测量工具

（a）游标高度尺；（b）直角尺；（c）角度尺

3）夹持工具

夹持工具用于夹持工件，常用的有 V 形铁和千斤顶等。

（1）V 形铁：由碳素钢淬火后经磨削加工而成，也可以用铸铁制作。其 V 形槽的夹角一般为 90°或 120°，各侧面互相垂直，用于支持圆柱形工件，使其轴线与基准面平行，如图 10-4（a）所示。

（2）千斤顶：用于支撑形状较复杂的工件，常用三个千斤顶支撑，通过调整顶杆的高度找正工件的位置，如图 10-4（b）所示。

4）绘划工具

绘划工具用于在工件表面划线，包括划针、划规、划针盘和样冲等。

（1）划针：用于在工件表面划线，一般由钢丝淬火后将末端磨尖制成，如图 10-5 所示。

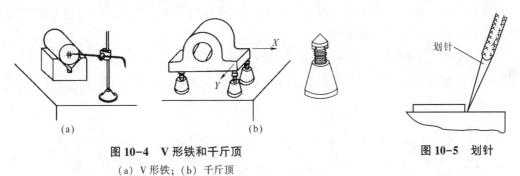

图 10-4　V 形铁和千斤顶

（a）V 形铁；（b）千斤顶

图 10-5　划针

（2）划规：用于划圆、量取尺寸和等分线段，如图 10-6 所示。

（3）划针盘：用于立体划线和找正工件位置，划针高度可调节，如图 10-6 所示。

（4）样冲：由工具钢制成，用于在工件已划出的线上打出小而均匀的冲眼，以免工件在搬运、装夹过程中线条模糊。此外，钻孔前也要打样冲眼，以便于钻头定位，如图 10-7 所示。

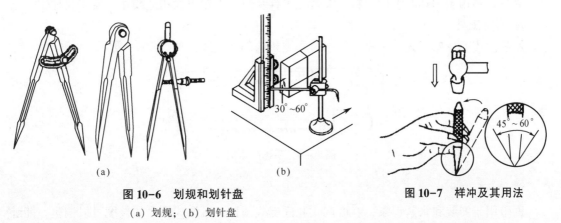

图 10-6　划规和划针盘

（a）划规；（b）划针盘

图 10-7　样冲及其用法

4. 划线基准

划线基准主要是指在划线操作中作为基准使用的点、线、面，是确定工件各部分尺寸、几何形状及相对位置的依据。常用的划线基准包括：

（1）设计基准：零件图标注尺寸时使用的基准要素。

（2）中心线：毛坯表面孔或者凸起结构的中心线。

（3）已加工平面：工件上已经加工过的平面，可以作为划线基准。

5. 划线应用

1）平面划线

平面划线的方法分为几何划线法和样板划线法。

（1）几何划线法：按照图纸，根据零件形状的几何关系划出相关的线或点。

（2）样板划线：先根据工艺图加工出样板，然后以样板为基准在工件表面上划出加工图样。这种方法划线效率高，适合批量划线，但精度一般。

2）立体划线

需要在工件上多个互成不同角度（例如相互垂直）的表面上进行划线，才能够满足加工要求的划线方法，称为立体划线。

图 10-8 所示为轴承座毛坯进行立体划线的过程。

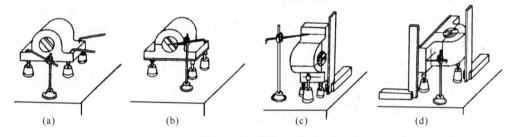

（a）　　　　　　（b）　　　　　　（c）　　　　　　（d）

图 10-8　立体划线实例

（a）找正工件；（b）划水平线；（c），（d）翻转工件找正，划垂直线

二、锯削

锯削是指用手锯切断工件材料，或者在工件材料表面锯出沟槽的操作，属于粗加工。

1. 锯削工具

锯削使用的主要工具是手锯，由锯弓和锯条两部分组成，如图 10-9 所示。

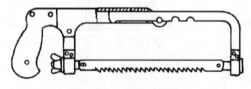

图 10-9　手锯的结构

1）锯弓

锯弓用于安装和张紧锯条，有可调式和固定式两种。可调式锯弓的长度可以调整，能够安装几种不同规格的锯条，应用广泛。

2）锯条

锯条的规格用两安装孔间的距离表示，常用的锯条长约 300 mm，宽 12 mm，厚 0.8 mm。

锯条上锯齿一般呈波浪形排列，保证形成的锯缝略大于锯条的厚度，从而减小锯口两侧与锯条的摩擦，如图 10-10 所示。

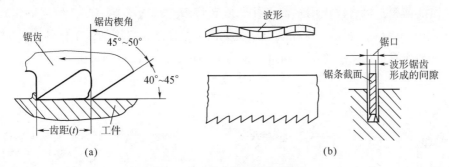

图 10-10 锯齿的形状与排列

（a）锯齿的形状；（b）锯齿的排列

锯条按照齿距的大小可以分为粗齿、中齿和细齿三种，其选择如表 10-1 所示。

表 10-1 锯齿的粗细及选择

锯齿粗细	每 25 mm 长度内锯齿的数目	用途
粗齿	14~16	锯铜、铝等软金属及厚度大的工件
中齿	18~24	锯普通钢材、铸铁及中等厚度的工件
细齿	26~32	锯硬钢、板料及薄壁管材

2. 锯削操作

1）工件的安装

操作者右手持锯，则工件应安装在虎钳左侧，伸出钳口不宜过长，以防锯削时产生振动。锯缝应与钳口侧面平行，工件夹紧要可靠，同时应防止工件被夹变形，或者破坏已加工表面。

2）起锯

起锯时锯条应垂直于工件表面，左手拇指靠住锯条，以便从正确的位置切入。起锯时行程要短，压力要小，速度要慢，锯条底部应与工件表面形成 10°~15° 的夹角，如图 10-11 所示。

3）锯削过程

锯削时手锯做往复直线运动，左手持锯弓前部辅助用力。锯条前推时切削，应均匀地给予适当的压力；返回时不切削，将手锯自然拉回即可，速度不宜太快。锯削运动方向要保持平直，不可左右摆动。锯削行程长度不小于锯条全长的 2/3。将要锯断时用力要轻，以免碰伤手臂或折断锯条。锯削硬材料时速度应低一些，锯削软材料时速度可以快一些。

3. 锯削应用

（1）锯削扁钢：应从扁钢较宽的面下锯，这样可以使锯缝浅而整齐，避免夹锯。

（2）锯削圆管：在锯圆管的操作中，锯到管子内壁时应将圆管向推锯方向转过一定角度，再沿原锯缝继续锯削，这样不断旋转，直到锯断为止，不要由上而下地单方向一次锯开，如图 10-12（a）所示。

（3）锯削薄板：可将薄板用木板夹住，或者将多片薄板叠在一起，然后固定在虎钳上锯削，如图 10-12（c）所示。这样既可以避免锯齿被挂住，又增加了工件的刚性。

（4）锯削深缝：如果锯缝深度超过了锯弓的高度，则可以将锯条旋转 90°安装。

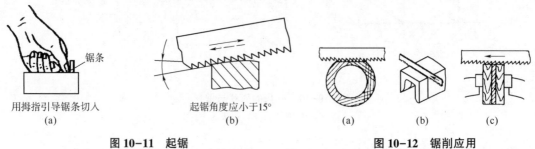

用拇指引导锯条切入
(a)

起锯角度应小于15°
(b)

图 10-11　起锯

（a）切入；（b）起锯

(a)　(b)　(c)

图 10-12　锯削应用

（a）锯圆管；（b）锯型材；（c）锯薄板

三、锉削

利用锉刀对工件表面进行加工的操作称为锉削。锉削主要用于加工形状复杂的零件、样板、模具，以及在装配时对零件进行修整。锉削可以加工平面、孔、曲面以及各种形状的配合表面，并且可以达到较高的精度。

1. 锉削工具

锉削使用的工具是锉刀，由碳素工具钢制成并经过热处理，硬度在 HRC65 左右。

1）锉刀的结构

如图 10-13 所示，锉刀的尾部一般比较尖，用于安装锉柄。工作部分的锉刀面上布满刀齿，一般呈双向斜纹式排列，以利于断屑。平锉的一侧锉边也有锉齿，用于对内表面直角处进行清根处理。

(a)　(b)

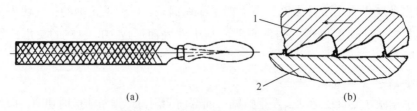

图 10-13　锉刀的结构及切削状态

1—锉刀；2—工件

2）锉刀的分类

锉刀按照截面形状可以分为平锉、半圆锉、方锉、三角锉、圆锉，如图 10-14 所示；按照长度可以分为 100 mm、150 mm、…、400 mm 等；按照锉面上每 10 mm 长度范围内的锉齿数可以分为粗齿锉、中齿锉、细齿锉和油光锉，如表 10-2 所示。

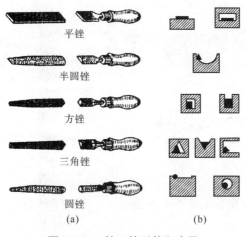

图 10-14　锉刀的形状和应用

（a）锉刀的形状；（b）锉刀的应用

表 10-2　锉齿粗细的划分及应用

类别	齿数（10 mm）	加工余量/mm	获得的表面粗糙度/μm	一般用途
粗齿锉	4~12	0.5~1.0	$Ra25 \sim Ra12.5$	粗加工或锉削软金属
中齿锉	13~24	0.2~0.5	$Ra12.5 \sim Ra6.3$	粗锉后的继续加工
细齿锉	30~40	0.1~0.2	$Ra6.3 \sim Ra3.2$	锉光表面及锉削硬金属
油光锉	40~60	0.02~0.1	$Ra3.2 \sim Ra0.8$	精加工时修光表面

此外，还有一些尺寸较小、形状多样的什锦锉刀，用于各种细小结构的精细加工。

2. 锉削操作

1）锉刀的选择

锉刀的长度一般根据加工表面的大小选择；锉刀的截面形状根据加工表面的形状选择；锉齿的粗细根据工件材料性质、加工余量、加工精度及表面粗糙度等因素来选择。

2）锉刀的用法

在使用大平锉时，一般是右手握锉柄，左手掌部压住锉刀头部。使用中型锉刀以较小的力度锉削时，也可以用左手的大拇指和食指捏着锉刀前端，以便引导锉刀的运动。大、中、小型的平锉以及什锦锉的握法如图 10-15 所示。

锉削时由于工件相对于两手的位置在连续改变，因此两手的用力也应相应地变化，以便使锉刀按照理想的轨迹运动。

3. 锉削应用

1）锉削平面

锉削平面常用的方法有直锉法、交叉锉法、顺向锉法和推锉法等，如图 10-16 所示。

（1）直锉法：沿着加工表面较窄的方向锉削，锉刀每次后退时做横向移动。

（2）交叉锉法：切削运动方向与工件成30°~40°，且锉削轨迹交叉。这种方法锉刀与工件接触面大，适于锉削较大的平面。

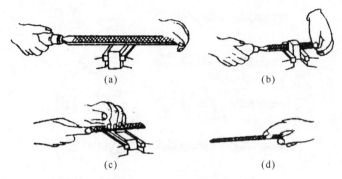

图 10-15　锉刀的握法

（a）大型平锉握法；（b）中型平锉握法；（c）小型平锉握法；（d）什锦锉握法

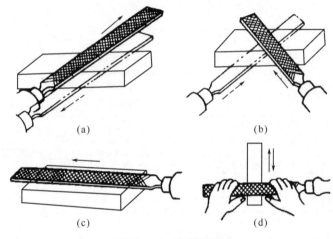

图 10-16　锉削平面

（a）直锉法；（b）交叉锉法；（c）顺向锉法；（d）推锉法

（3）顺向锉法：沿着加工表面较长的方向锉削，一般用于交叉锉削后对平面进一步锉光。

（4）推锉法：将锉刀横过来双手握持，拇指抵住侧边，沿工件表面长度方向推拉，以获得较光亮的表面。此外，还可以在锉刀上缠细砂布，垫在锉刀下推锉，以获得更好的表面质量。

2）锉削圆弧面

在锉削外圆弧面时，锉刀既向前推进，又绕圆弧面中心摆动。常用的外圆弧锉法有滚锉法和横锉法两种，滚锉法适于精锉，横锉法适于粗锉。

在锉削内圆弧面时，锉刀在向前运动的同时还要绕自身的轴线旋转，并且要沿圆弧面左、右移动。

4. 锉削加工质量

为了保证锉削达到较高的形状和位置精度，必须配合使用相应的量具。

在锉削平面时，平面度误差可以通过刀口尺及塞尺来测量；锉削垂直面时，垂直度误差可以通过直角尺和塞尺来测量；两个平面的平行度可以通过游标卡尺等来测量。

钳削操作不像机床切削，操作者一般无法准确地判断经过几次钳削可以达到尺寸，因此需要划线作为参照，通过在加工过程中反复测量，再不断加工，以达到较高的精度。

四、錾削

錾削是用手锤敲击錾子而对工件实施的加工操作。錾削可以加工平面、沟槽及切断金属和清理铸锻件上的毛刺等，是一种粗加工方法。

1. 錾子

錾削的工具是錾子，一般用碳素工具钢制成，刃部经过了淬火和回火处理。常用的錾子有平錾（扁錾）和槽錾（窄錾），如图 10-17 所示。平錾用于錾削平面及錾断，刃宽一般为 10～15 mm；槽錾常用于錾削沟槽，刃宽约为 5 mm。錾子全长为 125～150 mm。

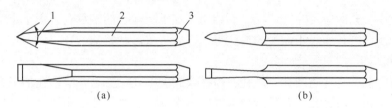

图 10-17　錾子

（a）平錾；（b）槽錾

1—錾刃楔角；2—錾身；3—錾头

2. 錾削操作

錾子的握法有正握法和反握法两种，实际应用中正握法更为多见。握錾的手应放松，不宜过度紧张；握锤的手不能戴手套，以防锤子脱手伤人，如图 10-18 所示。

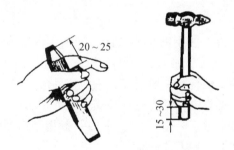

图 10-18　錾子和手锤的握法

3. 錾削应用

錾削可以用来加工平面、沟槽以及切断。

錾平面：錾削较宽的平面时，应先用槽錾开槽，槽间的宽度约等于平錾的宽度，然后再用平錾錾平，如图 10-19 所示。

（1）錾槽：錾削滑动轴承座上的油槽时，划线后应选用与油槽宽度相等的錾子，錾削时角度应灵活掌握，如图 10-20 所示。

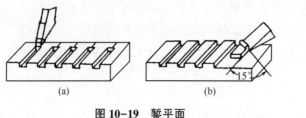

图 10-19 錾平面

（a）先开槽；（b）再錾成平面

图 10-20 錾槽

（2）錾断：錾削操作可以用来切断小型的薄板、棒料等，但切断操作的厚度或直径不能太大，具体情况由工件材料状况而定。

五、孔加工

在制造业中，孔的应用非常广泛。例如用于支承及配合的轴承孔、用于定位的销孔、用于连接的光孔及螺纹孔、用于润滑的油孔等，还有一些形状特殊的孔，如内花键孔和内齿轮孔等。

孔的类型很多，有普通圆孔、微孔、深孔及超大圆孔、特型孔等。孔加工方法主要取决于孔的用途。例如，炮管孔主要采用精密锻造技术加工，枪管孔采用专用枪钻机床切削，发动机气缸孔及大型轴承座孔则采用镗床加工等。

机械产品中数量最多的孔通常是用于连接的螺栓孔、螺纹孔和销孔等，这些孔在大批量生产中由专用机床加工；在单件、小批量生产中，通常由钳工使用各种钻床，通过钻孔、扩孔和铰孔等方法加工。

1. 孔加工设备

钻孔、扩孔和铰孔一般在钻床上完成，常用的钻床有三种类型，即台式钻床、立式钻床和摇臂钻床。

1）台式钻床

台式钻床是一种在工作台上使用的小型钻床，如图 10-21 所示，一般用于加工小型零件直径不超过 12 mm 的小孔，最小加工直径可以小于 1 mm。由于加工的孔径较小，为了达到一定的切削速度，台钻的主轴转速一般较高，一些产品最高转速可达 10 000 r/min 以上。

钻孔时，钻头安装在钻夹头中，钻夹头安装在主轴下端的锥孔里，使用者通过改变皮带在塔形带轮上的位置来改变转速。在钻孔时，工件一般用平口钳装夹，然后放置在工作台上，其主轴的高度可以根据加工的需要调整。

在进行钻削加工时，主轴带动钻头的旋转运动是主运动，主轴的轴向移动为进给运动。台式钻床结构简单、价格低廉、使用方便，但功率小，不能加工大直径孔。

2）立式钻床

立式钻床的规格用最大钻孔直径来表示，常用的有 ϕ25 mm、ϕ35 mm、ϕ40 mm 和 ϕ50 mm 等。

立式钻床的结构如图 10-22 所示。钻床的立柱安装在底座上，用于连接和支撑机床的其他各主要部件。工作台用于安装工件或者放置平口钳，可以沿着立柱上的导轨垂直移动。进给箱中有进给变速机构，用于改变主轴自动进给的速度。进给箱可沿立柱导轨上下移动，工作台与之配合调整，以适应不同尺寸工件的加工。主轴变速箱可以改变主轴的旋转速度。主轴下端的锥孔用于安装钻头或安装钻套、钻夹头。

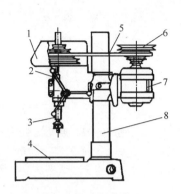

图 10-21　台式钻床

1—保护罩；2—手柄；3—主轴；4—底座；
5—皮带；6—塔形带轮；7—电动机；8—立柱

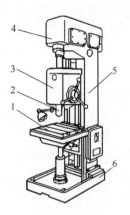

图 10-22　立式钻床

1—工作台；2—主轴；3—进给箱；
4—主轴变速箱；5—立柱；6—底座

立式钻床比台式钻床刚性好、功率大，可以采用较大的切削用量，能自动走刀，生产率较高，加工精度也较高。但立式钻床的工作台尺寸不大并且不能在水平面内移动，因此仅用于加工中小型工件上的孔。

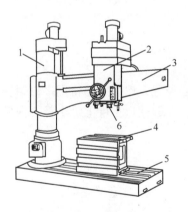

图 10-23　摇臂钻床

1—立柱；2—主轴箱；3—摇臂；
4—工作台；5—底座；6—主轴

3）摇臂钻床

摇臂钻床主要由底座、立柱、摇臂、主轴箱、工作台和主轴组成，如图 10-23 所示。主轴箱及主轴可以沿摇臂上的水平导轨移动，摇臂又可以绕立柱转动以及沿立柱上下移动，因此摇臂钻床适合加工大型工件以及多孔的工件。

2. 钻孔

用钻头在实体材料上加工孔的操作称为钻孔。普通钻孔操作使用的刀具是麻花钻，加工精度一般为 IT12，加工表面的表面粗糙度为 $Ra12.5\ \mu m$。

1）麻花钻

钻孔刀具主要有麻花钻、中心钻、深孔钻等，其中麻花钻应用最广泛。

麻花钻一般用高速钢制造，由工作部分、颈部和柄部构成，如图 10-24 所示。

工作部分包括切削部分和导向部分。

（1）切削部分：切削部分包括两条主切削刃、两条副切削刃、一条横刃、两个前刀面、两个主后刀面、两个副后刀面（即棱边）和两个刀尖，相当于两个直头外圆车刀在空间相互缠绕并连接在一起，如图 10-25 所示。标准麻花钻的顶角一般为 $2\varphi = 118° \pm 2°$，螺旋角 $\omega = 18° \sim 30°$。

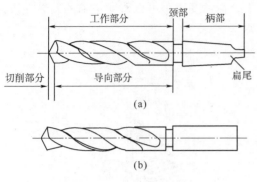

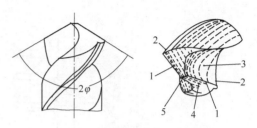

图 10-24　麻花钻的结构

（a）锥柄；（b）直柄

图 10-25　麻花钻切削部分的结构

1—主切削刃；2—副切削刃；3—前面；

4—主后刀面；5—横刃

（2）导向部分：起主要导向作用的是两条细长的螺旋形棱边，略带倒锥，用于形成副偏角，以引导钻头方向，并减小与孔壁的摩擦。棱边前方是经铣、磨或轧制而成的两条对称螺旋槽，用于形成切削刃和前角，起排屑和通过冷却液的作用。

（3）颈部：制造麻花钻时的工艺槽，上面一般打上厂家的有关标记。

（4）柄部：用于夹持，可传递来自机床的扭矩。钻柄一般有直柄和锥柄两种：直柄传递扭矩较小，一般用于直径在 12 mm 以下的钻头；锥柄对中性好，可传递较大的扭矩，用于直径大于 12 mm 的钻头。

2）钻孔操作

（1）工件的安装。

安装工件的方法与工件的形状、大小及孔的加工要求等因素有关。

孔的加工精度要求不高时，可以通过划线来确定孔的中心位置，然后采用机用平口钳安装；较大的工件可以用压板、螺栓直接装夹在钻床工作台上；在圆柱形工件上沿半径方向钻孔时可以使用 V 形铁，如图 10-26 所示。

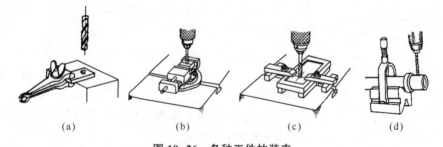

图 10-26　各种工件的装夹

（a）手虎钳装夹；（b）平口钳装夹；（c）压板螺栓装夹；（d）V 形铁可移动

批量生产或者工件加工要求较高时，可以采用钻模。钻模上装耐磨的高精度钻套，用来引导钻头。这种方法可以不必对孔的位置进行划线，钻孔的精度也较高。

（2）钻削应用。

切削用量：钻削的切削用量包括切削速度 v、进给量 f 和切削深度 a_p，具体取值应根据工件材料、钻头条件及钻孔直径等因素查阅有关的手册。

钻削定位：钻削时，应先对准中心试钻一个浅坑，检查后如果孔位置正确，则可以继续钻孔；如果孔轴线偏了，则可以用样冲纠正；若偏出较多，则可以用尖錾纠正，然后再钻削，如图 10-27 所示。

钻削速度：钻孔时，进给速度要均匀；将要钻通时要减小进给量，以防卡住或折断钻头。

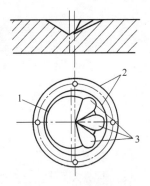

图 10-27　钻偏时的纠正
1—钻偏的孔；2—检查圆；
3—錾出的槽

3. 扩孔、铰孔与锪孔

1）扩孔

用扩孔钻在原有孔的基础上进一步扩大孔径，并提高孔质量的加工方法称为扩孔，其一般也在钻床上完成。

扩孔钻的形状与麻花钻相似，如图 10-28 所示。

（1）扩孔钻特点：

① 齿数多：一般有 3~4 个齿，因此切削时受力均衡，导向效果好，切削平稳。

② 无横刃：在已有孔上进行扩大加工，不需要横刃，切削时轴向力较小。

③ 刚性好：扩孔加工余量比钻削小，一般为 0.4~0.5 mm，钻心较大，刀体强度高、刚性好，能够采用较大的进给量。

（2）扩孔加工特点：

① 质量较高：扩孔可以校正孔的轴线偏差，质量比钻孔高。扩孔精度一般为 IT11~10，表面粗糙度为 $Ra6.3~3.2$ μm。

② 生产率高：在已有孔上扩孔加工，切削量小，进给量大，生产率较高。

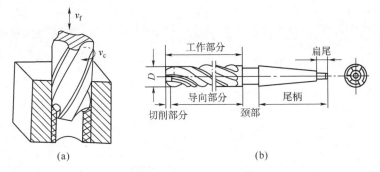

图 10-28　扩孔和扩孔钻

（a）扩孔；（b）扩孔钻

2）铰孔

用铰刀对孔进行精加工的方法称为铰孔，广泛应用于精加工中小尺寸的圆孔。

（1）铰刀。

铰刀分为手用铰刀和机用铰刀两种，手用铰刀刀体较长，机用铰刀刀体较短，如图 10-29 所示。

铰刀结构：由工作部分、颈部和柄部组成，工作部分包括切削部分和修光部分。

铰刀选择：铰刀属于定尺寸刀具，铰孔的尺寸精度基本由铰刀直径的精度决定。铰刀的磨损会直接影响加工质量，因此当磨损量超过一定值之后，铰刀就应报废。另外也有可调式铰刀，能够调整铰刀的直径，以适应不同孔径的要求。

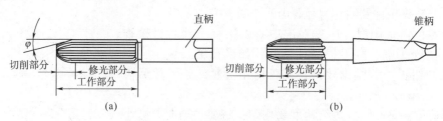

图 10-29 手用铰刀和机用铰刀

（a）手用铰刀；（b）机用铰刀

（2）铰孔操作。

铰孔时必须根据工件材料来选取适当的冷却润滑液，这样既可以降低切削区温度，也有利于提高加工质量、降低刀具磨损。

铰刀在孔中不能倒转，即使是为了退出铰刀，也不能倒转。在机铰时必须在铰刀退出后才能停车。

（3）铰孔加工特点。

① 加工余量小：铰孔属于精加工，一般在扩孔之后进行，加工余量较小。粗铰时余量为 0.5~0.15 mm，精铰时为 0.25~0.05 mm。

② 加工质量高：铰孔精度一般可达 IT8~IT7，表面粗糙度达 $Ra3.2~0.8$ μm。手铰时精度甚至可以达到 IT6，表面粗糙度达 $Ra0.4~0.1$ μm。

③ 不能提高位置精度：铰孔可以有效地提高孔的尺寸精度和表面质量，但一般不能提高孔的位置精度。

3）锪孔

用锪钻改变已有孔的端部形状的操作称为锪孔，多在扩孔之后进行，又称为划窝。

锪钻的种类很多，可以加工圆柱形沉头座、圆锥形沉头座、鱼眼坑以及孔端的凸台等，如图 10-30 所示。

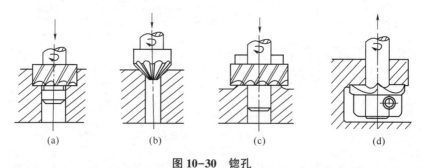

图 10-30 锪孔

（a）锪圆柱孔；（b）锪圆锥孔；（c）锪凸台；（d）锪鱼眼坑

六、螺纹加工

攻螺纹和套螺纹都是常见的加工螺纹的方法。

1. 攻螺纹

使用丝锥加工内螺纹的操作称为攻螺纹，加工精度为 7H（IT7，基本偏差 H），加工表面的表面粗糙度为 $Ra6.3~3.2$ μm。攻螺纹可以使用钻床、车床或者铣床，但钳工手工攻螺纹的操作也很普遍。

1）攻螺纹工具

（1）丝锥。

丝锥一般用碳素工具钢或高速钢制造，结构如图10-31所示。丝锥由工作部分和柄部组成，工作部分又分为切削部分和校准部分。切削部分呈锥形，因此称为丝锥；校准部分呈圆柱形，具有完整的齿形，以修光螺纹和引导丝锥旋入。工作部分相当于将一个外螺纹沿轴向开出3~4条圆弧槽，以形成刀齿，容纳切屑。丝锥柄部一般是方的，以便于夹持，上面印有螺纹直径的标记。

丝锥一般成组使用。M6~M24的丝锥每组有两个，分别称为头锥和二锥。加工粗牙螺纹的丝锥中，M6以下和M24以上的丝锥每组有三个，分别称为头锥、二锥和三锥。这是因为M6以上的丝锥直径小，易被扭断；M24以上的丝锥切除量大，需要分几次逐步切除。加工细牙螺纹的丝锥不论大小，每组都是两个。丝锥柄部一般用标记Ⅰ、Ⅱ、Ⅲ分别代表头锥、二锥和三锥。

成组丝锥按照校准部分直径的不同，分为等径丝锥和不等径丝锥两种。等径丝锥使用较简便，而不等径丝锥切削负荷均匀，寿命较长。

（2）铰杠。

攻螺纹时用于夹持丝锥的工具称为铰杠，如图10-32所示。铰杠的规格应与丝锥大小相适应。

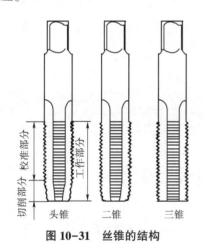

图10-31　丝锥的结构

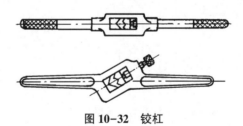

图10-32　铰杠

2）螺纹底孔确定

（1）螺纹孔小径。

丝锥在攻螺纹的过程中除了切削金属之外，还有挤压的作用，尤其是对于塑性较强的金属材料，因此，加工出来的底孔直径应略大于螺纹孔的小径。

对于精度要求较高的螺纹孔，其底孔通常需要铰孔来加工。标准普通螺纹的小径可以按照下式计算：

$$D_1 = D - 1.082\ 5P$$

式中：D_1——螺纹小径；

　　　D——螺纹大径；

　　　P——螺距。

如果是钻孔后直接攻螺纹，那么确定钻头直径 d_2 可以使用如下经验公式：

脆性材料：

$$d_2 = D - (1.04 \sim 1.08)P$$

塑性材料：

$$d_2 = D - P$$

（2）底孔深度。

在盲孔中加工内螺纹时，由于丝锥不能在孔底部攻出完整的螺纹，因此底孔深度 H 应大于螺纹有效长度 L，如图 10-33 所示，其值可以用下式计算：

$$H = L + 0.7D$$

3）攻螺纹操作

工件安装，将加工好底孔的工件固定好，孔的端面应基本保持水平。

（1）倒角。

在孔口部倒角，倒角处的直径可略大于螺纹大径，以利于丝锥切入，并防止孔口螺纹崩裂。

（2）丝锥选择。

攻螺纹时必须按头锥、二锥、三锥的顺序攻至标准尺寸。在较硬的材料上攻螺纹时可轮换各丝锥交替使用，以减小切削部分的负荷，防止丝锥折断。

（3）攻螺纹。

攻螺纹时两手用力要均匀，每攻入 1~2 圈，应将丝锥反转 1/4 圈进行断屑和排屑。在攻不通孔时，应做好记号，以防丝锥触及孔底，如图 10-34 所示。

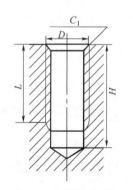

图 10-33　螺纹的有效长度

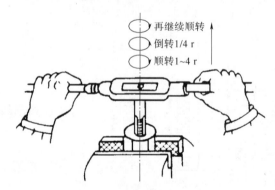

图 10-34　攻螺纹操作示意

（4）润滑。

对钢件攻螺纹时应加乳化液或机油；对铸铁、硬铝件攻螺纹时一般不加润滑油，必要时可加煤油润滑。

2. 套螺纹

用板牙加工外螺纹的方法称为套螺纹。套螺纹加工的质量较低，加工精度为 7 h，加工表面的表面粗糙应为 $Ra6.3 \sim 3.2 \ \mu m$。

1）套螺纹工具

（1）板牙。

板牙一般由合金工具钢制成。常用的圆板牙如图 10-35（a）所示，可调式圆板牙在圆柱面上开有 0.5~1.5 mm 的窄缝，使板牙螺纹孔直径可以在 0.5~0.25 mm 范围内调节，如

图 10-35（b）所示。圆板牙的形状就像是沿轴向开了 4~5 个圆柱孔的圆螺母，形成了切削刃和容屑槽。圆板牙轴向的中间段是校准部分，也是套螺纹时的导向部分。

（2）板牙架。

板牙架是用来夹持圆板牙的工具，手工套螺纹所使用的板牙架如图 10-35（c）所示。

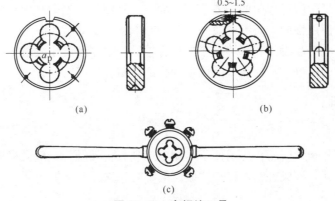

图 10-35 套螺纹工具

（a）普通圆板牙；（b）可调式圆板牙；（c）板牙架

（3）圆杆直径的确定。

由于套螺纹时有明显的挤压作用，因此圆杆直径应略小于螺纹大径，具体数值可以查阅相关的手册来确定，或者使用下列经验公式计算：

$$d_1 = d - 0.013P$$

式中：d_1——圆杆直径；

d——螺纹大径；

P——螺距。

2）套螺纹操作

（1）工件安装：套螺纹时圆杆一般夹在虎钳中，保持基本垂直。

（2）倒角：圆杆端部应倒角，并且倒角锥面的小端直径应略小于螺纹小径，以便于板牙正确地切入工件，而且可以避免切的螺纹端部出现锋口和卷边。

（3）板牙选择：根据螺纹公称直径选择合适的板牙，并将其安装在板牙架内，用顶丝固紧。

（4）套螺纹操作：开始操作时，板牙端面应与圆杆轴线保持垂直。板牙每转 1/2 或 1 圈时，应倒转 1/4 圈以折断切屑，然后再接着切削，如图 10-36 所示。

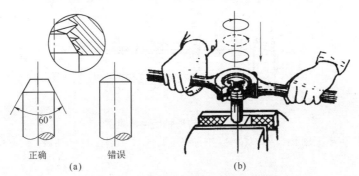

图 10-36 套螺纹的圆杆及操作示意图

（a）套螺纹的圆杆；（b）套螺纹操作

第三节　装配技术基础

按照规定的技术要求，将若干零件连接或者固定起来，并经过调试使之成合格产品的过程称为装配。装配是生产过程中的重要环节，而且是一项相当复杂、细致的工作。装配的质量直接影响产品的使用性能，装配的效率则直接影响生产的效益。

装配过程也是对产品设计和制造结果的综合检验。根据装配中发现的问题可以提出改进设计和工艺的意见，以进一步提高产品质量和生产效益。

一、装配基础

1. 装配单元

对于结构比较复杂的产品，为了便于组织生产和分析问题，一般会根据产品的结构特点和各部分的作用将其分解成若干可以独立装配的部分，这就是装配单元。装配单元又可以分为合件、组件和部件。

1）合件

合件又称为套件或分组件，一般是少数零件的组合。例如图 10-37 中压入了衬套的套筒以及镶有铜齿圈的蜗轮。

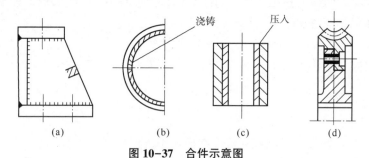

浇铸　　压入

(a)　　　　(b)　　　　(c)　　　　(d)

图 10-37　合件示意图

2）组件

将若干个零件或合件安装在一个基础零件上，并保持相互之间具有正确的位置和配合关系构成的装配单元就是组件，如图 10-38 所示。组件可以整体进入下一阶段的装配。

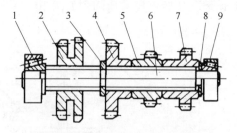

图 10-38　传动轴组件示意图

1，9—滚动轴承；2—双联齿轮；3—挡圈；4，5，7—齿轮；6—花键轴；8—垫片

3）部件

将若干零件、合件及组件安装在一个基础零件上构成的装配单元即为部件。部件具有独

立的功能，是独立的结构单元，也可以独立地装配、调试。例如汽车上的发动机、变速箱，机床上的主轴箱、尾架等都属于部件。

2. 装配方法

零件的装配方法有完全互换法、选配法、修配法和调整法。

1）完全互换法

完全互换法，即在同类零件中任取一件就可以装配成符合要求的产品，其装配精度主要由零件制造的精度来保证，如轴承、螺纹紧固件等标准件。

这种方法操作简单，生产效率高，适合于零件加工精度要求高而装配精度要求不高的场合，适合大批量生产。

2）选配法

选配法又称分组装配法，在装配前把零件按一定的尺寸分组，然后将对应的各组进行装配，如汽车发动机连杆与曲轴的装配。

这种方法提高了装配精度，装配效率高，但由于增加了检测和分组工作，因此适合批量生产。

3）修配法

修配法是指通过修整某些预留了加工余量的配合零件，来达到所需装配精度的方法。例如，车床前后顶尖中心不等高，在装配时需要通过精磨或者修刮尾座底面来达到装配精度要求。

这种方法大大提高了装配精度，适当降低了对零件加工精度的要求，但装配技术要求高，效率低，适合单件小批量生产。

4）调整法

调整法是指通过调整一个或几个零件的位置来达到装配精度要求的方法。调整操作一般通过产品中设计的调整装置来实现，如相关的螺钉、螺母、楔铁和垫片等。

这种方法能够提高装配精度，而且可以定期调整，容易操作，但调整件的存在往往会影响相关部件的刚性，故适合单件小批量生产。

3. 装配工艺

1）装配准备

（1）研究和熟悉装配图及有关技术要求，了解相关零件的连接关系及工作原理。

（2）准备相关工具，确定装配方法、顺序。

（3）对相关零件进行清洗，以去除油污、毛刺等。

2）清洗

在机械产品的装配中，清洗零、部件对于保证产品装配质量、延长产品使用寿命都非常重要，特别是像轴承、密封件、精密偶件（柱塞泵及滑阀等）以及有特殊清洗要求的零件就更为重要。清洗操作主要是去除零件表面或部件中的油污及黏附在零件表面的碎屑、灰尘等杂质。清洗的方法有擦洗、浸洗、喷洗和超声波清洗等。常用的清洗液包括工业汽油、煤油、轻柴油以及各种化学清洗液。

3）装配

装配即将零件按照组件装配、部件装配、总装配三个阶段进行装配连接操作。装配过程的三个阶段如图10-39所示。

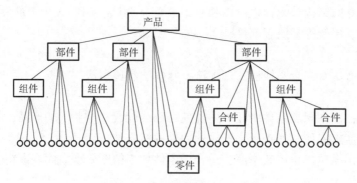

图 10-39　装配过程的三个阶段

装配过程中大量的工作是连接。零、部件间的连接一般可以分为固定连接和活动连接两类，每一类又可以分为可拆与不可拆两种。例如，机车车轮上的轮毂和轴一般属于不可拆的固定连接，发动机的气缸盖和气缸体一般属于可拆的固定连接；通过轴承和箱体连接的轴属于可拆的活动连接，套筒滚子链的各链节则是由铆钉结合而成的不可拆的活动连接。

4）平衡

对于高速旋转、工作平稳性要求较高的机器（如精密磨床、电机、高速内燃机等），为了防止使用中出现振动，装配时应对有关旋转部件进行平衡处理。具体方法有静平衡和动平衡两种。

静平衡一般在静平衡架上进行。若试件没有达到静平衡，则当它处于静止时，其重心必然位于支承点的垂直下方，此时可通过对相应的位置增加或者去除一定的质量进行调整，直到试件在任何角度均可以静止下来，即达到了静平衡。

动平衡一般在动平衡台或动平衡机上进行，一般用于调整轴向长度较大的旋转体零件，如汽车中的曲轴。动平衡也是通过测量找出其质量不均匀的位置，再通过添加或者减少相应位置的质量来达到最终平衡的。

5）调试

在装配过程中经常需要对相关零、部件间的相互位置进行细致的调节，以便调节或纠正零部件的位置误差，保证运动精度及配合间隙等。

6）验证试验

在主要的装配工作完成后，需要根据有关技术标准与规定对产品进行全面的检验和试验，以确定产品达到了质量要求。例如，机床的验收工作一般包括对机床几何精度和工作精度的检验、空车试验、负载试验、寿命试验及外观检查等。验收合格后，才可以颁发合格证，允许交付使用。

7）装箱

装箱即对检验、试车合格的产品进行封存、装箱等处理，准备交付使用。

二、典型零件的装配

1. 螺纹连接

螺纹连接是最常用的一种可拆的固定连接方式，具有结构简单、连接可靠、装配方便等优点。装配时需要注意以下几方面：

（1）预紧力：预紧力要适当，为控制预紧力可以使用扭矩扳手。

（2）接触面：螺纹连接的有关零件配合面应接触良好，为提高贴合质量，常使用垫圈。

（3）拧螺母：拧紧螺母的程度和顺序都会影响螺纹连接的装配质量，如对称工件应按对称顺序拧紧，有定位销的应从定位销处拧紧，拧螺母时一般应按顺序分两次或三次拧紧，如图 10-40 所示。

（4）防松：根据具体应用，必要时应选择一定的防松措施，如使用双螺母、止动垫圈、弹簧垫圈、开口销等。

2. 销连接

销连接属于可拆的固定连接，常用的有圆柱销连接和圆锥销连接等，如图 10-41 所示。销连接主要用于多个零件间的定位及传递较小的载荷等。装配时需要注意以下几方面：

（1）配钻和配铰：销连接一般需要配钻和配铰，即在有关零件装配后同时钻孔和铰孔，这样可以获得较好的定位效果。

（2）圆柱销：圆柱销在装配时需要先涂油，然后用铜棒轻轻打入。圆柱销不易多次拆卸，否则易降低配合精度。

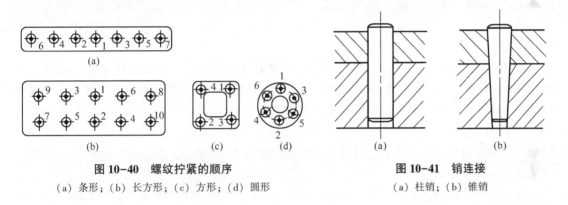

图 10-40　螺纹拧紧的顺序

（a）条形；（b）长方形；（c）方形；（d）圆形

图 10-41　销连接

（a）柱销；（b）锥销

（3）圆锥销：圆锥销装配时要先试装，使圆锥销自由插入锥孔内的长度占总长度的 80% 左右，然后轻轻打入。完成装配后，圆锥销大端应略高于锥孔端面。圆锥销的定位精度高，可多次拆装。

3. 键连接

键连接使用的键有平键、楔键、导向键和花键等。平键和楔键用于形成固定连接，而导向键和花键用于形成活动连接，如图 10-42 所示。键连接是用于传递运动和扭矩的连接，如轴和齿轮。键连接结构简单、工作可靠、拆卸方便，应用广泛。

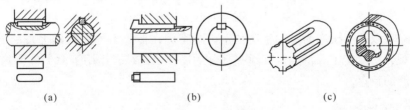

图 10-42　键连接

（a）平键连接；（b）楔键连接；（c）花键连接

装配时需要注意以下几方面：

（1）平键：键的底面应与轴上键槽底部接触，键的顶面与轮毂间必须留一定的间隙；键的两侧为定位面，键宽 b 公差为 h8，轴上键槽宽度 B 正常连接公差为 N9，有一定的过盈。试装时如果发现轮毂键槽与键配合太紧，可以修整轮毂键槽，但不允许键的两侧松动。

（2）楔键：其形状与平键相似，但顶面有 1/100 的斜度，相应的轮毂键槽也有同样的斜度。楔键的一端有钩头，以便于拆卸。楔键装配后，其顶面和底面分别与轮毂键槽及轴上键槽底面贴紧，两侧可以有一定的间隙。

（3）导向键：既可在轮毂与轴之间传递扭矩，又允许轮毂沿轴线滑动。导向键一般较长，键上有螺纹孔，以便于拆卸。导向键与滑动轮毂的键槽是间隙配合，而与轴键槽两侧面为过盈配合，并且采用埋头螺钉将键固定在轴上。

（4）滑键：滑键与导向键类似，不同点是导向键固定在轴上键槽中，而滑键则是固定在轮毂键槽中，随轮毂一同在轴上滑动。

（5）花键：通常以花键轴的形式出现，用于传递扭矩，同时允许轮毂沿轴向滑动。装配时应仔细清理轴和孔上的毛刺、锐边，以免发生拉毛或咬花现象；轮毂套在轴上时，应用涂色法或其他方法检查、修正两者间的配合状况，禁止猛烈锤击，以防止轮毂倾斜或损伤花键工作面。

4. 轴承装配

轴承分为滚动轴承和滑动轴承，滚动轴承又有向心球轴承、圆锥滚子轴承、推力轴承等；滑动轴承又分为整体式轴承和对开式轴承等。轴承属于较复杂的零件，对装配要求较高，应针对具体的技术要求确定合理的装配方法。

在装配时需要注意以下方面：

（1）装配前：清洗轴承，去除轴承的防锈油脂，保持清洁；将标有代号的端面安装在可见的方向。

（2）整体式滑动轴承：如果过盈量大于 0.1 mm，可用机油加热轴瓦或冷却轴套的方法辅助装配。轴套压入后往往会发生变形，因此需要进行检查，并通过铰孔、刮削等方法来修整，以达到轴套和轴颈间的配合要求。

（3）对开式滑动轴承：装配时一般需配刮轴瓦，同时应注意轴瓦上的润滑油孔与轴承座上的油孔重合；上下轴瓦与轴承盖、轴承座之间应接触均匀，接触面积符合相关技术要求；配刮好后的轴瓦应进行清洗，然后重新进行装配，装配好后要用螺钉或销钉固定。

（4）装配后：轴承应运转灵活，无异常声音，满足有关技术要求。

第四节 钳工技术训练实例

钳工是一项以手工操作为主的生产技术。本案例在传统手锤的基础上发展出了精工锤，具有外形美观、功能实用等特点，其锤头部分的制作工艺综合运用了钳工各项基本技术，体现了钳工生产的特点。

一、实训目标

（1）熟悉并掌握钳工基本手工操作；

（2）培养识图及制定加工工艺的能力；

（3）完成典型钳工作品的加工过程，并保证加工精度和表面质量。

二、实训工具及材料

（1）实训工具：钳工台、虎钳、划线平台及划线工具、锉刀、手锯、钢板尺、高度尺、钻床、丝锥、铰杠等；

（2）材料：45#钢（16 mm×16 mm×72 mm）。

三、实训内容及步骤

1. 实训内容

本实训的作品是精工锤的锤头部分，零件图如 10-43 所示。

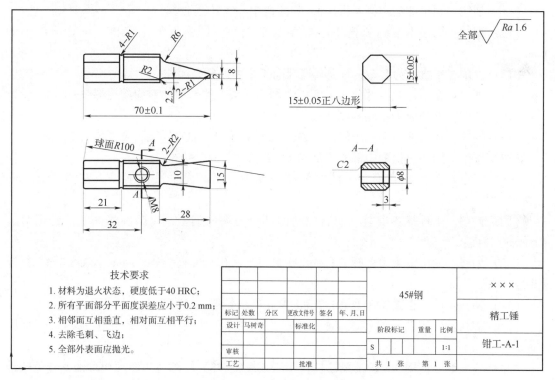

图 10-43　钳工实训作品实例

2. 加工步骤

（1）划线：检查毛坯，划出锤头长度尺寸 70 mm、宽度尺寸 15 mm、高度尺寸 15 mm 的边界线；

（2）锉削：锉削锤头 4 个侧面及端面，达到尺寸 15 mm 要求；

（3）划线：根据圆弧尺寸 R6 mm，高度尺寸 2.5 mm、2 mm、8 mm，在工件两侧面划出锤头右侧斜面部分及圆弧 R6 mm；

（4）锯削：将工件倾斜夹在虎钳上，保证斜面划线与钳口垂直，手锯锯削斜面上部多余材料，获得斜面部分基本轮廓；

（5）锉削：将工件重新装夹，使斜面水平朝上，用大平锉锉削锤头右侧斜面；

（6）划线：在两个侧面上划出锤头斜面下方高度为 2.5 mm 的平面；

（7）锉削：工件翻转重新安装，使下部 2.5 mm 高度的平面线条略高于钳口，锉削平面，保证尺寸 2.5 mm；

（8）锉削：工件重新安装，使斜面根部圆弧 R6 mm 所在的圆心基本处于钳口正上方，用圆弧锉完成斜面根部的过渡圆弧，使之一侧与尺寸 28 mm 左侧尺寸界线相切，另一侧与右侧斜面相切；

（9）划线：在刚锉削完成的工件右侧斜面部分的 2.5 mm 高平面上，划出斜面根部宽度尺寸 10 mm、圆弧 2-R2 mm，以及两条燕尾状斜边轮廓线；

（10）锉削：用平锉锉削两侧燕尾状斜面，再用 R2 mm 圆弧锉锉削根部圆弧，使两者相切；

（11）划线：划出锤头左侧 4-R1 mm 圆弧槽中心线及宽度线；

（12）锯削：用手锯沿圆弧槽中心线锯水平槽作为圆弧槽的定位槽，注意槽深小于 1 mm；

（13）锉削：用直径为 2 mm 的小圆锉锉削 4 个圆弧槽到尺寸；

（14）划线：在工件左半部分 4 个侧面上划出锤头左侧八面体对应的边界线；

（15）锉削：锉削锤头左侧八面体；

（16）划线：在工件中部 4 个侧面上划出代表中部倒角的边界线，宽度均为 2 mm；

（17）锉削：用平锉锉削中部 4 个倒角 C2 到尺寸；

（18）锉削：工件竖直安装，使左侧端面朝上，以球面手法锉削锤头左侧 R100 mm 球面；

（19）锉削：工件掉头安装，使右侧斜面部分的端面朝上，以凸圆弧面手法锉削窄边 R1 mm 圆弧面；

（20）划线：划出锤头中部螺纹孔 M8 的中心线、孔圆检查线 $\phi6.7$ mm 及 $\phi8$ mm，打样冲眼；

（21）钻孔：使用台式钻床及 $\phi6.7$ mm 麻花钻，钻通孔 $\phi6.7$ mm；

（22）扩孔：使用台式钻床及 $\phi8$ mm 麻花钻在锤头中部下表面扩孔至 $\phi8$ mm，深度 3 mm；

（23）攻螺纹：使用 M8 丝锥及铰杠，手工攻螺纹 M8，注意适当使用润滑油，避免丝锥折断；

（24）抛光：使用油光齿锉刀及砂布，抛光各加工表面至 $Ra1.6$ μm；

（25）检查：按照图纸检查各项尺寸及表面质量。

知识拓展

钳工作为一种以手工操作为主的加工方法，不仅有锯削、锉削、錾削等一般加工方法，还有刮削、研磨等精密加工方法。

刮削是用刮刀在工件表面上刮去一薄层金属的精加工方法，适用于精度要求较高且需要相对运动的配合表面，如机床的导轨、高精度工作台面和滑动轴承等。

刮削的精度用单位面积（25 mm×25 mm²）研点的数量表示。

刮削具有以下特点：

（1）表面质量高：可以达到较高的平面度，表面粗糙度值可以达到 $Ra1.6\ \mu m$ 以下。

（2）易于润滑：刮削表面可以形成存油空隙，具有较好的润滑性能。

（3）增加耐磨性：刮削具有压光作用，可以提高表面的耐磨性。

（4）表面美观：采用刮花操作时可以获得更美观的表面。

（5）生产效率低：刮削的劳动强度大，生产效率低，主要用于机床设备的生产中。

研磨是利用涂敷、压嵌或游离的磨粒及工具，在研磨剂（可选）的辅助下，通过工具以一定的压力作用在工件表面，再通过一定的相对运动去除一层极薄材料的精密加工方法。研磨加工精度通常为IT5~IT01，表面粗糙度可达 $Ra0.01\ \mu m$。

研磨时，在研具与工件被研表面间加上研磨剂，在一定压力下，研具与工件做复杂的相对运动。研磨剂中的磨料会嵌入研具表面，在相对运动中对已经精细加工过的工件表面进行微量切削，切除的金属层极薄，为 $0.01\sim0.1\ \mu m$。此外，在研磨过程中还伴有化学作用，即研磨剂可使工件表面形成很薄的氧化膜，凸起的氧化膜首先被磨粒刮掉，再生成氧化膜，再被刮去，由于研磨运动复杂，运动轨迹不重复，使工件表面可得到均匀的加工，表面粗糙度便会逐渐减小。

研磨可以加工钢、铸铁、铜、铝及其合金、半导体、陶瓷、玻璃等材料，可以加工常见的各种表面，且不需要复杂和高精度的设备，方法简便可靠，容易保证质量。但是研磨一般不能提高表面的位置精度，且生产率低。这是一种传统的精密加工方法，古代曾用于擦亮宝石、铜镜等，今天仍然广泛用于现代工业中各种精密零件的加工，如精密量具、精密刀具、光学玻璃镜片等。

劳模工匠小课堂——钳工

周建民，男，中共党员，量具钳工领域高级技师，中国兵器工业集团首席技师，享受国务院政府特殊津贴。他曾获中华技能大奖，也获评全国劳动模范、大国工匠、全国优秀共产党员、兵器大工匠、三晋工匠等荣誉称号，现为"国家级周建民技能大师工作室"领衔人。

量具是用来评价产品是否合格的重要工具，而周建民所经手的量具大多用来检测军工零件是否符合标准。量具的精度要求极高，且量具在使用过程中经常与工件产生接触，因此必须具有高硬度、高耐磨性和高稳定性。周建民的工作就是在淮海工业集团有限公司十四分厂工模具车间，从事专用量具的生产。

量具常见的生产工艺通常包括车、铣、刨等切削加工，再进行热处理、研磨装配等，其工艺流程繁杂、生产周期长。周建民负责的工序包括打磨、钻孔、抛光等，他的手工操作能够达到微米级精度，所经手的量具从未出现过质量问题。在某重点项目的生产过程中，由于量具部分零件太薄，故数控切削加工很容易引起零件变形，进而严重影响精度。对此，周建民提出用纯手工加工的方案，重点针对变形问题，此项加工既要保证尺寸、对称度，又要把握微小细节变化。最终经他手工加工出的量具，一次性通过了全部精密检测。

"＊＊导弹全形规"是用来在导弹总装完成后，检测其外形各段同轴度的一种量具，其要求在 $1\ m$ 的长度内，各内套偏移量需控制到 $10\ \mu m$ 级别。1993年起，周建民加入到某激光架束炮射武器系统的研制工作中，为了每个零部件质量的判定和精度的保证，他一次次在-40 ℃的冷库环境里，摸索并掌握了不同维度、不同壁厚材料的内缩规律，第一次将"冷热配合法"应用于大型全形规，最终成功试制出包括导弹全形规在内的2 000余项专用量规，最终保证了该项目的国产化定型，开创了我国火炮发射精确制导、先敌发射、高效毁伤的智能化弹药研制生产先河。

几十年来，周建民始终忠诚于人民兵工事业，不断用"要在创新上再加把劲"来鞭策自己。他创新试验出"基准转换法""三要诀加工法""反向研磨法"等30余种特色操作法，解决了国家重点高新项目量具"卡脖子"技术难题50余项，共完成了15 000余项专用量规生产制造任务。他用自己深耕不辍的劳动智慧和辛勤汗水，先后为中国国防事业和强军事业解决了1 100余项技术难题，获得实用新型专利12项，在国家军工量具生产领域做出了突出贡献，也为国家和兵器事业培育了一大批高技能人才。

第十一章

磨削加工技术

内容提要： 本章主要介绍了与磨削加工相关的基础知识，包括磨削的工作原理，常见的磨削设备、磨削方法，以及基本操作和训练实例等。

第一节　概　　述

磨削是在磨床上用砂轮等磨具作为刀具对工件表面进行切削的一种精密加工方法。与常见的车、铣、刨、镗削等加工方法相比，磨削具有以下特点：

（1）磨削属于多刃、微刃切削。如图 11-1（a）所示，组成砂轮的每一颗磨粒均可看成是一把切削刀具，磨粒的形状、大小、相对位置及分布各不相同，具有随机性。在砂轮做高速旋转的过程中，砂轮外缘与工件接触的多个磨粒同时参与切削。

（2）磨削是磨粒对工件切削、刻划和抛光的综合作用过程。在磨削过程中，比较凸出和锋利的磨粒切入工件较深，切削厚度较大，起到了切削作用，如图 11-1（b）所示；凸出高度较小和较钝的磨粒，因切削厚度小，不能切下工件材料，只起到了刻划作用，如图 11-1（c）所示；更钝、更低的磨粒，只在工件表面起到摩擦和抛光的作用。

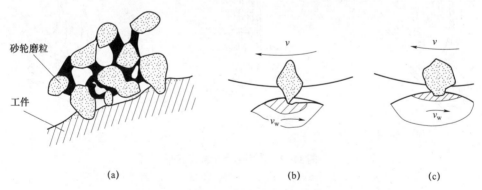

图 11-1　磨削过程中的切削与刻划作用

（a）磨粒切削情况；（b）切削作用；（c）刻划作用

（3）磨削温度高。磨削过程中，因磨削速度很高，故会产生大量切削热，导致磨削温度常高达 1 000 ℃左右，磨屑在空气中发生氧化作用，产生火花。同时，高磨削温度会影响加工质量，因此，磨削时通常使用连续流动的切削液来冷却工件并冲走磨屑。

（4）加工精度高，表面质量好。因磨粒通常细小，故其切削厚度可小至微米级，加工精度可达 IT6~IT5，表面粗糙度 Ra 值可达 0.8~0.1 μm。

（5）加工范围广。由于磨粒硬度极高，故不仅能加工如铸铁、碳钢及合金钢等一般金属材料，还可加工高硬度材料，如淬火钢、高强度合金和陶瓷材料等。但磨削不适于加工塑性较高的材料（如铜、铝合金等有色金属），其原因是材料较软，磨屑易堵塞砂轮和划伤已加工表面，影响表面质量。

（6）砂轮具有自锐性。砂轮在工作过程中磨粒变钝后切削力会增大，当超过结合剂的结合强度时，钝化的磨粒就会自动脱落而露出锋利的新磨粒，使磨削过程继续进行。砂轮的这种保持自身锋利的特性称为自锐性。

磨削加工的范围很广，主要用于零件的内外圆柱面、圆锥面、平面及成型表面（如花键、螺纹、齿轮等）的精加工，如图11-2所示，也可代替气割、锯削等切断钢锭及清理铸锻件的飞边等。

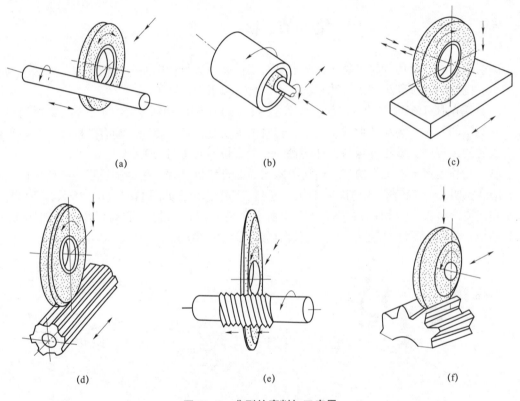

(a)   (b)   (c)

(d)   (e)   (f)

图 11-2　典型的磨削加工应用

(a) 磨外圆；(b) 磨内圆；(c) 磨平面；(d) 磨花键；(e) 磨螺纹；(f) 磨齿轮

第二节　磨　　具

一、磨具的分类

按基本形状和结构特征区分，磨具常可分为固结磨具（如砂轮、砂瓦、磨头及油石等）、涂覆磨具（如砂纸、砂布、砂带等）和游离磨具（如研磨粉、研磨膏等）三类。

二、砂轮

1. 砂轮的结构及特性

砂轮是使用非常广泛的一种固结磨具，主要由磨粒、结合剂和气孔三要素组成，其构造如图 11-3 所示。磨粒以其裸露在表面的部分作为切削刃进行加工，结合剂将磨料黏结在一起，经加压与焙烧使之具有一定的形状和强度，气孔则在磨削中起容纳切屑、磨削液和散逸磨削热的作用。砂轮的特性主要由磨料、粒度、结合剂、硬度和组织等因素决定。

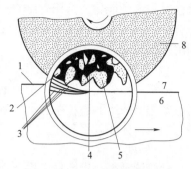

图 11-3　砂轮的构造
1—待加工表面；2—空隙；3—过渡表面；
4—结合剂；5—磨粒；6—工件；
7—已加工表面；8—砂轮

1）磨料

磨料承担切削工作，应具有高硬度、高耐热性及棱边锋利等特点。制造砂轮的磨料主要有氧化物系、碳化物系和超硬磨料三大类。氧化物系（刚玉类）的主要成分是 Al_2O_3，适宜磨削各种钢材；碳化物系的主要成分是碳化硅、碳化硼，硬度比 Al_2O_3 高，磨粒锋利，但韧性差，适于磨削脆性材料；超硬磨料主要用于制造超硬砂轮，其主要磨料成分是金刚石（包括天然金刚石和人造金刚石）和立方氮化硼及以此两者为主要成分的复合材料，其硬度、强度等物理性能均优于普通磨料。表 11-1 给出了几种常用磨料的名称、代号、特点及用途。

表 11-1　几种常用磨料的名称、代号、特点及用途

名称	代号	特点	用途
棕刚玉	A	硬度高，韧性好，价格低	适于磨削各种碳钢、合金钢和可锻铸铁等材料
白刚玉	WA	硬度比棕刚玉高，韧性低，价格高	适于磨削淬火钢、高速钢和高碳钢等材料
黑色碳化硅	C	硬度高，脆且锋利，导热性好	适于磨削铸铁、青铜等脆性材料及硬质合金材料
绿色碳化硅	GC	硬度比黑色碳化硅高，导热性好	适于磨削硬质合金、宝石、陶瓷和玻璃等材料
人造金刚石	SD	硬度最高	适于磨削硬质合金、玻璃、玉石和硅片等材料
立方氮化硼	CBN	硬度仅次于金刚石	适于磨削高温合金、不锈钢和高速钢等材料

2）粒度

砂轮的粒度是指磨料颗粒的大小，常以粒度号（刚好能通过的筛网号）来表示。例如，60#磨粒所对应筛网的网孔基本尺寸为 250 μm。当磨粒尺寸小于 100 μm 时，这种磨粒称为微粉，其粒度号以 "W+数字" 表示。微粉从 W63 ~ W0.5 共分 14 个等级，数字越小，微粉的尺寸越小。例如，W50 表示微粉颗粒尺寸在 28 ~ 50 μm 范围的颗粒质量不少于 80%。

3）结合剂

结合剂的主要作用是把磨粒固结在一起，并使其具有一定的形状、强度、抗冲击性、耐热性及抗腐蚀能力。常用的结合剂有陶瓷结合剂（代号 V）、树脂结合剂（代号 B）、橡胶结合剂（代号 R）和金属结合剂（代号 M）等。其中，使用陶瓷结合剂做成的砂轮耐蚀性和耐热性很高，应用广泛。

4）组织

组织是指砂轮中磨料、结合剂和空隙三者体积的比例关系，用以描述砂轮结构的松紧程度，常用空隙率和磨粒率表示。空隙率是指砂轮中空隙所占体积的百分比，磨粒率指磨料在砂轮中所占体积的百分比。

5）硬度

砂轮的硬度是指磨粒工作时在外力作用下脱落的难易程度。易脱落则说明砂轮硬度低，反之则说明砂轮硬度高。砂轮硬度一般用英文字母表示，可分为超软（D、E、F）、软（G、H、J）、中软（K、L）、中（M、N）、中硬（P、Q、R）、硬（S、T）和超硬（Y）等硬度等级。

2. 砂轮的形状、尺寸与代号

为了磨削各种形状和尺寸的工件，可将砂轮做成不同的形状与尺寸，如平形、筒形、碗形等，常见的砂轮形状、尺寸及主要用途见表 11-2。

表 11-2　常见的砂轮形状、尺寸及主要用途

砂轮种类	断面形状	形状代号	主要尺寸/mm			主要用途
			D	d	H	
平形砂轮		P	3~90 100~1 100	1~20 20~350	2~63 6~500	磨外圆、内孔，无心磨、周磨平面及刃磨刃口
薄片砂轮		PB	50~400	6~127	0.2~5	切断、磨槽
双面凹砂轮		PSA	200~900	75~305	50~400	磨外圆、无心磨的砂轮和导轮、刃磨车刀后面
双斜边一号砂轮		PSX$_1$	125~500	20~305	3~23	磨齿轮与螺纹
筒形砂轮		N	250~600	b=25~100	75~150	端磨平面
碗形砂轮		BW	100~300	20~140	30~150	端磨平面、刃磨刀具后面

砂轮的代号按形状、尺寸、磨料、粒度、硬度、组织、结合剂和线速度顺序书写。图 11-4 所示为砂轮代号的标记实例。

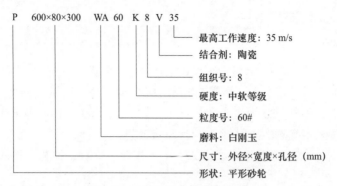

P   600×80×300   WA 60 K 8 V 35

- 最高工作速度：35 m/s
- 结合剂：陶瓷
- 组织号：8
- 硬度：中软等级
- 粒度号：60#
- 磨料：白刚玉
- 尺寸：外径×宽度×孔径（mm）
- 形状：平形砂轮

图 11-4　砂轮代号的标记实例

3. 砂轮的安装、平衡与修整

因砂轮工作时的转速很高，故安装前必须对砂轮的外观及安全质量进行检查，其不能有裂纹，可用尼龙锤（或木槌）轻敲砂轮侧面，声音清脆则正常。安装时，将砂轮松紧适中地安装在轴上，且砂轮和法兰盘之间应使用弹性垫板（例如皮革或橡胶材料），以便于压力均匀分布，其安装方法如图 11-5 所示。

砂轮的平衡非常重要，直接影响着磨削时的工作平稳性。砂轮不平衡的原因主要是砂轮的制造和安装误差，导致砂轮重心与回转轴线不重合，一方面会影响磨削质量，另一方面会加速主轴振动及轴承磨损，严重时还会造成砂轮破裂。因此，一般情况下，要求直径大于 125 mm 的砂轮在安装前应进行平衡试验，试验可在静平衡机上进行。

砂轮工作一段时间后，磨粒逐渐变钝，当砂轮因工作表面空隙被堵塞而切削能力降低，或者砂轮工作表面磨损不均匀导致形状破坏而影响其加工质量时，就需要对砂轮进行修整，使钝化的磨粒脱落，恢复砂轮的磨削能力和外形精度。砂轮常用金刚石笔进行修整，如图 11-6 所示。修整时，需使用大量冷却液，以避免金刚石笔因温度升高而破裂。需要注意的是，修整后的砂轮在使用前仍需进行平衡检测。

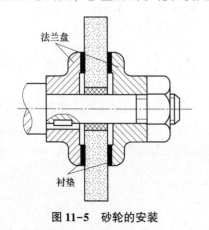

图 11-5　砂轮的安装

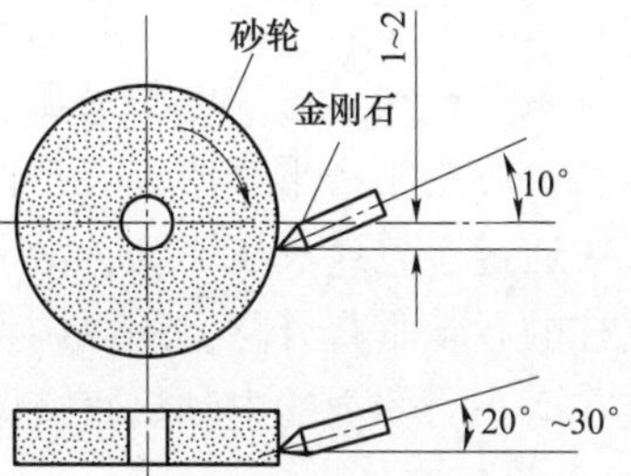

法兰盘

衬垫

砂轮

金刚石

1~2

10°

20°~30°

图 11-6　砂轮的修整

第三节　常见磨削设备

一、平面磨床

平面磨床主要用于磨削平面。下面以 M7120A 型平面磨床为例，来说明其主要结构。该型号中，M 为机床类别代号，表示磨床；7 为机床组别代号，表示平面磨床；1 为机床系列代号，表示卧轴矩台磨床；20 为主参数，指工作台面宽度的 1/10，即该机床工作台面宽度为 200 mm；A 表示在性能和结构上经过一次重大改进。

如图 11-7 所示，该平面磨床主要由床身、工作台、立柱、滑板、磨头和砂轮修整器等部件组成。

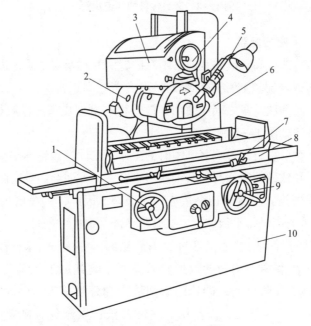

图 11-7　M7120A 型平面磨床

1—工作台手动手轮；2—磨头；3—滑板；4—砂轮横向手动手轮；5—砂轮修整器；
6—立柱；7—行程挡块；8—工作台；9—砂轮升降手动手轮；10—床身

工作台安装在床身纵向上，其上装有电磁吸盘或其他夹具，用于装夹工件。通常，对于钢、铸铁等磁性材料，可用电磁吸盘直接吸住工件进行磨削；对于陶瓷、铜合金、铝合金等非磁性材料，可用精密平口钳装夹工件，再用电磁吸盘将平口钳固定在工作台上进行磨削。

磨头可通过手轮或液压驱动，沿滑板的水平导轨做横向进给运动。滑板可通过砂轮升降手轮沿立柱的导轨垂直升降，用以调整磨头的高低位置及完成垂直进给运动。磨头上装有砂轮，由装在磨头壳体内的电动机直接驱动。

二、外圆磨床

外圆磨床主要用于磨削圆柱或圆锥外表面，还可磨削内孔和内锥面，通常可分为普通外圆磨床和万能外圆磨床两类。其中，普通外圆磨床仅能磨削外圆柱面、外圆锥面及台阶面，而万能外圆磨床还可以磨削内圆柱面、内圆锥面和端面。下面以 M1432A 型万能外圆磨床为例，说明其主要结构。该型号中，1 为机床组别代号，表示外圆磨床；4 为机床系别代号，表示万能磨床；32 为主参数，指最大磨削直径的 1/10，即该机床最大磨削直径为 320 mm。

如图 11-8 所示，M1432A 型万能外圆磨床主要由床身、工作台、头架、尾架和砂轮架等部件组成。

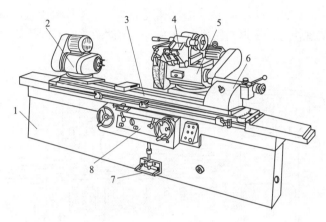

图 11-8　M1432A 型万能外圆磨床

1—床身；2—头架；3—工作台；4—内磨装置；5—砂轮架；6—尾架；7—脚踏操纵板；8—横向进给手轮

（1）床身。床身是整个机床的基础，用来支撑磨床各部件。床身内部装有液压传动系统。床身上部装有工作台、砂轮架和纵、横两组导轨，分别用于工作台和砂轮架做纵向及横向运动。

（2）工作台。工作台分上、下两层，下层工作台做纵向往复运动，上层工作台相对下层工作台可在水平面内偏转一定的角度，以便于磨削锥面。

（3）头架。头架安装在工作台左端，装有主轴，可用顶尖或卡盘安装工件，并通过拨盘或卡盘带动工件旋转。头架内有传动机构，可使工件获得不同转速，其可在水平面内偏转一定角度，以便磨削圆锥面。

（4）尾架。尾架安装在工作台右端，其套筒内装有顶尖，可与主轴顶尖一起支承轴类零件，还可根据工件长度调整尾架在工作台上的位置。尾架套筒后端设有弹簧，可调节顶尖对工件的轴向压力。

（5）砂轮架。砂轮架安装在横向导轨上，用于安装砂轮。砂轮架可通过手轮在床身的横向导轨上做前后移动，移动方式包括自由间歇进给和手动进给，还可实现快速横向移动。此外，砂轮架还可以绕垂直轴偏转一定角度，以便磨削圆锥面。

三、内圆磨床

内圆磨床主要用于磨削内圆柱面、内圆锥面、内台阶面及端面等。下面以 M2120 型内圆磨床为例，来说明其主要结构特点。该型号中，21 为机床组别、系别代号，表示内圆磨床；20 为主参数，指最大磨削孔径的 1/10，即最大磨削孔径为 200 mm。

如图 11-9 所示，M2120 型内圆磨床主要由床身、头架、砂轮、砂轮架和工作台等部件组成。

（1）头架。头架安装在床身左端，工件可通过卡盘或其他夹具安装在头架主轴上，由主轴驱动做旋转运动，实现圆周进给。

（2）砂轮架。砂轮架安装在工作台上，可绕垂直轴偏转一个角度，以便于磨削锥孔。

内圆磨床的砂轮与主轴常做成独立的内圆磨具，安装在砂轮架中，采用独立电动机驱动，转速可高达 10 000~20 000 r/min，以适应磨削速度的要求。工作台由液压系统驱动，速度可无级调整，还可自动实现快进、快退与工作速度进、退运动的转换，以便节省辅助时间。

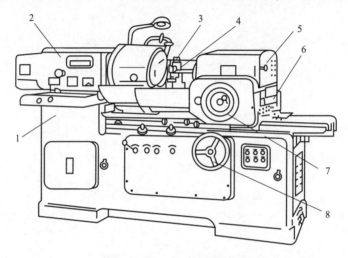

图 11-9 M2120 型内圆磨床

1—床身；2—头架；3—砂轮修整器；4—砂轮；5—砂轮架；6—工作台；
7—砂轮横向操纵手轮；8—工作台操纵手轮

第四节 常见磨削加工方法及基本操作

一、平面磨削加工

1. 磨削方法

如图 11-10 所示，平面磨削常用的方法有周磨法和端磨法两种。导磁性工件可用电磁吸盘装夹，非导磁性工件或其他吸附有困难的工件可使用夹具（如精密台钳）装夹。

1）周磨法

如图 11-10（a）所示，利用砂轮的圆周面对工件进行磨削的方法称为周磨法。此类磨床主轴一般按卧式布局，磨削时，砂轮做旋转主运动，同时砂轮架带动砂轮做间歇性的竖直切入运动和横向进给运动，工作台做纵向往复或旋转运动。周磨法中，砂轮与工件接触面积较小，磨削力小，磨削热少，排屑及散热条件好，砂轮周面磨损均匀，因此加工质量好，可用于精磨，但效率不高。

2）端磨法

如图 11-10（b）所示，利用砂轮的端面对工件进行磨削的方法称为端磨法。此类磨床主轴一般按立式布局，磨削时，砂轮做旋转主运动，同时砂轮架带动砂轮做间歇性的竖直切入运动，工作台做纵向往复运动或旋转运动。端磨法因主轴刚性好，故可采用较大的切削用量，工作效率高。但由于砂轮与工件接触面积大，发热量大，冷却液不易进入磨削区，排屑、散热条件差，且端面不同半径处磨削速度不同，因此加工质量差，一般仅用于粗磨。

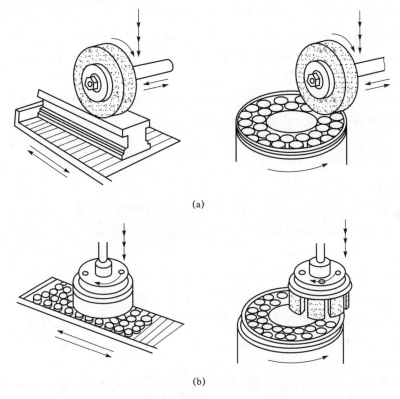

(a)

(b)

图 11-10　平面磨削的两种类型
（a）周磨法；（b）端磨法

2. 基本操作

磨削平面时，通常是以一个平面为基准磨削另一个平面。若两平面都需磨削且要求相互平行，则可互为基准，反复进行磨削。在磨削平面时，零件安装常采用电磁吸盘或精密虎钳两种方式，现以使用电磁吸盘装夹为例介绍平面磨削的基本操作。

（1）安装工件。安装前，擦净电磁吸盘表面及工件基准面，然后将工件放于吸盘上合适的位置；选择合适的挡铁，分别放于工件左右两侧，调整电磁开关处于工件吸磁位。

（2）用铜棒轻击左右挡铁，消除挡铁同工件间的间隙。

（3）调整工件待磨削表面与砂轮的相对位置。首先，调整垂直方向的相对位置，保证在调节纵、横向移动时工件与砂轮不发生干涉；其次，调整砂轮与工件的横向相对位置及砂轮的横向行程，行程一般以每侧超过砂轮 1/3 厚度为宜；最后，移动工作台，调整左右行程终端挡块，调节工件与砂轮的纵向相对位置及工作台纵向往复行程，行程一般要超过加工件长度并留有一定余量。

（4）对刀。按下砂轮转动控制开关，使砂轮旋转；摇动砂轮垂直进给手轮，使高速旋转的砂轮向下垂直移动靠近工件，即将接触时，开启横、纵向的自动进给开关，使砂轮在工件被磨削表面上方做前后、左右相对移动；同时继续缓慢垂直进给，直到刚有火花产生时停止进给，并记下垂直进给手轮上的刻度。

（5）通过垂直进给手轮设置磨削深度。需要注意的是，粗加工时，磨削深度可稍大（但不能太大，否则可能会导致砂轮爆裂伤人）；当快磨至要求尺寸时，可采用较小的磨削深度（如钢件常取为 0.005~0.02 mm，铸件常取为 0.02~0.05 mm）进行精加工，以保证加工质量。

（6）磨削。开启垂直向、横向及纵向的自动进给开关，开始磨削，直到看不见火花为止，磨削完成。

（7）卸下工件。当砂轮横向退回时，按下砂轮停止开关，砂轮停转；按下工作台停止开关，关闭电磁吸盘，取下工件，并放于退磁器上退磁。

二、外圆磨削加工

1. 磨削方法

如图 11-11 所示，外圆磨削常用的方法有纵磨法和横磨法两种，其中以纵磨法应用较为广泛。选择磨削方法时应视工件的形状、尺寸、磨削余量及其他加工要求而定。

1）纵磨法

如图 11-11（a）所示，磨削时砂轮的高速旋转为主运动，工件旋转并与工作台一起做纵向往复运动，即分别为周向和纵向进给运动。每次往复行程结束时，砂轮按照设定的磨削深度做周期性横向进给运动。为了减小工件变形对加工精度及表面质量的影响，当加工到接近最终尺寸时（一般相差 0.005~0.01 mm），可以进行几次无横向进给的光磨行程，直到砂轮与工件之间不再出现火花为止。

纵磨法的特点是加工精度较高，表面粗糙度值较小，通用性强，但效率较低。因此，多用于单件、小批量生产及精磨加工，尤其适合磨削细长轴。

2）横磨法

横磨法又称径向磨削法，如图 11-11（b）所示。磨削时无纵向进给运动，砂轮的旋转运动为主运动，砂轮以很慢的速度连续或断续地靠近工件做横向进给运动，工件的旋转运动为周向进给运动。

横磨法的特点是生产率高、质量稳定，但工件与砂轮接触面积大，磨削力大，磨削温度高，易使工件表面退火或烧伤。因此，工件的加工精度较低，表面粗糙度值较大，多用于批量生产。

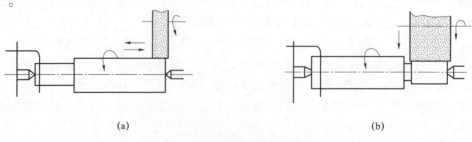

(a)   (b)

图 11-11　外圆磨削的两种类型

（a）纵磨法；（b）横磨法

2. 基本操作

外圆磨床主要用于磨削外圆柱面或圆锥外表面。下面以磨削外圆柱表面为例，介绍外圆磨削加工的基本操作。

（1）安装工件。磨削外圆柱面时，工件常采用的安装方式有顶尖安装、卡盘安装和心轴安装3种。

轴类零件常采用顶尖安装，如图11-12所示，工件被支承在两顶尖之间，其安装方法与车床上用顶尖安装工件的方法基本类似。但磨床上所用的前顶尖为死顶尖，可避免顶尖传动带来的误差，以提高加工精度。后顶尖安装于尾架套筒中，靠弹簧力始终顶紧工件，可自动控制松紧程度，避免工件轴向窜动（过松）带来的误差以及因磨削热导致的弯曲变形（过紧）。

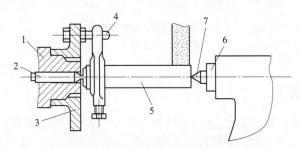

图 11-12 工件的顶尖安装方式
1—头架主轴；2—前顶尖；3—拨盘；4—拨杆；5—工件；6—尾座套筒；7—后顶尖

当磨削较短工件的外圆柱面时，一般可用三爪卡盘、四爪卡盘或花盘装夹工件，其安装方法与车削安装基本相同，只是卡盘制造精度要高。

对于盘套类空心工件，可采用心轴来装夹。心轴必须和卡箍、拨盘等部件一起配合使用，其安装方法与车削基本类似，只是心轴精度更高。限于篇幅，这里不再赘述。

（2）机床试运行。开动磨床液压系统，使砂轮慢慢靠近工件，接近时，砂轮和工件开始转动，与工件刚刚接触时开冷却液。

（3）试磨削。试磨削，即在工件的左、中、右三处试吃刀后，使工作台纵向进给进行试磨，然后用千分表检查锥度误差，如超差，可转动工作台进行调整。

（4）粗磨。粗加工时磨削深度一般设为 $0.01 \sim 0.025$ mm，且必须用充足冷却液进行冷却，以免工件表面烧伤。预留精加工余量一般为 $0.03 \sim 0.08$ mm。

（5）精加工。精磨前，通常要修整砂轮，磨削深度通常为 $0.05 \sim 0.015$ mm。磨至规定尺寸时，砂轮停止横向进给，但仍需空行程磨削数次，直到无火花为止。

（6）检验。检查工件尺寸精度及表面粗糙度，检查时还应考虑热膨胀对尺寸的影响。

（7）卸下工件。

第五节 其他磨削加工方法简介

一、内圆磨削加工

内圆柱面或内圆锥面的磨削可在内圆磨床或万能外圆磨床上进行，其方法如图11-13所示。在磨削过程中，砂轮的旋转为主运动，工件的旋转为圆周进给运动，工件的往复直线运动为纵向进给运动。此外，砂轮还有一个横向进给运动。与磨外圆相比，内圆磨削具有切削速度低（受孔径限制，砂轮直径小）、刚性差（砂轮轴直径小、悬臂长）、磨削热量多、散热条件差（砂轮与工件以内切方式接触，接触面积大）等特点，故内圆磨削较外圆磨削生产率低，加工精度和表面质量也较差。

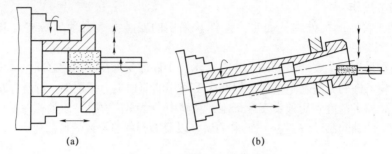

图 11-13　外圆磨削的两种类型

（a）磨内圆柱面；（b）磨内圆锥面

二、无心磨削加工

无心磨削通常在无心磨床上进行，无须顶尖定位，具有加工精度高（工件圆度误差可达 0.000 1~0.001 mm，表面粗糙度 Ra 值可达 0.1~0.025 μm）、生产效率高和易于实现自动化等优点，适于大批量生产（如标准件中销轴的加工）；其缺点是机床调整费时。

1. 纵磨法

无心磨削可分为纵磨法和横磨法两种，如图 11-14 所示。

在无心纵磨法［见图 11-14（a）］中，大砂轮为工作砂轮，起磨削作用，其旋转为主运动；小砂轮为导轮，其旋转可带动工件旋转和沿轴向进给，实现工件的圆周进给和轴向进给运动；两砂轮与托板构成倾斜定位面托住工件。为使导轮与工件保持直线接触，常把导轮圆周表面的母线修整成双曲线。无心纵磨法主要用于大批量生产中细长光轴及销轴、小套等零件的外圆磨削。

2. 横磨法

在无心横磨法［见图 11-14（b）］中，工作砂轮与导轮轴线平行，工作砂轮的旋转为主运动，导轮的旋转带动工件旋转做周向进给运动，工件不做轴向移动。无心横磨法常用于磨削带台肩且较短的外圆柱面、圆锥面和成型面等。

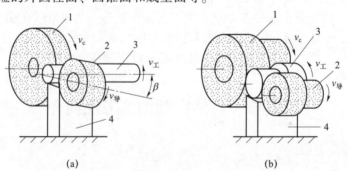

图 11-14　无心磨削的两种类型

（a）无心纵磨法磨外圆；（b）无心横磨法磨外圆

1—工作砂轮；2—导轮；3—工件；4—托板

三、宽砂轮磨削

如图 11-15 所示，宽砂轮磨削是通过增大磨削宽度对工件进行磨削的方法。砂轮的旋转为主运动，工件的旋转为圆周进给运动，砂轮还有一个径向进给运动，其尺寸精度等级可达 IT6，表面粗糙度 Ra 值可达 0.4 μm，具有加工效率高和一致性好等优点，主要用于大批量生产，例如花键轴、电动机轴以及成型轧辊等外圆表面的磨削。宽砂轮外圆磨削一般采用横磨法。

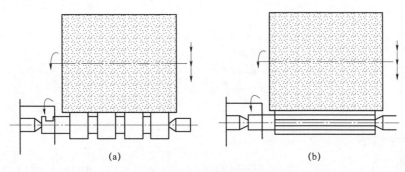

(a)　　　　　　　　　　　(b)

图 11-15　宽砂轮磨削

（a）宽砂轮磨阀芯外圆；（b）宽砂轮磨花键外圆

四、多砂轮磨削

如图 11-16 所示，多砂轮磨削是利用多个砂轮同时对工件表面进行磨削的方法，其砂轮旋转为主运动，砂轮的进给实现径向进给运动，工件旋转为周向进给运动。多砂轮磨削具有加工效率高和一致性好等优点，适于大批量生产，目前多用于外圆面和平面的磨削。

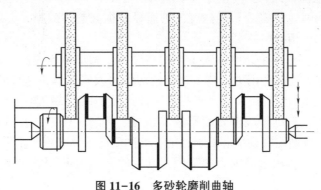

图 11-16　多砂轮磨削曲轴

五、砂带磨削

如图 11-17 所示，砂带磨削是利用砂带作为磨削工具，使砂带与工件表面在一定压力作用下进行磨削加工的方法。砂带所用磨料多采用针状磨粒，通过静电植砂等工艺，使磨粒均直立于砂带基体上，锋刃向上，定向整齐均匀排列；磨粒具有良好的等高性，磨粒间容屑空间大，磨粒与工件接触面积小，砂带周长长，散热条件好。因此，砂带磨削具有效率高、磨削温度低、加工硬化和残余应力程度低等优点。

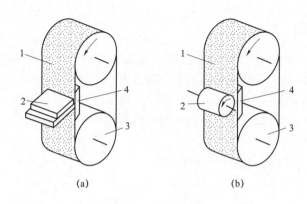

图 11-17　砂带磨削

（a）砂带磨平面；（b）砂带磨外圆
1—砂带；2—工件；3—张紧轮；4—支撑板

六、高速磨削

高速磨削（High-Speed Grinding）是指使用比常规磨削高很多的砂轮线速度进行的磨削加工，该加工工艺可显著提升磨削效率和磨削质量。一般地，按砂轮旋转的线速度分，砂轮线速度超过 45 m/s 的磨削加工被称为高速磨削，而线速度超过 150 m/s 的磨削加工则被称为超高速磨削。

与普通磨削相比，高速磨削时单位时间内磨削区的磨粒数增加，在进给量不变的条件下，每颗磨粒切削厚度变薄，承受负荷减少，因而可实现更高效率和更高精度的切削加工。高速磨削具有以下特点：

（1）切削效率较高，大幅提高生产效率。切削速度的提升意味着工件进给速度的提升，而快进给、大切深能够显著提升切削速度，进而显著提高磨削效率，金属磨除率可达到与车、铣、刨等切削加工相媲美的水平。

（2）降低磨削力。在保持其他参数不变的情况下，增加砂轮速度可减小切削厚度，从而降低作用于每一磨粒上的切削力，特别是径向切削力大幅降低，这有助于减少磨削合力，特别是在工件刚性较差的情况下，有利于提高工件的尺寸和形状精度。

（3）加工精度高，有助于改善表面质量。在高速磨削过程中，磨削表面粗糙度显著降低，能够获得较好的表面物理性能和机械性能，磨削后的工件表面质量更好。

（4）延长砂轮寿命。由于磨削力的降低，砂轮的磨损速度减缓，故使用寿命通常可提高一倍。

（5）可加工材料种类较多，适应性强。高速磨削适用于多种材料，尤其是难磨材料，如陶瓷、光学玻璃和高强度合金等，还可实现对硬脆材料的塑性磨削。

高速磨削技术的不断发展，推动了现代制造业的进步，特别是在高精度和高效率加工需求日益增长的背景下，其应用前景广阔。高速磨削广泛应用于以下领域：

（1）汽车工业：用于磨削发动机曲轴、齿轮轴等关键部件，提高加工效率和精度。

（2）模具制造：在模具加工中，利用高速磨削技术实现高精度和高表面质量的要求。

（3）航空航天：对高强度合金和复合材料的加工，满足航空航天零件的严格要求。

（4）电子行业：在光学元件和半导体材料的加工中，高速磨削技术被广泛应用，以实现高质量的表面处理。

七、磨削机器人

工业机器人的打磨工艺凭借其灵活性、智能性和成本效益，被行业普遍认为是复杂部件高效智能加工的解决方案。磨削机器人是工业机器人在劳动密集型和高风险作业中发挥重要作用的典型案例。在现代制造业中，磨削机器人主要用于代替人工进行工件表面打磨、棱角去毛刺、焊缝打磨以及内腔内孔去毛刺等工作。机器人磨削具有以下特点：

（1）全自动打磨抛光解放了人力，且不受外界因素干扰，打磨质量、稳定性好，可有效保证产品一致性。

（2）可替代人工 24 h 连续不间断地持续作业，大幅提高打磨效率，保证产品的高生产率。

（3）在加工程序和智能软硬件控制系统的协同下，能够有效改善工人在手工打磨过程中长期暴露于易燃易爆性粉尘等有害环境的劳动条件。

（4）可有效降低高质量产品对熟练技术工人及高水平操作技术的依赖，全自动化完成打磨抛光和清理，无须人工辅助。

（5）程序拓展性和移植性好，适合多种产品的打磨抛光。用户可根据不同样件进行二次编程，能高效打磨抛光不同材质和形状的零件。

按照对工件处理方式的不同可分为工具型磨削机器人和工件型磨削机器人，如图 11-18 所示。

工具型磨削机器人［见图 11-18（a）］通过在机器人末端执行器端固连打磨工具，主动接触工件进行打磨，工件相对固定，通常应用于机器人负载能力较低、待加工工件质量和体积较大的场合。

工件型磨削机器人［见图 11-18（b）］通过机器人末端执行器夹持工件，工件贴近接触打磨工具进行打磨，打磨工具相对固定。这种方式通过把工件送达到各种打磨位置，依次完成磨削、抛光等不同工艺和各种工序，常用于工件体积小、打磨精度要求较高的场合。工件型磨削机器人还可根据打磨需要配置力控制器，及时反馈机器人在打磨过程中工件与打磨设备之间的附着力及打磨程度，防止机器人过载，同时确保工件打磨的一致性。

（a）

（b）

图 11-18　磨削机器人
（a）工具型；（b）工件型

磨削机器人广泛应用于汽车制造、机械加工、航空航天与国防、电气与电子、五金以及医疗等行业。例如汽车发动机曲轴加工、车身打磨、磨具制造、飞机发动机叶片及机翼加工、芯片制造、卫浴用品抛光，等等。随着人工智能和机器学习技术的发展，未来的磨削工业机器人将更加智能化，能够实时分析数据，进行状态监控及预测，以及优化磨削过程等，必将为磨削工业机器人带来新的应用领域和市场机会。

第六节　磨削加工技术训练实例

一、实例1——磨削平面

1. 实训目的

（1）了解平面磨削的方法及应用；

（2）掌握平面磨削的加工工艺；

（3）熟悉平面磨床的基本操作。

2. 实训设备及工件材料

（1）实训设备：平面磨床；

（2）工件材料：Q235A。

3. 实训内容及加工过程

实训内容为按照图11-18所示零件图纸要求，完成该零件的加工。参考前述平面磨削加工的基本操作，具体加工过程如下：

（1）加工前的准备。擦净电磁吸盘表面及工件基准面；开启磨床，进行工作状态检查（如油泵及自动润滑是否启动、砂轮空转试运行等）。

（2）安装工件。

（3）调整工件与砂轮的相对位置，对刀。

（4）设定合适的磨削深度，完成上表面的第一次磨削。

（5）重复第（4）步骤，完成上表面的粗、精磨削（预留一半余量）。

（6）停车，卸下工件，清洁工件及电磁吸盘表面，并将工件翻面安装。

（7）重复第（3）~（5）步，完成图11-19所示零件下表面（这时已翻为上表面）的粗、精磨削。

（8）停车，检验工件，合格后取下工件。

（9）清洁及复位机床，关闭磨床电源。

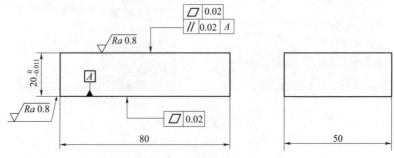

图11-19　平面磨削零件图

二、实例 2——磨削外圆柱面

1. 实训目的
（1）了解外圆磨削的方法及应用；
（2）掌握外圆磨削的加工工艺；
（3）熟悉万能外圆磨床的基本操作。

2. 实训设备及工件材料
（1）实训设备：万能外圆磨床；
（2）工件材料：45#钢。

3. 实训内容及加工过程
实训内容为按照图 11-20 所示零件图纸要求，完成该零件的加工。参考前述外圆磨削加工的基本操作，具体加工过程如下：

（1）加工前的准备。清洁顶尖及顶尖孔表面并注油；开启磨床，进行工作状态检查（如油泵及自动润滑是否启动、砂轮空转试运行等）。

（2）安装工件。

（3）调整工作台换向挡块，启动砂轮对刀。

（4）设定合适的磨削深度，完成外圆表面的第一次磨削。

（5）重复第（4）步，完成外圆表面的粗、精磨削，直至磨到要求尺寸。在磨削过程中，需要多次测量工件两端外径尺寸，如有微锥现象，则通过调整工作台角度消除。

（6）停车，检验工件，合格后取下工件。

（7）清洁及复位机床，关闭磨床电源。

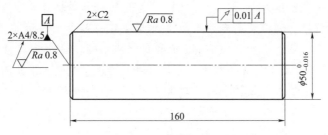

图 11-20　外圆磨削零件图

知识拓展

在传统机械加工技术中，磨削加工是实现高精度和低成本加工的一种非常有效的途径，现已在机械、国防、航空航天、微加工、芯片制造、电子、生活及服务等多个领域得到广泛应用。例如，手机壳体的打磨，弯管、锁具及保温杯等的抛光等，均是磨削加工在我们日常生活中的应用实例。同时，作为先进制造技术中的重要领域，磨削加工技术正朝着高速、高效、高精度及绿色生态磨削等方向发展。本章仅对与磨削加工相关的基本概念、工作原理，常见的磨削设备、磨削方法和基本操作等内容进行了简单介绍，若想进一步深入学习其相关知识及关键技术，可参阅专业文献。

劳模工匠小课堂

洪家光，男，中共党员，中国航发沈阳黎明航空发动机有限责任公司首席技能专家，车工、数控车双料高级技师，企业内聘高级制造工程师。他曾荣获中华技能大奖、国家科技进步奖二等奖，并获评全国优秀共产党员、全国劳动模范、全国五一劳动奖章、全国技术能手、大国工匠年度人物等60余项荣誉称号，现为"国家级洪家光技能大师工作室"领衔人。

洪家光所在的车间是航空发动机生产线的重要一环。他从事的工作是研制和生产航空发动机零部件的加工专用工装工具。他生产的专用工装产品用于精密打磨战机发动机叶片，确保近千片叶片与叶盘能完全精准对接，从而保障飞行安全。

长久以来，航空发动机叶片打磨技术一直被西方所封锁，洪家光带领团队成员仔细研究叶片的结构特点，找资料、请专家、做实验，不断潜心探索实践，研发出叶片磨削专用高精度超厚金刚石滚轮制造工具，通过抛磨去除铣削产生的刀纹、接刀痕、微裂纹及尺寸偏差等问题。这项研究成果大大延长了航发叶片的使用寿命，解决了长期困扰航发叶片制造的难题，一举超越了西方国家，成为中国领先世界的先进技术。2017年，洪家光凭借"航空发动机叶片滚轮精密磨削技术"这项技术创新，获得了国家科学技术进步二等奖。

随着中国航空发动机生产朝着数字化与智能化方向转型，一项新的挑战横亘在了洪家光面前。用于辅助加工航空发动机零件的工装工具，其力度参数仍需依靠人工进行调试，当下迫切需要集数字化、自动化等多种功能于一体的设备，然而国内市场在这方面的技术尚不成熟。洪家光毅然主动承担起研发工装测试平台的攻关重任，经过持续不断的实践摸索，新研发的敏捷工装测试平台已投入应用，极大地提升了发动机零件的生产效率以及精细化水平。多年来，洪家光为航空发动机研制专用工装工具倾注着全部心血，他凭借在一线工作20多年的精湛技艺，练就了可以感知0.001 mm精度变化的本领，这也为其将叶片磨削技术工艺精度从0.008 mm提升到0.003 mm打下了坚实基础。他说："大国工匠的匠心连着共产党员的初心，要求我在日常工作时精益求精、攻坚克难。"他先后带领团队完成了200多项工装工具技术的革新，解决了500多个生产制造中的难题。以恒心铸重器，洪家光展现了新时代大国工匠科技报国的使命担当。

第十二章

其他切削加工技术

内容提要： 传统机械加工方法还有很多，例如刨削、插削、拉削和镗削等，这些加工方法虽然不如车削、铣削、磨削应用广泛，但亦各有其特点，有其专门的应用领域，有时甚至具有不可替代的作用。

刨削、插削、拉削的主运动都是直线运动，这是与车削、铣削和磨削最显著的不同。

第一节　刨削加工

一、刨削的切削运动与切削用量

1. 刨削的切削运动

刨削加工的主运动是滑枕带动刀架的直线运动，进给运动包括工作台带动工件的间歇直线移动，以及刨刀相对于加工表面的垂直进给运动，如图 12-1 所示。

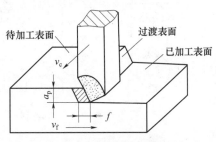

图 12-1　刨削的切削运动

2. 刨削的切削用量

传统牛头刨床大多是通过曲柄滑块机构，将连续的旋转运动转换成往复直线运动，即滑枕带动刀架形成的主运动，如图 12-2 所示。

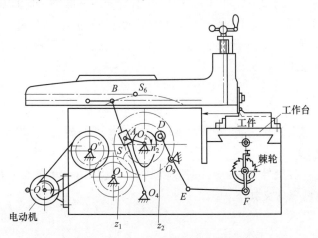

图 12-2　牛头刨床曲柄滑块机构示意图

由于曲柄滑块机构的特点，匀速的曲柄旋转运动会转换成具有三角函数关系的滑块直线运动。因此，传统牛头刨床主运动的速度始终是变化的。

为了便于工程应用，牛头刨床的切削速度用平均速度表示，即

$$\bar{v}_c = 2Ln \tag{12-1}$$

式中：$\bar{v}_c$——平均切削速度（m/min 或 m/s）；

  L——单向切削行程长度（m/str）；

  n——滑枕每分钟往复次数（str/min）。

刨削的进给量 f 指滑枕每往复一次，工作台带动工件横向间歇移动的距离，单位是 mm/str，如图 12-1 所示。

刨削的切削深度 a_p 指刀具在每次切削过程中，沿垂直于待加工表面的方向切入的垂直距离，单位是 mm。

二、刨削的适用范围

刨削主要用于加工平面（水平面、垂直面、斜面）、各种沟槽（直槽、T 形槽、V 形槽、燕尾槽）以及成型面。刨削适合加工的典型表面如图 12-3 所示。

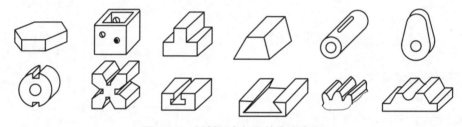

图 12-3　刨削适合加工的典型表面

刨削加工的经济精度为：尺寸公差等级 IT10~IT8，表面粗糙度值 $Ra6.3~1.6$ μm。

刨削加工为单向加工，向前运动为切削行程，返回行程是不切削的，而且切削过程中有冲击，反向时需要克服惯性，因此刨削的速度不高、生产率较低。但是由于刨削的主运动是直线运动，因此在加工大平面时，可以获得比铣削更好的平面度，而且在加工机床导轨、平尺等窄而长的高精度平面时，同样具有较高的生产率。

刨削刀具简单，加工、调整灵活，适应性强，生产准备时间短，因此主要应用于单件、小批量生产以及修配工作。

三、常用刨床

牛头刨床是刨床中应用较广的类型，适用于刨削长度不超过 1 000 mm 的中、小型工件。

1. 刨床型号的含义

图 12-4 所示为一台型号为 B6065 的传统刨床。根据 GB/T 15375—2008《金属切削机床型号编制方法》，其型号含义如下：

B：刨、插床；

6：牛头刨床；

0：牛头刨床；

65：最大刨削长度的 1/10，即刨削长度为 650 mm。

2. 刨床的组成

牛头刨床主要由床身、滑枕、刀架、工作台和横梁等构成，如图 12-4 所示。

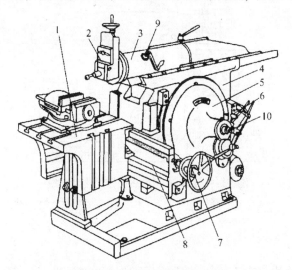

图 12-4　B6065 型牛头刨床

1—工作台；2—刀架；3—滑枕；4—床身；5—摆杆机构；6—变速机构；
7—进刀机构；8—横梁；9—行程位置调整手柄；10—行程长度调整手柄

1）床身

床身用于支撑和连接刨床的各部分，其顶面水平导轨支持着滑枕做往复运动，侧面导轨用于连接可以升降的横梁，床身内装有变速机构和摆杆机构，可以把电动机传来的动力进行变换，并通过摆杆机构把旋转运动变换为往复直线运动。

2）滑枕

滑枕前端装有刀架，用于带动刀架沿床身水平导轨做纵向往复直线运动。

3）刀架

刀架用于夹持刨刀，可以通过转动刀架顶部的手柄使刨刀做垂直方向或者倾斜方向的进给；松开转盘上的螺母后，转盘可以旋转一定角度，这样刨刀就可以沿该角度实现进给运动。

4）横梁

横梁上装有工作台及工作台进给丝杠，可以带动工作台沿床身导轨做升降运动。

5）工作台

工作台用于安装工件或者夹具，可以随横梁上下移动，并且可以沿横梁导轨做横向移动或者间歇进给运动。

3. 刨床的传动

图 12-5 所示为 B6065 型牛头刨床的传动系统。在牛头刨床上刨削工件，主运动是刨刀的往复直线运动，进给运动是工件的间歇移动及刀具的垂直向下移动。主运动传动系统是从电动机开始，经过 Ⅰ、Ⅱ、Ⅲ 轴传到 Ⅳ 轴，然后经过 Ⅳ 轴、滑块、摆杆组成的机构将旋转运动变换为摆杆的往复摆动，再由摆杆拖动滑枕实现刨刀的纵向往复直线运动。

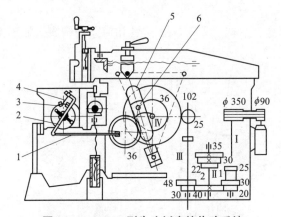

图 12-5　B6065 型牛头刨床的传动系统

1—连杆；2—摇杆；3—棘轮；4—棘爪；5—摆杆；6—滑块

四、刨刀

刨刀的形状、结构均与车刀相似，但由于刨削过程中有冲击力，刀具容易损坏，所以刨刀的截面通常是车刀的 1.25~1.5 倍。刨刀的前角 γ_o 比车刀稍小；刃倾角 λ_s 取较大的负值（$-20°~-10°$），以提高刀具强度；主偏角 κ_γ 一般为 30°~75°。

刨刀的种类较多，按加工表面和加工方式不同，常见的刨刀名称及作用如表 12-1 所示。

表 12-1　常见的刨刀名称及作用

刨削工作	刨平面	刨垂直面	刨斜面	刨燕尾槽
刨刀名称	平面刨刀	偏刀	偏刀	角度偏刀
加工简图				
刨削工作	刨 T 形槽	刨直槽	刨斜槽	刨成型面
刨刀名称	弯切刀	切刀	切刀	成型刨刀
加工简图				

五、基本刨削加工

1. 刨削六面体工件

刨削六面体工件主要是以刨水平面的方式，先刨削出四个相邻的、互相垂直的平面，然后再刨削两个垂直面，即六面体工件的两端面。

1）刨削水平面

如果工件的相邻面有垂直度要求、相对面有平行度要求，则其四个侧面的加工顺序如图 12-6 所示。采用普通的平面刨刀刨削水平面，其加工步骤如下。

（1）加工出平面 1，作为后续加工的精基准。

（2）以平面 1 作为基准面紧贴平口钳的固定钳口，活动钳口与工件之间夹细圆棒，夹紧后加工平面 2。

（3）将工件翻转 180°，仍然以平面 1 紧贴固定钳口，把平面 2 放在垫铁上，并且用手锤轻敲使之与垫铁贴实，夹紧工件，然后加工出平面 4。

（4）把平面 1 放在垫铁上，并且用手锤轻敲使之与垫铁贴实，夹紧后加工平面 3。

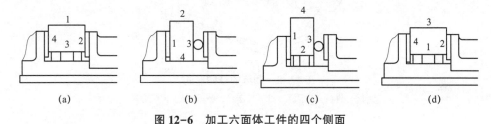

图 12-6　加工六面体工件的四个侧面

2）刨削垂直面

接下来需要将平口钳旋转 90°，加工两个垂直的端面，如图 12-7 所示。刨削垂直面时常采用偏刀，手动控制刀架使刀具做垂直进给，因此一般在不便于将工件安装成水平位置时采用，如加工较长工件的两个端面。为了避免刨刀回程时划伤已加工表面，需要将刀座偏转一个角度。

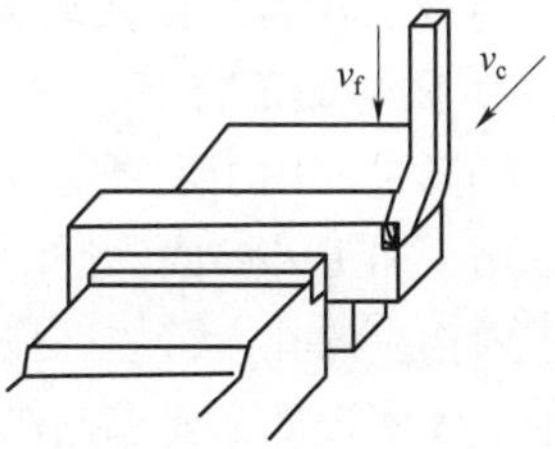

图 12-7　加工长工件的端面

2. 刨床的操作步骤

（1）根据图纸确定加工步骤，并对毛坯进行检查。

（2）安装工件和刀具。

（3）调整机床，选择适当的切削速度及刀具行程长度、位置和进给量。

（4）开动机床，先手动对刀并试切，然后停车测量，根据测量结果利用刀架上的刻度盘调整切削深度，再自动进给进行正式刨削。

（5）如果加工余量较大，则可以分几次刨削。

（6）刨削完毕后，停车检查，如果不需要继续加工了，则卸下工件。

第二节　插削和拉削

插削和拉削都是从刨削发展起来的加工方法，它们的切削运动有诸多相似之处，但两者的应用各不相同。

一、插削

插削是一种立式刨削，插床的结构形式如图 12-8 所示。

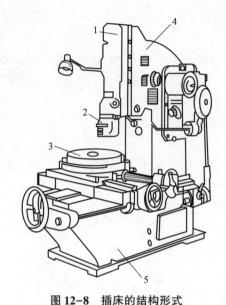

图 12-8 插床的结构形式

1—滑枕；2—刀架；3—工作台；4—床身；5—底座

1. 插削运动

插削时，滑枕带动插刀在垂直方向的上、下直线往复运动为主运动，工件装夹在工作台上，通过工作台可以实现纵向、横向以及圆周进给运动。

2. 插削加工特点

插削主要用于加工零件的内表面，如方孔、长方孔、各种多边形孔以及孔内的键槽等，也可以用于加工外表面。插削特别适合在盲孔以及有台阶的孔中加工键槽。由于在插削时插刀必须进入相应的孔内，故该孔必须有足够大的尺寸才能进行插削。插削与刨削相似，刀具回程不切削，效率较低，要求操作人员的技术水平较高，一般用于工具车间修配及单件小批量生产。

二、拉削

在拉床上用拉刀加工工件称为拉削。

1. 拉削的应用

拉削常用于加工各种异形孔，也可以用于加工外表面，如图 12-9 所示的常见的拉削表面及图 12-10 所示的汽车发动机连杆大端孔。

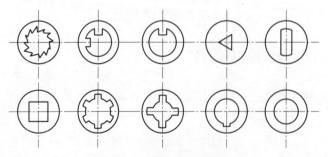

图 12-9 常见的拉削表面

图 12-10 汽车发动机连杆大端孔

拉削加工的经济加工精度为：尺寸公差等级 IT9~IT7，表面粗糙度值 $Ra1.6~0.4\ \mu m$。

2. 拉床

拉床的结构比较简单，一般采用液压传动，如图 12-11 所示。

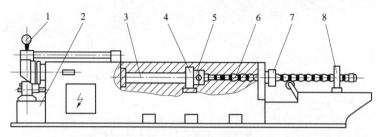

图 12-11　拉床

1—压力表；2—液压部件；3—活塞拉杆；4—随动支架；5—刀架；6—拉刀；7—工件；8—随动刀架

1）拉削运动

拉削的主运动是拉刀在拉床的拖动下产生的直线运动，有时一些特殊的拉床也采用旋转运动或者其他更复杂的运动形式。拉削时，由齿升量来实现进给，因此没有独立的进给运动。

2）拉刀

拉刀的切削部分由一系列刀齿组成，这些刀齿按照切削时的顺序高度依次增加，因此在一次切削运动中就可以先后对零件表面进行切削。当全部刀齿切削完毕后，即完成了对零件的加工，如图 12-12 所示。

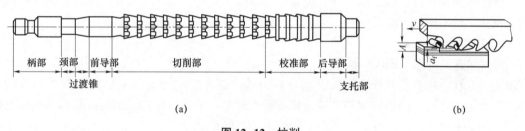

|柄部|颈部|前导部|切削部|校准部|后导部|
|过渡锥| | | | |支托部|

(a)

(b)

图 12-12　拉削

（a）拉刀的结构；（b）拉削过程

3. 拉削的加工特点

拉削之前必须先预制出底孔（例如采用钻、镗等方法），拉削孔的长度一般不大于其直径的 3 倍，不适合于加工盲孔、有台阶的孔、特大孔、薄壁零件等，在大批量生产中常用于拉削平面、半圆面以及某些组合表面。拉削生产效率高，但刀具结构复杂，价格昂贵，因此一般只用于大批量生产。

第三节　镗削加工

镗削加工是用镗刀对零件进行切削的加工方法，其主要用于加工直径较大的孔及有位置精度要求的孔系，尤其对于直径大于 1 m 的孔，镗削几乎是唯一的加工方法。

镗削主要在镗床上完成，也可以在车床、铣床及组合机床上进行。与钻、扩、铰孔加工方法相比，镗孔孔径尺寸不受刀具尺寸限制。镗孔不但能够修正上道工序造成的孔中心线偏斜误差，还能保证孔与其他表面之间的位置精度。

在镗床上除了可以进行镗孔外，还可以进行钻孔、扩孔、铰孔及对平面、端面、外圆柱面、内外螺纹表面等的加工，如图12-13所示。

镗削加工的经济加工精度为：尺寸公差等级IT11～IT6级，表面粗糙度$Ra1.6～0.8\ \mu m$。

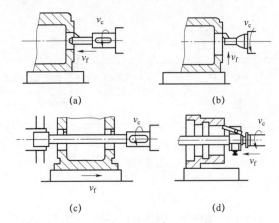

图12-13　镗床的加工范围

（a）镗孔；（b）镗端面；（c）用长镗杆镗孔；（d）镗螺纹

一、镗床

常用的镗床有卧式镗铣床、立式镗床、坐标镗床、深孔镗床及数控镗床等。镗床可以钻孔、镗孔、铣平面及车端面等。

1. 卧式镗床

卧式镗床的外形如图12-14所示，它的主轴平行于工作台。卧式镗床由主轴、工作台、主轴箱、立柱、床身、镗杆支承座及后立柱组成。镗床的主运动是主轴和平旋盘的旋转运动。进给运动有镗杆的轴向运动、主轴箱的竖直运动；工作台横向或纵向的移动；平旋盘的径向运动及主轴箱、后立柱、后支架工作台调位等辅助运动。

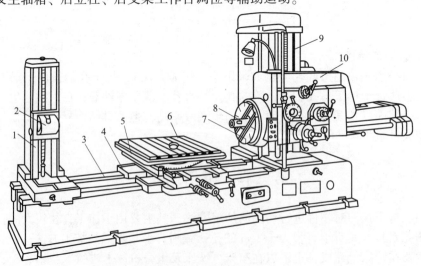

图12-14　卧式镗床的外形

1—后立柱；2—后支承；3—床身；4—下滑座；5—上滑座；6—工作台；7—平旋盘；8—主轴；9—前立柱；10—主轴箱

2. 坐标镗床

坐标镗床是一种高精度机床，主要用于加工精密孔及孔系，如夹具、量具、模具上的精密孔及箱体、缸体、机体上的精密孔系。坐标镗床具有精密的测量装置，除了可以完成在普通镗床能进行的加工之外，还可进行刻线、精密划线以及孔距和直线尺寸的精密测量工作。精密测量装置的读数精度一般为 0.001 mm。

坐标镗床按机床结构和布局形式等可以分为立式单柱坐标镗床、立式双柱坐标镗床和卧式坐标镗床等。

1）立式单柱坐标镗床

图 12-15 所示为常见的立式单柱坐标镗床，主轴箱装在立柱上可沿立柱上下运动，工作台的移动由床身和床鞍上的导轨来完成，由于主轴箱是悬臂安装，在工作台和床身之间多了一层床鞍，因此影响了工作台的刚度。立式单柱坐标镗床属于中、小型机床。

2）立式双柱坐标镗床

立式双柱坐标镗床由两根立柱、横梁、主轴箱、立柱、工作台和床身构成。横梁可沿立柱上下调整，主轴箱装在横梁上可沿横梁导轨移动，工作台可沿床身导轨移动，由此可以确定镗床坐标的位置。两个立柱、横梁和床身构成龙门框架，所以刚度较好，一般为大、中型机床。

3）卧式坐标镗床

卧式坐标镗床外形与普通卧式镗床相似。由于其工艺性能好，所加工工件不受高度限制，装夹工件方便，利用工作台的分度运动，可在一次安装中完成工件几个面上孔与面的加工，易于保证工件的位置精度，因此近年来应用日趋广泛。

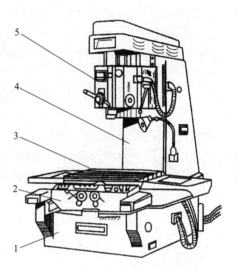

图 12-15 常见的立式单柱坐标镗床
1—床身；2—床鞍；3—工作台；
4—主柱；5—主轴箱

二、镗刀

常用的镗刀有单刃镗刀、浮动镗刀和微调镗刀，如图 12-16 所示。

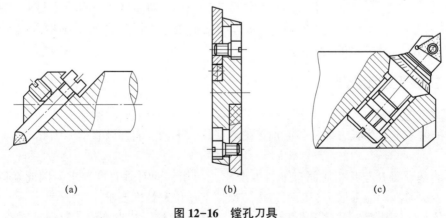

(a)　　　　　(b)　　　　　(c)

图 12-16 镗孔刀具
（a）单刃镗刀；（b）浮动镗刀；（c）微调镗刀

1. 单刃镗刀

单刃镗刀实际上是一把内孔车刀，用单刃镗刀镗孔时，镗刀垂直或倾斜安装在镗刀刀杆上，以适应通孔和盲孔的镗削。用单刃镗刀镗孔时，孔的尺寸是由操作者调节镗刀头在镗杆上的径向位置来保证的。

2. 浮动镗刀

浮动镗刀的刀片与刀杆方孔之间是间隙配合，刀片可以在刀杆内浮动，由于浮动镗刀两个刀刃都可以切削，且刀片可以在刀杆的径向孔中自行浮动以自动定心，从而补偿了由于镗杆径向跳动而引起的加工误差，因而其加工质量和生产率都比单刃镗刀高。

3. 微调镗刀

微调镗刀具有微调机构，可以提高镗刀的调整精度。

第四节　刨削加工技术训练实例

由于刨削的主运动是刨刀的直线往复运动，刀具回程不切削，运动速度较低，因此在实际工作中主要用于生产窄而长的平面、沟槽，如机床导轨、燕尾槽及滑块、镶条、钳工平尺、V 形块、台阶垫铁等，加装附件后还可以生产大型齿条、直齿轮、直齿圆锥齿轮、罗茨鼓风机叶轮等具有曲面的零件。

本节以具有 4 个 V 形槽的 X 形块为例，讲述刨削的主要实训操作。

一、刨削实训件零件图及技术分析

1. X 形块的基本结构

刨削实训件为一个 X 形块，其基本形状为矩形，四周均有 V 形槽，整体为上下对称及左右对称结构，如图 12-17 所示。

2. X 形块的零件图及技术分析

X 形块的零件图如图 12-18 所示。

从零件图可以看出，X 形块的基本形状为矩形，任意两个相对面有平行度要求，任意两个相邻面有垂直度要求。零件四周均有 90°V 形槽，宽度为 56 mm±0.1 mm 的两个 V 形槽（上下对称）的深度为 25 mm，对基准 A 有对称度要求，基准 A 是尺寸 $68_{-0.1}^{0}$ mm 的中心；左、右两侧面的 V 形槽深度为 16 mm，

图 12-17　X 形块的轴侧图

均符合国标 JB/T 8047—2007 的规定。

二、主要工艺步骤

1. 基本工艺分析

零件的基本形状为长方体，各需加工的表面均为平面、斜面及直槽，因此适合采用刨削加工。

零件的基准面 B 与其相对面有平行度要求，与相邻面有垂直度要求，因此在刨削长方体的 6 个表面时，均应采取适当的工艺措施保证上述位置精度要求。

长方体加工完毕后，开始 V 形槽的加工。首先应定位、装夹准确，以保证对称度要求，然后粗刨 V 形槽以去除余量，再刨出退刀槽，最后通过成型刨刀完成 V 形槽的精刨，达到

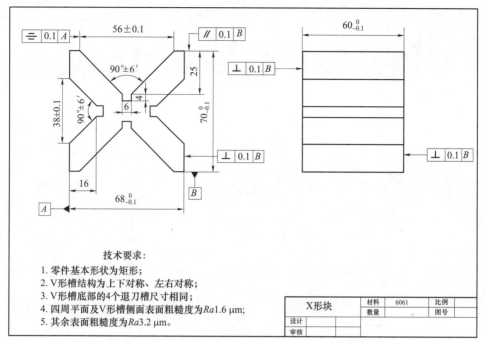

技术要求：
1. 零件基本形状为矩形；
2. V形槽结构为上下对称、左右对称；
3. V形槽底部的4个退刀槽尺寸相同；
4. 四周平面及V形槽侧面表面粗糙度为 $Ra1.6\ \mu m$；
5. 其余表面粗糙度为 $Ra3.2\ \mu m$。

X形块	材料	6061	比例	
	数量		图号	
设计				
审核				

图 12-18 刨削实训件：X 形块零件图

表面粗糙度 $Ra1.6$ mm 的要求。

需要注意的是，V 形槽共有 4 个，位于长度为 $68_{-0.1}^{0}$ mm 的侧面上的两个 V 形槽尺寸较大，且有对称度要求，加工时应优先考虑。

2. 主要工艺步骤

1）刨削长方体的 6 个侧面

机床：B6035。

夹具：机用平口钳，平行垫铁。

刀具：粗刨使用 45°刨刀，精刨使用宽刃刨刀。

主要刨削步骤如图 12-19 所示。

（1）刨削操作时，首先粗刨各表面，并为精刨留出余量；

（2）精刨基准面（基准 B）；

（3）基准 B 贴合固定钳口，活动钳口垫细圆棒，精刨基准 B 的相邻面 2；

（4）基准 B 贴合固定钳口，活动钳口垫细圆棒，精刨基准 B 的相邻面 3；

（5）基准 B 贴合平行垫铁，精刨 B 的对面，即表面 4；

（6）基准 B 贴合固定钳口，精刨端面 5；

（7）基准 B 贴合固定钳口，端面 5 贴合平行垫铁，精刨端面 6。

2）刨削 V 形槽

V 形槽的刨削也包括粗刨与精刨两步，粗刨时使用 45°刨刀，精刨时使用成型刨刀，如图 12-20 所示。其主要步骤如下：

（1）粗刨 V 形槽；

（2）刨退刀槽；

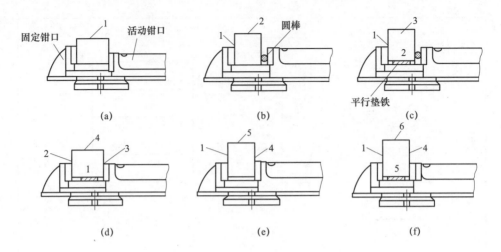

图 12-19 刨削长方体的六个侧面

（a）刨基准面（表面 1）；（b）刨表面 2；（c）刨表面 3；（d）刨表面 4；（e）刨端面 5；（f）刨端面 6

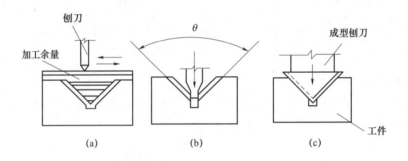

图 12-20 刨削 V 形槽

（a）粗刨 V 形槽；（b）刨退刀槽；（c）成型刨刀精刨 V 形槽

（3）用成型刨刀精刨 V 形槽。

3）刨削其余 V 形槽

与上述步骤相似，接下来应完成相对面 V 形槽的刨削，最后完成左、右两侧宽度为 38 mm±0.1 mm 的 V 形槽。由于角度相同，因此在精刨中可以使用相同的宽刃成型刨刀。

三、刨削训练小结

刨削加工虽然速度和效率较低，但加工方式灵活。在加工中，零件的尺寸精度主要通过机床精度来保证，位置精度主要通过夹具和工艺保证。需要注意的是，由于普通牛头刨床机动进给精度有限（最小进给量为 0.08 mm/str），因此在机动进给条件下通常只能达到表面粗糙度 $Ra6.3\ \mu m$ 左右，质量较差。在本例中，为了实现 $Ra1.6\ \mu m$ 的表面粗糙度要求，在精刨中使用了宽刃成型刨刀。

宽刃成型刨刀在使用前应进行认真检查，必要时使用油石或者在工具磨床上对刃口进行修磨，以便保证加工质量。

知识拓展

超精密加工是指加工精度和表面质量达到极高水平的精密加工技术。现代制造业持续不断地致力于提高加工精度和表面粗糙度，主要目标是提高产品的性能、质量和可靠性，提高生产效率，超精密加工技术是达到这一目标的关键。随着加工技术的不断发展，超精密加工的技术指标也在不断发展，其中一般加工、精密加工、超精密加工和纳米加工的划分见表12-2。

表 12-2 加工方法的划分

加工方法	加工精度/μm	表面粗糙度 $Ra/\mu m$	加工手段
一般加工	10	0.3~0.8	车、铣、刨、磨、镗、铰等
精密加工	10~0.1	0.3~0.03	金刚车、金刚镗、研磨、珩磨、超精加工、砂带磨削、镜面磨削等
超精密加工	0.1~0.01	0.03~0.05	超精密切削、超精密磨料加工、超精密特种加工和复合加工等
纳米加工	高于 10^{-3}	小于 0.005	原子、分子单位加工

超精密加工具体实现的方式既可以是传统切削加工，也可以是磨削以及特种加工，目前在各生产领域都有专门的发展及应用。

第四篇

特种加工技术训练

第十三章
电火花加工技术

内容提要： 本章主要介绍了电火花加工技术相关的基础知识，包括电火花加工的基本概念、工作原理以及常见的电火花加工工艺、加工设备、基本操作和训练实例等。

第一节 概　述

随着科学技术的发展，特别是在航空航天、国防、工业、电力及汽车等领域出现了大量对材料、结构、硬度和精度等有特殊要求的产品需求，例如各种难切削材料、复杂形状结构以及高精度或具有特殊要求的零件，用传统切削加工的方法难以取得甚至是不可能取得理想的效果，这就给切削加工带来了新的挑战。为了解决此项问题，一方面，不断深入研究现有的机械加工技术，在刀具材料、刀具参数优化、切削参数优化及控制、在线监测、新型切削液及新型机床研制等方面均取得了明显的效果，在一定程度上解决了存在的一部分问题；另一方面，突破传统切削加工思维限制，不断探索寻求新的加工方法。1943年，苏联科学家鲍·洛·拉扎连柯夫妇发现开关触点遭受火花放电腐蚀损坏的现象，对其现象和原因展开研究，并从火花放电的瞬时高温可使局部金属熔化、汽化而蚀除的现象，发明了电火花加工方法，开创了用电能直接加工材料的新纪元。

一、电火花加工的基本原理及特点

电火花加工（Electrical Discharge Machining，EDM）又称放电加工，是指利用工具电极和工件之间在脉冲性火花放电时所产生的局部、瞬时高温把金属材料逐步蚀除，以达到零件的尺寸、形状、精度及表面质量等预定要求的加工方法。电火花加工主要利用的是电能和热能，因在加工过程中有火花产生，故称为电火花加工。其工作原理如图13-1所示。

在图13-1（a）中，工具电极和工件分别与脉冲电源的两输出端（两极）相连接。自动进给装置用于调整工具电极和工件之间的相对距离，保证二者之间始终保持一定的放电间隙，一般由计算机控制。

工件及放电区域置于工作液中。当脉冲电压加到两电极之间时，两电极在放电之前具有较高的电压。当自动进给装置控制工具电极向工件方向进给到一定距离时，两电极上的脉冲电压将会在工具电极与工件的间隙最小处或绝缘强度最低处击穿介质，并产生局部火花放电。在击穿的瞬间，放电间隙通道内集中了大量的热能，温度常高达10 000 ℃以上，使放电区域工作表面局部微量的金属材料立刻熔化、爆炸并抛溅到工作液中，从而将工具电极和工件表面的一部分金属蚀除，并各自形成一个微小的凹坑，两电极间的工作液又恢复至绝缘状态，如图13-1（b）所示。经连续不断地重复放电过程，工件上的材料不断被蚀除。随着工具电极不断向工件进给，最终即可加工出与工具电极形状相同的零件。

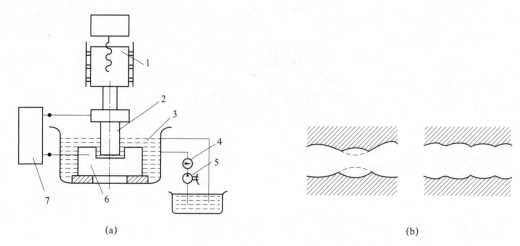

图 13-1　电火花加工的工作原理

（a）加工原理示意图；（b）加工表面局部放大图

1—自动进给装置；2—工具电极；3—工作液；4—过滤器；5—工作液泵；6—工件；7—脉冲电源

电火花加工具有以下特点：

（1）适合于难切削材料的加工。由于材料的去除是靠放电时的电热作用实现的，故材料的可加工性主要取决于材料的导电性及其热学特性，而几乎与其力学性能（如硬度、强度等）无关，这样即可实现以软的工具加工硬的工件，这是传统切削加工做不到的。

（2）可加工具有复杂形状的零件。由于电火花加工可将工具电极的形状复制到工件上，因此特别适用于复杂表面形状工件的加工，如复杂型腔模具的加工等。

（3）可加工具有特殊要求的零件。由于加工中工具电极和工件不直接接触，没有宏观切削力，因此适宜低刚度工件的加工、微细加工或精密加工。

（4）便于实现加工过程自动化。由于加工过程中的电极进给、电参数等易于实现数字化控制，因此便于实现自动化加工或组成自动化生产线，提高生产效率，降低成本。

当然，电火花加工也有一定的局限性。例如，主要用于加工金属等导电材料，加工效率较低，存在电极损耗，等等。

二、电火花加工的类型及应用

根据工艺方法的不同，电火花加工技术一般可分为成型加工、线电极加工、磨削加工及展成加工4类，如表13-1所示。当前，应用最广泛的加工类型有电火花线切割加工、电火花型腔加工和电火花穿孔加工几种。

表 13-1　常见电火花加工的分类

工艺方法	常见类型
成型加工	电火花穿孔加工、电火花型腔加工
线电极加工	电火花线切割加工
磨削加工	电火花平面磨削、电火花内外圆磨削、电火花成型磨削
展成加工	共轭回转电火花加工、其他电火花展成加工

由于电火花加工具有许多传统切削加工无法比拟的优点，因此已广泛应用于机械（特别是模具制造行业）、航空航天、汽车、电子、自动化以及仪器仪表等行业。电火花加工主要适用于难切削材料的加工（如硬质合金、钛合金等）、复杂形状零件的加工（如模具型腔）以及有特殊要求（如薄壁、弹性、低刚度、微孔及异形孔）等零件的加工。

第二节　电火花成型加工

一、电火花成型加工设备

世界上第一台实用化的电火花加工装置是 1943 年由苏联拉扎连柯夫妇利用电蚀原理研制成功的。我国在 20 世纪 50 年代初期开始研究电火花设备，并于 60 年代初研制出第一台靠模仿形电火花线切割机床。目前，常见的电火花成型加工设备为数控电火花成型机床，主要由机床主机、控制柜和工作液循环过滤系统 3 部分组成，如图 13-2 所示。

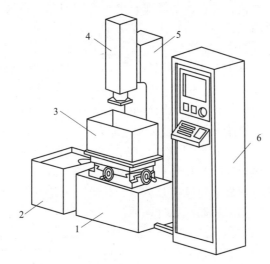

图 13-2　数控电火花成形机床的基本结构
1—床身；2—工作液箱；3—工作台及工作液槽；4—主轴头；5—立柱；6—控制柜

1. 机床主机

机床主机主要包括床身、立柱、工作台和主轴头等部分。床身和立柱是机床的基础结构件，用于确保工具电极与工作台、工件之间的相对位置，一般要求有较高的刚度和承载能力，从而提高机床的稳定性和精度保持性。

工作台主要用于支撑、装夹和找正工件。工作台上装有工作液箱，用以容纳工作液，使工具电极和工件浸入工作液里，起到冷却、排屑作用。同时，工作台通过纵、横向旋转手轮来改变纵、横向位置，实现工具电极与工件之间的相对位置找正。

主轴头是电火花成型加工机床的关键部件之一，直接影响零件的加工效率、精度及表面质量等指标。主轴头可带动工具电极实现上、下方向的进给运动，一般由伺服进给机构、导向和防扭机构及辅助机构 3 部分组成，主要用于控制工件与工具电极之间的放电间隙，因此必须保证工作稳定，并具有足够的速度和灵敏度。

2. 控制柜

控制柜主要包括脉冲电源、伺服进给控制系统及其他电气系统等。脉冲电源主要用于提供加工时蚀除金属所需要的放电能量，其性能直接影响加工速度、加工精度、表面质量和电极损耗等工艺指标。伺服进给控制系统主要用于保证加工过程中工具电极和工件之间的火花放电间隙。

3. 工作液循环过滤系统

工作液循环过滤系统主要包括工作液箱、泵、管道、阀、过滤器及各类仪表等部件，主要作用是形成一定压力的工作液流经放电间隙将蚀除物排除，以免在加工区域产生"二次放电"，影响加工精度，同时对使用过的工作液进行过滤和净化。工作液箱可以单独放置，也可并入机床主体。

二、电火花成型加工工艺

从微观角度看，电火花加工是由电力、热力、流体动力、电化学和胶体化学等综合作用的过程。电火花加工可大致分为四个连续阶段：极间介质的电离、击穿并形成放电通道；介质分解、电极材料熔化和汽化，并产生热膨胀；电蚀产物的抛出；极间介质的消电离。

影响电火花加工效果的因素主要有以下几个方面：

1. 电火花加工条件

（1）放电间隙。工具电极与工件之间应始终保持一定的放电间隙，间隙大小视加工用量而定，通常为几微米至几百微米。间隙过大，极间电压不能击穿极间介质，将不会产生火花放电；间隙过小，容易形成短路接触，同样也不会产生火花放电。因此，电火花加工过程中必须具有工具电极的自动进给及调节装置。

（2）脉冲电源。火花放电为瞬时性脉冲放电，放电延续时间很短，一般为$10^{-3} \sim 10^{-7}$s，这样才能使放电所产生的热量来不及传导扩散至其他区域，而只是在极小范围内使金属局部熔化、汽化，否则就会像电焊那样持续电弧放电，放电点大量发热并使工件表面烧成不规则形状。因此，电火花机床必须采用高频脉冲电源。

（3）工作液。脉冲火花放电必须在具有较高绝缘强度的液体介质中才能进行。同时，液体介质还具有排除电蚀产物和冷却的作用。常用的工作液有煤油、皂化液或去离子水等。

2. 工具电极

（1）材料选择。电极材料应根据加工工件的材料和要求合理选择，要求导电和热物理性好、耐蚀性高、易于加工及成本低，常用的电极材料有纯铜、石墨和铜钨合金等。

（2）精度要求。由于加工的精度主要决定于工具电极的精度，因此，一般要求工具电极的精度不低于IT7，表面粗糙度值小于$Ra1.25~\mu m$。

3. 电规准的选择

电规准是指电火花加工过程中的一组电参数，如电压、电流、脉宽、脉冲间隙等。电规准参数合适与否，会直接影响加工效果，一般有粗、中、精三种规准。

（1）粗规准。粗规准主要是采用较大的电流和较长的脉冲宽度，优点是生产率高、工具电极损耗小。

（2）中规准。中规准采用的脉冲宽度一般为$10 \sim 100~\mu s$，主要用于过渡性加工，以减少精加工时的加工余量。

（3）精规准。精规准常采用小电流、高频率、短脉冲宽度（一般为$2 \sim 6~\mu s$），主要用于保证零件的几何精度、表面质量等指标。

三、电火花成型加工的操作流程

（1）熟悉电火花成型加工机床的安全操作规程。

（2）根据加工工件的材料和要求合理选择电极材料。常用材料为纯铜、石墨和铜钨合金等，一般应选择导电和热物理性好、耐蚀性高、加工容易和成本低的材料。

（3）工具电极设计。根据用途不同，设计时考虑的因素不同。例如，对于穿孔加工电极，需考虑电极长度和截面尺寸；对于型腔加工电极，需考虑电极的损耗情况。

（4）工具电极加工。根据电极用途及技术要求，选择合适的加工方法，如机械切削、液压成型等。由于加工精度主要取决于工具电极的精度，因此，还应考虑电极的精度要求。

（5）工件准备，主要包括工件材料选择、毛坯预加工及热处理等。

（6）机床上电启动，检查工作状态。

（7）工具电极及工件的装夹和定位。

（8）加工前的准备，主要包括加工参数、工作液及电规准等参数的选择和调整。

（9）运行加工程序开始加工。

（10）监控运行状态，如发现问题，及时处理。

（11）加工完成后，退出控制系统，关闭控制柜电源。

（12）取下工件，关闭机床主机电源。

（13）清理机床。

第三节　电火花线切割加工

一、电火花线切割加工的基本原理

电火花线切割加工（Wire-cut Electrical Discharge Machining，WEDM）是在电火花加工基础上发展起来的一种新的工艺形式。它是利用线状电极（常采用钼丝或铜丝），在线状电极和工件之间通过脉冲火花放电来实现对工件的切割加工，故称为电火花线切割，其加工的基本原理如图 13-3 所示。

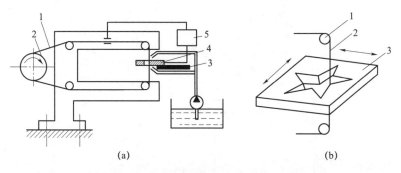

图 13-3　电火花线切割加工的基本原理

（a）加工原理示意图；

1—电极丝；2—滚丝筒；3—绝缘底板；4—工件；5—脉冲电源

（b）局部放大图

1—导向轮；2—电极丝；3—工件

在图13-3中，工件接脉冲电源的正极，电极丝接脉冲电源的负极。当加上高频脉冲电源后，在工件和电极丝之间产生很强的脉冲电场，使其间的介质被电离击穿，产生脉冲火花放电。与前述电火花加工一样，放电通道的瞬时高温使金属熔化（甚至汽化），同时高温也使电极丝和工件之间的工作液部分汽化，从而产生热膨胀和局部微爆炸特性，最终抛出熔化、汽化金属材料，实现对工件的电蚀切割加工。电极丝在储丝筒的作用下做正、反向交替运动，在数控系统的控制下，工作台带动工件相对电极丝在水平面内纵、横方向按照预定的程序运动，从而切割出需要的工件形状。

此外，为保证火花放电时电极丝不被烧断，线切割过程中还需要注意以下3点：

（1）不断向放电间隙注入工作液，以起到充分冷却电极丝的作用。

（2）电极丝必须做高速移动（速度为8~10 m/s），避免电极丝局部位置放电时间过长而导致烧断，还有利于带入新工作液和排出电蚀产物等。

（3）选择合适的脉冲参数，使电极丝和工件之间产生火花放电（而不是电弧放电），避免电极丝烧断，且可获得较高的几何精度和表面质量。

二、电火花线切割加工设备

电火花线切割机床根据走丝速度，通常可分为快走丝和慢走丝两类。

对于快走丝电火花线切割机床，其走丝速度为8~10 m/s，优点是加工效率高、电极丝可重复使用、成本低；缺点是高速走丝易造成电极丝抖动及反向时停顿，使加工精度降低、加工质量下降。最初，国产线切割加工设备中，绝大部分属于此类。

慢走丝电火花线切割机床的走丝速度为10~15 m/min，且电极丝做单向运动，其优点是加工精度和加工质量高；缺点是效率低、成本高。目前，国外生产的线切割机床多属于此类。

近年来，中走丝线切割机床因在效率、精度及成本等方面的综合优势而逐步成为主流，正在快速取代快走丝线切割机床。中走丝机床的走丝速度介于快走丝和慢走丝之间。

常见的数控电火花线切割机床主要由机床本体、脉冲电源、控制系统和工作液循环系统4部分组成，如图13-4所示。

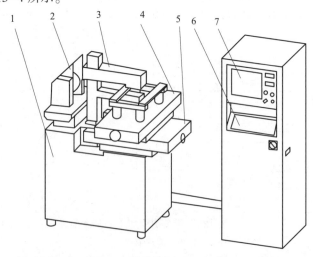

图13-4　数控电火花线切割机床的基本结构

1—床身；2—走丝机构；3—导丝架；4—Y向工作台；5—X向工作台；6—键盘；7—显示屏

1. 机床本体

机床本体主要包括床身、工作台、走丝机构、丝架以及夹具等，是线切割机床的机械系统。其中，工作台由电动机、滚珠丝杠和直线导轨组成，用于带动工件实现 X、Y 方向的直线运动。走丝机构由走丝电动机带动储丝筒做正、反向旋转，使电极丝往复运动并保持一定的张力，储丝筒在旋转的同时还做轴向移动。

2. 脉冲电源

脉冲电源由直流电源、脉冲发生器、前置放大器、功率放大器和参数调节器等组成，主要用于将普通交流电（50 Hz）转换成高频率的单向脉冲电压信号，加到工件与电极丝之间，进行电蚀加工。

3. 控制系统

控制系统是进行电火花线切割的重要组成部分，其主要作用是在加工过程中，精确控制电极丝相对于工件的运动轨迹，同时控制伺服进给速度、电源装置、走丝机构以及工作液系统等。

4. 工作液循环系统

工作液循环系统包括工作液箱、泵、阀、管道、过滤网和喷嘴等部分，主要用于提供切割加工时的工作液，起到冷却、排屑和迅速恢复绝缘的作用。

三、电火花线切割加工工艺

在进行线切割加工时，如何根据图纸要求，合理制定加工工艺路线，选择加工参数，是确保最终加工完成的零件达到设计要求的一个非常重要的环节。具体包括以下几个方面：

1. 工件材料的处理

一般情况下，线切割加工的效率相对于切削加工要低，因此，线切割加工一般作为零件的精加工。在进行线切割加工之前需要做一些准备工作，如打穿丝孔、切削加工、锻造、热处理、消磁处理或去氧化皮处理等，具体视图纸要求而定。

2. 电极丝的选择

选择电极丝时，应考虑需要加工的缝宽、工件厚度和拐角大小等因素。表 13-2 列出了常用电极丝的材质、特点及用途，供选择电极丝时参考。

表 13-2 常用电极丝的材质、特点及用途

材质	直径/mm	特点及用途
纯铜	0.1~0.25	丝不易卷曲，抗拉强度低，容易断丝，用于切割速度要求不高的精加工
黄铜	0.1~0.3	加工面的蚀屑附着少，表面粗糙度和平直度也较好，适于高速加工
钼	0.06~0.25	抗拉强度高，一般用于快走丝。在进行细微、窄缝加工时，也可用于慢走丝
钨	0.03~0.1	抗拉强度高，适于各种窄缝的细微加工，但价格高

3. 穿丝孔的设定

在线切割加工中，当坯料快切断时，会破坏材料内部应力的平衡状态而造成材料变形，影响加工精度，甚至会造成夹丝、断丝现象。因此，一般情况下，加工前最好设置穿丝孔，有助于使工件坯料保持完整，减少变形引起的误差。图 13-5 所示为有穿丝孔和没有穿丝孔的零件切割比较实例。在选择穿丝孔的位置时，一般设置在加工起始点附近，且选在已知坐标点上，以便于轨迹控制。穿丝孔的直径一般选为 $\phi3 \sim \phi10$ mm，不宜过大或过小。

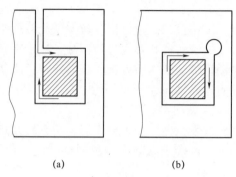

（a）   （b）

图 13-5 有无设置穿丝孔的比较实例

（a）不好；（b）好

4. 加工路线选择

选择加工路线应注意以下几点：

（1）加工路线距离端面（侧面）一般应大于 5 mm。

（2）加工路线尽量从远离夹具的方向开始，最后再转向工件夹具方向加工。

（3）当一块毛坯上需要切出两个或两以上零件时，应分别预设穿丝孔。

5. 工件的装夹

因为线切割加工过程中无明显的宏观作用力，因此，对工件装夹的要求也低。一般采用通用夹具加压板固定即可。常用的装夹方式有悬臂支撑、两端支撑、桥式支撑和板式支撑等，具体可根据坯料结构及实际需要进行选择。

在装夹工件时，还应注意以下几点：

（1）工件的基准面应该清洁、平整、无毛刺。

（2）工件装夹的位置应便于工件找正，且工件厚度不能高于丝架。

（3）对工件的夹紧力应均匀，不能使工件变形或翘起。

（4）批量加工时，可考虑采用专用夹具，以提高加工效率。

6. 工件的找正

工件安装到工作台上，夹紧前必须对工件进行找正。找正包括两部分内容：一是工件位置的校正，即使工件的定位基准面与机床运动的坐标轴平行，以保证切割后的表面与基准面之间的相对位置精度，一般借助于磁力表座和百分表（或千分表）即可完成；二是电极丝与工件的相对位置校正，可利用电极丝与工件接触时的短路特性进行测定，校正时应使电极丝的张力比实际加工时大 30%~50%，并让电极丝匀速运行，以保证精度。

四、电火花线切割加工编程基础

数控电火花线切割加工机床的编程方法可分为手工编程和自动编程两种。手工编程的工作量大，仅适用于结构简单的零件。当形状复杂时，手工编程容易出错。因此，当前的数控线切割机床一般都具有多种编程功能和仿真功能，以减少出错，并可提高工作效率。

从编程格式来讲，常见的线切割编程格式有 B 代码和 ISO（G 代码）格式两种。早期我国的快走丝线切割机床一般采用 B 代码格式（如 3B 格式），慢走丝线切割机床一般采用 ISO 格式。近年来，随着电火花线切割技术的发展，我国线切割加工机床的控制系统也逐步开始遵循国际规范，统一采用 ISO 格式编程。目前，市场上也有很多自动编程软件，同时兼有输出 B 代码和 G 代码以及扫描输入编程功能。

1. 手工编程

手工编程是指根据图纸要求，用规定的代码编写加工程序，通常可用 ISO 格式或者 3B 格式来手工编写线切割加工程序。现分别介绍如下：

1）ISO 程序格式

ISO 代码格式是国际标准化组织制定的通用数控编程格式，对于数控电火花线切割程序编制而言，同样需遵循和符合 ISO 标准及国家标准要求的坐标系规定、程序格式、结构、程序段和字的组成，等等。

线切割加工程序段的格式为

N_ G_ X_ Y_ I_ J_ _ ；

程序中：N——程序段号，其后为 1~4 位数字序号；

G——准备功能，其后的两位数字表示不同功能，常用的准备功能代码及含义见表 13-3；

X，Y——直线或圆弧终点的坐标值，单位为 mm；

I，J——圆弧的圆心相对于圆弧起点的坐标值，单位为 mm。

表 13-3　常用的准备功能代码及含义

G 代码	含义	G 代码	含义
G00	快速移动指令	G41/G42	丝径向左/右补偿指令
G01	直线插补指令	G90/G91	绝对/相对坐标指令
G02/G03	顺/逆时针圆弧插补指令	G92	系统工件坐标系设定指令
G40	取消丝径补偿指令	G84	校正电极丝指令

2）3B 程序格式

3B 程序段格式为

BX　BY　BJ　GZ；

程序中：B——分隔符，若 B 后的数字为 0，则 0 可省略；

X，Y——在加工直线时，起点设为坐标原点，（X，Y）为终点坐标值；而在加工圆弧时，圆心设为坐标原点，（X，Y）为起点坐标值；

J——计数长度（6 位数字，不够 6 位左侧以 0 补齐），以 μm 为单位，例如，J=3 680 μm，则 J 应写为 003680，当 X 或 Y 为 0 时可以不写；

G——计数方向，指明计数长度 J 的轴向，如 G_X、G_Y 分别表示计数方向是工作台 X 轴向和 Y 轴向；

Z——加工指令，共有 12 种，如图 13-6 所示。

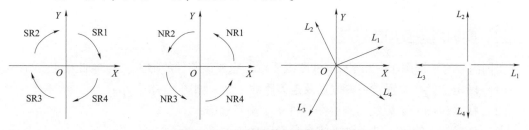

图 13-6　3B 格式的加工指令方向

2. 自动编程

自动编程是指绘制好图形之后，经过简单操作，即可由计算机自动输出加工程序。

自动编程分为三个步骤：绘制图形、生成加工轨迹和生成加工程序。对简单或规则的图形，可利用 CAD/CAM 软件的绘图功能直接绘制；对于不规则图形（或图像），可以用扫描仪输入，经位图矢量化处理后使用。前者能保证尺寸精度，适于有精度要求的零件加工；后者误差较大，适于工艺美术图案等零件的加工。

五、电火花线切割加工的操作流程

（1）熟悉线切割机床的安全操作规程。

（2）提前准备工件毛坯（必要时可预先打好穿丝孔）及压板、夹具等工具。

（3）机床主机及控制柜上电，进入线切割控制系统。

（4）解除机床主机上的急停按钮，空载运行 2 min，检查其工作状态是否正常。

（5）依据图纸要求，编制工件加工程序，并进行加工模拟，确保程序无误。

（6）根据工件厚度调整 Z 轴至适当位置，安装工件并夹紧。

（7）穿丝、电极丝找正，并选择合理的加工参数。

（8）在线切割机床控制系统界面中调入加工程序。

（9）运行加工程序开始加工。

（10）监控运行状态，如发现问题，及时处理。

（11）加工完成后，退出控制系统，关闭控制柜电源。

（12）取下工件，关闭机床主机电源。

（13）清理机床。

第四节　电火花加工技术训练实例

一、实训目的

（1）了解线切割加工的基本工艺；

（2）掌握线切割加工的编程方法；

（3）熟悉线切割机床的基本操作。

二、实训设备及工件材料

（1）实训设备：M635 中走丝数控线切割机床；

（2）工件材料：304 不锈钢。

三、实训内容及加工过程

实训内容为按照图 13-7 所示零件图纸要求，完成该零件的加工。具体加工过程如下：

（1）确定穿丝孔位置、装夹位置及走刀路线，结果如图 13-8 所示；

（2）在 WEDM-V2 版线切割绘图软件中绘制零件图；

（3）生成加工轨迹，进行轨迹仿真，确保轨迹无误；

（4）生成 G 代码加工程序，如表 13-4 所示；

（5）按照前述电火花线切割加工的操作流程操作机床，完成零件加工。

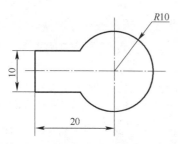

图 13-7　数控线切割加工实例图纸

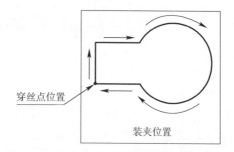

图 13-8　穿丝孔位置、装夹位置及走刀路线

表 13-4　G 代码加工程序

N10 T84 T86 G90 G92X-20. 000Y-5. 000；	N18 G02 X-8. 718 Y-5. 100 I8. 718 J-5. 100；
N12 G01 X-20. 100 Y-5. 100；	N20 G01 X-20. 100 Y-5. 100；
N14 G01 X-20. 100 Y5. 100；	N22 G01 X-20. 000 Y-5. 000；
N16 G01 X-8. 718 Y5. 100；	N24 T85 T87 M02；

图 13-9 所示为学生用数控电火花线切割机床完成的一些实训作品。

图 13-9　电火花线切割加工实训作品

知识拓展

随着智能制造技术的发展和制造业转型升级的加速，电火花加工技术将逐步向智能化、高效化、精密化和绿色化等方向发展。例如，通过开发智能控制系统，可以使电火花加工设备具有自编程、自检测、自优化甚至自决策功能，有效提高加工质量、加工效率和智能化水平。再如，通过电火花加工工艺、控制方法及设备结构改进等研究，可以有效提升电火花加工的精度（可达微米级），等等。

本章只是对常见的电火花加工工艺的基础知识、加工设备及基本操作进行了简要介绍，若想进一步深入学习相关的基本理论及关键技术，可参阅专业文献。

劳模工匠小课堂

王钦峰，男，汉族，1976 年，山东高密人，第十四届全国人大代表，山东豪迈机械科技股份有限公司电火花小组组长。他曾获山东省科学技术三等奖，获评全国劳动模范、全国五一劳动奖章，并连年被评为先进工作者和青年技术能手，现为"王钦峰技能大师工作室"领衔人。

　　王钦峰在电火花加工领域贡献卓越，同时，他在工作过程中展现出了极为敏锐的问题洞察能力以及出色的问题解决能力。1998年，豪迈公司新研发的轮胎模具专用电火花机床存在缺陷，使得客户满意度明显降低，而王钦峰负责售后，全心投入了机床"烧结"难题的求解中。那时的他时常背仪器外出维修，时常查阅参考资料改进设计图并反复试验，终于在1999年年末，他发明的"电火花防弧电路"研制成功，在全国同行业率先攻克机床"烧结"难题，成为我国电火花行业的一大技术革新。其中，电极损耗过快、加工精度不高这两个关键问题，也对生产效率和产品质量影响极大。王钦峰经多次试验、反复钻研，通过改良电极材料并优化加工参数等措施，使电极寿命倍增且加工精度达行业领先，为公司高品质轮胎模具生产筑牢了坚实的根基。

　　王钦峰工作极度认真，"轴"劲满满，故而"做啥啥行"。他参与设计研发了首台轮胎模专用电火花机床及具全国领先水平的第一代电气柜，还改进了电极夹具设计、开发了半钢模具加工工艺、进行了电加工镜面加工试验等，通过持续的劳动与创新，不断地创造着劳动的价值。他历经十几个工作岗位的锻炼，从操作工到机械设计、电气设计、售后服务、研发，再到担任车间主管、品保科科长、电火花小组组长，每一项工作他都全身心投入，力求精益求精。除8 h工作时间外，他曾在2014年加班超过800 h，等同于一年干了一年半的活，同事们称其工作常态为"5+2""白+黑"。

　　在王钦峰的带领下，团队始终专注于电火花加工技术的研究和创新。尽管成功解决和改进了80多项技术、装备问题，带领着技能大师工作室和劳模创新工作室，但他依然保持着初心，坚守着认真踏实的态度，他常说："世上最怕'认真'二字。只要认真，普通工人也能成专家和高技能人才。"王钦峰仍在继续为电火花加工技术的发展和创新贡献着自己的智慧和力量。他没有很多话，只有一颗不变的匠心。他的事迹是大国工匠精神的生动体现，激励更多人在工作中秉持认真精神，不断追求卓越。

第十四章
激光加工技术

内容提要：本章主要介绍激光加工技术相关的基础知识，包括激光加工的工作原理、加工特点以及常见的激光加工工艺、加工设备、基本操作以及训练实例等。

第一节 概　　述

激光技术是 20 世纪与原子能、半导体及计算机齐名的四大发明之一。自美国科学家梅曼（T. H. Maiman）1960 年研制成功世界上第一台激光器以来，激光技术逐步应用到机械、电子、航空航天、汽车、检测以及医疗等多个领域。

激光加工（Laser Beam Machining，LBM）是将亮度高、方向性好、单色性好和相干性好的激光，通过一系列光学系统聚焦成平行度很高的具有极高能量密度（$10^8 \sim 10^{10}$ W/cm^2）和 10 000 ℃以上高温的微细光束（直径几微米至几十微米），使材料在极短的时间内（千分之几秒甚至更短）熔化甚至汽化，从而达到去除材料目的的一种新的加工技术。其加工原理示意图如图 14-1 所示。

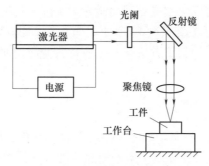

图 14-1　激光加工原理示意图

激光加工具有以下特点：

（1）功率密度高。激光加工的功率密度是当前各种加工方法中最高的，故几乎能加工所有的金属和非金属材料，特别是高硬度、高脆性及高熔点的材料，如耐热合金、高熔点材料、陶瓷、宝石及金刚石等。

（2）非接触加工。激光加工所用的工具是激光束，属于非接触加工，无明显的宏观机械力，无工具损耗问题，热影响区小，工件热变形小，加工质量高，对刚性差的零件可实现高精度加工，还可通过透明介质对密封容器内的工件进行加工。

（3）加工速度快。加工速度快，热影响区小，易于实现加工过程自动化。

（4）聚集光斑小。激光光斑大小可以聚集到微米级，输出功率可以调节，因此可用于精密微细加工，最高加工精度可达 0.001 mm，表面粗糙度 Ra 值可达 0.4~0.1 μm。

（5）加工方法灵活。激光器与数控系统结合后可对复杂工件进行加工。

第二节 激光加工的常见工艺及应用

一、激光打孔

孔加工是激光加工的重要应用领域之一。激光打孔主要用于小孔、窄缝的微细加工，异形孔的加工，以及多孔、密集群孔等的加工，加工直径可小到 0.001 mm，深径比可达 50：1。而且激光打孔速度快、效率高、精度高。若采用工件自动传送，还能连续进行激光打孔。激光打孔广泛应用于航空航天、汽车、电子仪表及化工等行业中，如火箭或柴油发动机的燃油喷油器打孔、化学纤维喷丝板打孔、钟表及仪表中的宝石轴承打孔、金刚石拉丝模加工等。

二、激光切割

激光切割采用连续或重复脉冲工作方式，激光束在照射的同时与工件做相对移动，若是直线切割，还可借助柱面透镜将激光束聚集成线，以提高切割效率。激光切割的切口窄、切割边缘质量好、噪声小，几乎没有切割残渣，切割速度快，成本也不高。它不仅可以切割金属，也可以切割玻璃、陶瓷、石英等硬脆材料以及工程塑料、木材、布料、纸张等。

三、激光雕刻

激光雕刻有时也称激光打标，主要是利用激光对工件进行局部照射，有选择性地去除表层物质，或者是导致表层物质发生化学物理变化而"刻"出痕迹，或者是烧掉部分物质，从而在工件表面留下标记的一种加工方法。其在各行各业应用非常广泛，例如制作各种工艺品图案、设备铭牌，等等。

四、激光强化

激光强化是快速进行局部表面淬火的一项新技术。激光强化处理后的工件表面硬度很高，比常规淬火硬度高 15%~40%。由于激光加热速度快，故淬火应力小、变形小，可对形状复杂的零件和不能用其他常规方法处理的零件进行局部强化处理。同时，零件内部仍保持较好的韧性，使零件的冲击韧性、疲劳强度得到了很大的提高。与其他表面热处理方法相比，激光强化工艺简单，生产率高，工艺过程易于实现自动化。

五、激光焊接

激光焊接是将高强度的激光束聚焦到工件表面，使辐射作用区表面的金属"烧熔"黏合而形成焊接接头的一种加工方法。激光焊接具有照射时间短、焊接过程快、不产生焊渣、不与工件接触等特点，因而发展迅速，应用非常广泛，例如汽车制造业和电子工业领域等。

除上述应用外，激光加工技术还在以极快的速度向前发展，如飞秒激光加工、激光超精细加工、激光熔覆、激光微型机械加工、激光化学沉积和激光物理沉积等。

第三节　激光加工常见设备及基本操作

激光加工设备一般主要由激光器、激光器电源、光学系统及机械系统等组成，其中，激光器是激光加工设备的核心部件。常见的激光器根据工作介质的不同，可分为固体激光器（如 YAG 激光器、红宝石激光器等）、气体激光器（如二氧化碳激光器、氦氖激光器等）、液体激光器、半导体激光器和自由电子激光器等。下面对常见的几种激光设备及基本操作加以简单说明。

一、激光雕刻（打标）设备

1. 激光打标机

图 14-2 所示为激光打标机，主要由激光电源（在主机柜中）、工控机（在主机柜中）、控制系统、激光器、工作台和冷却系统等组成。其结构比较简单，工作台可通过旋转手轮上下运动，以找正工件与激光器的相对高度，水平面内的相对位置找正则可借助控制软件及激光器联合完成。

图 14-2　激光打标机实物

1—水冷机；2—工作台；3—防护罩；4—激光器；5—工控机显示器；6—主机柜

激光打标机的基本操作流程如下：

（1）熟悉激光打标机的安全操作规程；

（2）主机上电，打开工控机，进行工作状态检查；

（3）根据工件厚度要求，调整工作台高度至合适位置；

（4）打开激光器电源，激光器上电；

（5）打开操作软件界面，读入激光打标机可识别的格式文件（如为其他格式，可借助软件转换）；

（6）放置并定位工件；

（7）设置打标参数，之后开始雕刻；

（8）监控运行状态，如发现问题应及时处理；

（9）打标完成后，恢复初始参数，依次关闭激光器、工控机和主机电源；

（10）取出工件。

图 14-3　激光内雕机实物图
1—主机；2—工控机；3—3D 相机

2. 激光内雕机

图 14-3 所示为激光内雕机，主要由主机（内有工作台、激光器、激光器电源、数控系统、电气系统）、工控机和 3D 相机（可选项）等部分组成。其中，工作台为 3 轴联动平台，可通过数控系统控制，实现工件与激光器在内雕过程中的相对运动。在工作台上还设置了一个简易工装，把工件（水晶块）的三个面靠上去，即可实现工件找正。3D 相机为可选项，激光内雕机在使用时，可以输入固定的文件格式，也可通过 3D 相机进行拍照，然后转成相应的格式进行输入雕刻。

激光内雕机的基本操作流程如下：

（1）熟悉激光内雕机的安全操作规程；

（2）依次打开工控机、主机电源和激光器电源，系统自检；

（3）打开操作软件界面，利用复位功能使系统复位（如工作台回到初始状态等）；

（4）放置并定位工件（一般为水晶块）；

（5）读入激光内雕机可识别的格式文件（如为其他格式，可借助软件转换）；

（6）设置内雕参数，如水晶块尺寸、移动步长及激光功率等，之后开始雕刻；

（7）监控运行状态，如发现问题应及时处理；

（8）打标完成后，依次关闭激光器、主机电源及工控机；

（9）取出工件。

二、激光切割设备

图 14-4 所示为激光切割机，通过调整功率参数也可实现雕刻功能，因此其属于切割雕刻一体机。它主要由机架、激光头移动装置、激光器、激光器电源、工作台、控制系统、电气系统和计算机（独立接口，这里未列出）等部分组成。其中，激光头移动装置为两轴联动平台，可通过控制系统实现工件与激光头在切割（或雕刻）过程中的相对运动（水平面内）。工作台可以通过旋转手轮上、下运动，用以实现工件与激光头在高度方向的找正。

激光切割机的基本操作流程如下：

（1）熟悉激光切割机的安全操作规程；

（2）主机上电，设备初始化，系统复位；

（3）打开激光器电源，激光器上电；

图 14-4　激光切割机实物图
1—机架；2—激光头移动装置；3—激光头；
4—工作台；5—板料；6—操作面板

（4）利用主机操作面板，调整激光器和板料的相对位置，确定切割位置；

（5）根据工件厚度要求，调整激光器与板料的相对高度，实现对焦；

（6）开启计算机，打开激光切割操作软件界面；

（7）读入激光切割机可识别的格式文件（如为其他格式，可借助软件转换）；

（8）设置切割参数，开始切割；

（9）监控运行状态，如发现问题应及时处理；

（10）切割完成后，依次关闭激光器、主机电源和计算机；

（11）取出工件。

三、激光加工实训作品

图 14-5 所示为学生用激光加工设备完成的一些实训作品。

(a)   (b)   (c)

图 14-5　激光加工实训作品

（a）球形模型；（b）文创作品；（c）天坛模型

第四节　激光加工技术训练实例

一、实例 1-激光雕刻及切割

1. 实训目的

（1）了解激光切割的基本原理；

（2）熟悉激光切割机的基本操作。

2. 实训设备及工件材料

（1）实训设备：激光切割机；

（2）工件材料：亚克力板。

3. 实训内容及加工过程

实训内容为将图 14-6 所示图案雕刻在给定亚克力板上。具体加工过程如下：

（1）依次打开激光切割机主机、工控机及激光器电源，进行工作状态检查；

（2）单击开启激光切割机操作软件；

（3）读入图 14-6 所示图案文件，并设置打标参数；

（4）将空白亚克力板放置在工作台上的给定位置；

（5）按照前述激光切割机的操作流程操作设备，完成零件加工。

零件加工完成后的效果如图 14-7 所示。

图 14-6　激光雕刻图案及外轮廓　　　　图 14-7　实物效果图（含底座和灯光）

二、实例 2-激光内雕

1. 实训目的

（1）了解激光内雕的基本原理；

（2）熟悉激光内雕机的基本操作。

2. 实训设备及工件材料

（1）实训设备：激光内雕机；

（2）工件材料：水晶块。

3. 实训内容及加工过程

实训内容为将图 14-8 所示三维模型雕刻在给定的水晶块上。具体加工过程如下：

（1）依次打开工控机、主机电源和激光器电源，进行系统自检；

（2）单击开启激光内雕机操作软件；

（3）读入图 14-8 所示三维图文件，并设置内雕参数；

（4）将空白水晶块放置在工作台上的给定位置；

（5）按照前述激光内雕机的操作流程操作设备，完成零件加工。

零件加工完成后的效果如图 14-9 所示。

图 14-8　激光打标实例图案（水瓶座模型）　　　　图 14-9　实物效果图

🌀 **知识拓展**

随着光学元件性能、激光束聚集和定位技术以及误差检测与补偿技术的发展，激光加工的精度不断提高。例如应用于微纳加工领域，可满足半导体芯片、光学器件等零件高精度制造的要求。同时，高功率激光器的发展、智能控制系统的升级以及多光速技术的应用，也大大提高了激光设备的加工效率、拓宽了加工范围、提升了加工质量及自动化、集成化与智能化水平。

本章只是对常见的激光加工工艺的基础知识、加工设备及基本操作进行了简要介绍，若想进一步深入学习相关的基本理论及关键技术，可参阅专业文献。

劳模工匠小课堂

南利军，男，满族，中共党员，中国北车集团大同电力机车有限责任公司备料车间激光切割组组长，获评全国劳动模范荣誉称号。

南利军的日常工作是与国内外各种先进的数控激光切割设备打交道。2002年，公司引进了第一台瑞士激光数控切割机，他被选调到这台设备上担任第一操作者。面对全英文的设备说明书，南利军没有退缩，他一边虚心向外国专家请教，一边利用业余时间自学英文，啃下了这个硬骨头——熟练掌握了进口激光切割机的全部操作与原理。

他娴熟地操纵着激光切割机，细致地在电脑上调节各项数控参数，随即在一块约 4 m² 的平板材料上，响起"嗞嗞"声，火花四溅，激光切割机如同在材料上翩翩起舞，转眼间，坚硬的碳钢板被切割成了数十种形态各异的部件。而剩余的这些不能再切割的材料，才是真正的边角余料。这就是南利军在生产中创新提出的"优化套裁切割作业法"。该方法极大地提高了原材料的利用率，还为和谐 2 型电力机车的受电弓生产节约了超过 300 万元的原材料成本，同时使生产效率提升了 27%。

公司拥有五台国际领先的激光切割机，但这些设备在设计时并未考虑到管材、角钢、槽钢等型材的切割需求。如果采用传统的型材加工方法，不仅耗时过长且效率低下，还需要经过复杂的工装夹紧、划线、打样冲孔等工序，最后再用钻床完成加工。这种工艺流程不仅劳动强度大，而且生产周期长。因此，南利军开始思考如何利用激光技术来解决快速加工的问题。他充分利用激光的高能量特性，通过聚焦产生的高温来熔化和穿透材料，同时使用高速气流将熔化物清除，实现材料的高速切割。经过一系列的试验和探索，他成功开发出了一种"二次定位激光切割法"，不仅能够切割管件上的圆孔，还能保证其切割质量。同时，他针对不同金属特征，改变固有的切割参数，利用系数补偿的方式进行切割，不仅降低了切割面的表面粗糙度，还能有效延长割嘴的使用寿命。

南利军不仅操作技能精湛，还能做到毫无保留地将所学传授给班组其他成员，关注整个团队的技能水平同步提升。他所带领的激光切割组，产品优质品率一直保持在 98.7% 以上，质量事故和安全事故全部为零，以此保证了高质量的"大同机车"走出国门、走向世界。他的团队也被国务院国资委授予了"学习型红旗班组"、被全国总工会授予了"全国工人先锋号"的称号。

激光加工是一个涉及光学、机械、数控等多个跨学科领域的技术，需要掌握光学、机械、数控原理等方面的复合型知识，而南利军凭借自己的勤奋和智慧，用激光加工设备舞出了绚丽人生。从一名普通操作工到全国劳动模范，南利军的成长历程是一段不断学习、探索和创新的历程，他不仅是大同电力机车的骄傲，他对工匠精神的诠释更是中国制造业的宝贵财富。

第十五章

增材制造技术

内容提要：本章主要介绍增材制造技术的概念、基本原理及特点，着重展开增材制造的典型工艺，介绍增材制造技术的应用及发展趋势，以一个 3D 打印实践案例介绍 3D 打印的全过程。

第一节 概　　述

快速成型（Rapid Prototyping, RP）诞生于 20 世纪 80 年代后期，是基于材料堆积法的一种新型技术，被认为是近年来制造领域的重大成果之一。它是可以快速并精确地将设计思想转变为具有一定功能的原型或直接制造零件，从而为零件原型制作、新设计思想的校验等方面提供高效、低成本的一种实现手段。快速制造（Rapid Manufacturing, RM）有狭义和广义之分，狭义上是基于激光粉末烧结快速成型技术的全新制造理念，属于快速成型技术中的一个分支；广义上快速制造包括"快速模具"技术和 CNC 数控加工技术。

增材制造（Additive Manufacturing, AM）包括 RP 和 RM 技术。材料试验协会（American Society for Testing Materials, ASTM）将其定义为："Process of joining materials to make objects from 3d model data, usually layer upon layer, as opposed to subtractive manufacturing methodologies."即一种与传统的材料去除加工方法截然相反的，通常采用逐层制造的方式，通过增加材料直接制造与相应三维物理实体模型一致的制造方法。这一定义在国际上得到了广泛的认可与采纳。因其过程很像打印机的打印过程，所以增材制造常被称为 3D 打印，其制造过程被称为"打印"。

增材制造技术的核心制造思想最早起源于美国，增材制造技术在国内外的发展概况如表 15-1 所示。

表 15-1　增材制造技术在国内外的发展概况

年代	事件	国内或国外
1983 年	美国科学家查尔斯·胡尔（Charles Hull）发明光固化成型技术（Stereo Lithograhy Appearance, SLA）并制造出全球首个增材制造部件	国外
1987 年	3D Systems 发布第一台商业化增材制造设备——快速成型机立体光刻机 SLA-1，全球进入增材制造时代	国外
1988 年	美国 Stratasys 公司首次提出熔融沉积成型技术（Fused Deposition Modeling, FDM）	国外

续表

年代	事件	国内或国外
1990 年至今	增材制造技术实现了金属材料的成型，进入了直接增材制造阶段，相继出现了电子束选区熔化技术（Electron Beam Melting，EBSM）、电子束自由成型制造技术（Electron Beam Free-form Fabrication，EBFF）、等离子增材制造技术（Ion Fusion Formation，IFF）、电弧增材制造技术（Wire Arc Additive Manufacture，WAAM）等一系列制造工艺	国外
2013 年	美国麻省理工学院研发了四维打印技术（Four Dimensional Printing，4DP），利用记忆合金，在 3D 打印的基础上增加了第四维度——时间	国外
20 世纪 90 年代初	清华大学开展了 FDM、EBM（Electronic Beam Melting，电子束熔化）和生物 3DP 打印技术的研究；华中科技大学开展了 LOM（Laminated Object Manufacturing）、SLS（Selective Laser Sintering）、SLM（Selective Laser Melting，激光选区熔化）、WAAM（Wire and Arc Additive Manufacture，电弧熔丝增材制造）等增材制造技术的研究	国内
1992 年	完成了对用户开放的快速原型制造（RPM）研究与开发平台，随后开发出拥有自主知识产权的多功能快速原型制造系统，这是世界上唯一拥有两种快速成型工艺的系统	国内
2000 年	初步实现了 3D 打印设备的产业化，全国建成 20 多个服务中心，推动了国内 3D 打印制造技术的发展	国内
2005 年	实现了三种激光快速成型钛合金结构件在两种飞机上的装机应用，成为世界上第二个掌握飞机钛合金结构件激光快速成型装机应用技术的国家	国内
2019 年	通用航空研发出世界上第一台采用 3D 打印组件的涡轮螺旋桨发动机	国内
2022 年	生物 3D 打印机制造出了心肌组织与毛细血管，这些成就标志着中国在 3D 打印技术领域的国际领先地位	国内

第二节　增材制造的原理及特点

一、增材制造的原理

增材制造相对于传统的减材成型和受压成型，是一种材料累积的制造方法，又称堆积成型，主要利用机械、物理、化学等方法，通过有序地添加材料而堆积成型，不需要传统的刀具、夹具及多道加工工序，在一台设备上可快速而精密地制造出任意复杂形状的零件，从而实现"自由制造"，解决许多过去难以加工的复杂结构零件的成型问题，并大大减少了加工工序，缩短了加工周期。

增材制造的实现过程，要先设计出所需零件的计算机三维实体模型，再利用 CAD 软件对三维模型进行离散化处理，用 CAM 软件对三维模型进行切片分层，然后将每层切片的几何信息和生成该切片的最佳扫描路径信息直接存入数控系统的命令文件中；以数字模型文件为基础，通过软件与数控系统将专用的金属材料、非金属材料以及医用生物材料，按照挤压、烧结、熔融、光固化、喷射等方式逐层堆积，使零件实体不断增长，从而加工出实体物品，如图 15-1 所示。

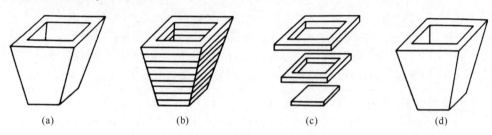

图 15-1 增材制造技术原理

（a）零件 CAD 三维模型；（b）分层切片过程；（c）打印堆积过程；（d）零件实体

二、增材制造的特点

增材制造技术的主要优势：

（1）可制造复杂零件。由于增材制造是基于材料"分层制造，逐层堆积"的原理，所以可加工性与零件的复杂度基本无关，非常适合加工各类形状复杂的零件，如模具型腔、叶轮、手机机壳、牙齿以及工艺品等。

（2）生产周期短，加工效率高，产品多样化不增加成本。增材制造无须各种辅助工装夹具、刀具及模具投入，加工周期短，且成本仅与设备的运维成本、材料成本及人工成本有关，与产品批量关系不大，非常适合单件、小批量及新研发产品的制造。

（3）零技能制造。批量生产和计算机控制的制造机器降低了对技能的要求，并能在远程环境或极端情况下为人们提供新的生产方式。

（4）低碳环保，绿色制造。增材制造产生的废弃物少，且振动、噪声小，利于环保，实现绿色制造。

（5）近净成型，材料利用率高。所有近净成型工艺当中，增材制造是近净成型水平最高的工艺，其后续机加工所必须切削掉的材料数量较少。

（6）可成型任意形状结构件，实现设计、制造一体化。增材制造通过分层制造可以同时打印一扇门及上面的配套铰链，不需要组装，省略组装就缩短了供应链，节省了在劳动力和运输方面的花费。

增材制造技术有很多优势，但同时也有一定的限制，例如材料的限制、机器的限制及成本的限制等。

第三节 增材制造的典型工艺

近年来，随着增材制造技术迅速发展，目前已有近十种典型的工艺方法，如熔融沉积型（FDM）、光固化成型（SLA）、选择性激光烧结成型（SLS）、叠层实体成型（LOM）以及掩膜固化法（SGC）、三维打印成型法（3DP）等。这里主要介绍目前常用的且比较成熟的四种工艺方法。

一、熔融沉积成型（Fused Deposition modeling，FDM）

熔融沉积成型是利用丝状热塑性材料的热熔性、结性，在计算机控制下连续送入喷头后在其中加热熔融并挤出喷嘴，逐步堆积成型的工艺方法。熔融沉积成型的工艺原理如图15-2所示。在加工过程中，成型材料由供丝装置送至喷头，通过喷头时被加热熔化成熔融状态，喷头在计算机控制下，按照模型的截面形状信息与X-Y工作台做相对运动，同时将熔化的材料涂覆在工作台上，快速冷却后形成一层截面轮廓；然后，工作台下降一个层高，按照上述流程继续进行第二层的成型。经过不断重复上述过程，层层堆积，最终成型出所需零件。

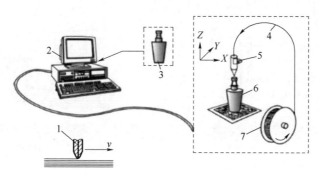

图15-2　熔融沉积成型的工艺原理
1—喷头；2—计算机；3—模型；4—丝；5—喷头；6—工件；7—丝轮

由此可见，熔融沉积成型是利用热效应来实现工件的成型，成型材料通常为热塑性材料（如铸造石蜡、尼龙和ABS塑料等），具有加工效率高、材料利用率高、成型材料来源广、种类多和成本低等优点；缺点是成型精度低、速度较慢、悬臂件需要支撑等。目前熔融沉积成型主要用于小型塑料件成型及模具、汽车、医学、教育等领域。

二、光固化成型（Stereo Lithography Apparatus，SLA）

光固化成型也称立体光刻或立体造型，其工艺原理如图15-3所示，是使用光敏树脂为材料，通过紫外线或其他光源照射凝固成型，逐层固化，最终得到完整的产品。在成型过程中，液槽中盛满液态光固化树脂，工作台在液面下，计算机控制紫外激光束聚集后的光点按零件的各分层截面信息在光敏树脂表面进行逐步扫描，使被扫描区域的光敏树脂薄层产生光聚合反应而硬化，形成零件的一个薄层。第一层固化完成后，工作台下移一个层厚距离，一层新的液态光敏树脂又覆盖在已扫描固化过的薄层表面，按照上述流程在原先固化好的树脂表面完成第二层的固化成型，新成型的固化层会牢固地黏结在前一层上，如此反复直至整个零件制作完成。

光固化成型工艺可以直接制造塑料制品，表面质量好、原材料利用率高，但需要支撑，原材料及设备成本高。目前光固化成型主要用于产品外形评估、功能试验及各种经济模具的制造。

三、选择性激光烧结成型（Selective Laser Sintering，SLS）

选择性激光烧结是利用粉末材料在激光照射下烧结固化，在计算机控制下层层堆积成型的工艺方法，采用的成型材料主要是粉末状材料（如蜡粉、塑料粉、金属粉和陶瓷粉等），其工艺原理如图 15-4 所示。在成型过程中，先将粉末状材料预热到稍低于其熔点的温度，再在刮平辊子的作用下将粉末铺平；然后计算机控制激光束按照截面轮廓信息对截面的实心部分所在的粉末进行扫描，使扫描到的粉末温度升至熔点，粉末颗粒交界处熔化且相互黏结，得到一层轮廓；工作台下降一层高度，再进行下一层的铺料和烧结。不断重复此过程，直到整个零件成型完毕，最后去掉多余粉末材料即可。

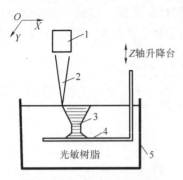

图 15-3　光固化成型工艺原理
1—扫描系统；2—激光束；3—零件；
4—托板；5—树脂槽

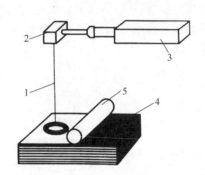

图 15-4　选择性激光烧结成型工艺原理
1—激光束；2—扫描镜；3—激光器；
4—粉末；5—压辊

选择性激光烧结成型工艺的突出优点是能加工出坚硬的原型或零件，无须支撑结构，材料利用率高；缺点是精度不够高，制造和维护成本高。目前选择性激光烧结成型主要用于制造模具及 EDM 电极等，此外在逆向工程和医学上也有广阔的应用前景。

四、叠层实体成型（Laminated Object Manufacturing，LOM）

叠层实体成型工艺是利用激光或刀具切割薄层纸、塑料薄膜、金属薄板或陶瓷薄片等片层材料，得到零件的一个薄层，通过热压或其他形式层层黏结、层层切割，最后去掉多余的部分，获得三维实体的方法。采用的成型材料主要是薄片材料（如纸、塑料薄膜、箔材等），其工艺原理如图 15-5 所示。

加工时，热压辊热压片材使其与下面已成型的工件粘接；用二氧化碳激光器在刚粘接的新层上切割出零件截面轮廓和工件外框，并在截面轮廓与外框之间多余的区域内切割出上下对齐的网格；激光切割完成后，工作台带动已成型的工件下降，与带状片材（料带）分离；供料机构转动收料轴和供料轴，带动料带移动，使新层移到加工区域；工作台上升到加工平面；热压辊热压，工件的层数增加一层，高度增加一个料厚，再在新层上切割截面轮廓。如此反复直至零件的所有截面粘接、切割完成，即得到分层制造的实体零件。

叠层实体成型最大的优势在于制作效率高、速度快，最大的不足是材料种类少，目前在产品概念设计可视化、

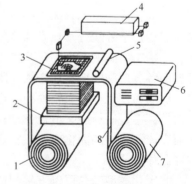

图 15-5　叠层实体成型工艺原理
1—收料轴；2—升降台；3—加工平面；
4—二氧化碳激光器；5—热压辊；
6—控制计算机；7—料带；8—供料轴

造型设计评估、装配检验、熔模铸造型芯、砂型铸造木模以及直接制模等方面应用较多。

第四节　常用3D打印设备及基本操作

3D打印设备种类繁多，不同品牌、不同工艺，其结构差异也很大。常见的3D打印设备有熔融沉积型3D打印机（桌面3D打印机）、光固化3D打印机、选区激光烧结快速成型机及3DP喷墨金属打印机等，如图15-6所示。

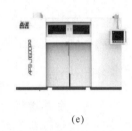

（a）　　　　　　　（b）　　　　　　　（c）　　　　　　　（e）

图15-6　常用3D打印设备

（a）熔融沉积型3D打印机；（b）光固化3D打印机；（c）选区激光烧结快速成型机；（d）3DP喷墨金属打印机

以熔融沉积型3D打印机为例，介绍3D打印设备的基本操作流程。

（1）熟悉3D打印机的安全操作规程，然后将3D打印机上电，进行工作状态检查。

（2）开启计算机，打开3D打印机操作软件界面，并单击"初始化"菜单，系统开始复位自检。

（3）打开3D打印机可识别的格式文件（一般为.stl格式，如为其他格式，可借助软件转换），然后布局模型，将模型放置在合适位置，并设置分层厚度、填充形式、支撑形式等打印参数，开始打印。

（4）打印完成后，取出工件，同时去除工件支撑，修整工件，最后关闭3D打印机。

第五节　3D打印技术训练实例

一、实训目的

（1）了解3D打印的基本原理；
（2）熟悉3D打印机的基本操作。

二、实训设备及工件材料

（1）实训设备：3D打印机；
（2）工件材料：ABS（丝材）。

三、实训内容及加工过程

按照图15-7所示，利用给定3D打印机打印滚动轴承，具

图15-7　3D打印实践案例

体加工过程如下：

（1）3D打印机上电，进行工作状态检查；

（2）开启计算机，打开3D打印机操作软件界面，并单击"初始化"菜单，系统开始复位自检；

（3）读入图15-7所示模型文件，并调整模型大小与布局；

（4）设置分层厚度、填充形式、支撑形式等打印参数，系统自动分析出所用材料质量及打印时间；

（5）打印完成零件加工；

（6）打印完成后，取出工件，借助手工工具分离和清理底板，并将底板放回3D打印机工作台，同时去除工件支撑，修整工件。

知识拓展

目前，金属增材制造技术发展迅速，各国研究机构都在加大力度投入大量资源进行科研攻关，在增材设备、制造工艺、参数优化、零件质量控制及后续处理等方面开展研究。

（1）金属增材制造材料的扩展，已有超过5 000多种的金属和金属合金材料应用于工业产品中。在金属增材制造技术中，原料金属可以是金属丝或微米级粉末，常用的打印材料有钛合金、钴铬合金、钢及镍合金、钴铬合金及铝合金。

（2）金属增材制造装备向大尺寸、小尺寸和高速/超高速打印构件发展，多功能、智能化、移动式的金属增材制造装备也是发展趋势。另外，金属增材制造装备在打印过程中，智能监控和缺陷自动识别也是未来的发展方向。

（3）向增减材智能制造一体化方向发展。增材制造在成型方面具有速度快、机构易构性高、自动化程度高等优点，传统减材制造对零件精加工和表面处理，如提高准确度、精密度和表面粗糙度等方面具有很大优势。

基于现有加工技术，结合不同工艺优势，开发以增减材制造一体化为理念的复合加工快速成型系统，采用增材成型、减材加工，"先增后减，边增边减"的加工顺序，实现零件加工的一体化。

劳模工匠小课堂——3D打印

覃懋华，男，广西玉柴机器股份有限公司工艺技术部模具钳工，享受国务院政府特殊津贴。他曾荣获全国劳动模范、广西壮族自治区劳动模范，获评2020年全国先进工作者。

覃懋华出身模具钳工，具有扎实精湛的手工技艺基础。面对行业技术革新，自2006年起，覃懋华便投身于3D打印技术在模具制造中的应用研究。习惯了使用锉刀、凿子、锤子的他，突然转向电脑操作，起初确实有些不适应，"一切都是空白，可以借鉴的经验不多。手会颤抖，但心中不能有恐惧"覃懋华说。

当时，整个单位只有唯一的一台3D打印机，它既珍贵又娇气，随时会出现设备供料问题、细小部件变形、激光光路偏移等，覃懋华几乎整天都围着它转。他随身携带笔记本，随时记录下设备运行中的各种数据、参数变化以及遇到问题时的思考方向。他白天在车间里反复试验、观察，晚上则翻阅大量专业书籍、研究资料，刻苦钻研理论知识，力求将理论与实践紧密结合。针对供料问题，他深入了解工作温度、传输系统、材料特性；面对部件变形，他通过反复试验，创新性地提出了整体酒精加热法，利用酒精均匀喷洒固化材料；对于激光光路偏移，他则前往上海等地进行技术交流学习……从材料选择到设备操控，从个性化定制到技术攻坚，覃懋华始终勤奋如初。

　　然而面对重量达到 4~5 t 的大型模具，若继续使用增材制造方法，将导致巨大的工作量和昂贵的成本。覃懋华和他的团队凭借多年的技术沉淀，开发了一种结合 3D 打印和数字化减材工艺的快速制造方法，仅用不到半年的时间就完成了传统制造工艺三年才能完成的新产品试制量。过去，产品的任何修改都意味着要重新制作模具，这将涉及工艺流程、数控加工、镗床、钻床和钳工装配、划线等多个环节的重复工作。而现在，利用 3D 打印技术研发时间短、生产速度快、价格可接受的优势，只需在三维设计模型中进行修改即可。以制造一个六缸柴油机的机体毛坯为例，传统工艺需要 3 个月的时间，而采用这种快速成型方法只需大约 20 天。

　　他带领团队成功研制了包括引擎缸体、缸盖、进气道在内的多种型号铸件，总数超过 300 件，完成了 167 项技术攻关，取得了丰硕的创新成果。至今，玉柴所推出的新型号样机均借助 3D 打印技术辅助制造过程，覃懋华为企业节约了模具开发等成本超过 6 000 万元，并创造了约 2 亿元的间接经济收益，在 8 年时间里培养出 26 名技师、8 名高级技师。

　　20 余年的职业生涯中，他始终奋战在生产一线。覃懋华说："做每一件事情都要像工匠一样，把活做细、做精、做专，只要肯努力，就可以活出精彩的人生。"近来，他们踏上了更高水平的塑料模、金属模 3D 打印技术创新征程，为同行树立了标杆，也为企业和行业的创新发展注入了强大动力。

第十六章
其他特种加工技术

内容提要： 本章主要介绍超声波加工技术、电解加工技术、电子束和离子束加工技术以及水射流加工技术的工作原理、加工特点及应用领域等。

第一节　超声波加工技术

一、超声波加工的基本原理及特点

超声波加工也称超声加工，是指利用以超声频做小振幅振动的工具头，激励悬浮液磨料对工件表面进行撞击抛磨，使局部材料被蚀除的一种加工方法，其加工的工作原理如图 16-1 所示。

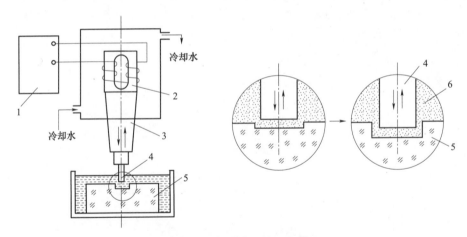

图 16-1　超声波加工的工作原理
1—超声波发生器；2—换能器；3—变幅杆；4—工具；5—工件；6—磨料悬浮液

加工过程中，超声波发生器将工频交流电能转变为有一定功率输出的超声频电振荡，再通过换能器将其转变为超声频机械振动（振幅一般为 0.005~0.01 mm）。因振幅较小，故需要通过变幅杆增大振幅（一般为 0.1~0.15 mm），并带动固定在变幅杆上的工具头以超声频率（常用频率为 1.6~2.5 kHz）振动，从而激励工作液中的悬浮磨粒以极高的速度强力冲击工件表面，在被加工表面形成很大的压强，使工件局部材料发生变形，当达到其强度极限时，材料将发生破坏，而成为粉末被打击下来。虽然每次打击下来的材料不多，但打击次数很多（每秒钟 16 000 次以上）。同时，悬浮液磨料在工具的高频振动下还会对工件表面产生抛磨作用。又由于超声振动产生的空化现象，故会在工件表面形成液体空腔，促使工作液及磨料进入被加工表面材料的裂缝处，空腔的瞬时闭合会产生强烈的液压冲击，进一步强化了加工过程。随着悬浮液磨料的不断循环作用，加工产物不断被排出，最终实现工件的加工成型。

超声波加工的特点如下：

（1）适合加工各种硬脆材料，特别是不导电材料，如玻璃、陶瓷、半导体锗、硅、玛瑙、宝石和金刚石等非金属材料。此外，对于导电的硬质金属材料，如淬火钢也能进行加工，但效率低。

（2）工具可用较软的材料做成较复杂的形状，工具和工件之间的相对运动简单，故超声加工机床结构简单，操作、维修方便。

（3）工件上被加工出的形状与工具形状一致，可以加工型孔、型腔及成型表面等。

（4）去除加工材料是靠磨料瞬时的局部撞击和抛磨作用，工件表面的宏观作用力很小，切削应力、切削热也很小，不易引起变形及烧伤，故可加工薄壁、窄缝及低刚度零件。超声波加工的表面粗糙度 Ra 值可达 1~0.1 μm，加工精度可达 0.01~0.02 mm。

二、超声波加工的应用

超声波加工设备一般由超声波发生器、超声振动系统、机床本体、磨料工作液循环系统等组成，常用磨料有氧化铝、碳化硼、碳化硅及金刚砂等。因其加工精度较高、表面粗糙度较小，故近年来超声波加工的应用越来越广泛，主要体现在以下几个方面。

1. 成型加工

超声波成型加工可用于各种型孔、型腔及套料等的加工。图 16-2 所示给出了一些实例。

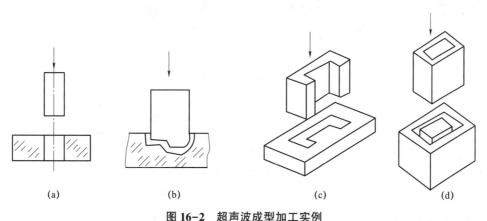

图 16-2　超声波成型加工实例

（a）圆孔；（b）型腔；（c）异形孔；（d）套料

2. 切割加工

超声波切割加工适用于切割脆硬材料，具有切片薄、切口窄和经济性好等优点，例如半导体材料。

3. 焊接加工

超声波焊接的工作原理是利用超声频振动的作用，去除工件表面氧化膜，然后在两个被焊接工件表面分子的高速振动撞击下，摩擦发热、亲和并黏结在一起。超声波焊接可用于对塑料和表面易生成氧化膜的铝制品进行焊接，还可对陶瓷等非金属表面挂锡、挂银及涂覆熔化的金属薄层，以改善材料的可焊性。

4. 超声波清洗

超声波清洗主要是基于超声频振动，在工作液中产生交变冲击波和空化效应，冲击波直接作用到被清洗部位的污物上，并使之脱落下来的一种方法。其主要用于清洗几何形状复杂、质量要求高的中、小型精密零件，特别是窄缝、细小深孔、弯孔、盲孔及沟槽等部位的清洗。

第二节　电解加工技术

一、电解加工的基本原理及特点

电解加工是利用金属在电解液中产生阳极溶解的电化学反应对金属材料进行加工的一种方法，其工作原理如图 16-3 所示。

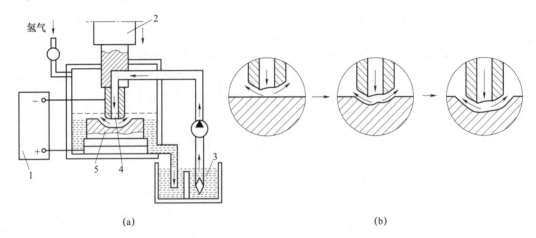

(a)　　　　　　　　　　　　　　　(b)

图 16-3　电解加工的工作原理

（a）加工原理示意图；（b）局部放大图

1—直流电源；2—进给机构；3—电解液；4—工具电极；5—工件

在进行电解加工时，工件和工具分别接入具有低电压和大电流直流电源（一般 6~24 V，500~20 000 A 可调）的正（阳）、负（阴）两极，两电极间的间隙保持在 0.1~1 mm，具有一定压力的电解液从两电极间隙中高速流过，此时二者之间会产生电化学反应，工件上与工具阴极对应的部分会迅速溶解，并随电解液冲出。当工具阴极向工件持续进给并始终保持一定间隙时，工件就会不断溶解，待工具阴极到达预定深度时，即可获得与工具电极相吻合的加工零件。

电解加工的特点如下：

（1）可加工形状复杂的型面或型腔等零件。

（2）可加工高硬度、高强度和高韧性等难切削的金属材料，如淬火钢、高温合金、钛合金等。

（3）加工过程中无宏观作用力，无残余应力，表面质量高，适于加工薄壁等低刚度零件。

（4）加工效率高，工具电极无损耗。

（5）加工出的零件尺寸精度不高。

（6）电解液对机床有腐蚀作用，电解废料回收困难。

二、电解加工的应用

电解加工主要用于难加工材料及复杂型面、型腔、型孔、套料和薄壁零件等的加工，如锻模型腔、复杂形状叶片、炮管膛线、花键孔、深孔和内齿轮等的加工。

第三节　电子束和离子束加工技术

一、电子束加工的原理、特点及应用

电子束加工是指利用高能量汇聚电子束的热效应对材料进行加工的一种方法，其工作原理如图 16-4 所示。在真空条件下，由电子枪产生的电子经加速和电磁透镜聚集后，轰击工件的被加工表面，在轰击处形成局部高温，使材料瞬时熔化、汽化而被去除，达到加工的目的。由于电子的质量非常小，故电子束加工主要是靠电子高速运动撞击材料时产生的热效应来加工零件的。

电子束加工具有以下特点：

（1）电子束可实现极其微细的聚集（可达 0.1 μm），实现精密微细加工。

（2）加工材料的范围广。如可对高强度、高硬度、高韧性的材料以及导体、半导体和非导体材料进行加工。

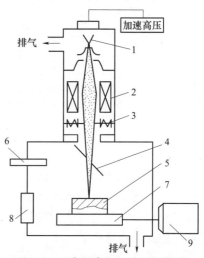

图 16-4　电子束加工的工作原理

1—电子枪；2—电磁透镜；3—偏转器；
4—反射镜；5—工件；6—观察窗；
7—工作台；8—窗口；9—驱动电动机

（3）因电子束能量密度高，故加工效率高，可加工微孔、窄缝。

（4）在真空条件下加工，污染少，适于加工易氧化金属、合金材料或纯度要求特别高的半导体材料。

（5）主要靠瞬时热效应去除材料，无明显宏观应力和变形。

（6）电子束的强度和位置易于通过电、磁方法控制，加工过程易于实现自动化。

电子束加工主要用于精密微细加工，如难加工材料的打孔、切割、焊接等的精加工以及光刻化学加工等，尤其在微电子学领域应用广泛。

二、离子束加工的原理、特点及应用

离子束加工是指在真空条件下，将惰性气体（如氩、氪及氙等气体）电离产生离子束，并经加速、集束聚集后轰击到工件加工部位，实现去除材料的一种加工方法。其工作原理与电子束加工类似，如图 16-5 所示。在真空条件下，惰性气体由入口注入电离室，灼热的灯丝发射电子，电子在阳极的吸引和电磁线圈的偏转作用下，向下做高速螺旋运动。惰性气体在高速电子的撞击下被电离成离子，并形成高速离子束流撞击在工件被加工表面上，引起材料的变形、破坏和分离，最终形成所需零件。由于离子带正电荷，其质量是电子的千万倍，因此离子束加工主要靠高速离子束的微观机械撞击动能来实现。

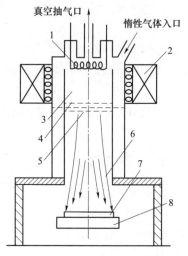

图 16-5　离子束加工的工作原理

1—灯丝；2—电磁线圈；3—电离室；4—阳极；5—引出电极；6—离子束流；7—工件；8—阴极

离子束加工具有以下特点：

（1）由于离子束流密度和能量可精确控制，故加工效果便于控制。

（2）宏观作用力小，故加工应力小，热变形小，加工表面质量高，适于脆、薄半导体材料及高分子材料加工。

（3）在真空条件下加工，污染少，适于加工易氧化金属。

离子束加工不仅可以用于对工件表面进行切除、剥离、蚀刻、研磨和抛光等，还可实现材料的"纳米级"或"原子级"加工。此外，还可用于离子注入和离子溅射镀覆等。

第四节　水射流加工技术

水射流加工技术（Water Jet Cutting，WJC，又称水刀或水切割）始于 20 世纪 70 年代，是利用高压、高速的细径液流作为工作介质，对工件表面进行喷射，依靠液流产生的冲击作用去除材料，实现对工件加工的技术，其工作原理如图 16-6 所示。过滤后的水经过水泵后通过增压缸加压，蓄能器用于保证脉冲的液流平稳，水从喷嘴（直径一般为 0.1~0.6 mm）中以极高的压力和流速直接喷射到工件的加工部位，当射流的压强超过材料的强度极限时，即可实现对工件的切割。

根据工作介质不同，水射流加工技术可分为纯水射流加工技术和磨料水射流加工技术。如果利用的是带有磨料的水射流对材料进行切割，则称为磨料水射流加工（Abrasive Water Jet Cutting，AWJC）。与纯水射流加工相比，磨料水射流加工的切割力大，适宜切割硬材料，但喷嘴磨损快、寿命短。

水射流加工技术的特点如下：

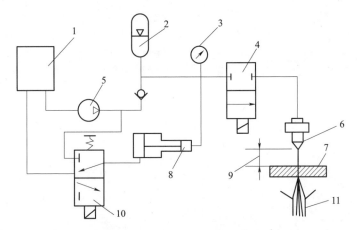

图 16-6　水射流加工的工作原理

1—带过滤器的水箱；2—蓄能器；3—压力表；4—二位二通阀；5—泵；6—喷嘴；7—工件；
8—增压缸；9—压射距离；10—二位三通阀；11—排水口

（1）常温切割，热变形小。

（2）因水射流的流体性质，切割起始点可任意选择，加工灵活。

（3）切口质量较高，切口窄，材料利用率高。

（4）以水作为工作介质，绿色环保。

（5）可加工材料范围广。

（6）喷嘴成本与使用寿命相关。

近年来，水射流加工技术在建材、汽车制造、航空航天、食品、造纸、电子以及纺织等领域都得到了较为广泛的应用。例如，大理石、花岗岩、陶瓷、玻璃纤维以及石棉的切割，汽车内饰、门板零件的加工，铝合金、不锈钢、钛合金及耐热合金等零件的加工，等等。

🔘 知识拓展

随着科学技术的进步，人类对特种加工技术的研究与探索绝不会止步不前。一方面，是不断寻求、开发或利用新的能源或多种能源组合来探索新的特种加工工艺；另一方面，在当前智能制造的浪潮下，针对现有的特种加工相关技术问题展开研究，使其在新时代发挥越来越重要的作用。

本章只是对超声波加工、电解加工、电子束和离子束加工以及水射流加工等特种加工技术的基础知识进行了简要介绍，若想进一步深入学习相关的基本理论及关键技术，可参阅专业文献。

第 五 篇

现代制造技术训练

第十七章

数控加工技术

内容提要：本章讲述数控加工技术基本知识，介绍数控机床的组成原理、数控加工编程基础、数控车削加工、数控铣削加工、其他数控加工技术、数控加工技术训练实例及相关知识拓展。

第一节 概 述

一、数控加工的特点及应用

数控加工技术是指应用数控机床对零件进行加工的方法或技术，其采用数字化信号控制机床的运动，以完成零件的加工。一般来说，数控加工技术包括数控加工程序编制和数控加工工艺两部分。

数控加工是一种具有高效率、高精度、高柔性的自动化加工技术。

相较普通机床加工，数控机床一般带有可以自动换刀的刀架、刀库，换刀过程由程序控制自动进行，工序相对集中，适宜于多品种、小批量或中批量生产，尤其适用于新产品的研制、急需件的加工等。但由于数控机床本身的自动化程度较高，故设备及维护费用较昂贵，在确定数控加工内容时应尽量做到合理。

现代机械产品的关键零部件往往都具有精度高、形状复杂、批量小、改型频繁、生产效率低、加工周期长、劳动强度大等特点，数控机床更能满足此类产品的需求，特别是在航天、信息、国防、电力及汽车等领域。

二、数控机床的组成及工作原理

1. 数控机床的组成

数控机床是一种装有程序控制系统的机床，该系统能分析处理编码指令规定的程序。现代数控机床作为机电一体化的典型产品，一般由机床本体、输入和输出装置、数控装置、伺服系统、检测与反馈装置组成，如图 17-1 所示。

1）机床本体

相较于传统机床，数控机床机械结构刚性好，同时采用高性能主轴部件及伺服传动系统简化其机械传动机构。机床本体作为加工运动的实际机械部件，主要包括主运动部件、进给运动部件（如刀架、工作台）、支撑部件（如床身、立柱、导轨等）、换刀系统和工作台，以及冷却、润滑等辅助装置。

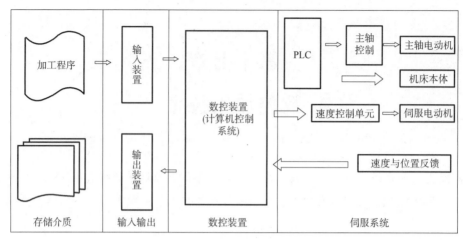

图 17-1　数控机床的组成

2）输入、输出装置

数控机床工作时是按照程序指令来完成预期的加工任务的，这就需要完成程序指令的输入。目前输入方式有 CF 卡输入、U 盘输入、DNC 网络通信输入、RS232C 串行通信口输入和 MDI 方式输入等。

3）数控装置

数控装置是数控机床的核心，其功能是接收输入装置输入的数字化信息，通过数控装置的控制软件与逻辑电路进行译码、运算和逻辑处理后，向伺服系统发出相应的脉冲信号，控制设备按规定的动作执行。

4）伺服系统

伺服系统由伺服电动机和伺服驱动装置组成，作用是将数控装置输入的脉冲信号进行功率放大，并转换为机床移动部件的运动，使执行机构完成相应的动作。伺服装置的性能决定了数控机床的精度与快速响应性，是影响数控机床加工精度及加工效率的主要因素之一。

5）检测与反馈装置

检测与反馈装置的作用是对机床坐标轴的实际速度、方向、位移量加以检测，并把检测结果转化为电信号反馈给数控装置或伺服驱动装置，通过比较，计算出实际位置与指令位置之间的偏差，并发出纠正误差指令。检测反馈系统可分为半闭环和全闭环两种系统。常用的检测反馈装置元件有旋转变压器、感应同步器、光电编码器、光栅和磁尺等，如图 17-2 所示。检测方式根据特定的工作环境和检测要求进行选择。

(a)　　　　　　　(b)　　　　　　　(c)　　　　　　　(d)

图 17-2　检测反馈装置元件

（a）旋转变压器；（b）光电编码器；（c）光栅；（d）磁尺

2. 数控机床的工作原理

在使用数控机床加工零件时,首先要将被加工零件图纸上的几何信息和工艺信息按规定的代码格式编制成数控加工程序;然后通过存储介质将加工程序输入数控装置;最后由数控装置对输入的信息进行处理与运算,发出各种控制信号,以控制机床的伺服系统或其他驱动元件,使机床自动加工出所需要的零件。数控机床加工过程中的数据转换图如图 17-3 所示。

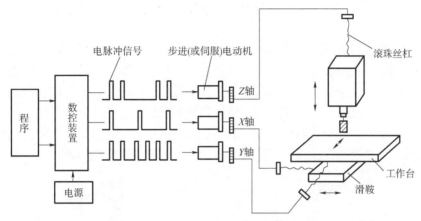

图 17-3 数控机床加工过程中的数据转换图

三、数控机床的特点与分类

1. 数控机床的特点

数控机床是以数字化控制为主的机电一体化机床,在航空航天、电子、汽车、造船、模具加工等工业中有着广泛的应用。它与普通机床相比具有以下几个特点:

1) 柔性化程度高

数控机床加工零件,主要取决于加工程序。当加工要求发生改变时,只要改变数控加工的程序,便可实现对新零件的自动加工,满足产品不断更新换代的需求,有效解决多品种、单件小批量生产的自动化问题,缩短生产周期。

2) 生产效率高

数控机床一般可以自动换刀,工序相对集中,有效地减少了零件的加工时间和辅助时间。数控机床可以选择较大的切削速度和进给速度,有效节省加工工时;可以进行在线测量和补偿,一次装夹即可实现多工步的集中加工,故使辅助时间大为缩短。

3) 加工精度高、质量稳定可靠

数控机床按照编好的程序自动加工,加工过程中不需要人工的干预,避免人为误差。数控设备本身精度较高,且其进给传动链的反向间隙与丝杠螺距平均误差可由数控装置进行补偿,因此数控机床的加工精度比较高,尤其提高了同批零件的生产一致性,质量稳定。

4) 减轻劳动强度,改善劳动条件

数控机床的操作一般是自动完成,不需要进行繁杂的重复性工作,因此劳动强度大为减轻。此外,数控机床一般都具有较好的安全防护、自动排屑、自动润滑、自动松夹、自动冷却等装置,极大地改善了操作者的劳动条件。

5）有利于生产管理现代化

采用数控机床加工能方便、精确地计算零件的加工时间及生产和加工费用，有利于生产过程的科学管理和信息化管理，为实现制造和生产管理自动化制造了条件。

2. 数控机床的分类

数控机床种类繁多，分类方法不一。

1）按工艺方法分类

一般按其工艺方法进行分类，可分为金属切削数控机床、金属成型数控机床和特种加工数控机床。

（1）金属切削数控机床：根据其自动化程度高低又分为普通数控机床、加工中心和柔性制造单元，通常所说的数控设备主要是指普通数控机床和加工中心。加工中心带有自动换刀装置，一次装夹可以进行多种工序的加工，属于数控机床的一种。与传统机床一样，数控机床又可分为数控车床、数控铣床、数控钻床和数控磨床等。

图17-4所示为常用数控机床，这种机床综合运用了计算机、自动控制、精密测量和机械设计等技术，并随着微电子技术的迅猛发展，也在不断地进行更新换代。

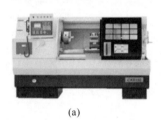 

(a) (b)

图 17-4 常用数控机床

（a）数控车床；（b）数控铣床

（2）金属成型数控机床：这类机床是指采用成型工艺对工件进行加工的数控机床，例如数控压力机、数控折弯机和数控弯管机等。

（3）特种加工数控机床：这类机床是指采用特种加工工艺对零件进行加工的数控机床，例如数控线切割机床、数控激光加工机床等。

2）按运动控制方式分类

按照刀具与工件的相对运动特点，可将数控机床分为点位控制数控机床、直线控制数控机床和轮廓控制数控机床。

（1）点位控制数控机床：要求被控对象达到指定的定位速度和定位精度，这类被控对象在移动过程中并不进行加工，只是控制其终点位置，因此并不限制移动轨迹，如图17-5（a）所示。数控钻床、数控冲床是典型的点位控制机床。

（2）直线控制数控机床：要求被控对象由起点到达终点完成直线轨迹切削加工，其除了要确保两点的准确位置外，还要求被控对象按照给定的速度均匀移动，如图17-5（b）所示。数控车床、数控铣床、加工中心等一般具有直线运动控制功能。

（3）轮廓控制数控机床：能实现多坐标联动控制，完成任意坐标平面内的曲线或空间曲线加工。轮廓控制数控机床数控系统在加工过程中需要不断地进行插补运算，控制每一点的速度和位移量，从而加工出形状复杂的零件，如图17-5（c）所示。除少数专用控制系统外，现代计算机数控装置都具有轮廓控制功能。

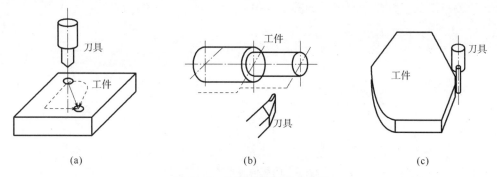

图 17-5　按运动控制方式分类

（a）点位控制数控机床；（b）直线控制数控机床；（c）轮廓控制数控机床

3）按伺服系统类型分类

按是否安装检测反馈装置，可将数控机床的控制方式分为开环控制、半闭环控制和闭环控制。

（1）开环控制：此类数控机床没有安装检测反馈装置，一般由步进电动机驱动。数控系统对接收到的程序进行分析编译，发出脉冲信号，通过步进电动机控制工作台移动。这类数控机床控制精度较低，调试简单，成本低，多见于经济型数控机床和旧设备的改造中，如图 17-6 所示。

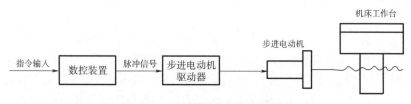

图 17-6　开环伺服系统结构框图

（2）半闭环控制：此类数控机床安装有检测反馈装置，一般将检测元件装在电动机轴端部，通过测得的电动机轴的角位移间接计算出工作台的实际位置，反馈至数控装置。这种控制方式实用性强，调试较方便，目前广泛应用在中、小型数控机床中，如图 17-7 所示。

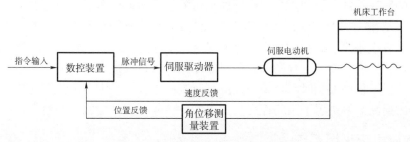

图 17-7　半闭环伺服系统结构框图

（3）闭环控制：此类数控机床安装有检测反馈装置，一般将检测元件装在传动系统最末端执行件（工作台），将直接测得的位移值反馈至数控装置，通过与理论值的比较，调整工作台的位移偏差。这种控制方式精度高，但调试难度大，成本也高，主要用于一些精度要求很高的数控铣床、数控磨床等，如图17-8所示。

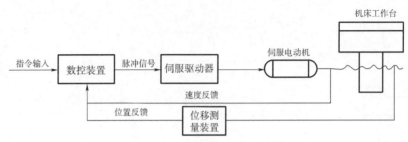

图 17-8　闭环伺服系统结构框图

第二节　数控加工编程基础

加工编程是指从零件图纸到零件加工程序控制介质的全部过程。数控加工编程就是将加工零件的工艺过程、工艺参数、刀具位移的方向以及其他辅助动作（如换刀、冷却、工件的装卸等），按动作顺序依照编程格式用指令代码编写加工程序的过程。

一、数控加工编程的主要方式

数控编程一般分为手工编程和自动编程两种方式。

1. 手工编程

手工编程时，整个程序的编制过程是由人工完成的，这就要求编程人员不仅要熟悉数控代码及编程规则，而且还必须具备机械加工工艺知识和数值计算能力。手工编程方法是软件编程的基础，也是机床现场加工调试的主要方法，对机床操作人员以及维修人员来讲是不可或缺的。

手工编程通常应用在工件形状相对简单的场合，在点位加工及由直线和圆弧组成的轮廓加工中广泛应用。但对于复杂型面，特别是具有非圆曲线或曲面的零件，手工编程实现起来有难度，有时甚至无法编出程序，这时就需采用自动编程的方法进行程序编制。

2. 自动编程

自动编程是指用户在编程软件的支持下，自动生成数控加工程序的过程。其编程步骤包括按照选用的编程软件的绘图指令，绘制加工对象的几何形状图形、制定加工工艺、输入切削参数（如进给量、切削速度、背吃刀量）及辅助信息（毛坯材料、毛坯尺寸、刀具类型与尺寸）等，并按规则进行描述，再由计算机自动地进行数值计算、刀具中心运动轨迹计算、后置处理，生成零件加工程序单，并对加工过程进行模拟。自动编程减轻了编程人员的劳动强度，缩短了程序编制时间，编程人员可及时检查程序是否正确，编程效率也得到几十乃至上百倍的提高，解决了手工编程无法解决的许多复杂零件的编程难题。

二、数控机床坐标系统

1. 标准坐标系

数控机床是在坐标系中描述刀具与工件之间的相对运动轨迹的，这个坐标系是采用右手笛卡儿直角坐标系原则建立的，称其为标准坐标系，如图17-9所示。伸出右手，拇指、食指、中指互相垂直，即分别代表 X、Y、Z 轴，手指指向代表其正方向（$+X$、$+Y$、$+Z$）；围绕 X、Y、Z 轴的圆周运动坐标轴分别用 A、B、C 表示，其正方向由右手螺旋法则确定，即以大拇指指向为 X（Y 或 Z）轴的正方向，其他四指的方向为 A（B 或 C）的正方向。

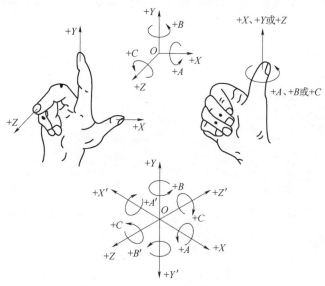

图 17-9　右手笛卡儿直角坐标系

由于数控机床机构不同，其运动的形成可以是刀具相对于工件的运动（如数控车床），也可以是工件相对于刀具的运动（如数控铣床）。统一规定：刀具运动，工件静止，其运动坐标轴用 X、Y、Z、A、B、C 表示；工件运动，刀具静止，其运动坐标轴用 X'、Y'、Z'、A'、B'、C' 表示。在编写加工程序时，一律按工件静止、刀具相对其运动的原则进行。

2. 机床坐标系

坐标系的作用是确定刀具或工件的运动方向与运动距离，描述其相对位置及变化关系。为了统一坐标系的标准，我国在 JB 3051—1999 中规定了各种数控机床的坐标轴和运动方向，它与 ISO841 的规定相同。

机床坐标系各坐标轴在机床上的规定如下：

1）Z 轴的确定

规定平行于机床主轴（传递切削动力）的刀具运动坐标轴为 Z 轴（一般与主轴轴线重合），刀具远离工件的方向为正方向。当机床有多个主轴时，选一个与工件装夹面垂直方向的主轴为 Z 轴；当机床无主轴时，选择与工件装夹面垂直方向的主轴为 Z 轴。

2）X 轴的确定

X 轴一般平行于工件的装夹面而垂直于 Z 轴。

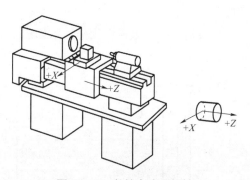

图 17-10　数控车床坐标轴

对于工件做回转切削运动的机床（如车床、磨床等），X 轴在工件的径向上，刀具远离工件的方向为正向，如图 17-10 所示。

对于刀具做回转切削运动的机床（如铣床、镗床等），当 Z 轴垂直时，操作者面对主轴，右手方向为 X 轴正方向，如图 17-11 所示；当 Z 轴水平时，操作者面对主轴，则左手方向为 X 轴正方向，如图 17-12 所示。对于无主轴的机床（如刨床），以切削方向为 X 轴正方向。

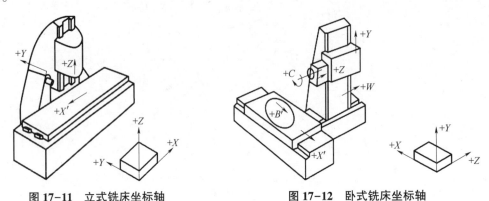

图 17-11　立式铣床坐标轴　　　　　图 17-12　卧式铣床坐标轴

3）Y 轴的确定

根据已确定的 X、Z 轴，按右手笛卡儿直角坐标系确定 Y 轴。

4）A、B、C 旋转轴

根据已确定的 X、Y、Z 轴，用右手螺旋法则确定 A、B、C 旋转坐标轴。

5）附加坐标轴

在一些复杂的数控机床上，可以指定附加坐标系。其中 X、Y、Z 为主坐标系，也称第一坐标系，附加坐标轴平行于 X、Y、Z，分别指定为 U、V、W 和 P、Q、R，称为第二坐标系和第三坐标系。

机床坐标系是由机床原点和坐标轴组成的。在数控机床上，机床原点是一个固定点，一般不能变动，其是由机床制造商确定的，在机床装配、调试时就已经确定了。数控机床结构不同，机床原点设置的位置也不一样，数控车床的机床原点一般设置在主轴轴线与卡盘安装基准面的交点上，而数控铣床和加工中心的机床原点一般设置在轴向正向移动最大极限位置。

一般情况下，数控机床坐标系如图 17-13 和图 17-14 所示，其中 O_m 为机床原点。

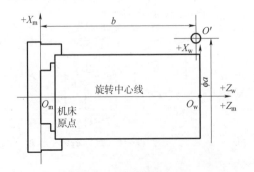 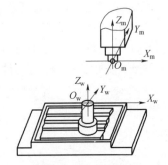

图 17-13　数控车床的机床坐标系和工件坐标系　　图 17-14　数控铣床的机床坐标系和工件坐标系

3. 工件坐标系

在数控加工程序编制时，为方便编程人员准确地描述刀具的运动方向和位移量，需要建立工件坐标系，又称编程坐标系。工件坐标系往往是在工件上选择一个点作为原点，其位置由编程者按照编程方便的原则确定，建立起的新坐标系。工件坐标系与机床坐标系的坐标轴方向必须保持一致，工件坐标系相当于机床坐标系的平移。

工件原点的设置一般应遵循下列原则：

（1）工件原点与设计基准或装配基准重合，以利于编程。

（2）工件原点应尽量选在尺寸精度高、表面粗糙度值小的工件表面上。

（3）工件原点最好选在工件的对称中心上。

（4）要便于测量和检验。

在数控车床上，工件原点一般选在工件旋转中心线与工件右端端面的交点处；在数控铣床上，工件原点一般选择工件轴线与工件平面的交点处。如图 17-13 和图 17-14 所示，其中 O_w 为工件原点。

三、数控加工程序的结构格式与常用指令

1. 程序组成结构

一个完整的程序由程序名、程序段和程序结束三部分组成。

> O1234；（程序名）
> N10 G00 X100 Z100；
> N20 T0101 M03 S800；
> N30 X50 Z2；
> N40 G01 Z-20 F0.2；
> …（程序段）
> N180 M30；（程序结束）

（1）程序名：程序的开始部分，用于区别存储器中的程序，便于程序的存储与调用，放在程序的开头。

（2）程序段：由一个或多个功能字组成，功能字一般由一个大写英文字母与随后的两位阿拉伯数字组成，这个英文字母称为地址符。组成程序段的每个地址符都有特定的含义与功能，在实际工作中要根据机床数控系统说明书来使用。数控程序由多个程序段构成，程序段的一般格式见表 17-1。

（3）程序结束：程序结束指令放在程序结束处，一般主程序由 M2 或 M30 作为程序结束的标志，子程序结束标志为 M99。

表 17-1　程序段格式

地址符	N	G	X、Y、Z	F	S	T	D	M
功能	程序段号	准备功能	坐标指令	进给功能	主轴转速功能	刀具功能	刀具补偿功能	辅助功能
意义	程序段号	指定操作方式	轴向移动指令	进给速度	主轴转速	刀具号	刀具补偿	控制机床逻辑动作

2. 数控编程常用指令

数控编程指令用于控制机床的各种运动，满足零件的加工需要。常用的编程指令包括准备功能、辅助功能、进给功能、主轴转速功能和刀具功能等指令。

1）准备功能指令

准备功能指令也称为 G 指令或 G 代码，可分为坐标系设定类型、刀具补偿类型、进给插补功能类型和固定循环类型等，它紧跟在程序段号的后面，用地址符 G 加两位数字组成，包括 G00~G99 共 100 种。

G 指令分为模态指令和非模态指令两种，模态指令一旦在程序段中被指定，便一直有效，直到程序段中出现同组其他指令或被其他指令取消时才失效。在编写程序时，与上段相同的模态指令可省略不写。表 17-2 所示为部分 G 代码的含义。

表 17-2　部分 G 代码的含义

代　码	含　义	说　明
G00	快速移动	快速点定位
G01	直线插补	插补方式，模态指令
G02	顺时针圆弧插补	
G03	逆时针圆弧插补	
G04	进给暂停	非模态指令
G17	X/Y 平面选择	平面选择，模态指令
G18	Z/X 平面选择	
G19	Y/Z 平面选择	
G28	返回参考点	—
G33	恒螺距的螺纹切削	模态指令
G40	取消刀具补偿	刀尖半径补偿，模态指令
G41	刀具半径左补偿	
G42	刀具半径右补偿	
G500	取消可设定零点偏置	可设定零点偏置，模态指令
G54	第一可设定零点偏置	
G90	绝对尺寸	模态指令
G91	增量尺寸	

2）辅助功能指令

辅助功能指令也称为 M 指令，是指控制机床操作的工艺性指令，如控制机床的正向旋转、停、反向旋转、换刀及切削液的开关等。M 指令由 M 地址符加两位数字组成，包括 M00~M99 共 100 种。部分 M 指令及其含义见表 17-3。

表 17-3 部分 M 指令及其含义

M 指令	含义	M 指令	含义
M00	程序停止	M08	1 号冷却液开
M01	程序有条件停止	M09	冷却液关
M02	程序结束	M30	程序结束
M03	主轴顺时针旋转	M41	低速挡
M04	主轴逆时针旋转	M42	高速挡
M05	主轴停	M98	调用子程序
M06	更换刀具	M99	结束调用

3）进给功能指令

进给功能（F）指令用于指定机床进给速度的大小，是模态指令。地址符 F 后面的数字表示刀具的进给速度或进给量，单位为 mm/r 或 mm/min，如 F0.2、F300 等。

4）主轴转速功能指令

主轴转速功能指令由地址符 S 和其后的数值组成，用于控制主轴转速，一般用于无级变速的机床。如 S800，表示主轴转速为 800 r/min。

5）刀具功能指令

刀具功能指令由地址符 T 与其后面的数字组成，用来选择机床刀架上的刀具，还可指定刀具补偿量等信息。如 T0101，四位数中的前两位数字为刀位号，后两位数字为刀具补偿量组别号。

第三节 数控车削加工

数控车床又称 CNC（Computer Numerical Control）车床，是利用计算机进行数字控制的车削类机床。数控车床主要用于加工轴类、套类和盘类等回转体零件，具有加工精度高、稳定性好、加工灵活、通用性强的特点，能够满足新产品开发中多品种、小批量、生产自动化的要求，因此被广泛应用于机械制造业。

一、数控车削加工的适用范围

数控车削是数控加工中运用较多的加工方法之一。与普通车床类似，数控车床主要用于回转体零件的加工。但由于数控车床具有加工精度高、直线和圆弧插补功能、加工过程中能自动变速等特点，其加工范围比普通车床大得多。数控车床比较适合车削具有以下要求和特点的回转体零件。

1. 轮廓形状特别复杂的回转体零件

数控车床具有直线、圆弧插补功能，部分车床还具有非圆曲线插补功能，故能实现由任意直线和圆弧曲线组成的形状复杂回转体零件的车削加工。

2. 加工质量要求高的回转体零件

零件的加工质量主要指精度和表面粗糙度。由于数控车床本身刚度好、制造精度高，具有在加工过程中进行误差补偿的功能，故能够满足零件的精度要求。在切削加工过程中，在材质、精车余量和刀具已定的情况下，表面粗糙度取决于进给量和切削速度。数控车床具有恒线速切削功能，能够加工出表面粗糙度值小而均匀的零件。

3. 带特殊螺纹的回转体零件

普通车床能车削的螺纹相当有限，而数控车床具有加工各类螺纹的功能，不仅能加工等导程的直、锥、断面螺纹，还能加工增导程、减导程螺纹，如有特殊要求，也可实现等导程和变导程的平滑过渡加工。与普通车床相比，数控车床进行螺纹加工时不需要挂轮系统，可实现任意导程的螺纹加工，且螺纹精度高，表面粗糙度值小。图 17-15 所示为高精度的滚珠丝杠螺旋零件。

图 17-15　高精度的滚珠丝杠螺旋零件

二、数控车床和车刀

1. 数控车床的分类

数控车床品类繁多，规格不一，结构功能也各有不同，一般按以下方法进行分类。

1）按车床主轴位置分类

按车床主轴位置分为立式数控车床和卧式数控车床。立式数控车床主轴垂直于水平面。这类机床主要用于加工径向尺寸大、轴向尺寸相对较小的大型盘类复杂零件，如图 17-16 所示。卧式数控车床又分为水平导轨卧式车床和倾斜导轨卧式车床两种，其倾斜导轨结构可以使车床具有更大的刚性，并易于排除切屑。卧式车床主要用于轴向尺寸较长或小型盘类零件的车削加工，如图 17-17 所示。

图 17-16　立式数控车床

图 17-17　卧式数控车床

2）按刀架数量分类

按刀架数量分为单刀架数控车床和双刀架数控车床，前者是两坐标控制，后者是四坐标控制。双刀架卧式车床多数采用倾斜导轨。

3）按加工零件类型分类

按加工零件类型分为卡盘式数控车床与顶尖式数控车床。卡盘式数控车床没有尾座，适合车削盘类或短轴类零件；顶尖式数控车床配有普通尾座或数控尾座，适合车削较长的轴类零件及直径不太大的盘类零件。

4）按功能分类

按功能分为经济型数控车床、普通数控车床、车削加工中心。经济型数控车床是对普通车床进行改造后形成的简易型数控车床，成本较低，适用于要求不高的回转类零件的车削加工；普通数控车床配备通用数控系统，提升自动化程度和加工精度，适用于一般回转类零件的车削加工；车削加工中心是在普通数控车床原有的直角坐标系基础上，增加了圆柱坐标插补功能和极坐标插补功能，实现一次装夹完成回转体零件矩形轮廓、矩形槽、偏心孔等特性的连续加工，加工过程效率高，零件精度高。

5）其他专用数控车床

其他专用数控车床包括螺纹数控车床、活塞数控车床、轮胎模数控车床等多种。

2. 数控车床常用车刀

数控车削刀具的选择通常要考虑数控车床的加工能力、工序内容及工件材料等因素。与普通车床相比较，其采用的刀具相似且可以通用。为适应数控机床高速、高效、高精度加工的需要，减少换刀时间，便于实现机械加工的标准化，在数控车削加工中，应尽量采用机夹可转位式车刀。

1）机夹式刀具

刀片是机夹式可转位车刀的一个最重要的组成元件，按刀片紧固方法的不同，机夹式刀具可分为杠杆式、楔块式、螺钉式、上压式。图17-18所示为上压式紧固系统结构，它由楔块式夹具、销、刀垫和螺钉组成。

2）刀片材质

常见的刀片材料有硬质合金、涂层硬质合金、金刚石、陶瓷和立方氮化硼等。刀片材质主要依据被加工工件的材料、加工质量要求、切削载荷大小以及实际加工工况等因素进行选择。

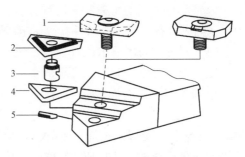

图17-18　上压式紧固系统结构
1—楔块夹具；2—刀片；3—销；4—刀垫；5—螺钉

3）刀具的编码与刀片形状

在ISO标准中，车刀的刀片固定方式，刀片形状，刀体的形状，后角，切削进给方向，刀体高度、宽度、长度、切削刃长度及刀具制造等均已标准化。常见的刀片形状有三角形、正方形、六边形、棱形和多边形（刀具的编码与刀片形状的详情可查阅相关标准）。

数控车床采用的刀具一般与普通车床相似，常用的刀具一般分为三类，即尖形车刀、圆弧形车刀和成型车刀。

（1）尖形车刀以直线形切削刃为特征，其刀尖由直线形主、副切削刃构成，常用的如外圆车刀、端面车刀、切断车刀等都是尖形车刀。采用这类车刀加工零件时，零件的轮廓形状主要由一个独立的刀尖或一条直线形主切削刃位移后得到。

（2）圆弧形车刀主切削刃刀刃形状一般为圆度误差或线轮廓误差很小的圆弧，该圆弧刃的每一点都是圆弧形车刀的刀尖，因此刀位点不在圆弧上，而在该圆弧的圆心上。圆弧形车刀是较为特殊的数控车刀，除可车削内外圆表面外，特别适宜于车削各种凹凸形光滑连接的成型面。在使用圆弧形车刀进行切削时应注意，车刀切削刃圆弧半径小于零件凹形轮廓的最小曲率半径，避免发生干涉，同时半径不宜过小，否则不但制造困难，刀具强度也会随之降低。

（3）成型车刀，其所加工零件的轮廓形状完全由车刀刀刃的形状和尺寸决定。数控车削加工中，常用的成型车刀有小半径圆弧车刀、非矩形切槽刀和螺纹车刀等。成型车刀制造复杂，成本较高，工作刀刃较长，容易引起振动，在数控加工中应尽量少用。

三、数控车削加工工艺设计

工艺设计是数控加工程序编制的基础，工艺制定得合理与否，对编程、机床的加工效率和零件的加工精度都有重要影响。需要指出的是，一个零件一般只有部分工序采用数控加工，因此其数控工艺设计往往只是零件整个工艺过程设计的部分内容。在确定了数控加工的零件后，即可确定其数控加工的内容。

1. 零件图分析

零件图分析是制定数控车削工艺的首要任务。

（1）熟悉零件在产品中的作用、位置及工作条件，提取出主要和关键的技术要求。

（2）对零件图进行尺寸标注分析，应确保其表达准确，尺寸标注齐全，以同一基准进行标注或直接给出坐标尺寸，以便简化编程。

（3）对零件图的轮廓要素进行分析，几何元素之间的相互关系是数控程序编制的主要依据，如果存在不明确的条件，会影响编程的实现。

（4）对零件技术要求进行分析，包括精度、表面处理、动平衡等要求。

（5）对零件结构和加工要求的合理性进行分析。

2. 零件结构工艺性分析

零件的结构工艺性是指零件结构在满足使用的前提下制造的可行性和经济性，良好的零件结构工艺性，可以缩短加工工时、减少耗材、易于实现。零件的内腔和外形建议采用统一的几何类型及尺寸，减少刀具数量、刀具换刀次数，提高加工效率。针对凹形曲面和过渡曲面，其曲率半径应尽可能大，采用直径较大的刀具加工。

3. 工序安排

根据零件的技术要求，一般将零件加工分为粗加工、半精加工、精加工等不同的加工阶段。零件的主要表面及其他表面的加工工序安排，对组织生产、质量保证和降低成本有较大影响。一般应遵循以下原则：

1）先粗后精

对粗、精加工在一道工序内进行的，先进行表面粗加工，全部粗加工结束后再进行精加工，减少粗加工变形对精加工的影响，逐步提升零件加工精度。

2）基面先行

在各阶段加工中，先加工基准面，再以它定位加工其他表面。

3）先面后孔

先面后孔的原因是平面定位比较稳定可靠，所以对于轮廓尺寸较大的零件进行加工时，常先加工平面。

4）内外交叉

对既有内表面又有外表面加工需求的零件，应先进行内外表面粗加工，后进行内外表面精加工。

5）先近后远

先近后远，即离对刀点近的部位先加工，远的部位后加工，有利于保持工件的刚性，减少空行程时间。

6）刀具集中

刀具集中，即同一把刀能加工的内容全部完成加工后再换成另外一把刀加工，以减少换刀次数及换刀时间。

4. 夹具选择

数控车削加工中应尽可能做到一次装夹后能完成全部或大部分表面的加工，尽量减少装夹次数，以提高加工效率，保证加工精度。数控车床夹具常用形式有加工盘套类零件的自动定心三爪卡盘、加工轴类零件的拨盘与顶尖以及自定心中心架等，一般对于回转体零件的加工，常采用通用快速自动夹紧卡盘。

5. 刀具选择

数控加工相较于传统加工对刀具的要求较高，不管是刚性、耐用度还是加工精度方面都是比较严格的，应根据机床的加工能力、工件材料的性能、加工工序、切削量以及其他相关因素，合理选用数控刀具。

在数控车削加工中，要求刀具数量多、安装可靠、自动换刀、装卸方便，这就要求刀具的结构合理，几何参数标准化、系列化。数控车削加工应尽量采用机夹可转位式车刀，所有刀具全都预先装在刀库里，通过数控程序的选刀和换刀指令进行相应的换刀动作。其常用的刀具材料有高速钢和涂层硬质合金。另外，在满足加工要求的前提下，应优先采用标准刀具。

6. 切削用量选择

切削用量直接影响着零件的加工精度、表面质量、加工效率和刀具耐用度。数控车削加工中的切削用量包括切削深度 a_p、切削速度 v 及进给速度 F，在数控编程中，必须确定每道工序的切削用量。在选择切削用量时，一定要充分考虑影响切削的各种因素。正确地选择切削条件，合理地确定切削用量，可有效提高机械加工质量和生产效率。一般情况下，切削用量有专门的用量表供查阅，也可根据实践经验确定。

1）切削深度

切削深度即背吃刀量，主要受机床刚度的制约。在机床刚度允许的情况下，切削深度应尽可能大，以减少走刀次数。

粗加工时，为提高零件的切削效率，一般尽可能一次走刀完成工序余量切除，即切削深度等于零件的加工余量。但如果余量太大或余量不均匀、系统刚性不足时，机床功率不足或刀具强度不够，一次走刀会引起很大振动，需要分多次走刀切除余量。

半精加工和精加工时余量较小，一般通过一次走刀完成切除，以保证工序要求。

2）进给速度

进给速度通常根据零件精度要求、工件材料和刀具进行选择。粗加工时，对表面粗糙度要求不高，可选择大的进给速度；半精加工及精加工时，根据技术要求选择进给速度。一般情况下，表面粗糙度小时，进给速度应小些。大部分数控机床都有倍率开关，能控制实际进给速度。

3）切削速度

切削速度主要根据工件材料和刀具材质来选择，在保证刀具耐用度的前提下，应选取较高的切削速度，以保证加工质量与加工效率。一般情况下，粗加工时，切削深度和进给速度较大，切削速度选得低些，精加工时则相反。

四、数控车削加工程序编制

1. 数控车床编程特点

（1）数控车床编程时可采用绝对坐标编程（X、Z），也可采用相对坐标编程（U、W），也可二者混合使用，出现在同一程序段中，如：

N60 G01 U10 Z -15 F0.2；

在实际应用数控车床编程时，通常用绝对坐标编程，这样可以减少编程的错误。

（2）直径编程。由于被加工零件的径向尺寸在图纸上及测量时都是以直径值表示，所以编程时也采用直径值编程，以便于数据的读取与更改。

（3）为提高工件的径向尺寸精度，径向 X 向脉冲当量取 Z 向的一半。

（4）由于车削加工常用棒料或锻料作为毛坯，加工余量较大，为简化编程，数控装置常具备不同形式的重复循环切削指令。

（5）数控车床的数控系统中有刀具补偿功能，编程人员可以按照工件的实际轮廓编写加工程序。在加工过程中，刀具位置及几何形状发生变化时均无须更改加工程序，为编程提供了方便。

2. 数控车床常用编程指令

1）快速点定位指令 G00

G00 指令是以点定位控制方式，控制刀具从当前点快速运动到目标点位置。该指令无运动轨迹要求，且无切削加工过程，只要求点到点之间的准确定位。

G00 为模态指令，用于快速靠近工件和快速退刀，务必要注意刀具不能与工件和夹具发生干涉，其运动速度由数控系统提前设定好，不允许随意改动。

指令格式：

G00 X/U __ Z/W __；

图 17-19 所示为 G00 走刀路线示意图，即刀具快速从当前位置运动到指令终点位置，其绝对值编程为：G00 X50 Z6；增量值编程为：G00 U-70 W-84；

2）直线插补指令 G01

G01 指令是以直线插补运算联动方式控制刀具从当前位置开始按指定的进给速度 F 移动到程序段所指定的终点，加工出任意斜率的空间直线。

指令格式：

G01 X/U __ Z/W __ F __；

如图 17-20 所示，选 O 点为工件坐标系原点，建立以刀具的位置为起点的 XOZ 直角坐标系，其程序段编制如下：绝对值编程为：G01 X80 Z-80 F0.1；增量值编程为：G01 U20 W-80 F0.1；

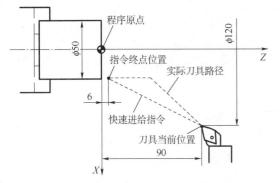

图 17-19　G00 走刀路线示意图

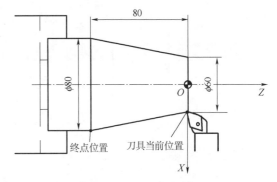

图 17-20　G01 直线插补

3）圆弧插补指令 G02/G03

圆弧插补指令是指使刀具在指定的平面内按给定的进给速度顺时针或逆时针切削一圆弧段，圆弧段的起点为刀具当前位置，圆弧段的终点为程序段所指定的坐标位置。G02 是顺时针圆弧插补指令，G03 是逆时针圆弧插补指令。

指令格式：

G02/G03 X/U ＿ Z/W ＿ CR = ＿ F ＿；

G02/G03 X/U ＿ Z/W ＿ I ＿ K ＿ F ＿；

参数说明：

（1）采用绝对坐标编程时，X、Z 的值为圆弧的终点坐标；采用增量坐标编程时，U、W 的值为圆弧的终点相对于起点的增量值（等于圆弧的终点坐标减去起点坐标）。

（2）在加工圆弧时，经常采用两种编程方法：R(CR) 指令和 I、K 指令。R 是圆弧的半径，R 既可以取正值，也可以取负值，当圆弧所对应的圆心角小于等于 180°时 R 取正值，当圆弧所对应的圆心角大于 180°时 R 取负值；I、K 的值为圆弧的圆心在 X、Z 轴方向上相对于起点的坐标增量（等于圆弧的圆心坐标减去起点坐标）。

向垂直于圆弧所在平面坐标轴的负方向看，刀具相对于工件的运动方向是：顺时针时为G02；反之为 G03，如图 17-21 所示。针对两坐标卧式车床加工圆弧，当刀具从右向左加工时，圆弧外凸用 G03，圆弧内凹用 G02，如图 17-22 所示。

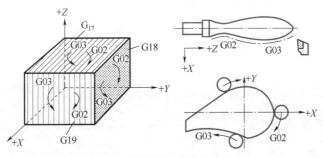

图 17-21　顺时针与逆时针的判别

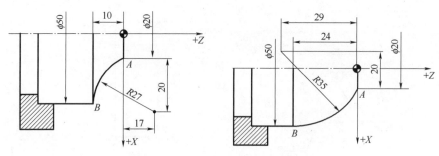

图 17-22 凹圆弧与凸圆弧的判别

以凹圆弧插补为例，程序段编制见表 17-4。

表 17-4 凹圆弧插补程序段

R 的编程方式	I、K 的编程方式
G02 X50 Z-10 CR=27 F0.1；	G02 X50 Z-10 I20 K17 F0.1；
G02 U30 W-10 CR=27 F0.1；	G02 U30 W-10 I20 K17 F0.1；

4）恒螺距螺纹切削指令 G33

恒螺距螺纹切削指令可以加工多种类型的恒螺距螺纹，例如圆柱螺纹、圆锥螺纹、单螺纹、多段连续螺纹，该指令为模态指令。

指令格式：

G33 X __ Z __ K __ SF=__；

程序中：X，Z——终点坐标值，X0 为圆柱螺纹，Z0 为端面螺纹；

K——螺距；

SF——G33 螺纹加工中，在地址 SF 下设置起始点偏移量（绝对位置）。

5）螺纹切削循环指令 G92

螺纹切削循环指令与其他加工的循环指令基本一样，只要预先设定好相应的参数，程序在执行中则能按照要求自动完成加工。

指令格式：

G92 X/U __ Z/W __ R __ F __；

程序中：X，Z——加工螺纹的终点坐标；

U，W——螺纹切削终点相对于起点的增量坐标值；

R——圆锥螺纹切削起点处的 X 坐标减其终点处的 X 坐标值的 1/2；

F——导程。

在 G92 指令前必须用 G00 定位循环起点，一般设在远离待加工面 2~5 mm。

五、数控车床基本操作

1. 操作面板介绍

1）数控系统操作面板

数控系统操作面板位于界面的右上角，其左侧为显示屏，右侧为编程面板。图 17-23

所示为 SINUMERIK 808D ADVANCED 数控系统操作面板。

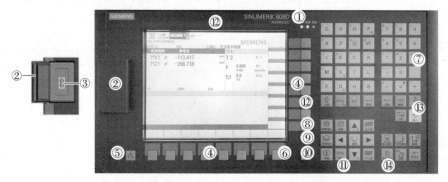

图 17-23　SINUMERIK 808D ADVANCED 数控系统操作面板

如图 17-23 所示操作面板各模块按键含义见表 17-5。

表 17-5　SINUMERIK 808D ADVANCED 数控系统车床程序面板按键含义

按键模块	含义	按键模块	含义
1	状态指示灯	8	报警清除键
2	USB 接口保护盖	9	在线向导键
3	USB 接口	10	帮助键
4	水平按键，调用对应软键	11	光标键
5	返回键，返回上一级菜单	12	组合键中使用的辅助键
6	菜单扩展键	13	编辑控制键
7	字母与数字键	14	操作区域键

2）数控车床操作面板

数控车床操作面板位于界面的下侧，如图 17-24 所示，主要用于控制机床运行状态，由模式选择按钮、运行控制开关等多个部分组成。

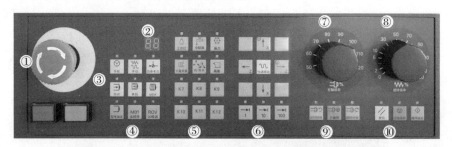

图 17-24　SINUMERIK 808D ADVANCED 数控车床操作面板

如图 17-24 所示操作面板各模块按键含义见表 17-6。

表 17-6　SINUMERIK 808D ADVANCED 数控车床操作面板按键含义

按键模块	含义	按键模块	含义
1	急停按钮	6	轴移动键
2	刀位号显示	7	主轴倍率开关
3	操作模式选择区	8	进给倍率开关
4	程序控制键	9	主轴控制键
5	用户自定义选择区	10	程序复位、停止、启动键

2. 机床操作

1）开机与回参考点。

接通机床电源，松开机床上的所有急停开关，数控系统启动后默认处于回参考点模式。如数控系统启动后各轴处于未回参考点状态，则使用相应的轴移动键移动轴，直至轴标识符旁圆圈符号显示正确为止，如图 17-25 所示。

图 17-25　数控系统回参考点状态

2）创建刀具

在操作区域键中选择"偏置"键，进入刀具列表窗口，单击"新建刀具"，按需要选择刀具类型，输入刀具号并根据实际刀尖所指方向选择刀沿位置码，按下"确认"键完成刀具创建，如图 17-26 所示。

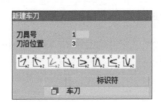

图 17-26　创建刀具

3）创建零件程序

选择"程序管理"，在"NC"系统目录下创建新的程序文件，可选择创建程序目录或直接创建主程序。如直接创建主程序，则按下"新建"按钮，输入程序名称，单击"确认"，即可进入程序编辑界面；如需先创建程序目录，则按下"新建目录"按钮，输入目录名称，单击"确认"，重复创建主程序操作，进入程序编辑页面。其操作过程如图 17-27 所示。创建好程序文件，可通过手工输入完成零件程序的编辑，也可通过 USB 接口完成程序的输入。

图 17-27　创建零件程序操作过程

4）车床对刀

对于车削加工，工件坐标原点一般建立在工件最右端面与主轴交点的位置。在测量刀具前，先按需将工件最右边端面位置确认好后，再按下"加工操作"按钮，切换至手轮模式，单击"TSM"软件，激活刀具及主轴运动，如图17-28所示。手轮控制刀具 Z 向试切对刀，刀具试切端面，单击"测量长度 Z"，刀具 Z 补偿值即自动输入到几何形状里；手轮控制刀具 X 向试切对刀，刀具试切外圆面，输入外圆直径值，单击"测量长度 X"，刀具 X 补偿值即自动输入到几何形状里。其操作过程如图17-29所示。

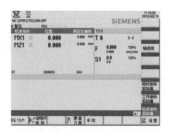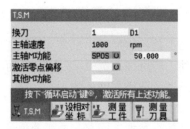

图17-28　激活刀具及主轴

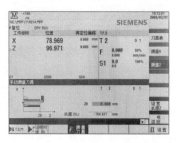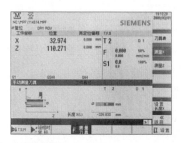

图17-29　试切刀具补偿

5）程序模拟

在机床上加工工件之前，对程序进行模拟仿真。在"NC"程序目录下找到目标程序，单击"输入"打开程序，单击"程序测试"切换至自动模式，单击"模拟"打开程序模拟窗口，按下"循环启动"按钮运行程序。模拟界面如图17-30所示。

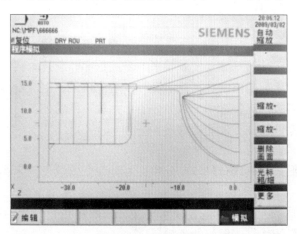

图17-30　模拟界面

6）执行程序

在执行程序之前，务必确保数控系统和机床都已设置完毕，且零件程序已通过模拟和测试进行验证。在"NC"程序目录下找到目标程序，单击"输入"打开程序，单击"执行"，系统进入"自动"模式，关闭防护门，按下"循环启动"按钮，执行零件程序。

第四节　数控铣削加工

一、数控铣削加工的适用范围

数控铣削加工是机械加工中最常用的加工方法之一，除了可以加工普通铣床所能加工的各种零件表面外，还可加工需 2~5 坐标联动的平面轮廓和立体轮廓，主要适用于平面类、变斜角类、曲面类及孔类零件的加工。

1. 平面类零件

平面类零件是指被加工面平行或垂直于水平面，或与水平面夹角为定角的零件。目前，数控铣床上加工的绝大多数零件均属于平面类零件，采用三轴数控铣床就可以加工完成。

2. 变斜角类零件

变斜角类零件是指被加工表面与水平面夹角呈连续变化的零件，一般为飞机零部件，如大梁、桁架框等。由于变斜角类零件的被加工面与铣刀的圆周母线瞬间接触，故最好采用四轴或五轴的数控铣床进行主轴摆角加工，也可在三轴数控铣床上采用行切法加工。

3. 曲面类零件

曲面类零件被加工表面为空间曲面，加工时被加工表面与铣刀始终为点接触，通常可采用两轴半联动（两个坐标轴同时运动，一个坐标轴单独运动）加工精度要求不高的曲面；精度要求高的曲面类零件一般采用三轴联动数控铣床加工；当曲面较复杂、通道较狭窄且会伤及毗邻表面及需要刀具摆动时，需采用四轴或五轴加工。

4. 孔类零件

在数控铣床上加工的孔类零件，一般对孔的位置要求较高，如圆周分布孔、行列均布孔等。其加工方法一般为钻孔、扩孔、铰孔、镗孔、锪孔和攻螺纹等。

二、数控铣床与铣刀

1. 数控铣床概述

数控铣床是在一般铣床的基础上发展起来的采用数字控制技术实现自动加工的设备，与普通铣床相比，数控铣床加工精度高，稳定性好，适应性强，生产自动化程度高，可减轻操作者的劳动强度，加工效率高，适用于多品种、小批量零件的加工，对各种复杂曲线上的凸轮、样板、弧形槽等零件的加工效能尤为显著。

1）数控铣床的分类

按机床主轴布置形式及机床布局特点分类，可分为立式数控铣床、卧式数控铣床和数控龙门铣床等，如图 17-31 所示。

（1）立式数控铣床的主轴轴线垂直于水平面，一般可进行三坐标联动，具有工件装夹方便、加工时便于观察的优点，但不便于排屑。

（2）卧式数控铣床主轴轴线平行于水平面，主轴与机床工作台面平行，加工时不便于观察，但排屑顺畅。卧式数控铣床配置数控回转工作台后可实现四坐标、五坐标联动加工。

（3）数控龙门铣床一般采用对称的双立柱结构，以保证机床的整体刚度。数控龙门铣床有工作台移动和龙门架移动两种形式，主要用于大尺寸零件的加工，适用于航空、重型机械、机车、造船、机床、印刷、轻纺和模具制造等行业。

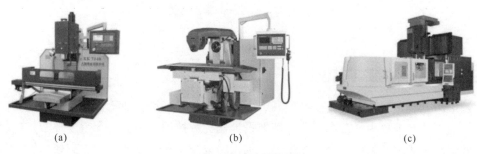

图 17-31　数控铣床
（a）立式数控铣床；（b）卧式数控铣床；（c）数控龙门铣床

五轴联动数控机床作为一种集高科技、高精度为一体的加工机床，在航空航天、军事器械、医疗设备等领域均有着十分重要的作用和意义。使用五轴联动数控机床，可省去重复的装夹操作，间接提高工件的加工精度，降低刀具所受到的切削力及对特殊刀具的需求，尤其是能够实现复杂空间曲面的高精度加工，适合高档、先进模具的加工以及汽车零部件、飞机结构件等精密、复杂零件的加工。

2. 铣刀

在数控铣床加工过程中，加工刀具的选择在保证工件加工精度、提高加工效率以及延长设备寿命等方面起到至关重要的作用。为了适应数控机床高速、高效和自动化程度高的特点，数控铣床加工刀具正朝着标准化、通用化和模块化的方向发展。

数控铣床使用的刀具种类繁多，除普通铣床上所使用的立铣刀、面铣刀、键槽铣刀等外，还包括球头铣刀及其他专用刀具，通常采用高性能材料（如硬质合金、陶瓷等）制造，以适应高速切削和高精度加工的需求。

数控铣床刀具的分类有多种方法，根据刀具结构可分为整体式、镶嵌式（采用焊接或机夹式连接）、机夹式（不转位和可转位）和特殊型式（如复合式刀具，减震式刀具等）；从切削工艺上可分为铣削类刀具（面铣刀、立铣刀、圆鼻刀、球头铣刀、锥度铣刀）和孔加工类刀具（麻花钻、铰刀、镗刀、丝锥等），如图 17-32 所示；根据制造刀具所用的材料可分为高速钢刀具、金刚石刀具、陶瓷刀具（如氮化硅陶瓷 Si_3N_4，立方氮化硼 CBN）和硬质合金刀具等，其中硬质合金根据国际标准 ISO 分为 P、M、K、N、S、H 六大类，P 类用于加工长切屑的钢件，M 类用于加工不锈钢件，K 类用于加工短切屑的铸铁件，N 类用于加工短切屑的非铁材料，S 类用于加工难加工材料，H 类用于加工硬材料。

刀具的选择是在数控编程的人机交互状态下进行的，需遵循安装调整方便、刚性好、耐用度和精度高的原则，在实际生产中，应根据机床的加工能力、工件材料的性能、加工工序、切削用量以及其他相关因素正确选用刀具及刀柄。

图 17-32　数控铣床常用刀具

（a）面铣刀；（b）立铣刀；（c）球头铣刀；（d）麻花钻；（e）镗刀

三、数控铣削加工工艺设计

数控机床具有自动化程度高、精度高、生产效率高等特点，使得数控铣削加工相比于普通铣削加工工艺要求更为复杂和精确。工艺设计作为数控加工中的一个重要环节，应根据零件技术要求与现场生产条件，合理制定经济加工路线与步骤，以便优质、高效、经济地完成生产过程。

1. 零件工艺性分析

根据零件图分析零件的形状、基准面、尺寸公差和表面粗糙度要求，以及零件的材料和热处理等技术要求，确认构成零件轮廓几何要素的条件是否充分、零件结构工艺性是否合理。

2. 确定加工方法

根据零件的特点和要求，选择合适的加工方法。如平面轮廓零件通常采用联动的三轴数控铣床加工；立体曲面加工一般根据曲面形状、刀具形状（球状、柱状、端齿）以及精度要求采用不同的铣削方法，如两轴半、三轴、四轴、五轴等插补联动加工；对于螺旋桨、叶轮等形状复杂的零件，刀具容易与相邻表面发生干涉，通常采用五坐标联动加工。

3. 定位及夹具的选择

在数控铣床上加工零件时定位基准与普通机床相同，为提高数控机床的加工效率，应尽量将设计基准、工艺基准与编程基准统一，集中工序，减少安装次数，避免由于定位基准转换带来的误差。夹具的选择应便于装夹和定位，定位及夹紧精度高，以确保数控加工过程中的稳定性和精度，通常可根据零件特点使用组合、可调、通用和专用夹具等，以提高生产效率。

4. 确定加工顺序及工艺路线

切削加工顺序可遵循基准先行原则、先面后孔原则、先主后次原则和先粗后精原则，但在采用数控铣床进行加工时，换刀需要大量的时间，所以安排加工顺序时通常按照刀具来划分，以提高加工效率。另外，应尽量采用二维加工来满足零件质量要求或者粗加工，这是因为二维加工的速度远远高于三维加工。

在确定加工路线时，需首先考虑加工路线应保证被加工零件的精度和表面质量，且效率要高；其次应使加工路线最短，减少空程时间，以简化程序段，提高加工效率；最后，进退刀路线应尽量避免在轮廓处停刀或垂直切入工件，以免留下刀痕。

5. 刀具选择

数控加工机床主轴转速及范围远高于普通机床，对刀具提出了更高的技术要求，包括精度高、刚性好、装夹调整方便、切削能力强等。在编程时应减少刀具的数量,这样可以减少换刀的次数,从而提高加工效率。

6. 切削用量

加工时的铣削用量,应根据工件材料、零件图技术要求、刀具材料和规格以及所用机床的性能等多方面因素确定。

粗加工时,首先应选取尽可能大的背吃刀量,然后根据机床动力和刚性的限制条件等选取尽可能大的进给量,最后根据刀具耐用度确定最佳的切削速度。

精加工时,首先应根据粗加工后的余量确定背吃刀量,然后根据已加工表面的表面粗糙度要求选择尽量小的进给量,最后在保证刀具耐用度的前提下选择较高的切削速度。

在自动换刀机床上应尽量保证刀具能够完成一个工件的加工,确保加工的连续性。各种加工工艺方法的切削用量具体选取可查阅相关手册。

四、数控铣削加工程序编制

1. 数控铣床编程特点

(1)编程时要充分熟悉机床的所有性能和功能,如刀具长度补偿、刀具半径补偿、固定循环、镜像和旋转等功能。

(2)对数值计算比较简单、程序量不大的简单零件,可通过手工编程完成;对几何形状复杂,尤其是由空间曲线组成的零件,由于计算复杂、程序量较大,故可以采用人机交互或自动编程方法。

(3)数控系统具有多种插补功能,如直线插补、圆弧插补、抛物线插补、螺旋线插补等,编程时可根据零件特点进行合理选择,以提高加工精度和效率。

2. 数控铣床的坐标系

1)机床坐标系

数控铣床机床坐标系是机床的固有坐标系,其原点位置和坐标轴方向在机床出厂前由机床生产厂家设定完成,它是数控系统控制机床运动的坐标依据。数控铣床机床坐标系示意图如图 17-33 所示。

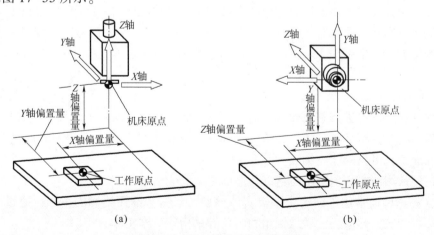

(a)   (b)

图 17-33 数控铣床坐标系示意图

(a)立式数控铣床坐标系;(b)卧式数控铣床坐标系

2）工件坐标系

工件坐标系是编程人员在编程时使用的，即选择工件上的某一特征点为工件原点（也称程序原点），建立工件坐标系。工件坐标系和机床坐标系坐标原点不同，但各坐标轴名称及方向均相同。工件坐标系一旦建立便一直有效，直到被新的工件坐标系所取代。工件坐标系的原点选择要尽量满足编程简单、尺寸换算少、引起的加工误差小等条件，如选在尺寸标注基准点或定位基准点上。

3. 基于 CAD/CAM 的数控铣削加工自动编程方法

数控加工程序的编制包括手动编程、人机交互编程与自动编程三种方法。对于几何形状复杂，尤其是由空间曲线组成的零件，手工编程数值计算繁杂、费时、容易出错，程序量大，检验困难，手工编程已不能满足要求，需采用自动编程方法。目前基于 PC 平台的 CAD/CAM 一体化编程软件如 UG、Mastercam、PowerMILL、CATIA、Cimatron 等，具有较强的设计及数控编程加工功能，能够自动编程并快速输出程序代码，已广泛应用于汽车、航空航天、模具制造等各个工业领域，大大提高了加工效率和加工精度。基于 CAD/CAM 的数控自动编程基本步骤如图 17-34 所示。

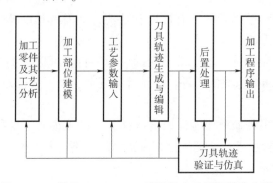

图 17-34　基于 CAD/CAM 的数控自动编程基本步骤

1）加工零件及其工艺分析

数控程序编制时，需根据加工零件的图纸要求进行工艺分析，确定加工零件的方法，划分加工工序，选择零件装卡方法与适合的夹具。由于零件的形状、结构和功能不同，故采用的加工方法也不同，在确定加工工序时，应尽量减少装卡和换刀次数，在保证零件的精度时，要分为粗加工、半精加工、精加工，正确选择换刀点的位置，设计好进刀和退刀的辅助程序。

2）加工部位建模

对工件被加工部位进行建模即加工造型，是生成刀具轨迹的基础。加工造型与设计造型不同，不需要把工件全部的形状、细节和尺寸都完成，可只对本工序加工的形状表面造型，如采用轮廓加工，可只构建轮廓线。

加工造型常用的方法包括实体造型、曲面造型及线框造型。

（1）实体造型通常用于创建和编辑实体模型，依据基准面绘制的草图，通过各种实体特征如拉伸、旋转、导动、放样、倒角和圆角等来构建三维实体。

（2）曲面造型是利用 NURBS 数学模型，通过扫描、放样、旋转、导动、等距、边界和网格等方法来创建复杂的曲面形状。

（3）线框造型是通过创建和编辑三维空间中的直线、圆弧和曲线等基本几何元素来构建物体的轮廓。对于轮廓线加工、导动线加工等，即可以使用线框造型，通过导动线和截面线生成加工的刀具轨迹。

上述三种造型方法既可以单独使用，也可以组合使用，以满足不同零件的加工需求。

3）工艺参数输入

数控铣削加工程序编制中的工艺参数输入是确保加工质量和效率的关键步骤，主要包括毛坯设置、刀具参数、加工路径、切削参数、安全高度、刀具补偿等参数及加工策略的规划。

4）刀具轨迹生成、验证与仿真

自动编程可根据用户输入零件的几何信息、加工信息，对加工过程、刀具轨迹运动进行模拟，便于检查、验证加工程序的正确性。刀具轨迹直接决定了加工的精度、表面质量、效率和成本，良好的轨迹规划可以确保加工出的零件满足设计规格，提高生产速率，延长刀具寿命，均衡机床负荷，并保障操作过程的安全性，从而有效降低制造成本，提升加工过程的整体性能。

5）后置处理生成加工程序

利用软件中的后置处理功能可设置机床数控系统主要指令的代码和程序格式等参数，将数控编程软件生成的刀具轨迹文件转换为机床可执行的数控加工程序。

五、数控铣床基本操作

本部分以 VDM850 加工中心为例进行数控铣床基本操作的讲解。

1. 操作面板及功能

VDM850 加工中心采用 SINUMERIK 808D ADVANCED 数控系统，操作面板由面板处理单元和机床控制面板两部分组成。

1）面板处理单元

VDM850 加工中心采用水平面板，带中文按键的 PPU161.3 控件单元，界面及功能可参考第三节 SINUMERIK 808D ADVANCED 数控系统操作面板图 17-23。

2）机床控制面板

VDM850 机床控制面板上的各种功能键可直接控制机床的动作及加工过程，一般有急停、模式选择、轴向选择、切削进给速度调整、主轴转速调整、主轴起停、程序调试功能等。VDM850 机床控制面板界面及功能如图 17-35 所示。

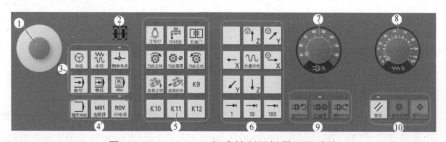

图 17-35　VDM850 机床控制面板界面及功能

1—急停按钮；2—刀具数量显示；3—操作模式选择区；4—程序控制；5—用户定义；6—轴移动键；7—主轴倍率开关；8—进给倍率开关；9—主轴控制；10—程序启动、停止和复位；11—预定义插条；12—手轮预留孔；13—主轴倍率控制键

2. 机床开机及回参考点

（1）打开电器柜侧面的总电源开关，接通主电源，电器柜散热风扇启动。

（2）打开气源等辅助设备开关。

（3）将紧急停止按钮右旋弹开，单击机床控制面板"复位"按钮，数控系统启动后默认处于回参考点（REF. POINT）模式。如机床配置的是增量式编码器，则数控系统启动后各轴处于未回参考点状态，如图17-36（a）所示，轴标识符旁显示的圆圈符号表示当前轴处于未回参考点状态，需使用相应的轴移动键移动轴，直至轴标识符显示为如图17-36（b）所示状态。

3. 机床的手动控制

1）主轴和刀具控制

选择"加工操作"区域，切换至"JOG"模式，打开"T，S，M"窗口，在窗口"T，S，M"中输入刀具号，即可实现自动换刀功能，如图17-37所示。

将光标移至"主轴速度"输入栏并输入所需速度，将光标移至"主轴方向"输入栏，使用选择键确定主轴方向。在机床控制面板上单击"循环启动"按钮即可激活刀具和主轴。可通过"复位"或"主轴停"按钮来停止主轴旋转。按下"返回"按钮可返回加工操作区域的主屏幕。

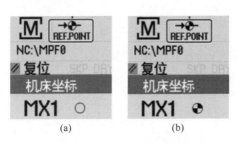

图 17-36　数控系统参考点状态

（a）未回参考点状态；（b）正确参考点状态

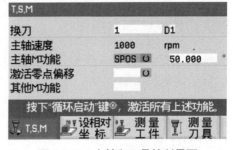

图 17-37　主轴和刀具控制界面

2）手动连续进给和快速进给

在"JOG"模式下，持续按下机床控制面板上的进给轴及其方向选择按键，会使刀具沿着该轴的选择方向持续移动，同时按下"快速移动"按键可控制刀具按照选择方向快速移动。

3）手轮进给

在手轮进给方式中，可通过旋转机床上的手摇脉冲发生器对机床坐标轴的移动进行控制，具体操作步骤如下：

（1）选择"加工操作"区域，切换至"JOG"模式，单击"手轮"，通过外部手摇脉冲发生器控制轴的移动。

（2）旋转左侧开关及各坐标轴分配旋钮控制手轮开关和坐标方向，旋转右侧增量旋钮调整所需的增量倍率（1：增量倍率为0.001 mm；10：增量倍率为0.010 mm；100：增量倍率为0.100 mm。）

（3）摇动手轮，使所选轴向工件方向逼近。

（4）将手轮左侧开关旋钮旋至"OFF"即可结束手轮控制。

4. 设置工件坐标系

在 VDM850 加工中心的数控系统中设置有 G54 ~ G59 六个可供操作者选择的工件坐标系，操作者可根据需要选择一个或同时选用几个来确定一个或几个工件坐标系。在设定工件坐标系原点时，通过刀具或对刀工具确定工件坐标系与机床坐标系之间的空间位置关系，并将对刀数据输入到相应的存储位置，即对刀操作是数控加工中最重要的操作内容，其准确性将直接影响零件的加工精度，具体操作包括 X、Y 向对刀和 Z 向对刀。

根据机床条件和加工精度要求可选择不同的对刀方法，常用的方法包括试切法、寻边器对刀法、机内对刀仪对刀法、自对刀法等，其中试切法对刀精度较低，在加工中常用寻边器和 Z 向设定器对刀，效率高，能保证对刀精度。

以矩形零件的寻边器 X、Y 向对刀为例，具体操作步骤如下：

（1）选择"加工操作"区域，切换至"JOG"模式。

（2）打开"测量工件"窗口，选择"矩形零件工件边沿测量"窗口。

（3）使用先前已经测量过的刀具，将其按照图 17-38 所示测量窗口中 p1 箭头的方向移动，使其刀尖刚碰工件边沿，将刀具位置 p1 保存在 G54 坐标系中。

（4）重复测量并保存其他三个位置：p2、p3 和 p4。

（5）四个位置均测量完毕后，保存 X 轴和 Y 轴上的零点偏移。

图 17-38　对刀操作测量工件操作窗口

5. 程序输入编辑与调试

1）程序的输入及编辑

在编制零件加工程序后，可通过手动数据输入方式或通信接口将加工程序输入机床系统内的存储器中进行编辑，编辑操作包括插入、修改、删除和字的替换及程序号的检索等，数控系统程序编辑窗口及编辑界面如图 17-39 所示。具体操作步骤如下：

（1）选择"程序管理"操作区域，进入用于存放零件程序的系统目录"NC"。

（2）选择需要编辑的程序文件/目录，在"程序编辑器"窗口中打开所选程序或打开所选目录。

（3）在"程序编辑器"窗口使用面板处理单元的字母和数字按键编辑程序文本。

2）程序调试

程序的调试是在数控铣床上运行该程序，根据机床的实际运动位置、动作以及机床的报警等来检查程序是否正确。在模拟过程中数控系统会完整计算当前程序，并以图形显示结果，这样无须移动机床轴，便可以提前检查程序的加工结果，从而尽早发现加工步骤的编程错误，避免错误加工。具体操作步骤如下：

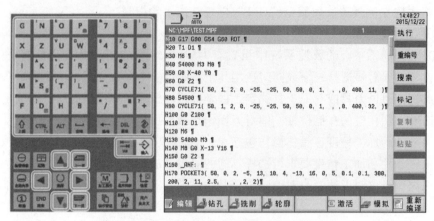

图 17-39　数控系统程序编辑窗口及编辑器界面

（1）选择"程序管理"操作区域，进入存储目录并将光标置于需要模拟的程序上。

（2）按下"输入"键，在"程序编辑器"窗口中打开程序，切换至"AUTO"模式。

（3）按下"模拟"键，打开"程序模拟"窗口，程序控制模式 PRT 自动激活。

（4）使用"循环启动"功能对所选零件程序开始模拟，程序执行以图形化的方式显示在屏幕上，机床轴不移动。

（5）如需停止模拟，可在机床控制面板上单击"进给保持"或"复位"按钮取消模拟。

6. 程序运行

在启动程序之前必须确保数控系统和机床都已设置完毕，且零件程序已通过模拟和测试进行了验证。确定程序及加工参数正确无误后，选择"自动加工"模式，按下数控启动键运行程序，对工件进行自动加工。常见的程序运行方式有全自动循环、机床空运转循环、单段执行循环、跳段执行循环等。

在程序运行时应注意以下问题：程序运行前要做好加工准备，遵守安全操作规程，严格执行工艺规程；正确调用及执行加工程序；在程序运行过程中，适当调整主轴转速和进给速度，并注意监控加工状态，如出现危险情况，应迅速按下紧急停止开关或复位按钮，终止运行程序。

7. 关机

加工完成后，清理现场，再按与开机相反的顺序依次关闭电源。

第五节　其他数控加工技术简介

一、数控车铣复合加工

数控车铣复合机床是复合加工机床的一种主要机型，通常是在数控车床上实现平面铣削、钻孔攻丝、铣槽等铣削加工工序，具有车削、铣削以及镗削等复合功能。

车铣复合加工机床的运动方式通常包括工件旋转、铣刀旋转、铣刀轴向进给和径向进给。根据工件旋转轴线与刀具旋转轴线相对位置的不同，车铣复合加工主要可分为轴向车铣加工、正交车铣加工以及一般车铣加工，其中轴向车铣和正交车铣应用最为广泛。轴向车铣加工即铣刀与工件的旋转轴线相互平行，可以加工外圆柱表面和内孔表面。正交车铣加工铣刀与工件的旋转轴线相互垂直，在加工外圆柱表面时效率较高，但不能对较小直径内孔进行加工。

与常规数控加工工艺相比，车铣复合加工具有以下特点：

（1）车铣复合加工可以实现一次装夹完成全部或者大部分加工工序，从而大大缩短产品制造工艺链。此外，可以安装多种特殊刀具，优化新型的刀具排布，减少了由于装夹改变导致的生产辅助时间及工装夹具制造周期和等待时间，能够显著提高生产效率。

（2）装夹次数的减少避免了由于定位基准转化而导致的误差积累。车铣复合加工设备大多具有在线检测功能，可实现制造过程关键数据的在位检测和精度控制，提高产品的加工精度。

（3）集成多种功能的紧凑外形设计，改善了空间利用方式。通过制造工艺链的缩短和产品所需设备的减少，以及工装夹具数量、车间占地面积和设备维护费用的减少，能够有效降低总体固定资产投资、生产运作和管理的成本。

数控车铣复合加工机床以其高精度、高效率、高灵活性的特点，在航空航天、汽车制造、精密机械、模具制造、船舶制造、能源等各个行业中得到了广泛应用，主要用于生产对加工精度要求高的关键零部件，如航空发动机涡轮叶片、飞机起落架、飞机结构件、发动机的曲轴和活塞、螺旋桨叶片、骨科植入物、精密分析仪器零件、精密测量设备部件等。

七轴五联动车铣复合机床是一种能够实现复杂零部件高精度加工的关键设备，对于定制化、异形部件的加工具有决定性作用。以武重集团为核心，联合多个顶尖科研单位共同努力，历时十数载研制成功了我国第一台具有自主知识产权的 CKX5680 七轴五联动车铣复合机床，可实现复杂曲面及形状的精准复制和加工，加工精度高达 0.01 mm，定位精度达到 0.025 mm，最大承受质量为 100 t，最大可加工直径为 8 m、高度为 2 m 的部件，极大地推动了我国在高端精密仪器及大型设备制造方面的进步。

二、数控雕铣加工

数控雕铣机（CNC Engraving and Milling Machine），一般可认为是使用了高速主轴电动机和小刀具的大功率数控铣床。雕铣机的优势在于雕、铣皆可，既可以满足雕刻功能，又保持了主轴的高速切削功能，增大了床身承受力，从而满足更高的精度要求。相对于传统的雕刻机，雕铣机的加工精度更高；相对于一般的铣削中心，雕铣机又具有雕刻加工的优势。

雕铣机由数控系统控制，通过 CAE 软件设计的三维模型可以直接导出加工工件的加工路径代码，方便了工件的加工，可设计加工出图案更为复杂、精细的产品。高速、高精电主轴的引入，可以使得加工的产品精细程度更好，由于雕铣机主要用于加工小型产品，故在实际生产中电主轴的切削负载小，使用功率较小，可以很好地进行高速、高精的需求加工。根据雕铣机加工对象和应用领域的不同，数控雕铣机可以分为木工雕铣机、模具雕铣机和广告雕铣机等。

数控雕铣机具有以下几大特点：

（1）可根据事先编写好的加工程序在数控系统的控制下自动完成，自动化程度高。

（2）高速雕铣加工可以达到很高的加工精度和表面加工质量，在加工大批量产品时，产品的一致性好。

（3）只需通过改变加工程序代码，数控雕铣机便可以支持各种不同的加工刀具，雕铣加工各种复杂的工件曲面，应用领域广泛。

（4）数控雕铣机可以实现高速、高精雕刻和强力铣削等不同加工方式之间的切换，在同一台雕铣机床上可以视加工要求的实际情况进行粗加工和精加工的灵活切换。

（5）利用插补和加减速前瞻功能，能保证雕铣机的高速、高精加工，有效地减少机床振动。

（6）数控雕铣机不仅适合产品大批量的生产加工，也适合单件不同形状工件的小批生产，不同机型可以更好地用于特定材料加工，提升加工品质。

数控雕铣机具有十分广泛的应用：模型制造业、烟草行业、模具制造业、木器行业、印刷行业、电子行业、印章行业、机械加工业、广告招牌制造业、汽车工业，以及对电火花加工的电极进行雕刻加工、砚台艺术雕刻、首饰精细雕刻加工等。

三、数控磨削加工

数控磨削加工是一种高精度的磨床加工技术，即通过数控系统控制磨床的运动，实现工件表面的磨削加工。数控磨削加工的流程通常包括粗磨、半精磨和精磨三个阶段。粗磨阶段主要是去除工件表面的大部分余量，使工件接近最终形状和尺寸，这个阶段磨削力较大，砂轮磨损较快。半精磨阶段是在粗磨的基础上，进一步平滑工件表面，去除剩余的少量余量，需要更加精细的控制，以保证工件表面的质量和精度。精磨阶段是最终的加工阶段，通过高精度的磨削和修整，使工件表面达到小的表面粗糙度和高的精度要求，需要严格控制磨削参数和砂轮的状态。

与传统磨床相比，数控工具磨床技术具有高效、高精度、高稳定性、高自动化程度等特点，具体如下：

（1）数控磨削加工通过数控系统精确控制砂轮的运动轨迹和磨削参数，确保加工过程的精确性和一致性。

（2）数控磨削机床通常具备自动换砂轮、自动修整砂轮和自动补偿功能，减少了人工干预，提高了生产效率。

（3）数控磨削可以快速调整加工参数，适应不同材料和复杂形状的加工需求。

（4）加工范围广，适用于各种金属材料和非金属材料的精密磨削，如钢、铸铁、陶瓷、玻璃等。

（5）数控磨削能够获得更高的表面质量，减少后续加工和提高零件的使用寿命。

（6）通过优化磨削参数和路径，数控磨削可以显著提高材料去除率，缩短加工时间。

（7）数控磨削加工通常采用湿式磨削，有效控制了粉尘和噪声，改善了工作环境。

数控磨削加工在汽车制造、航空航天、齿轮加工、模具加工、国防军工、人形机器人等众多领域应用广泛。例如，在航空航天领域，数控磨削用于加工涡轮叶片的精密气动形状，以提高发动机的效率和性能；在模具制造领域，数控磨削技术可以实现复杂形状的模具制作，提高模具的精度和质量；在精密制造领域，数控磨削可以用于加工高精度轴承的内外圈和滚道，确保轴承的长寿命和高可靠性。

四、加工中心

加工中心是在普通数控机床的基础上增加了自动换刀装置及刀库，可以对工件进行多工序加工的数字控制机床，其作为一种多功能、高效率、高自动化的机床，已逐渐成为主流的生产数控设备。对于形状复杂、精度要求高、需要采用工序集中原则加工的零件，加工中心具有明显优势，主要适合加工复杂曲面、箱体、异形曲面等。加工中心一般具有 3~5 轴联动功能，可以在一次装夹中对工件进行钻、铣、镗、攻螺纹等多种加工，是自动化和柔性加工系统中不可缺少的重要组成部分。

加工中心与其他数控机床相比具有以下特点：

（1）排除加工过程中的人为干扰因素，具有较高的生产效率和质量稳定性。

（2）工序集中，具有自动换刀装置，工件在一次装夹后能完成高精度的铣、钻、镗、扩、铰、攻丝等复合加工。

（3）功能强大，趋向复合加工，具有更广泛的加工范围。

（4）高自动化、高精度、高效率。加工中心的主轴转速、进给速度和快速定位精度高，可以通过切削参数的合理选择，充分发挥刀具的切削性能，减少切削时间，整个加工过程连续，自动化程度高。

加工中心在航空航天、汽车制造、模具制造、电子通信、医疗器械等众多行业中都有着广泛的应用，其强大的铣削、钻孔、镗孔、攻丝和车削等功能，为各行业提供了高精度、高效率的零部件加工解决方案。

第六节　数控加工技术训练实例

一、实例 1—陀螺的数控车削加工

1. 实训目的

（1）了解数控车床的控制原理和结构；

（2）掌握数控车削零件的设计与工艺分析；

（3）掌握典型零件程序的编写与加工。

2. 实训设备及工件材料

1）实训设备：数控车床；

2）工件材料：硬铝合金。

3. 实训内容及加工过程

实训内容为按照图 17-40 所示零件图纸要求，完成该零件的加工。

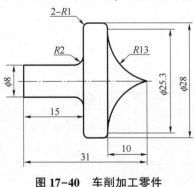

图 17-40　车削加工零件

具体加工过程如下：

1）零件图纸分析

如图 17-40 所示，该零件由外圆柱面和圆弧面构成，其材料为 2A12，毛坯为 ϕ30 mm 棒料。

2）确定工件的装夹方案

由于这个工件是一个实心轴，所以可采用工件的右端面和毛坯外圆作为定位基准。使用普通三爪卡盘夹紧工件，取工件的右端面中心为工件坐标系的原点，换刀点选在工件坐标系（X100，Z100）处。

3）确定加工顺序和进给路线。

分析该零件较简单，只需 3 把刀即可完成加工。根据零件的具体要求和切削路线的确定原则，该零件的加工顺序和进给路线确定如下：

（1）粗车 ϕ28 mm 外圆，留余量 0.5 mm；

（2）粗车 R13 mm 圆弧，留余量 0.5 mm；

（3）精车 R13 mm 圆弧、精车 ϕ28 mm 外圆；

（4）粗车环槽，留余量 0.5mm；

（5）精车环槽；

（6）切断，保证零件总长。

4）选择加工刀具及切削用量

根据零件的加工要求，选用一把 90° 硬质合金机夹偏刀作为外圆粗车刀，定为 1 号刀；选用一把 35° 硬质合金机夹偏刀作为外圆精车刀，定为 2 号刀；切断刀为刃宽 3 mm 的高速钢刀具，定为 3 号刀。

表 17-7 和表 17-8 所示为数控加工刀具卡片及各加工工序卡片。

表 17-7 数控加工刀具卡片

刀具号	刀具规格名称	加工内容	主轴转速/$(r \cdot min^{-1})$	背吃刀量/mm	进给速度/$(mm \cdot r^{-1})$	备注
T01	90°外圆偏刀	车端面、粗车轮廓	500	2.5	0.2	
T02	35°外圆偏刀	精车轮廓	600	0.25	0.1	
T03	切断刀	切断	300	—	0.08	

表 17-8 数控各加工工序卡

零件名称	轴	数量	10	××××年××月		
工序	名称	工艺要求				日期
1	数控车	工步	工步内容	刀具号		
		1	粗车外圆	T01		
		2	粗车圆弧	T01		
		3	精车外轮廓	T02		
		4	粗车环槽	T03		
		5	精车环槽	T03		
2	检验	6	切断	T03		
材料		2A12		备注		
规格		ϕ30 mm 棒料				

5）编写加工程序

依据切削用量合理规划并编写如图 17-40 所示零件的加工程序。

6）对刀

安装刀具，夹紧工件外圆，伸出长度约为 40 mm，对刀。

7）校验

输入加工程序并进行程序校验。

8）试加工

试加工并测量调整。

9）检查、清理

加工完毕，拆卸零件，进行全面质量检查，并清理机床卫生。

零件加工程序见表 17-9。

表 17-9　零件加工程序

O1234；	程序名
N10 G00 G40 G97 G99；	程序初始化
N20 T0101；	换 1 号刀并调用 1 号刀补
N30 S500 M03；	主轴正转
N40 G00 X28.5 Z2；	快速定位
N50 G01 Z-35 F0.2；	粗车 ϕ28 mm 外圆，留 0.5 mm 精车余量
N60 G00 U2 Z2；	快速退刀
N70 X25.8；	快速定位
N110 G01 Z0；	索引圆弧起点
N120 G02 X25.8 Z-9.5 CR=13；	粗车 R13 mm 圆弧
N130 G00 Z2；	快速退刀
N330 G00 X100 Z100；	快速返回换刀点
N340 T0202；	换 2 号刀并调用 2 号刀补
N350 M03 S600；	主轴正转
N360 G00 X0 Z2；	快速定位
N420 G00 X100 Z100；	快速返回换刀点
N430 T0303；	换 3 号刀并调用 3 号刀补
N440 S300 M03；	主轴正转
N450 G00 X29；	快速定位
N460 Z-19.5；	快速定位
N470 G01 X12.5 F0.08；	切槽
N480 G00 X29；	快速退刀
N490 Z-22；	快速定位

续表

O1234;	程序名
N700 X0	切断
N710 G00 X100;	快速退刀
N720 Z100;	快速退刀
N730 M05;	主轴停
N740 M30;	程序结束

零件完成加工，其实物图如图 17-41 所示。

图 17-41　陀螺实物图

二、实例 2—印章的数控铣削加工

1. 实训目的

（1）了解自动编程软件的基本绘图命令和图形编辑方法，能够绘制复杂二维图；

（2）掌握软件基本编程过程，了解工艺参数设定、程序校核方法和后置处理步骤；

（3）掌握数控铣床的基本操作方法。

2. 实训设备及工件材料

（1）实训设备：VDM850 立式加工中心；

（2）工件材料：黄铜料 20 mm×20 mm×52 mm。

3. 实训内容及加工过程

利用 CAD/CAM 软件进行印章章面图案的设计，通过设置机床、毛坯、刀具等加工参数生成刀具轨迹并进行仿真验证，要求生成的刀具轨迹和图形轮廓线重合，生成数控加工程序并操作机床完成印章的加工。

1）零件工艺分析

利用软件绘制章面图案如图 17-42 所示，该零件主要为平面轮廓加工，材料为黄铜，毛坯尺寸 20 mm×20 mm×52 mm。

图 17-42 印章章面图案

2）确定工件的装夹方案

该工件为方料，采用机用精密虎钳装夹，工件侧面与钳口齐平进行基准定位，取工件的上表面中心为工件坐标系的原点。

3）确定加工方案

（1）车端面：首先对毛坯上下端面进行处理，选用面铣刀车上端面，掉头装夹后车下端面，保证工件长度 50 mm。

（2）挖槽：工件加工部位是槽类轮廓，转角半径为 1 mm，槽较窄处宽度为 0.3 mm，选用刀尖直径为 0.2 mm、角度为 15°的锥度刀。挖槽路径采用双向，先粗切，保留 0.1 mm 余量，再精修，切削深度为 0.2 mm。

4）切削用量选择

综合分析工件的材料和硬度、加工精度要求、刀具材料和寿命等因素，主轴转速 S 设为 6 000 r/min，进给速度 F 设为 200 r/min。

5）编制数控程序

（1）如图 17-43 所示，选择机床菜单，选择"铣床"，机床类型选择"默认"。

图 17-43 机床选择界面

（2）如图 17-44 所示，在"机器分组属性"中进行素材设置。

（3）将鼠标放在操作管理器"刀具路径"下的"2D 铣削"对话框中，单击展开菜单，出现铣床刀路选择菜单，选择"挖槽"命令，如图 17-45 所示。

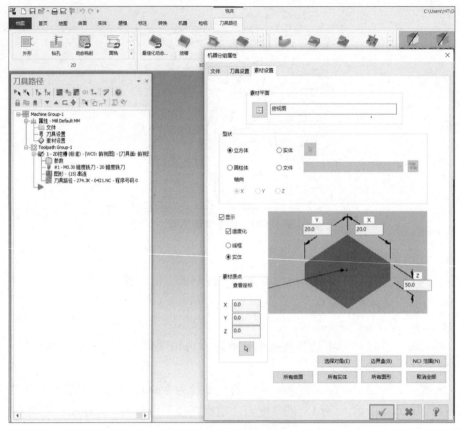

图 17-44　素材设置界面

图 17-45　加工方法选择界面

（4）选择"挖槽"命令后，软件弹出如图 17-46 所示窗口，选择"窗选"，单击图形轮廓线，输入草图起始点，鼠标可在任一轮廓线的端点单击选择，单击 ☑ 按钮后，系统弹出如图 17-47 所示的"挖槽铣削参数"对话框。

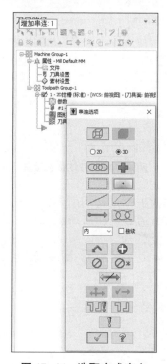

图 17-46　选取方式定义

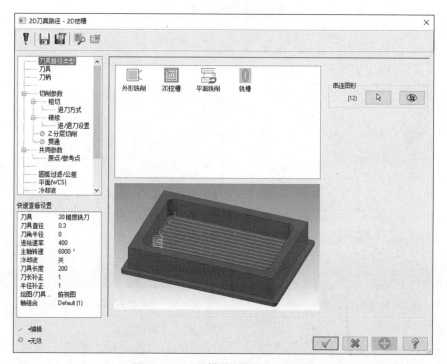

图 17-47　"挖槽铣削参数"对话框

（5）按图 17-48 所示"刀具"选项选择刀具命令，设定刀具直径及各项工艺参数。

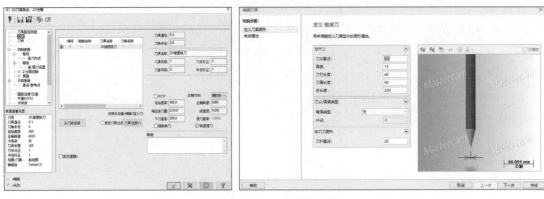

图 17-48　刀具参数设置

（6）在如图 17-49 所示的对话框中进行切削参数设置。

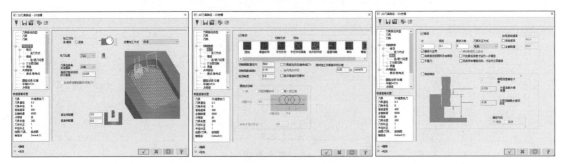

图 17-49　切削参数设定

（7）单击"共同参数"选项，按图 17-50 所示设定"参考高度""下刀位置""工件表面"及"深度"，设定完成后单击 ✓ 按钮，软件生成如图 17-51 所示刀具轨迹。

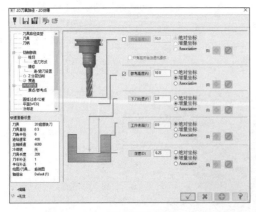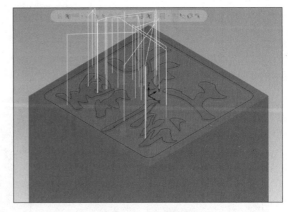

图 17-50　Z 轴各项工艺参数设定　　　　　图 17-51　刀具轨迹

（8）在如图 17-52 所示操作管理器中，选中生成的刀具路径，单击"验证已选择的操作"按钮，进行实体仿真模拟加工，结果如图 17-53 所示。

（9）如图 17-54 所示，选择刀具轨迹后单击 **G1** 按钮，系统弹出"后处理程序"对话框，选择对应于数控机床控制系统的后处理文件，生成加工程序。

（10）导入加工程序完成自动编程后，将生成的加工程序传输给数控铣床，如图 17-55 所示。

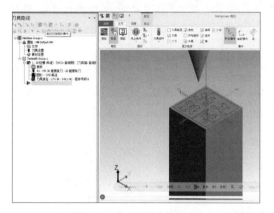

图 17-52 刀具路径验证

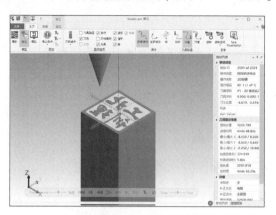

图 17-53 实体仿真结果

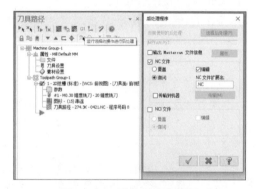

图 17-54 后处理命令选择

图 17-55 加工程序

6）装夹工件并设置工件原点

利用虎钳正确安装工件，对毛坯进行端面处理，正确设定工件原点。

7）加工

操作数控机床，调用数控程序，完成工件加工，如图 17-56 所示。

图 17-56 印章的数控铣削加工实践案例

知识拓展

数控机床是典型的数控设备，它的发展是数控技术发展的重要标志。现代数控机床的发展趋势是高速化、高精度化、高可靠性、多功能、复合化、智能化和采用具有开放式结构的数控装置。数控机床整体性能的提高是数控装置、伺服系统及其控制技术、机械结构技术、数控编程技术等多方面共同发展的结果。

数控机床体现了当前世界机床技术进步的主流，是衡量机械制造工艺水平的重要指标。目前，数控机床的应用范围非常广，涉及国防航空、汽车工业、模具制造、机械加工、零件构造等领域，但因其设备投资及维修保养费用较高，故如何更加合理地使用数控机床是一个很重要的问题。

 劳模工匠小课堂——数控铣

马小光，男，汉族，1980年5月出生，中共党员，中国兵器工业集团有限公司北京北方车辆集团有限公司工具液压分厂高级工程师、高级技师，中国兵器关键技能带头人，享受国务院政府特殊津贴。他曾获中华技能大奖，获评全国劳动模范、全国技术能手、全国五一劳动奖章、中央企业先进个人、兵器大工匠、大国工匠年度人物等多项荣誉称号，现为"国家级马小光技能大师工作室"领衔人。

马小光所在的北京北方车辆集团有限公司是装甲特种车辆的研制生产基地，也是"同心同德、勤劳朴实、锐意进取"的"群钻精神"的发源地。马小光的重要工作之一是加工特种车辆最精密的零部件之一，即一体式行星架。一体式行星架是新一代机电复合传动系统零部件中形位公差最严、尺寸精度最高、加工难度最大的关键零件，其上有五个圆孔，如同行星一般均匀分布，每个孔的位置度和直径尺寸公差仅为0.01 mm，槽的垂直度与平行度也要求达到0.01 mm，这超出了常规加工中心的加工精度。马小光建议使用数控机床进行批量生产，并根据机床重复定位精度的规律来调整定位误差。经过多次试验和检测，最终保证了产品的加工精度满足设计要求。类似地，在科研生产中，马小光先后通过创造性劳动攻克了多个核心部件的加工难点，完成了200余项关键产品的试制和攻关任务，完成工艺创新成果30项，获得国家专利10项。

在北京奥运会这一全球瞩目的盛事中，特效烟花的绚丽表演令观众惊叹，其中也凝聚了马小光的辛勤努力。2008年，北方车辆集团肩负起了制作特效烟花发射装置的重任，这项任务对开幕式的圆满举行至关重要。马小光创新性地提出了U形数控加工单元，这一创新颠覆了沿袭多年的生产方式，显著提升了数字化制造的效率。他巧妙地运用编程技巧解决了奥运特效烟花造型的控制难题，保障了发射装置的精准发射。他的创新为北京夜空中那一系列如脚印、倒计时、笑脸、五环等特效烟花的璀璨绽放，为奥运会开幕式的辉煌成功立下了汗马功劳。

从勤学苦练、勇于探索的青年，到如今已是技艺高超、解决众多生产难题的专业能手，马小光已经积累了将近二十年的丰富工作经验。他始终脚踏实地、稳步前进，既流下了辛勤的汗水，也品尝到了成就的甘甜。面对外界的赞誉，马小光总能保持一颗平和与谦逊的心，他说："作为新一代的青年工匠，我们应持续追求精进，坚持创新，将'群钻精神'传承并发扬光大，成为这一精神的积极实践者和忠诚传人。"

第十八章

工业机器人技术

内容提要：本章主要对工业机器人的定义、历史发展、分类、组成结构、运动控制等进行介绍，并结合近年来的统计数据展现工业机器人领域的发展和技术应用现状，展望其未来的发展趋势，介绍工业机器人的语言编程、示教编程和离线编程方式，旨在对工业机器人的整体控制理论和结构选择及应用技术的深入理解奠定基础。

第一节 概 述

"机器人"这个名称对许多人来说并不陌生。但是，工业机器人是从第三次工业革命爆发以来，才成为世界制造大国们争先抢占的工具制高点。随着以新一代信息通信技术和先进制造技术的深度融合，智能制造成为新一轮工业革命的核心技术，工业机器人作为实现智能制造的重要载体，它的技术水平在很大程度上决定了智能制造技术的进展速度，对制造业的转型升级有着深刻影响。目前，工业机器人正在向自主学习、自主作业的智能化方向发展。无论是美国的先进制造、德国的工业 4.0，还是中国的中国制造 2025，都将发展工业机器人列为产业转型升级和智能制造的重点方向。工业机器人的竞争，可谓已经上升到了国家产业战略的层面。

一、工业机器人定义

什么是工业机器人？关于它的定义，专家们始终未能达成一致。但是，它集计算机、控制论、机构学、信息和传感技术、人工智能、仿生学等多学科于一体，是现代制造领域一种重要的自动化装备，世界各国为了规定技术、开发机器人新的工作能力和比较成果，就需要对工业机器人这一术语提供某些共同的理解。当前现有的对工业机器人的定义主要有以下几种：

（1）美国机器人协会（RIA）的定义："机器人是一种用于移动各种材料、零件、工具或专用装置，通过可编程序控制来执行多种任务，具有编程能力的多功能机械手（Manipulator）"。

（2）日本工业机器人协会（JIRA）的定义："工业机器人是一种装备有记忆装置和末端执行器（End Effector），能够转动并通过自动完成各种移动来代替人类劳动的通用机器"。

（3）中国国家标准（GB/T 12643-2013）和国际标准化组织（ISO）的定义："工业机器人是一种能自动定位控制，可重复编程的多功能、多自由度的操作机，能搬运材料、零件或操持工具来完成各种作业"。

尽管当前对工业机器人的定义不同，但基本上都有以下 4 个共同点：

（1）其是一种机械装置，可以搬运材料、零件、工具，或者完成多种操作和动作功能；

（2）可再编程控制，配备多种程序，可从事多种工作，可灵活改变动作程序；

（3）具有不同程度的智力，如记忆、决策、感知、推理、学习等；

（4）具有独立性，完整的机器人系统在工作中可以不依赖于人的干预。

不管工业机器人的解释和定义如何，人们开发研究工业机器人的最终目标都是一致的，那就是研制出一种能够结合人的所有动作特性——通用性、柔软性、灵活性的自动机械。

二、工业机器人的历史发展

工业机器人的研究始于20世纪中期，由于计算机和自动化的技术发展，以及原子能的开发利用，工业机器人发展迅速。现代工业机器人发展过程中的重要历史事件见表18-1。

表18-1　现代工业机器人发展过程中的重要历史事件

时间/年	领域	事件
1954	理论	美国戴沃尔最早提出了工业机器人的概念，设计并制作了世界上第一台机器人实验装置，并申请了专利
1955	理论	丹纳维特和哈顿贝格提出了工业机器人的运动学基础——齐次变换
1959	工业	美国英格伯格和戴沃尔联手制造出世界上第一台工业机器人Unimate，如图1-1所示
1960	工业	世界上第一家机器人制造工厂——Unimation公司成立
1962	工业	美国AMF公司生产出"VERSTRAN"（万能搬运），与Unimate一样成为商业化的工业机器人，并出口，掀起了机器人研究的热潮
1962—1963	技术	传感器的应用提高了工业机器人的可操作性
1965	技术	麻省理工学院推出了世界上第一个具有视觉传感器、能识别与定位简单积木的机器人系统
20世纪60年代中期	技术	美国麻省理工学院、斯坦福大学、英国爱丁堡大学等陆续成立了机器人实验室。美国兴起研究第二代带传感器、"有感觉"的机器人的风潮，并向人工智能进发
1967	理论	日本成立了"人工手"研究会（仿生机构研究会），同年召开了日本首届机器人学术会
1968	技术	美国斯坦福研究所研发机器人Shakey，是世界上第一台智能机器人，拉开了第三代机器人研发的序幕
1969	技术	日本早稻田大学加藤一郎实验室研发出第一台以双脚走路的机器人
1970	理论	美国召开了第一届国际工业机器人学术会议，在此以后，机器人的研究得到迅速、广泛的普及
1971	理论	日本工业机器人协会成立
1973	工业	辛辛那提·米拉克隆公司的理查德·豪恩制造了第一台由小型计算机控制的工业机器人，由液压驱动，有效负载达45kg
1978	工业	美国Unimation公司推出通用工业机器人PUMA，标志着工业机器人技术已经完全成熟
1978	工业	日本牧野洋发明SCARA装配机器人
1980	工业	工业机器人在日本普及，故称该年为"机器人元年"，此后，工业机器人在日本迅速发展，当时日本被称为"机器人王国"

工业机器人历史发展组图如图 18-1 所示。

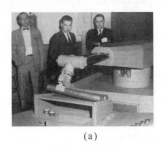 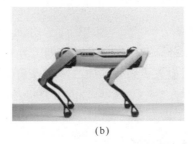 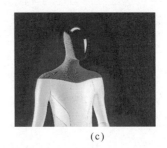

（a） （b） （c）

图 18-1 工业机器人历史发展组图

（a）世界上第一台工业机器人 Unimate；（b）波士顿动力研发的机器狗 Spot；（c）Tesla Bot 人形仿生机器人

第二节 工业机器人的基本组成及类型

经过多年的发展，工业机器人已在越来越多的领域得到了应用，根据 IFR 统计，2019 年全球范围内工业机器人在汽车、电子电器、金属制品、化学橡胶塑料、食品制造等行业中的应用占比分别为 39.90%、29.05%、12.15%、7.87%、3.50%，工业机器人正逐步取代繁重危险的人工操作。

一、工业机器人类型

工业机器人的家族成员庞大，可按照技术等级、机构特征、控制方式、自由度、程序输入方式、运动控制方式、驱动方式和用途等进行划分。具体如下：

1. 按用途划分

按用途，工业机器人可划分为搬运机器人、码垛机器人、装配机器人、焊接机器人和涂装机器人等。

2. 按技术等级划分

（1）示教再现机器人：能够按照人类预先示教的轨迹、行为、顺序和速度重复作业。

（2）感知机器人：具有环境感知装置，能在一定程度上适应环境的变化。

（3）智能机器人：具有发现问题和自主解决问题的能力。

3. 按机构特征划分

按机构特征，工业机器人可划分为柱面坐标型机器人、球面坐标型机器人、直角坐标型机器人和关节型机器人。

4. 按控制系统类型划分

按控制系统的类型，工业机器人可划分为伺服机器人和非伺服机器人。

5. 按自由度划分

机器人的自由度一般是按机器人手部位姿的运动参数来确定的，常见的有三自由度机器人、四自由度机器人、五自由度机器人、六自由度机器人和冗余自由度机器人。

6. 按程序输入方式划分

按程序输入方式，工业机器人可划分为手控操作机器人、固定程序机器人、可变程序机器人、示教再现机器人、数控机器人。

7. 按运动控制方式划分

按执行机构运动的控制方式，工业机器人可划分为点位控制型机器人和连续轨迹控制型机器人。

8. 按驱动方式划分

驱动装置的动力源有以下几种：液压、气动、电动、复合式和其他新型动力。

另外，工业机器人也可按其他方式划分，如按连接方式可以划分为串联机器人和并联机器人，按尺寸可划分为大型机器人、中型机器人和小型机器人，按运动形式可划分为固定式机器和移动式机器人。

二、工业机器人的组成和结构

当前应用较普及的工业机器人是示教再现机器人，现以示教再现机器人为例，概述机器人的操作机、控制器和示教器三大主要组成部分（见图18-2）及其结构特征。

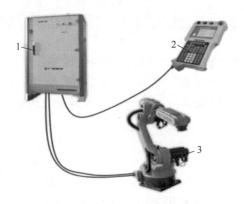

图 18-2　示教再现工业机器人的基本组成

1—控制器；2—示教器；3—操作机

1. 工业机器人的操作机

操作机是机器人的机械主体和执行机构，在系统的控制下，能完成很多复杂作业。

1）操作机的基本类型

操作机按机构特征划分有以下几种，如图18-3所示。

  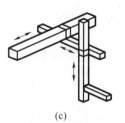 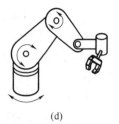

(a) 　　　　　　　(b) 　　　　　　　(c) 　　　　　　　(d)

图 18-3　工业机器人操作机类型

（a）柱面坐标型操作机；（b）球面坐标型操作机；（c）直角坐标型操作机；（d）关节型操作机

（1）柱面坐标型操作机：主要由旋转基座、垂直和水平移动轴构成，如图18-3（a）所示。机械手能水平伸缩和上下移动，柱子和机械手可组成部件在底座上移动，其动作呈圆柱体，工作范围较大，速度较高，但随着水平臂水平方向的伸长，其线位移分辨精度会越来越低。

（2）球面坐标型操作机：又称极坐标型操作机，其空间位置分别由旋转、摆动和平移3个自由度确定。机械手可里外伸缩移动、垂直平面摆动以及水平绕底座转动，其工作轨迹成球面，如图18-3（b）所示。它比柱面坐标型操作机更为灵活，并能扩大工作空间，但旋转关节反映在末端执行器上的线位移分辨率是一个变量。

（3）直角坐标型操作机：运动部分由3个互相垂直的直线移动组成，如图18-3（c）所示，其手部的活动空间为长方形。其控制简单、运动直观、精度高，但操作灵活性差，运动速度低，操作范围较小，且占据的空间较大。

（4）关节型操作机：由多个旋转和摆动机构组合而成，主要由底座、上臂和前臂构成，如图18-3（d）所示。上臂和前臂可在通过底座的垂直平面上运动；前臂和上臂间有肘关节运动，上臂和底座间有肩关节运动，水平运动通过肩关节或底座旋转来实现。其操作灵活，运动速度较高，操作范围大，但精度受手臂位姿影响，较难实现高精度运动。

2）操作机的基本结构

工业机器人操作机的基本组成部分包括机械臂、驱动装置、传动单元和内部传感器，如图18-4所示。

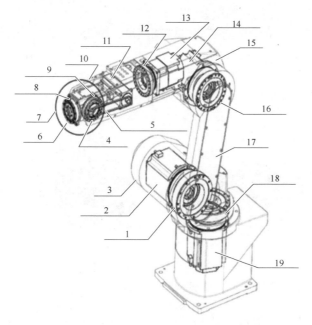

图18-4　关节型工业机器人操作机的基本构造
1—轴2减速器；2—轴2电动机；3—肩关节；4—轴5减速器；5—皮带传动；6—连接法兰；7—手腕；8—轴6减速器；9—轴6电动机；10—前臂；11—轴5电动机；12—谐波减速器；13—轴4电动机；14—轴3电动机；15—肘关节；16—轴3减速器；17—机械大臂；18—轴1减速器；19—轴1电动机

（1）机械臂：机器人的机械臂具有与人手臂相似的功能，可在空间抓放物体或执行其他操作，机械臂通常由机座、手臂、手腕和末端执行器组成。

（2）驱动装置：驱动装置是能把驱动元件的运动传递至机器人的关节和动作部位的装置，基本的类型有液压驱动、气压驱动、电动驱动3种，另有复合式驱动和新型驱动。

① 液压驱动：其特点是功率大、结构简单，可省去减速装置，而直接与被驱动的杆件相连，且伺服驱动具有较高的精度。但其需要增设液压源，且易产生液体泄漏，不适合高、

低温及有洁净要求的场合。特大功率且低速的工业机器人多用液压驱动。

② 气压驱动：气压驱动是最简单的驱动方式，但与液压驱动相比，同体积条件下的功率较小，且速度不易控制，因此多用于中小负载、快速驱动、精度要求不高但有洁净要求、防爆要求的点位控制机器人。

③ 电动驱动：是目前工业机器人中应用最多的一种驱动方式，其原动力从步进电机、直流和交流伺服电机逐步获得广泛应用。

④ 新型驱动：新型驱动类型较多，如形状记忆合金驱动、磁致伸缩驱动、超声波电机驱动和压电驱动等。

形状记忆合金驱动主要依赖一种特殊的合金，一旦它记忆了任何形状，即使产生变形，但当加热到某一适当温度时，它仍然能恢复到变形前的形状，这种恢复可实现定尺寸形状驱动；磁致伸缩驱动是指磁致伸缩材料元件在磁场改变时，其几何尺寸会发生变化，依靠元件的收缩或伸展实现驱动；超声波电机驱动是利用压电材料的逆压电效应，将电能转换为弹性体的超声振动，将摩擦传动转换成回转或直线运动，实现驱动；压电驱动是利用在压电陶瓷等材料上施加电压而产生变形的压电效应，将电能转变为机械能或机械位移，实现微量位移。压电驱动一般用于特殊用途的微型机器人系统中。

（3）传动单元：传动单元是能带动机械臂运动，确保末端执行器的位置、姿态和运动的装置。目前，机器人广泛采用减速器作为机械传动单元。普遍应用于关节机器人上的减速器主要有两类：谐波减速器和 RV 减速器。一般将 RV 减速器装在 20 kg 以上的机器人负重关节位置，而将谐波减速器装在 20 kg 以下的轻负载的位置。工业机器人上常见的传动方式如图 18-5 所示。

 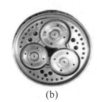  

(a)　　　　　　　　(b)　　　　　　　　(c)　　　　　　　　(d)

图 18-5　工业机器人上常见的传动方式
（a）谐波减速器；（b）RV 减速器；（c）齿轮传动；（d）带传动

用于机器人关节上的减速器要求传动链短、体积小、功率大、质量轻和易于控制等。这种精密减速器可使机器人伺服在一个合适的运转速度，在提高机械本体刚度的同时输出更大的转矩。下面着重介绍两种精密减速器：谐波减速器和 RV 减速器。

① 谐波减速器：由行星齿轮传动原理发展的一种新型减速器，它由带内齿圈的刚性齿轮、带有外齿圈的柔性齿轮和波发生器 H 三个构件组成，如图 18-6 所示。

② RV 减速器：由二级行星减速机构组成，实现 RV 传动的高精度减速器，结构如图 18-7 所示。RV 传动是一种新型传动，在具有谐波传动优点的同时，还具有较高的强度、刚度、精度、寿命和自锁功能。因此 RV 减速器多用于高精度机器人。

（4）传感器：对于工业机器人的智能化发展，传感器技术的支持是一个重要方面。机器人工作时，不仅需要检测其自身和作业对象的状态，还需要检测其作业环境的状态，故工业机器人所用传感器分为两大类：内部传感器和外部传感器。

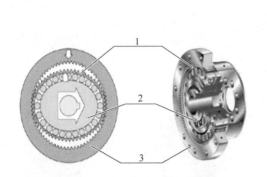

图 18-6 谐波减速器结构示意图
1—柔轮；2—波发生器；3—刚轮

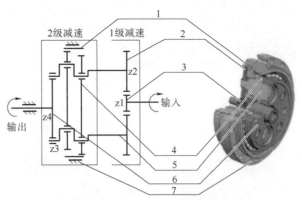

图 18-7 RV 减速器结构示意图
1—针齿；2—行星轮；3—太阳轮；4—摆线轮；
5—转臂；6—输出轴；7—针齿壳

① 内部传感器：以机器人本身的坐标轴来确定其位置，用于感知自身的状态。内部传感器主要包括位置、角度、速度、角速度和加速度等传感器。

② 外部传感器：用于获取机器人周围环境和目标物的状态特征信息，使机器人能与环境发生交互作用，从而使机器人对环境有自校正和自适应能力。外部传感器主要包括触觉、力觉、距离、视觉和听觉等传感器。常见的外部传感器如图 18-8 所示。

(a)

(b)

(c)

(d)

(e)

图 18-8 常见的外部传感器
（a）手触觉传感器；（b）超声波测距传感器；（c）红外测距传感器；（d）二维视觉传感器；（e）三维视觉传感器

2. 工业机器人的控制器

控制器是操纵工业机器人的"大脑"，一个良好的控制器应具有灵活方便的操作方式及多种运动和安全可靠的控制能力。

1）控制器（系统）的组成

工业机器人的控制系统主要包括硬件和软件两部分。硬件主要有传感装置、控制装置和关节伺服驱动部分；软件主要包括运动轨迹规划算法和关节伺服控制算法等动作程序。一个完整的工业机器人控制系统主要包括控制、示教和操作模块，硬盘和外部存储器，命令输入和输出接口，打印机和传感器接口，轴控制器，通信接口，辅助设备控制器等。

2）控制器的功能

依据控制指令以及传感信息处理方法，控制系统主要有示教再现和运动控制两大功能，具体的包括记忆功能、示教功能、联系功能、坐标设置功能、人机交互功能、传感器接口、位置伺服功能和故障诊断安全保护功能。

3）工业机器人的控制方式

工业机器人的控制方式分为动作控制和示教控制方式。按运动坐标控制的方式，分为空间运动控制和直角坐标运动控制；按运动控制的方式，分为位置控制、速度控制和力控制；按其对环境的适应程度，分为程序控制、适应控制和人工智能控制；按轨迹控制的方式，分为点位控制和连续轨迹控制。

3. 工业机器人的示教器

工业机器人的示教器是一种人机交互装置，用以示教机器人工作轨迹和参数的设定。

示教器的结构类型多样，主要由按键和显示屏两部分组成。图 18-9 展示了工业机器人四大家族（ABB、KUKA、FANUC、YASKAWA）的典型示教器。

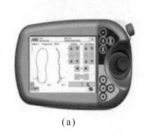   

(a)　　　　　　　　(b)　　　　　　　　(c)　　　　　　　　(d)

图 18-9　工业机器人四大家族的典型示教器

(a) ABB FlexPendant；(b) KUKA smartPAD；(c) FANUC iPendant；(d) YASKAWA DX100

第三节　工业机器人运动控制基础及应用

工业机器人作为一种高柔性、可编程的自动化设备，其运动控制涉及运动学、动力学及其相关的多理论基础。运用运动学主要研究工业机器人各关节变量空间和末端执行器位姿之间的关系，通常采用齐次变换法来设置及解决运动学正问题和运动学逆问题；运用动力学主要研究机器人的运动和受力之间的关系，解决机器人相关的动力学正问题和动力学逆问题。

一、工业机器人运动学和动力学

1. 工业机器人的运动学

机器人的运动学分析，是把机械臂的运动构件看作是一系列可以移动或旋转的关节链接起来的连杆，如图 18-10 所示，机器人运行时，其末端执行器的空间位置和姿态就是由若干关节的运动所合成的，连杆的位置、姿态和各连杆之间的关系通常采用齐次变换法描述。

齐次变换法是按矩阵原理解决机器人运动问题，依据每个连杆关节处建立的坐标系（见图 18-11）建立数学模型转换矩阵，描述各关节变量空间和末端执行器位姿之间的关系，以解决机器人的运动学正问题和运动学逆问题。

1）运动学正问题

已知机器人各杆件的几何参数和关节变量，求末端执行器相对于参考坐标系的位姿。如机器人示教时，控制器需要逐点进行运动学正解运算。

2）运动学逆问题

已知各杆件的几何参数，给定末端执行器相对于参考坐标系的位置和姿态，需要确定关节变量。如示教再现时，控制器需逐点进行运动学逆解运算。

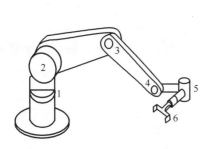

图 18-10　机械臂的运动构件
1~6—运动构件

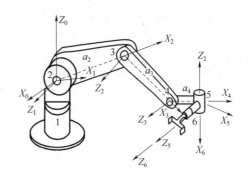

图 18-11　各连杆关节处的坐标系
1~6—运动构件

2. 工业机器人的动力学

工业机器人的动力学主要侧重于分析机器人运动和受力之间的关系，以实现对机器人的控制、优化设计和仿真，建立其动力学模型的方法主要有拉格朗日法和牛顿—欧拉法。与机器人的运动学类似，机器人动力学主要用于解决动力学正问题和逆问题两类问题。

1）动力学正问题

已知各关节的驱动力，求解机器人的运动（关节位移、速度和加速度），主要用于机器人的仿真。

2）动力学逆问题

已知机器人关节的位移、速度和加速度，求解所需要的关节力（或力矩），根据实时控制的需要，利用动力学模型，实现最优控制。

二、工业机器人的轴与坐标系

1. 工业机器人的运动轴

通常工业机器人的运动轴分为本体轴和外部轴两类，多采用 6 轴关节型。

（1）本体轴：操作机上的轴，属于机器人本身。

（2）基座轴：可以使机器人整体移动的轴，如行走轴（滑移平台或导轨）。

（3）工装轴：本体轴和基座轴以外的轴，指使工件、工装夹具翻转和回转的轴，如翻转台、回转台等。

2. 工业机器人的坐标系

机器人的运动实质是根据不同的作业内容及轨迹的要求，在各种坐标系下的运动。机器人在每一种坐标系下的运动都不同，通常，机器人的运动所使用的坐标系有全局参考坐标系、关节参考坐标系和工具参考坐标系。

1）全局参考坐标系

全局参考坐标系是一种通用的坐标系，由 X、Y 和 Z 轴所定义，如图 18-12 所示。全局参考坐标系通常用来定义机器人相对于其他物体的运动路径，以及与机器人通信的其他部件和机器人的运动路径等。

2）关节参考坐标系

关节参考坐标系是用来表示机器人每一个独立关节运动的坐标系，如图 18-13 所示。

机器人的所有运动都可以分解为各个关节单独的运动，这样每个关节都可以单独控制，用单独的关节参考坐标系表示。

3）工具参考坐标系

工具参考坐标系用于描述工具相对固连在末端执行器上的坐标系的运动，如图 18-14 所示。由于本地坐标系是随着机器人一起运动的，即工具坐标系是一个活动的坐标系，它随着机器人的运动而不断改变，因此工具参考坐标系所表示的运动也不相同，这取决于机器人手臂的位置以及工具坐标系的姿态。使用工具参考坐标系便于操作者对机器人靠近、离开或安装零件时进行编程。

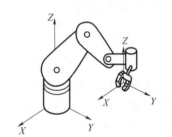 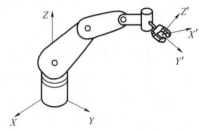

图 18-12　全局参考坐标系　　图 18-13　关节参考坐标系　　图 18-14　工具参考坐标系

三、工业机器人的编程

对工业机器人的作业控制需要由编程来完成，机器人的编程就是针对机器人的某项作业进行的程序设计。工业机器人的编程方法主要有 3 种形式，即语言编程、离线编程和示教编程。

1. 工业机器人的语言编程

机器人编程语言也和一般的程序语言一样，具有结构简明、概念统一和容易扩展等特点。

常用的机器人编程语言见表 18-2。

表 18-2　常用的机器人编程语言

序号	语言名称	国家	研究单位	简述
1	WAVE	美国	斯坦福人工智能实验室	一种动作语言，兼以力和接触的控制，能配合视觉传感器进行机器人部件的调节和控制
2	AUTOPASS	美国	IBM 沃森研究实验室	一种用于装配的高级语言，它可以对几何模型类任务进行半自动编程
3	LAMA-S	美国	麻省理工学院	一种用于自动装配的高级机器人语言
4	VAL	美国	Unimation 公司	基于 BASIC 语言基础上扩展的一种机器人语言，具有编程简单、语句简练的特点
5	ARIL	美国	Automatic 公司	用视觉传感器检查零件时用的机器人语言
6	AL	美国	斯坦福人工智能实验室	在 WAVE 的基础上开发出来的一种动作级编程语言，适用于装配作业

序号	语言名称	国家	研究单位	简述
7	RPL	美国	斯坦福人工智能实验室	可与 Unimation 机器人操作程序结合，预先定义子程序库
8	MCL	美国	麦克唐纳·道格拉斯公司	编程机器人 NC 机床传感器、摄像机及其控制的计算机综合制造语言
9	SIGLA	意大利	奥利维蒂公司	一种仅用于直角坐标式 SIGMA 装配型机器人运动控制时的编程语言
10	IML	日本	九州大学	一种用于末端执行器的动作级语言，编程简单，能人机对话，适合于现场操作

2. 工业机器人的示教编程

示教编程是通过人工导引机器人末端执行器按照预期的动作顺序、运动速度和位置等进行运动，记录作业信息，完成程序的编制。由于示教编程简单直观、易于掌握，至今仍是工业机器人普遍采用的编程方式，但同时示教编程的精度不高且程序修改困难。

1）示教方式

常见的示教方式有两种：手把手示教和示教器示教。

（1）手把手示教：用户使用机器人手臂内的操纵杆，按给定的运动顺序示教，如图 18-15 所示。该种示教方式主要用于喷漆、弧焊等连续轨迹控制的示教编程。

图 18-15　手把手示教

（2）示教器示教：用户利用示教器上的按钮驱动工业机器人的各关节轴按照给定的动作顺序进行运动。

2）示教内容

示教的主要内容有两种：运动轨迹和作业顺序。

（1）运动轨迹：机器人工具中心点所经过的路径。运动轨迹的示教主要包含 5 个方面，即位置坐标、插补方式、再现速度、位置精度、空走点/作业点。

（2）作业顺序：主要涉及两个方面，按作业对象的工艺顺序和按周边设备的配合作业顺序。按作业对象的工艺顺序编写其加工工艺卡片，并制定周边辅助设备的配合作业顺序。

1）示教编程基本步骤

示教编程分为两个步骤：示教过程和再现过程。

（1）示教过程：操作者把机器人末端执行器移动至目标位置，并把此位置对应的机器人关节角度信息记录进内存储器的过程。

（2）再现过程：读出示教过程中存储的信息，使机器人重复示教的轨迹和操作过程。

3. 工业机器人的离线编程

1）离线编程的优点

离线编程是在建立机器人及其工作环境的几何模型的基础上，使用机器人编程语言，对机器人所要完成的任务进行离线规划和编程。离线编程与示教编程相比，其优点见表18-3。

表18-3　示教编程与离线编程的比较

示教编程	离线编程
需要实际机器人系统和工作环境	需要机器人系统和工作环境的图形模型
编程时机器人停止工作，占用大量时间	编程不影响机器人工作
需要在实际系统上试验程序	通过仿真试验程序
编程的质量较大部分取决于编程者的经验与判断	用规划技术可进行最佳路径规划
对于较难的轨迹路径很难实现	可实现复杂运动轨迹的编程
难以使用传感器	可利用传感器探测外部信息

2）离线编程系统

工业机器人离线编程系统的一个重要特点就是能够与CAD/CAM建立联系，离线编程系统主要包含九大功能模块，即用户接口、三维几何构造、运动学计算、轨迹规划、动力学仿真、传感器仿真、并行操作、通信接口和误差校正。

3）离线编程基本步骤

离线编程软件中机器人和设备模型均为三维显示，可直接设置、观察机器人的位置、动作与干涉情况。离线编程基本步骤如下：几何建模→运动规划→轨迹验证→程序传输及运行→将合格的作业程序转换成机器人可识别的程序，下载给机器人。

第四节　工业机器人技术训练实例

一、实训目的

通过实训，进一步了解工业机器人的基本结构，掌握工业机器人的仿真应用、编程操作、示教与再现方法，对工业机器人及其作业实现有一个较为完整的理解，从而对工业机器人整体技术有一个初步的认识，并在机器人控制方面具备一定的操作能力。

二、实训设备及工件材料

（1）实训设备：工业机器人示教编程虚拟仿真软件和双臂协调机器人装配平台；

（2）工件材料：包括可拆卸的鼠标。

三、实训任务

任务 1：机器人下象棋仿真实训

功能目标：在机器人示教编程仿真软件中，将棋子"士"从棋盒中移到棋盘上，完成布局，搬运路径如图 18-16 所示。

任务分析：下象棋的路径规划如图 18-17 所示，具体路径为 $P_1 \rightarrow P_2 \rightarrow P_1 \rightarrow P_3 \rightarrow P_1$。

图 18-16　机器人下象棋仿真

任务 2：机器人装配鼠标

任务目标：使机器人能对物料进行夹取和搬运。其中，R1 机器人能将工装板抬出并放置在传送带上；R2 机器人能对电池进行夹取并放置在鼠标电池仓内；R3 机器人能将装配好的鼠标进行夹取并搬运至传送带的工装板上。机器人装配鼠标平台如图 18-18 所示。

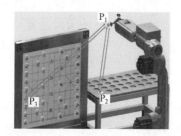

图 18-17　下象棋的路径规划

图 18-18　机器人装配鼠标平台

🔄 **知识拓展**

工业机器人蓬勃发展

据英国路透社报道，外界关注的中国美的集团收购德国工业机器人生产商库卡已有新进展。据美的集团披露，接受要约收购的库卡集团股份占比已达 43.74%，加上之前美的集团的已有持股，美的集团所持有库卡集团股份将超过 50%。

德国库卡机器人公司是全球领先的工业机器人制造商，拥有百年历史。作为全球工业机器人"四大家族"之一，库卡机器人种类齐全，几乎涵盖了所有负载范围和机器人类型。库卡旗下有库卡机器人、库卡系统和自动化的瑞仕格，年产 1 万台工业机器人。在汽车制造领域，库卡机器人的市场份额排在全球第一；在一般工业领域库卡机器人的市场份额也位于欧洲前三名。现今的库卡专注于向工业生产过程提供先进的自动化解决方案。

中国工业转型升级和消费品催生了旺盛的工业机器人需求。但目前"四大家族"占据全球工业机器人 60% 以上的市场份额，在核心技术和关键零部件研发上处于绝对领先地位，而中国国产厂商还没有叫阵"四大家族"的实力。美的集团董事长方洪波强调，美的会保持库卡的独立上市地位和管理团队稳定，希望通过合作进一步驱动增长，尤其是在中国市场。美的集团对库卡的收购，被视为中国国产工业机器人在海外企业技术壁垒下突围的关键之战。

 ## 劳模工匠小课堂——工业机器人

陈照春，男，福建省特种设备检验研究院科技创新团队负责人、国家特种设备机器人产品质量检验监测中心副主任，曾获全国五一劳动奖章，是全国职工数字化应用技术技能大赛个人赛冠军获得者，是2023年"大国工匠年度人物"提名人选。

陈照春长期扎根于技术创新领域一线，深耕特种设备技术研究。他不仅注重科研工作的开展和落地，同时对于技能提升的追求也同样精益求精，是名副其实的"数字工匠"。在2023年全国职工数字化应用技术技能大赛中，他凭借科研工作者的细致严谨，合理分配时间，解决了机器人焊接弧状焊缝难等诸多问题，荣获焊接设备操作工机器人焊接全国第一名，成功书写了从焊接赛场"新手"到"匠星"的精彩自传。

彼时，年近半百的陈照春看到焊工面临的弧光辐射等危害，毅然选择技术转型，不待在实验室，而是亲身实践踏上了"数字工匠"的征程，希望助力焊接产业的自动化、数字化技术发展。不同于传统的产业工匠，"数字工匠"需要既具有现代工业技术的技能水平，又要掌握智能化、网络化技术，善于融合数字技术，进而实现对传统制造技术的改造提升。于是，他深入车间当学徒，学习工人师傅的手艺，再"传授"给机器人。他的愿望是让焊工能在更好的环境下工作的同时提升焊接效率和质量。

陈照春主导开发了多款产品，实现了高端进口装备的国产替代。进入特检院后，他投身国家特种机器人质检中心建设，不断填补空白，为行业提供技术支撑。他还开展了针对锅炉制造领域的专用焊接特种机器人研究，极大地改善了锅筒制造行业现状，实现了自动焊接，从而避免了工人在狭窄焊接环境中面临高温、毒气等风险，该技术也产生了极大的经济效益。"很多人说数字时代人工智能可以取代工人，也有人说工人才是机器人的主人。我认为这两种说法都过于绝对。"陈照春说，"人机协同，才是我们的'远大理想'。而这趟征途的第一步，要由我们通过理论与实践紧密结合、主动迈出。"

以匠心守初心，以创新致未来。作为新时代的工匠，也是数字时代的工匠，陈照春是科技创新赛道的探索者，是劳模精神的践行者，他用行动诠释和弘扬了当代劳模无私忘我的奉献精神和工于一域、精益求精的工匠精神。

第十九章

智能制造技术

内容提要： 本章基于全球智能制造的发展历程和战略，按其技术特点进行体系架构，分析其关键的支撑和使能技术，并通过实训案例展示智能制造技术在制造领域的应用情况，便于读者对智能制造技术的深入了解。

第一节 概　　述

智能制造（Intelligent Manufacturing，IM）是集智能技术、制造领域技术、互联网技术于制造硬件平台的制造大系统，它改进了制造业的生产方式、人机关系和商业模式，可以充分提高制造效率与质量。

一、智能制造定义、内涵及特征

关于智能制造的定义，虽然各国表述不同，但其内涵和核心理念大致相同，都认为它是一种能够实时响应工厂、供应链网络、客户需求的全集成和协作的制造系统。

我国工业和信息化部将智能制造定义为：基于新一代信息通信技术与先进制造技术深度融合，贯穿于设计、生产、管理、服务等制造活动的多环节，具有自感知、自学习、自决策、自执行、自适应等功能的新型生产方式。

从智能制造的定义和实现的目标来看，传感、测试、信息、数控、数据库、数据采集与处理、互联网、人工智能、生产管理等与产品生产全生命周期相关的先进技术均是智能制造技术的内涵。

智能制造的特点主要体现在以下五个方面：

（1）全面互联：智能源于数据，数据来自互联感知，全面互联感知是智能制造的第一步，只有如此才能全面地获取制造产品全生命周期所有活动中产生的各种数据。

（2）数据驱动：以各生产环节中产生的大量数据支持产品全生命周期相关环节的活动。

（3）信息物理融合：将采集的软、硬件信息进行融合和优化分析，实现制造系统的优化运行。

（4）智能自主：集成应用专家知识、人工智能，实现制造资源、服务和决策智能化。

（5）开放共享：实现多企业的制造资源共享，企业可充分利用外部优质资源进行协同生产。

二、智能制造发展历程

智能制造概念随信息技术与人工智能的发展不断演进，它首先出现在《制造智能》

（*Manufactured Intelligence*）一书中，由美国纽约大学怀特教授（P. K. Wright）和卡内基梅隆大学的布恩教授（D. A. Bourne）提出。在此书中，智能制造装备是一种由知识和制造工艺软件、机器人视觉和操纵、专家知识和工人技能模块集成控制的，可实现无人操作下小批量生产的设备。

21世纪以来，云计算、物联网、大数据和移动互联等信息技术的出现，促进了制造业向新一代智能制造转型升级。通过全制造流程与全生命周期数据的互联互通，制造领域实现了分布、异构制造资源与制造服务的动态协同及决策优化，智能化已成为制造业发展的趋势，世界各制造大国纷纷提出了不同的战略规划来抢占未来智能制造业的制高点，如美国倡导的工业互联网、德国提出的工业4.0（Industry 4.0）和我国正在大力推进的中国制造2025等。

当前，为满足市场的快速响应导致制造过程和管理工作的信息量骤增，企业的工作重心也倾向于如何提高现代制造系统的大规模信息处理能力和生产效率，这种需求推动了自动化、网络化和智能化技术的集成应用，以及智能制造技术的深入发展，智能制造将作为第四次工业革命的核心技术之一推动制造业再一次转型。

第二节　智能制造的体系架构及关键技术

一、智能制造的体系架构

智能制造的体系架构是从生命周期、系统层级和智能特征三个维度对智能制造所涉及的活动、装备、特征等内容进行系统的描述，以展示智能制造的技术依托、发展目标和扩展范围的规范化需求，以指导智能制造进行标准的技术体系建设。智能制造三维体系架构示意图如图19-1所示。

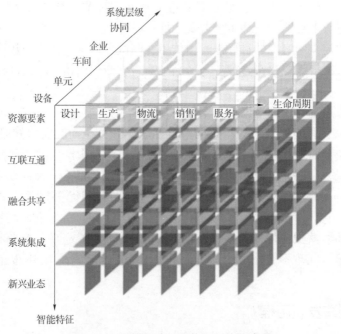

图19-1　智能制造三维体系架构示意图

1. 智能制造体系架构的生命周期维度

智能制造体系架构的生命周期维度包含产品生命周期各主要阶段，如设计、生产、物流、销售、服务等一系列相互联系的产品价值创造活动。

1）智能制造的设计阶段

该阶段主要是定义产品数据模型和交换标准，建立一致性的智能化产品模型，使产品信息能在不同部门和用户之间进行数据交换、集成和提取应用。

2）智能制造的生产阶段

智能制造的生产阶段，即融合工业自动化技术与 IT 技术，构成企业垂直的 5 层次技术架构。在 5 层架构中，无论是数据请求、事件驱动还是循环发送都是响应上一级设备或软件系统的请求，即下一级总是充当服务者或响应者。

3）智能制造的物流

智能物流是利用条形码、射频识别技术、传感器、全球定位系统等先进的物联网技术，通过信息处理和网络通信技术平台完成物品运输、仓储、配送、包装和装卸等基本物流环节，实现物流的自动化运行和高效率优化管理。

4）智能制造的销售阶段

智能销售是以消费者为中心，以多表现形式，如标签化、算法赋能、精准匹配、营销物料、消费者场景配备等，进行全网域信息分发；也可提供有效的销售承接机制、相关的资源要素整合利用，实现商品同步流通与转化。

5）智能制造服务

关于智能制造服务主要包括纵向集成、横向集成和端到端集成，服务集成与社会、环境、企业等因素密切相关，特别是动态集成中需要工业互联网支撑。

2. 智能制造体系架构的系统层级维

从系统功能角度看，智能制造系统是多个相关子系统的整体集成。各层的具体构成如下：

1）设备层

设备层是生产的基础自动化系统，包括传感器、智能仪表、可编程序逻辑控制器（PLC）、机器人、机床、检测设备和物流设备等。它胜任流程制造的过程控制和离散制造的单元控制，也适用于运动控制的数据采集与监控系统。

2）单元层

单元层是制造的执行系统，它包括多个功能管理系统（模块），如制造数据、计划排程、生产调度、库存、质量、人力资源、设备、工具工装、采购和成本等管理系统，以及项目看板、生产过程控制、底层和上层数据集成分析等系统。

3）车间层

车间层包含产品全生命周期的执行和管理系统。在研发设计环节产生数字化产品原型，此产品模型是生产环节的重要输入信息；在生产环节执行上述生产基础自动化系统层与制造执行系统层的内容；在服务环节主要通过实时监测、远程诊断和远程维护，以及对监测数据进行大数据分析，形成服务相关的决策、指导、诊断和维护指令。

4）企业层

企业层是企业管控与支撑系统，包括一些典型的管理模块，如战略、投资、财务、人力资源、资产、物资、销售、健康安全与环保等管理子系统。

5）协同层

协同层是企业的计算与数据中心，为企业提供智能制造所需的计算资源、数据服务及具体的应用功能，并具备可视化的应用界面。智能制造的各类平台都需要以协同层为基础，以实现各类应用软件的有序交互及全体子系统的信息共享。

3. 智能制造体系架构的智能特征维

智能特征是指制造活动具有的自感知、自决策、自执行、自学习、自适应之类的功能特征，包括资源要素、互联互通、融合共享、系统集成和新兴业态5层智能化要求。

（1）智能制造的资源要素，是指生产时所使用的资源或工具的数字化模型。

（2）智能制造的互联互通，是指通过有线或无线网络、通信协议与接口，实现资源要素之间的数据传递与参数语义交换的层级。

（3）智能制造的融合共享，是指在互联互通的基础上，利用云计算、大数据等新一代信息通信技术，实现信息协同共享的层级。

（4）智能制造的系统集成，是指企业实现智能制造过程中的装备、生产单元、生产线、数字化车间、智能工厂之间，以及智能制造系统之间的数据交换和功能互联的层级。

（5）智能制造的新兴业态，是指基于物理空间、不同层级的资源要素和数字空间集成与融合的数据、模型及系统，建立的认知、诊断、预测及决策等功能，支持虚实迭代优化。

二、关键支撑与使能技术

当前制造领域所关注的关键支撑与使能技术主要有以下几种。

1. 数字孪生

数字孪生也被称为数字双胞胎和数字化映射，是利用物理模型、传感器和运行历史数据等来实现的仿真过程。在智能制造系统中，需要采用产品的虚拟镜像为产品全生命周期多环节提供产品信息，而数字孪生的出现恰好能够解决这一问题，它作为连接信息世界与物理世界的重要桥梁，可为制造业的智能化制造提供新思路和方法。

2. 人工智能

人工智能是用于模拟、延伸和扩展人的智能的理论方法、技术及应用的科学。该领域的关键技术包括机器人、语言识别、图像识别、自然语言处理和专家系统、神经科学等。

3. 工业大数据

工业大数据是从客户需求到产品制造全生命周期多环节产生的数据、相关数据技术和应用的总称。工业大数据技术之所以是智能制造的关键技术，主要是它打通了物理世界和信息世界，推动了生产型制造向服务型制造的转型。工业大数据技术使工业数据中所蕴含的价值得以挖掘和展现，并依托大数据系统采集多生产环节的信息，实现生产的快速、高效及精准分析和正确决策。

4. 工业机器人

工业机器人以其柔性好、可编程性好、通用性强等特点，以及可以代替人进行单调重复的生产作业，或在危险恶劣的环境中加工操作的能力成为智能制造的关键技术。工业机器人一般由机械、传感和控制3部分组成，包含驱动系统、机械结构系统、感受系统、人—机交互系统、机器人—环境交互系统、控制系统6个子系统，其具体组成如图19-2所示。

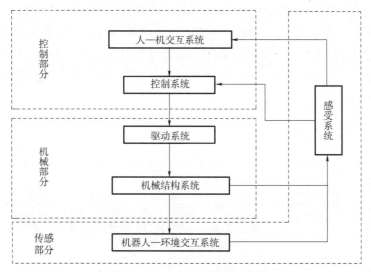

图 19-2 工业人机器人的组成

在智能制造领域，多关节、并联、移动机器人在焊接、搬运、喷涂、加工、装配、检测、清洁生产等领域得到规模化集成应用。为了应对智能制造的发展要求，未来工业机器人系统会向着一体化、智能信息化、柔性化、人机/多机协作化、大范围作业发展。

5. 物联网

物联网，即"万物相连的互联网"，是在互联网基础上延伸和扩展的网络，是通过将各种信息传感设备与互联网结合起来而形成的一个巨大网络，可实现在任何时间、任何地点，人、机、物的互联互通。物联网是通过 RFID、红外线感应器、全球定位系统、激光扫描器等信息传感设备，按照约定的协议，把任何物品与互联网相连接，进行信息和通信，以实现对物品的智能化识别、定位、跟踪、监控和管理的一种网络。

物联网的基本特征可概括为整体感知、可靠传输和智能处理。整体感知是可以利用 RFID、二维码、智能传感器等感知设备来感知、获取物体的各类信息。可靠传输是通过对互联网和无线网络的融合，将物体的信息实时、准确地传送，以便信息交流、分享。智能处理是使用各种智能技术，对感知和传送到的数据、信息进行分析处理，以实现检测和控制的智能化。

6. 云计算

云计算是分布式计算的一种，指的是通过网络"云"将巨大的数据计算处理程序分解成无数个小程序，然后通过多部服务器组成的系统来处理和分析这些小程序，并将得到的结果返回给用户。

云计算可以在很短的时间内完成数以万计的数据的处理，完成强大的网络服务。现阶段的云服务实现是分布式计算、效用计算、负载均衡、并行计算、网络存储、热备份冗杂和虚拟化等计算机技术混合演进和跃升的结果，云计算可以将虚拟的资源通过互联网提供给每一个有需求的用户，从而实现扩展数据处理。

7. 工业互联网

工业互联网是链接工业全系统、全产业和价值链，支撑工业智能化发展的关键信息基础设施，是新一代信息技术与制造业深度融合所形成的新兴业态和应用模式，是互联网从消费领域向生产领域、从虚拟经济向实体经济延伸扩展的核心载体，是智能制造的重要支撑技术。其核心是通过工业互联网平台把工业全要素紧密地链接和融合起来，形成跨设备、跨系统、跨企业、跨地区、跨行业的互联互通。它拉长了企业产业链，推动了整个制造过程和服务的智能化，实现了制造领域多环节之间的紧密交互和跨越发展，使工业经济各种要素和资源实现高效共享。

8. 5G 技术

5G+智能制造的总体框架如图 19-3 所示，它包括数据、网络、平台和应用四个层面。

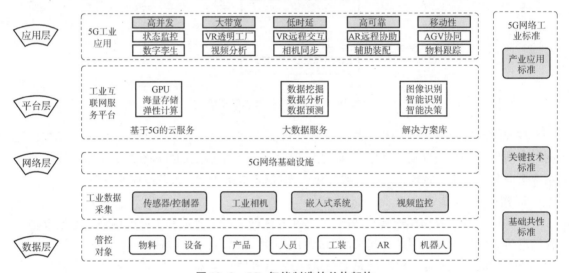

图 19-3　5G+智能制造的总体架构

为了实现智能制造的自我感知、自我预测、智能匹配和自主决策等功能，制造过程中的大数据面临严峻挑战，5G 作为一种先进的通信技术，可以有效应对上述挑战。5G 技术使得无线技术应用于现场设备实时控制、远程维护及操控、工业高清图像处理等工业应用新领域成为可能，同时也为未来柔性产线、柔性车间的实现奠定了基础。目前，随着智能制造的发展，5G 技术将广泛深入地应用于智能制造的各个领域。

9. 智能设计

智能设计是指将智能优化方法应用到产品设计中，利用计算机模拟人的思维活动进行辅助决策，以建立支持产品设计的设计系统。制造领域常见的智能设计包括拓扑优化设计、仿真设计、可靠性优化设计和多学科优化设计等。

10. 智能供应链

智能供应链是指通过信息技术手段，将工业大数据分析和人工技术应用于产品的供销环节，以实现科学的决策，提升运作效率。其主要功能包括自动化物流、全球供销过程集成与协同、供销过程管理智能决策和客户关系管理等。

11. 智能服务

智能服务涵盖产品全生命周期的各种智能优化服务，智能服务将大大促进个性化定制等生产方式的发展，延伸发展服务型制造业和生产型服务业，促进生产模式与产业形态的深度变革。智能服务关键技术包括云服务平台技术、预测性维护技术、个性化生产服务技术以及增值服务技术等。

（1）云服务平台，是实现智能服务的重要保障，是实现用户与制造信息交互的核心。云服务平台具有多通道的并行运行能力，可以实现对产品制造过程、装备运行状态、用户使用习惯与需求等数据进行采集和处理。

（2）预测性维护，是以产品状态为依据而提供的维护或者保养建议，从而避免产品失效而造成的不良后果，以提升产品附加价值。广义的预测性维护是针对产品相关的全部生产因素，在产品使用过程中，针对主要部位进行定期的状态检测，以确定产品所处的运行状态。

（3）个性化生产服务，是通过云服务平台收集客户个性化需求，按照顾客需求进行生产。它是智能制造的未来发展方向之一，即通过将个性化的服务融入产品来提升产品附加值。

（4）增值服务技术，主要体现在产品销售后，以服务应用软件为创新载体，通过大数据分析、人工智能等新兴技术，结合 5G 通信手段，自动生成产品运行与应用状态报告，并推送至用户端，从而为用户提供在线监测、故障预测与诊断、健康状态评估等增值服务。

第三节　智能制造综合实训平台及应用

一、实训平台简介

实训平台是基于产品全生命周期的，集自动化、数字化、信息化、网络化及智能化为一体的公共教育教学资源平台，是适应智能制造的基础理论、操作和创新多技能的工程实践训练平台。平台的主要组成系统包括 PLC 编程实践教学系统、计算机信息控制系统、加工制造执行系统、生产物流及仓储系统、质检系统和监控系统等，如图 19-4 所示。

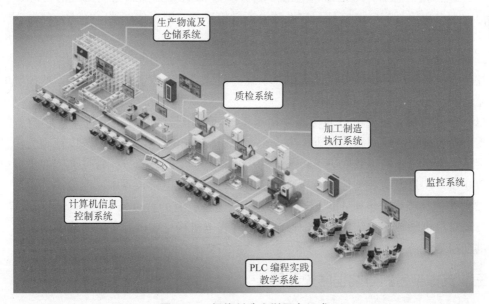

图 19-4　智能制造实训平台组成

下面以 PLC 编程实践教学系统为例，介绍该平台的软、硬件组成及其功能特点。PLC

编程实践教学系统包括传输检测、桁架搬运和立体仓储三个模块。

（1）传输检测模块：由自动上料、自动传送分拣、传感器和电气实训模块盒等元器件组成。

（2）桁架搬运模块：包含桁架机械手、伺服和步进驱动、传感器和电气实训模块盒等元器件。

（3）立体仓储模块：由堆垛机、伺服和步进驱动、传感器、电气实训模块盒等元器件组成。

以下从实训案例的角度介绍相关元器件、PLC编程及其程序控制，并以综合实践案例与示例程序辅助练习使用。

二、实训平台的运动控制系统元器件

实训平台的运动控制系统主要是对线性执行机构、电机或液压泵等设备进行控制，使各个运动部件按照规划好的轨迹和参数进行高精度的动作。运动控制系统的元器件主要包括以下几部分。

1. 传感器

智能制造过程中，传感器检测是通过对外部信号进行采集、处理和算法分析，以及对被检测对象的参数特性进行快速、精确提取，并借助自动化设备对传感器检测结果进行实时处理和反馈控制，以实现对生产过程的实时监控和自动控制的。根据输出电信号的类型不同，传感器可分为数字量传感器和模拟量传感器两类。

（1）数字量传感器：是指输出电信号通常为数字信号，只能取离散值的传感器，即只能取0或1两种状态。常见的数字量传感器有接近开关、限位开关、编码器等。

（2）模拟量传感器：是指输出电信号随被测量物理量变化而连续变化的传感器，输出信号通常为电压信号或电流信号。常见的模拟量传感器有温度传感器、压力传感器、光电传感器等。

2. 控制电机

控制电机是指一种能调节机器或机械系统的速度或运动的电机。常见类型的控制电机有变频驱动器、步进电机和伺服电机。

（1）步进电机：可将电脉冲转换为精确机械运动增量的一种机电设备。它的工作原理是，逐个对定子上的线圈施加电压，生成一个吸引转子齿的磁场，使转子以精确的步进增量进行旋转，电机每转的步数取决于转子上的齿数和定子上的线圈数。常见类型的步进电机每转为200步。步进电机在智能制造系统和机器人等数字化电子设备中广泛应用。

（2）交流异步伺服电机：也被称为感应伺服电机，它的特点是本身配备闭环反馈系统，可以实现对电机轴转速和位置的精确控制。另外在电机静止或以非常低的速度运行时，它也能提供全扭矩。

三、支撑平台的可编程序控制器

1. 定义与标准

可编程序控制器（PLC）是一类嵌入式计算机系统，它能从输入设备接收信号，按照编程逻辑进行计算，将计算结果作为输出信号控制外围设备。PLC基本结构框图如图19-5所示。

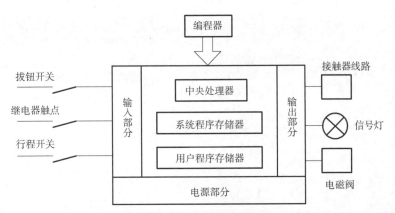

图 19-5 PLC 基本结构框图

为了使全球 PLC 应用规范化，国际电工委员会于 20 世纪 80 年代制定了 PLC 的相关标准，标准编号为 IEC61131。目前，IEC61131 在主要的工业国家得到了广泛的应用，我国在 1995 年也根据 IEC61131 颁布并实施了国家标准 GB/T 15969.1—2007。

2. PLC 编程与软件应用

PLC 编程是指利用可编程逻辑控制器进行编程的过程。本部分采用西门子博途软件（Siemens Portal Software），以"电机正反转"的实训项目为例，介绍 PLC 编程的基本过程。

1）创建项目

创建项目的基本步骤如下：

（1）双击桌面上的图标，打开 Protal V14 SP1 的启动画面，如图 19-6 所示。

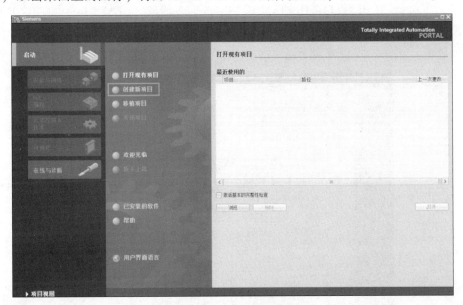

图 19-6 西门子博途软件
使用流程——启动界面

（2）选择创建项目，在右边栏目中输入项目名称、保存路径、作者、注释等信息后，单击"创建"按钮，如图 19-7 所示。

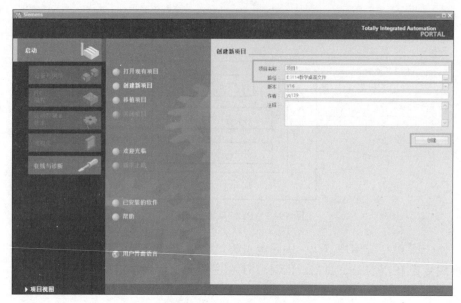

图 19-7　西门子博途软件
使用流程——创建项目

2）添加新设备

如图 19-8 所示，在左侧目录上单击选择"组态设备"。如图 19-9 所示，在出现的窗口中单击"添加新设备"功能（图 19-9 左侧目录中所示区域 1），然后单击右栏目中的"控制器"按钮，选择"CPU 1214C DC/DC/DC"文件夹下面的"6ES7 214-1AG40-0XB0"订货号（图 19-9 右栏目中区域 2），用鼠标拉动滚动条到最底端，找到"添加"按钮（区域 3），并用鼠标单击，完成添加 PLC 设备。

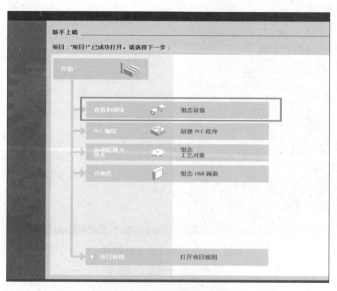

图 19-8　西门子博途软件
使用流程——选择设备

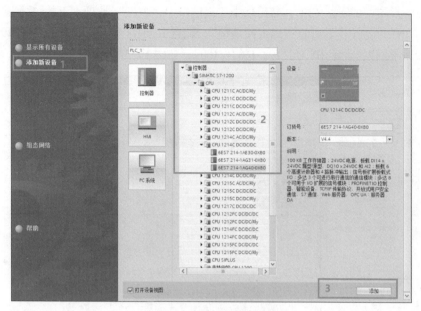

图 19-9　西门子博途软件
使用流程——添加新设备

添加新设备工作完成后，在机架上方出现了添加的设备"CPU1214C DC/DC/DC"，如图 19-10 所示。在界面图中，标有 ① 的区域为项目树，标有②的区域是详细视图，标有③的区域为工作区，标有④的区域为概览区，标有⑤的区域为巡视窗口，标有⑥的区域为任务卡，标有⑦的区域是选中的硬件对象的信息窗口。

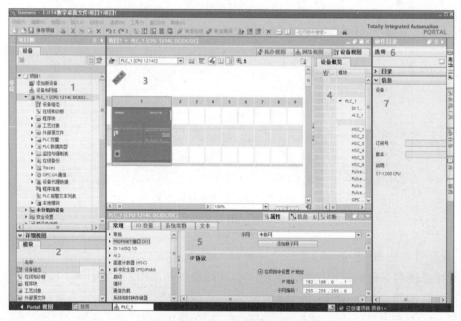

图 19-10　西门子博途软件使用
流程——设备添加结果

选中设备视图中的①区 CPU，然后选中巡视窗口中"属性"选项卡下的"常规"选项卡，选中"PROFINET 接口"下面的"以太网地址"，配置 IP 地址和子网掩码，如图 19-11 所示。单击"添加新子网"，设定 IP 为"192.168.1.100"，如图 19-12 所示。

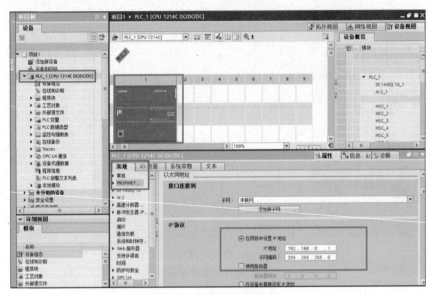

图 19-11　西门子博途软件
以太网地址界面

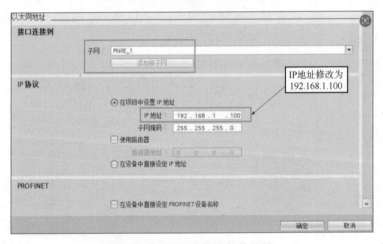

图 19-12　西门子博途软件使用
流程——IP 地址配置

3）设置计算机 IP 地址

单击计算机右下角的网络图标，选择"打开网络和共享中心"，如图 19-13 所示，然后单击"更改适配器设置"，如图 19-14 所示。

在图 19-15 所示界面中，双击"本地连接"，如图 19-15（a）所示，双击"Internet 协议版本 4（TCP/IPv4）"，将图 19-15（b）所示的 IP 地址修改为"192.168.1.20"，然后单击"确定"按钮。

图 19-13 西门子博途软件使用
流程——打开网络

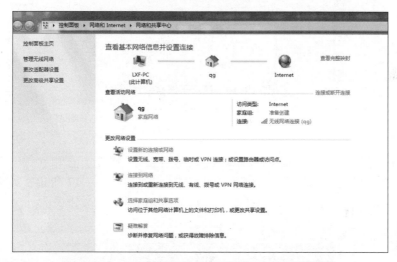

图 19-14 西门子博途软件使用流程——适配器配置

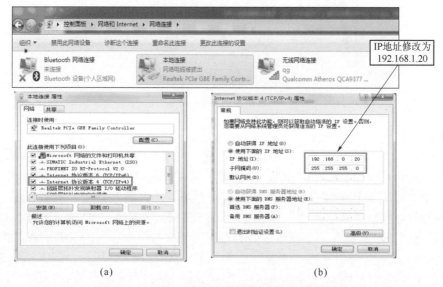

(a)   (b)

图 19-15 西门子博途软件使用流程——本地连接

返回 Protal 软件，选择项目树的"PLC_1"→"程序块"→双击"Main"主程序，进入程序界面。本例是实现正反转控制，按正转启动按钮 SB1，三相交流异步电机正转；按反转启动按钮 SB2，三相交流异步电机反转；按停止按钮 SB3，三相交流异步电机停止。编制好的程序如图 19-16 所示。

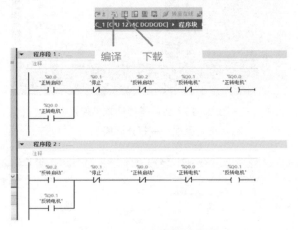

图 19-16　西门子博途软件
使用流程——程序展示

4）编译

选中"PLC_1"文件夹，然后单击"编译"按钮，对硬件组态和软件全部进行编译，编译完成后，在"编译"选项卡可以看到编译的结果，如图 19-17 所示，如果是"错误：0；警告：0"，就可以把程序下载到 PLC 了。如果有错误，则修改错误，再次编译，直到没有错误。

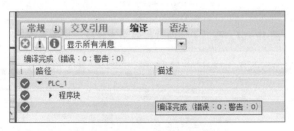

图 19-17　西门子博途软件
使用——流程编译

5）下载

选中"PLC_1"文件夹，单击"下载"按钮 📥（见图 19-16），把硬件组态和程序下载到 PLC，出现如图 19-18 所示对话框，选择"PG/PC 接口的类型"为"PN/IE"，选择"PG/PC 接口"为计算机的网卡，选择"显示所有兼容的设备"选项，参数按图 19-18 方框中内容选择，单击"开始搜索"按钮，搜索到目标设备后，单击"下载"按钮。在图 19-19 所示"下载预览"对话框中，若有错误则装载按钮为灰色，不能下载；若无错误，则装载按钮为黑色，才可以单击"装载"按钮下载，如图 19-20 所示，即方框中选择"全部停止"后才可以选择装载。下载完成后，出现如图 19-21所示对话框，勾选"全部启动"

选项，然后单击"完成"按钮。

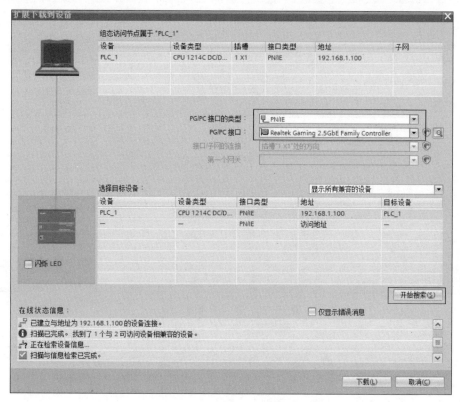

图 19-18 西门子博途软件
使用流程——下载

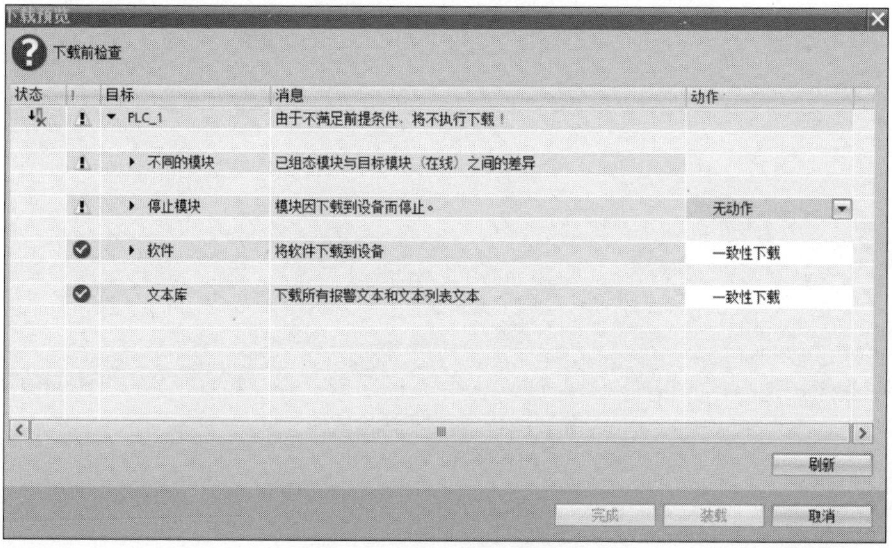

图 19-19 西门子博途软件
使用流程——下载预览

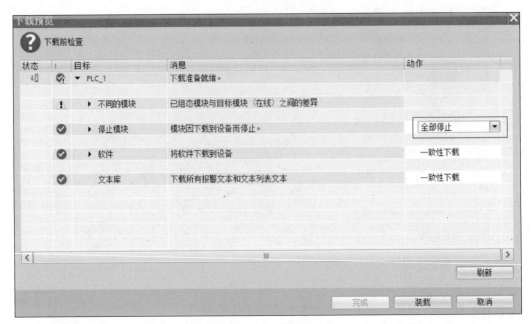

图 19-20 西门子博途软件
使用流程——结束下载

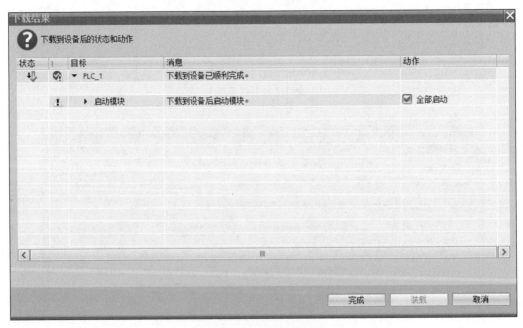

图 19-21 西门子博途软件
使用流程——启动

6）程序在线监视

单击"启用/禁用监视"按钮，如图 19-22 中方框所示，可以在线监控。

梯形图用"绿色连续线"表示状态满足，即有"能流"流过；"蓝色虚线"表示状态不满足，没有能流流过；"灰色连续线"表示状态未知或程序没有执行；"黑色线"表示没有在线监控。按实验板上正转启动按钮 SB1，在监控界面中可以看到 Q1.0 得电，如图 19-23 所示；按实验板上停止按钮 SB3，在监控界面中可以看到 Q1.0 失电，如图 19-24 所示。

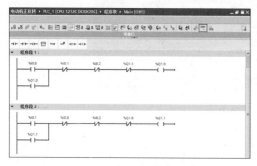

图 19-22　西门子博途软件
使用流程——在线监视

图 19-23　西门子博途
软件使用流程监控调试

注：被程序监控激活的项目树或工作区标题栏的背景色为橙色表示在线；单击"转到离线"按钮，如图 19-25 所示，停止监控后，才能进行程序修改。

图 19-24　西门子博途软件
使用流程——停止运行

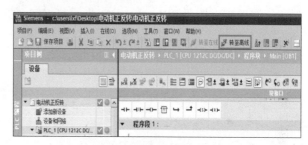

图 19-25　西门子博途软件
使用流程——离线操作

第四节　智能制造技术训练实例

一、实训目的

（1）系统掌握智能物料分拣系统的组成及其功能，掌握其中关键器件的工作原理；

（2）理解 PLC 的工作原理与特点，熟练掌握 PLC 在智能物料分拣系统设计中的应用；

（3）运用工程原理、方法以及 PLC 编程控制等技术，提高自我学习、创新设计、分析和解决复杂工程问题的能力，具备物料分拣工艺优化、编程与创新思维能力。

二、实训设备及工件材料

（1）实训设备：智能物料分拣系统，如图 19-26 所示；

（2）材料：圆柱料块（铝合金、黄色尼龙和白色尼龙）。

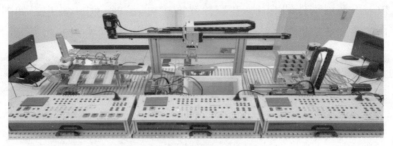

图 19-26　智能物料分拣系统

三、实训任务

任务 1：点动与自锁控制

参照图 19-27 所示设计继电控制电路，组装并连接线路，实现如下功能：按下按钮 SB1，指示灯 HL1 亮；按下按钮 SB2，指示灯 HL1 灭。

任务 2：电灯启停控制

参照图 19-28 所示设计控制电路图，连接 PLC 控制电路，并根据端口分配表编写 PLC 程序，实现按下按钮 SB1（I0.0），指示灯 HL1 亮；按下按钮 SB2（I0.1），指示灯 HL1 灭。

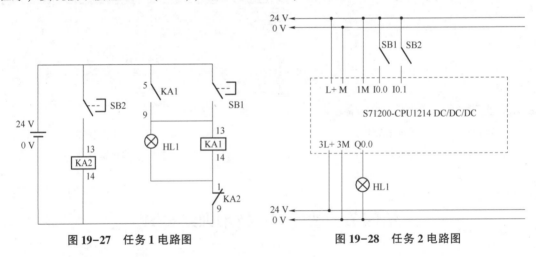

图 19-27　任务 1 电路图　　　　　图 19-28　任务 2 电路图

任务 2 端口分配设置见表 19-1。

表 19-1　任务 2 端口分配设置

外设名称	PLC 地址	功能
按钮 SB1	I0.0	启动按钮
按钮 SB2	I0.1	停止按钮
指示灯 HL1	Q0.0	指示灯

根据上述任务要求，完成 PLC 控制电路连线以及程序编写。

任务 2 控制电路连线规划见表 19-2。

表 19-2　任务 2 控制电路连线规划

区域	对应区域	备注
PLC 供电（24 V，0 V）	模块 DC 24 V 供电接口（24 V，0 V）	红色对红色，黑色对黑色
PLC I/O 输入接口：1M PLC I/O 输出接口：3M PLC I/O 输出接口：0 V	模块 DC 24 V 供电接口：0 V	
PLC I/O 输出接口：24 V 执行机构 I/O 接口：24 V PLC I/O 输出接口：3L+	模块 DC 24 V 供电接口：24 V	
I0.0	控制按钮：SB1（蓝）	
I0.1	控制按钮：SB2（蓝）	
控制按钮：SB1（黑）	模块 DC 24 V 供电接口：24 V	
控制按钮：SB2（黑）	模块 DC 24 V 供电接口：24 V	
Q0.0	HL1 灯（红）	
HL1 灯（黑）	模块 DC 24 V 供电接口：0 V	

选择任意一个电气实训模块箱上连接好相应电路后，利用网线连接电脑及 PLC，将图 19-29 所示的参考程序下载到 PLC，即可实现任务 2 的控制要求。

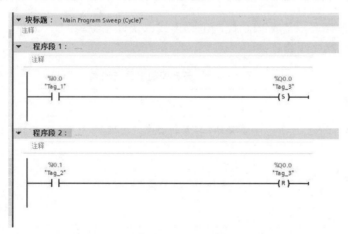

图 19-29　任务 2 的 PLC 参考程序

任务 3：传送带分拣系统

参照图 19-30 所示的电路，完善并连接 PLC 控制电路图，并根据如下描述，编写 PLC 控制程序：按下按钮 SB1（I0.1），电机（Q0.1）启动，光电传感器 PH2（I0.0）检测到物料，1 s 后气缸（Q0.0；YV4）推出，0.5 s 后气缸缩回，再 1 s 后循环程序（只要料仓中有料），按下按钮 SB2（I0.2）停止循环，电机、气缸停止。

任务 3 端口分配表见表 19-3。

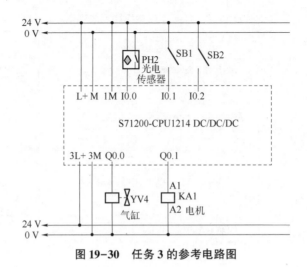

图 19-30 任务 3 的参考电路图

表 19-3 任务 3 端口分配表

外设名称	PLC 地址	功能
按钮 SB1	I0.1	启动按钮
光电传感器 PH2	I0.0	检测物料是否推出
按钮 SB2	I0.2	停止按钮
气缸 YV4	Q0.0	推出物料气缸

根据上述任务要求，完成 PLC 控制电路连线以及程序编写。

任务 3 控制电路连线表见表 19-4。

表 19-4 任务 3 控制电路连线表

区域	对应区域	备注
PLC 供电（24 V，0 V）	模块 DC 24 V 供电接口（24 V，0 V）	红色对红色，黑色对黑色
PLC I/O 输入接口：1M PLC I/O 输出接口：3M PLC I/O 输出接口：0 V 执行机构 I/O 接口：0 V	模块 DC 24 V 供电接口：0 V	
PLC I/O 输出接口：24 V 执行机构 I/O 接口：24 V PLC I/O 输出接口：3L+	模块 DC 24 V 供电接口：24 V	
I0.0	光电传感器 PH2	
I0.1	控制按钮：SB1（蓝）	
I0.2	控制按钮：SB2（蓝）	

续表

区域	对应区域	备注
控制按钮：SB1（黑）	模块 DC 24 V 供电接口：24 V	
控制按钮：SB2（黑）	模块 DC 24 V 供电接口：24 V	
Q0.0	气缸 YV4	
Q0.1	继电器接口 KA1：14	
继电器接口 KA1：13	模块 DC 24 V 供电接口：0 V	电机旋转方向不同
继电器接口：5	模块 DC 24 V 供电接口：M+	
继电器接口：9	模块 DC 24 V 供电接口：24 V	
M-	模块 DC 24 V 供电接口：0 V	

在传输检测模块对应的电气实训模块箱上连接好相应电路后，利用网线连接电脑及PLC，将图19-31所示的参考程序下载到PLC，即可实现任务3的控制要求。

知识拓展

智能制造与智能工厂

智能工厂是在数字化工厂的基础上，利用物联网技术与监控技术加强信息管理和服务，提高生产过程可控性，减少生产线人工干预，合理计划排程。同时集智能手段和智能系统等新兴技术于一体，构建高效、节能、绿色、环保、舒适的人性化工厂。智能制造的重要发展方向是智能工厂，也就是在智能制造的基础上，建设智能化、网络化、数字化的工厂，从而实现整个生产过程的智能化。

"十四五"规划提出，要深入实施智能制造和绿色制造工程，发展服务型制造新模式，推动制造业高端化、智能化和绿色化。随着5G等新一代信息技术与制造业的不断深度融合，制造业智能化发展成为未来我国制造业转型升级的重要方向。《"十四五"智能制造发展规划》提出，到2025年，70%规模以上制造业企业基本实现数字化、网络化，建成500个以上引领行业发展的智能制造示范工厂。目前，在石化、钢铁、机械装备制造、汽车制造、航空航天、飞机制造等行业，智能工厂得到高度发展，在工信部公布的《2022年度智能制造示范工厂揭榜单位和优秀场景名单》中，共计遴选出99家示范工厂揭榜单位和389个优秀场景。数据显示，2022年我国智能工厂市场规模达10 566亿元，2023年增至11 686亿元，同比增长约10.6%，2024年进一步扩大至12 854亿元。到2025年，我国智能工厂市场规模预计将突破1.4万亿元。

智能工厂的建设不仅可以提高生产效率、质量和可靠性，还可以减少生产成本，提高企业在市场竞争中的优势。全球智能制造工厂的发展已超越早期试点阶段，进入规模化应用与深度智能化并行的成长期。未来五年，AI、数字孪生、绿色制造将成为核心驱动力，全球化协作与区域分工重构将重塑全球产业化格局。

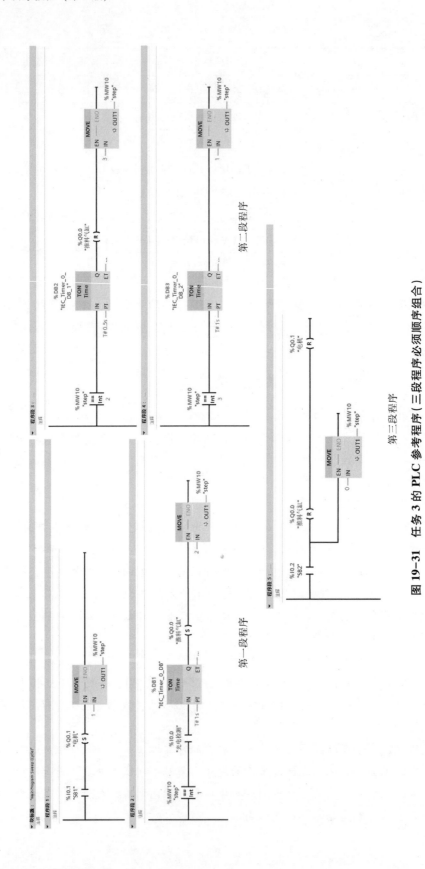

图 19-31 任务 3 的 PLC 参考程序（三段程序必须顺序组合）

劳模工匠小课堂——智能制造

郑志明，男，中共党员，广西汽车集团有限公司的首席技能专家，先后荣获广西壮族自治区五一劳动奖章、全国技术能手、广西工匠、广西劳模、全国技术能手、2022年"大国工匠年度人物"等荣誉称号，享受国务院政府特殊津贴，"国家级郑志明技能大师工作室"领衔人。

郑志明是从生产一线成长起来的知识型、技能型、创新型产业工人的优秀代表。1997年，他从钳工学徒做起，踏上了成为全能工匠的征程。他埋头钻研汽车制造领域技术20多年，凭借着对制造技术的热爱和不懈追求，逐渐成长为汽车制造行业内的技术领军人物。

郑志明坚持"要造车，先做人"的理念，攻坚克难、自主创新，带领团队自主研制工艺装备，以技术创新增进经济效益。作为集团装备制造技师，郑志明总是奔走于各大生产车间调试和改造设备。2017年，车桥厂面临后桥壳自动化焊接生产线制造的迫切需求，该生产线由气密性检测、机器人工作站、环焊专机等多种复杂设备组成，需达到80%以上的自动化程度，且要比原生产线减少40%以上的操作岗位。郑志明带领团队经过反复评审、优化、讨论和验证，最终拿出了一套自动化生产线的整体数模和方案，顺利完成了这项艰巨的任务。产线投产后，在产量不变的情况下，每年节约了大量人工成本，且该线是唯一一条国内自主研发的微车自动化后桥壳焊接生产线，填补了国内空白。

郑志明深知人才培养的重要性，并将其视为自身的重要使命。他毫无保留地传授自己的技能和经验，先后培养出高级技工、技师、高级技师、公司特聘专家等50余人。在他的带领下，团队先后自主研制完成900多项工艺装备，参与设计制造10余条自动化生产线。

郑志明坚信只有不断学习各类技能，掌握更多先进技术，才能紧跟时代步伐，推动中国智能制造走向世界。他说道，"新时代、新征程给我们提供了创新创造的广阔舞台。我要不断学习新知识、新技术、新技能，当好践行工匠精神的排头兵，为制造业蓬勃发展和加快实现科技自立自强贡献一份力量"。郑志明的职业生涯，是对制造领域无限热情和不懈追求的生动体现，是关于勤奋、智慧和创新精神的最好诠释。

第二十章
逆向工程技术

内容提要： 本章主要介绍逆向工程的概念、应用及工作流程，分析了逆向工程的关键技术，并针对数据采集设备进行项目式工程实践设计，使学生熟悉产品设计制造与创新方法，了解新工艺、新技术、新材料在现代机械制造中的应用，拓宽工程知识背景，提高实践和自主创新能力。

第一节 概 述

逆向工程（Reverse Engineering）也称反向、反求或再生工程，是一门集光学、电子、自动控制、机械、计算机视觉和数字图像处理等高新技术为一体的跨学科、跨专业的综合性工程，在现阶段产品开发和自主创新方面凸显了重要的理论价值。近年来，作为先进制造技术领域的研究热点，逆向工程已发展为 CAD/CAM 系统中一个相对独立的研究分支，其相关领域包括测量、数据及图像处理、计算机视觉、三维造型和数字化制造等。

一、逆向工程技术的基本概念

20 世纪 80 年代初由美国 3M 公司、日本名古屋工业研究所以及美国 UVP 公司正式提出了逆向工程的概念：通过获得实物表面的三维数据，根据测量数据构建产品数字模型，并对数字模型进行修改及再设计，达到产品创新设计的目的，最终生产出更为先进的产品。逆向工程将先进测量设备作为产品设计的前置输入方法和原型或产品制造后的检测手段，通过将计算机辅助设计与先进制造相结合，形成产品设计制造的闭环，进一步丰富了产品设计方法与手段。

逆向工程包括实物、软件和影像反求三类。实物反求对象为原产品的实际设备和零部件，通过获取功能、性能、设计原理、结构布局和材料特性等关键信息，实现产品的逆向解析。软件反求是指通过产品图纸、技术资料文件、产品样本及说明书等，获取产品的功能、原理方案和结构组成；影像反求是根据图片、影视画面等影视资料进行产品逆向设计。目前，国内外有关逆向工程的研究主要是针对实物对象进行反求。

二、逆向工程技术的特点

逆向工程是现阶段进行产品开发、创新设计的重要手段，具有其显著的特点。

（1）逆向工程研发时，产品已有针对性需求、已知工艺路线、整体外观等因素的参考，可在继承已有产品优势的基础上进一步改进存在的缺陷，提高产品可靠性和完善性。

（2）逆向工程在原有技术基础上可有效缩短调研和产品测试时间，减少产品修正次数，从而降低产品在整个研发周期的成本。

（3）快捷高效的开发手段使得逆向工程技术可以顺应多形式的产品开发，通过 CAD/CAE 强大的造型与结构设计能力，更精确地生成三维实体参数，快速完成无任何参数信息的物体到数据整合的全过程。

三、逆向工程技术的应用

1. 新产品开发

随着科技的发展和市场竞争，对产品设计提出了更高的要求，汽车、飞机、玩具等行业的工业美学设计逐渐被纳入创新设计范畴。由外形设计师使用油泥、木模或泡沫塑料制作产品的比例模型，易于从审美角度评价并确定产品的外形，而通过逆向技术将其转化为 CAD 模型，可快速获得精确的数据参数，能够快速适应智能化、集成化产品设计制造过程中的信息交换需求。

2. 产品的仿制和改型设计

利用逆向工程技术在只有实物而缺乏相关技术资料的情况下，进行数据测量和数据处理，重建与实物相符的 CAD 模型，并在此基础上进行后续的模型修改、零件设计、有限元分析、误差分析、数控加工指令生成等，最终实现产品的仿制和改进。

3. 快速原型制造（Rapid Prototyping Manufacturing，RPM）

通过逆向工程提供 CAD 模型，与快速原型制造相结合组成产品测量、建模、修改、再测量的闭环系统，可实现快速测量、设计、制造、修改的反复迭代，及早验证产品质量和评估市场反应，提高产品开发的效率。

4. 产品的数字化检测

利用逆向工程扫描测量及曲面重构，可将加工后的零件模型与原始设计几何模型进行数据比较，检测制造误差，提高检测精度。另外，将 CT 测量技术和逆向工程的曲面重构技术相结合，还可以对产品进行对象测量、内部结构诊断及量化分析等，从而实现无损检测。

除此以外，逆向工程技术还可应用于医学、文物保护、电子商务、娱乐制作等领域。随着计算机、控制和测量等技术的飞速发展，逆向工程的内涵与外延都发生了深刻的变化。

第二节　逆向工程的工作流程及常用工具

一、逆向工程的一般工作流程

作为一种逆向思维的工作方式，逆向工程与正向工程的各功能模块在顺序上被相互调换。逆向工程的一般流程为：使用数字化测量设备获得被测表面的三维数据，通过数据处理获取高质量点云，并以此为基础进行三维实体重建及精度分析，获得实物产品的数字化模型，可对模型进行再设计、实物制造或质量检测。逆向工程的一般工作流程如图 20-1 所示。

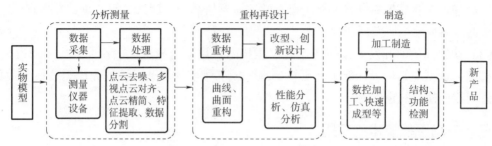

图 20-1　逆向工程的一般工作流程

二、逆向工程常用工具

1. 软件

逆向工程软件功能主要为处理和优化扫描点云以生成更规则的结果点云，应用于快速成型，或者构建出最终的 NURBS 曲面输入到 CAD 软件进行后续的结构和功能设计工作。目前主流应用的四大逆向工程软件包括 Geomagic Studio、Imageware、CopyCAD 和 RapidForm。

（1）Geomagic Studio 可快速从扫描点云数据创建出完美的多边形模型和网格，并可自动转换为 NURBS 曲面，是目前应用较为广泛的逆向工程软件之一。

（2）Imageware 采用 NURBS 技术，可快速完成数据点云处理、曲面编辑和 A 级曲面构建，主要应用于航空、航天、汽车、计算机零部件等设计与制造领域。

（3）CopyCAD 可从已存在的零件或实体模型中构建三维 CAD 模型，并接收来自坐标测量机床的数据，同时跟踪机床和激光扫描器。

（4）RapidForm 可实时将点云数据运算出无接缝的多边形曲面，使之成为 3D Scan 后处理最佳化的接口。

2. 硬件

逆向工程通过数字化设备实现产品原始数据的采集，常用的数据采集设备包括三坐标测量机、关节臂测量机和激光扫描仪等。

1）三坐标测量机

三坐标测量机（Three-Coordinate Measuring Machine，TCMM）是指在三维可测的空间范围内，能够根据测头系统返回的点数据，通过三坐标的软件系统计算出各类几何形状和尺寸等的仪器，又称为三次元测量机、三坐标测量机、三坐标测量仪，主要应用于机械、汽车、航空、军工等行业中的箱体、齿轮、叶片、曲线、曲面等的精密检测，在现代化生产过程中对产品状态的跟踪与监控起到不可替代的作用。

2）关节臂测量机

关节臂式测量机是集高强度和高精度为一体的新型结构，通常由三段高稳定性材质的臂、连接臂的三个活动关节和测头组成，柔性程度高，广泛应用于航空航天、汽车制造、重型机械等行业的在线检测、逆向扫描等，配接三维激光扫描测头可完成非接触式扫描。

3）激光扫描仪

激光扫描技术是从单点测量进化到面测量的革命性技术突破，通过记录被测物体表面点的三维坐标、反射率和纹理等信息，可快速复建出被测目标的三维模型及线、面、体等数据，具有高几何精度、高灵敏度、高效率及低功耗等优点，目前应用于工业制造、航空航天、建筑业、文化遗产保护、医学、地质和地图学等各个领域。

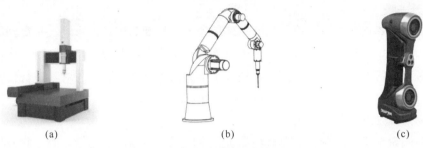

图 20-2　常见数据采集设备

（a）三坐标测量机；（b）关节臂测量机；（c）手持式激光扫描仪

第三节　逆向工程关键技术

作为新产品开发的重要手段，逆向工程关键技术包括数据测量技术、数据处理技术及曲面重建技术。

一、数据测量技术

数据测量技术是指采用某种测量设备和测量方法测出实物表面若干组点的几何坐标数据，即实物的数字化。数据测量是逆向工程实现的初始条件，直接影响实物描述的精确度和完整度，进而影响重构曲面和实体模型的质量，最终决定整体的进度和质量，因此数据测量方式和设备的选取至关重要。目前，数据测量设备和方法多种多样，其原理也各不相同。一般而言，工业上的测量方式根据测量仪器是否接触实物表面分为接触式测量方式和非接触式测量方式。

常用数据测量方式如图 20-3 所示。

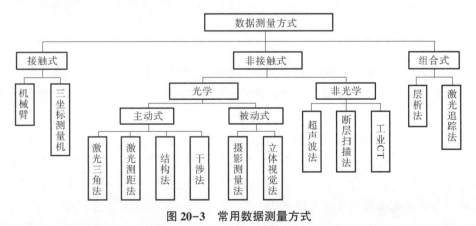

图 20-3　常用数据测量方式

二、数据处理技术

数据处理的主要功能是对测量所得的数据进行整理优化，为后期建模做准备。此外，采用不同的测量设备和方法得到的数据处理方式也不相同，一般而言，点云数据处理包括以下几方面：

1. 点云去噪

受被测对象表面粗糙度、设备精度、环境、人为扰动等因素的影响，采集到的点云数据会受到噪声点污染。噪声点会影响点云简化算法对特征点和非特征点的判断，严重影响到曲面重建的效果。因此，在点云数据预处理和三维曲面重建前，必须先对其进行去噪处理。目前常用的方法有最小二乘法、滤波算法、拉普拉斯算法等。

2. 多视点云对齐

受设备测量范围的限制，需要对物体进行多区域、多角度的测量，而这些分片的测量数据有各自独立的局部坐标系，因此需要将这些局部坐标系进行统一，即对分片点云进行对齐拼接。目前应用最为广泛的是最近迭代点算法。

3. 点云精简

由于数据测量采集的点云数据量较为庞大，故需要在保证一定精度的前提下进行精简，有效提高后期建模效率。散乱点云通常选择随机采样、均匀或非均匀网格等方法精简，扫描线和多边形点云采用间距缩减、倍率缩减等方法精简，而网格化数据点云则采用等分布密度法和最小包围区域法等精简。

4. 特征提取

从离散的点云数据中分割并提取出几何特征对于几何建模有决定性的影响，几何特征包括特征点、特征线和特征面，其作为创建几何图形的关键元素，对后期建模有着重要的参考意义。

5. 数据分割

复杂曲面难以一次拟合，需要对数据进行分割、拼接等操作。分割方法包括基于边界和基于区域的分割法。基于边界的分割法可根据法向矢量或曲率的突变判定边界的位置；基于区域的分割法是将具有相似几何特性的空间点划分为同一区域，是目前较为常用的分割方法。

三、曲面重构技术

曲面重建即根据测量所得的数据在三维建模软件中对产品进行重建，得到数字化的模型，是逆向工程中最重要的环节，常用的有基于曲线、基于曲面和基于特征的模型重建三种方法。

（1）基于曲线的模型重建是先将测量所得的点云数据通过插值或拟合成样条曲线或参数曲线，再通过曲面造型将曲线通过特定的方式构建成曲面片。目前曲线模型重构主要有无序点云的最小二乘曲线拟合、双圆弧拟合分段连续的参数平面几何曲线、基于截面复合曲线约束重构的反求工程参数化建模几种方法。

（2）基于曲面的模型重构是直接对测量数据点云进行拟合，生成曲面片，通过曲面编辑操作，如裁剪、过渡和拼接等来完成曲面模型的重构。常用的曲面模型造型方法有基于法矢与曲率分析的初等曲面与二次曲面等规则曲面特征识别，以及四边曲面造型和三角曲面造型等。

（3）基于特征的曲面模型重建是将正向设计中的特征技术引入到逆向工程中，通过提取蕴含在点云数据中的特征重建基于特征的 CAD 模型，关键技术包含离散数据点云的自动特征分割、复合曲面特征识别抽取方法及约束关系。

第四节　逆向工程技术训练实例

1. 实训目的

（1）了解三维激光扫描仪的基本结构及测量原理；

（2）掌握典型零件的数据测量方法及操作要点。

2. 实训设备及工件材料

（1）设备：手持式三维激光扫描仪；

（2）工件材料：典型工业零件。

3. 实训内容及过程

实训内容为利用激光扫描仪获取如图 20-4（a）所示工业零件的逆向数据，操作过程如下：

（1）连接扫描仪电源及 USB 电缆，工作状态检查；

（2）打开扫描仪配套软件，校准传感器，设置扫描仪参数；

（3）将定位标点以不小于 200 mm 的距离随机地粘贴于工业零件表面；

（4）打开扫描仪开始扫描，扫描过程中尽量使扫描仪与被测表面垂直，获取三维点云数据，如图 20-4（b）所示；

（5）对点云数据进行编辑处理，输出网格 STL 数据，如图 20-4（c）所示。

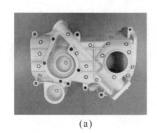 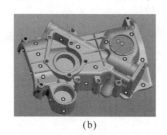 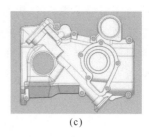

（a）　　　　　　　　　　（b）　　　　　　　　　　（c）

图 20-4　逆向工程技术实践案例

（a）待测工业零件；（b）三维扫描获取点云数据；（c）输出 STL 数据

知识拓展

点云特征包含了实物模型的重要信息，如实物的外部曲线特征、孔洞特征以及裂纹特征等。点云的数据分割与特征提取不仅是点云模型数据处理的必要步骤，也是后续处理的基础与关键。目前，自动数据分割与特征提取算法的效率和精度方面是逆向工程技术的薄弱环节，如何通过对测量数据点云的分析，实现数据点云的区域分割及特征识别，提高精度及效率是有待深入研究的课题。若想进一步学习相关的理论及关键技术，可参阅专业文献。

劳模工匠小课堂——齿轮测量

黄潼年，江苏溧阳人，出生于1935年，中共党员，高级工程师，1979年提出了圆柱体齿轮测量整体误差理论，同年获全国劳动模范称号，齿轮整体误差测量技术的创始人、奠基人，国内外机械工业、加工测量领域的著名专家。

毕业于哈尔滨工业大学机械系的黄潼年，在1960年到成都工具研究所工作的35年时间里，为世界齿轮测量理论和技术发展做出了重大贡献。

小小的齿轮，支撑着现代工业，大到航天飞机，小到微型定时器，无不需要齿轮。但测量齿轮不仅费时费力，而且因为工序众多，测出来的数据也不太准确，国内外专家为测量齿轮伤透了脑筋，但对齿轮的误差却无能为力。黄潼年决心攻下这个难关，他要研制出一台能同时测出单齿全部数据的测量仪。为了解决这个问题，他和小组成员提出多种设计方案，并深入车间，配合工人一起制造出五百多种零件，北京量具刃具厂也积极为他们提供了许多部件。1975年年底，在他的努力下，中国第一台"圆柱齿轮动态整体误差测量仪"在成都研制成功。这种新的仪器能够以很高的效率，把齿轮精度标准中规定的二十多个误差项目全部测量出来。1982年，黄潼年率领团队成功研制出世界上第一台高效率锥齿轮整体误差测量仪。1984年，这项重大成果在北京通过了国家级鉴定，40多位专家一致认为，这项科研成果是国内外曲线测量技术的重大突破，在锥齿轮几何量误差测量技术方面处于世界领先地位。黄潼年在科研成果转化为生产力方面做了大量工作，他研制的齿轮整体误差测量仪产品遍及全国各地，并销往欧洲。对于这些荣誉，黄潼年十分淡然。他说，自己并没有想创造什么世界纪录，只是想干点事情。而对于自己的科研之路，他这样总结：不要太在意外界的评价，在机会到来之前要提前准备，要把科研成果转化为产品。

面对齿轮测量这一难题，黄潼年敢于挑战传统观念和技术，探索新的测量理论和方法，为齿轮测量技术的发展开辟了新的道路，以实际行动诠释了劳模的敬业奉献和工匠的执着创新。

第二十一章
其他现代制造技术

内容提要： 本章主要介绍现代制造技术的基本概念，以及常见的现代加工技术、制造自动化技术和先进制造模式与管理技术的基础知识。

第一节 概　述

20 世纪中叶前，制造业经历了从单一手工生产、小批量生产到少品种大批量生产的漫长发展过程。但随着科学技术和社会的发展，传统的制造技术和制造模式难以适应制造资源、用户需求、节能环保以及技术进步等方面的要求和压力，制造业面临着严峻的挑战和机遇。特别是近几十年来，微电子技术、光电技术、计算机技术、自动化技术、信息技术以及网络技术的产生及应用，不断推动着传统制造技术向前发展，从而引发了制造技术、制造模式和管理技术的剧烈变革。

20 世纪 80 年代，美国因国防、军工等多项大型制造业面临严峻挑战和拓展压力问题，首次提出了现代制造技术（也称先进制造技术）的概念。20 世纪 90 年代，美国政府在"振兴美国经济计划"中突出了现代装备制造业的作用，强调了现代制造技术的重要性和意义。随后，现代制造技术受到众多发达国家及各新兴工业国家的重视，极大地推动了制造业的发展。例如，日本主导多国制定并参与的智能制造技术计划（IMS）、欧洲工业技术基础研究计划（BRITE）等。近年来，我国提出的"中国制造 2025"战略、德国的"工业 4.0"计划、美国的"工业互联网"计划以及日本的"科学技术创新战略"（也称"社会 5.0"），都显示出了对现代制造技术的极大重视和发展愿景，有效地促进了制造技术的长足发展，也诞生了一批与制造技术和制造装备相关的先进技术，如计算机辅助设计（CAD）、计算机辅助工艺规划（CAPP）、计算机辅助工程（CAE）、计算机辅助制造（CAM）、柔性制造系统（FMS）、成组技术（GT）、敏捷制造（AM）、虚拟制造（VM）以及准时生产（JIT），等等。

目前，关于现代制造技术尚无一个明确、公认的定义。一般认为，现代制造技术是指制造业不断吸收机械、电子、信息、计算机、通信、控制、自动化、材料、能源及现代管理等领域的技术成果，并将其综合应用于产品的设计、制造、检测、管理、售后服务以及回收处理等制造全过程，实现优质、高效、低耗、清洁和灵活生产，提高对动态、多变市场的适应能力和竞争能力，并取得理想技术经济效果的制造技术的总称。

可以看出，现代制造技术所涉及的领域和内容非常广泛，国际上通常采用"技术群"的概念来描述其基本体系结构。图 21-1 所示为美国机械科学研究院（AMST）提出的由多层次技术群构成的现代制造技术体系，强调了现代制造技术从基础制造技术、新型制造单元技术到现代制造集成技术的发展过程。

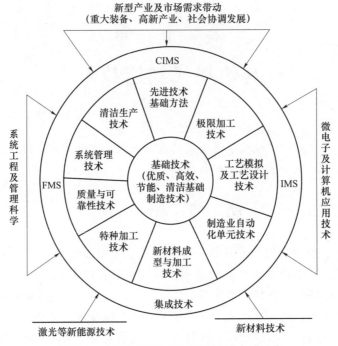

图 21-1 现代制造技术的多层次技术群结构

与传统制造技术相比，现代制造技术具有以下特点：

（1）研究范围更加广泛，覆盖了包括产品设计、制造、销售、使用、服务及回收等环节在内的整个全生命周期。

（2）现代制造过程呈现出多学科、多技术交叉融合及系统优化集成的发展态势。

（3）在优质、高效、节能、环保等技术的基础上形成了新的先进加工工艺与技术，如绿色制造等。

（4）从单一目标向多元化目标转变，强调产品的上市时间（T）、质量（Q）、成本（C）、服务（S）及环境（E）等要素，以满足市场竞争要求。

（5）更强调信息流、物质流及能源流，特别是信息流在制造系统中的作用。

（6）更强调人、组织、技术与管理的集成。

从功能角度，现代制造技术的内容主要包括现代设计技术、现代加工技术、制造自动化技术以及先进制造模式与管理技术 4 个方面，后面将针对部分内容进行介绍。

第二节　现代加工技术

一、超高速加工技术

1. 超高速加工的概念

超高速加工（Ultrahigh Speed Machining，USM）是一种利用比常规切削速度高得多的速度对零件进行加工的先进制造技术。其核心是通过极大地提高切削速度来提高加工效率、加工质量和降低成本。关于超高速加工的切削速度界定，一般认为达到普通切削速度的 10 倍左右即为超高速切削，但材料不同，其超高速切削速度范围也不同。表 21-1 给出了 6 种常用材料的超高速切削速度范围。

表 21-1　常用材料的超高速切削速度范围

材料名称	速度范围/（m·min^{-1}）	材料名称	速度范围/（m·min^{-1}）
钢	600~3 000	钛合金	150~1 000
铸铁	800~5 000	超耐热镍基合金	80~500
铝合金	2 000~7 500	纤维增强塑料	2 000~9 000

此外，加工方法不同，其超高速切削速度范围也不一样。例如，超高速车削速度为 700~7 000 m/min，超高速铣削速度为 300~6 000 m/min，超高速钻削速度为 200~1 100 m/min，磨削速度在 150 m/s 以上称为超高速磨削，等等。

2. 超高速加工的机理及特点

超高速加工技术的理论可追溯到 20 世纪 30 年代。1931 年，德国学者萨洛蒙（Carl Salomon）提出了著名的超高速切削理论，其加工机理如图 21-2 所示。在常规切削区（A 区），切削温度随切削速度的增大而增大；当切削速度提高到一定量值后，因切削温度过高，导致切削无法进行，该段区域称为不可用切削区（B 区）；继续提高切削速度超过某一阈值后，切削温度又开始随切削速度的提高而降低，切削条件得到很大改善，切削又可以持续进行，此段区域称为高速切削区（C 区）。

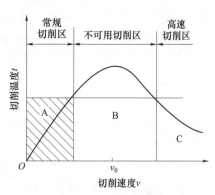

图 21-2　萨洛蒙曲线

大量研究实践表明，超高速加工具有以下特点：

（1）加工效率高。超高速加工时，不但切削速度可以得到极大的提高，进给速度也可相应提高，单位时间内的材料切除率可增加 3~6 倍，显著提高生产效率。

（2）切削力小。超高速加工时，切削力至少可降低 30%，减少加工变形，提高加工精度，延长刀具寿命，适于加工细长轴或薄壁件等刚性差的零件。

（3）热变形小。超高速加工时，由于切削过程极为迅速，切屑带走了约 95% 以上的切削热，来不及传给工件，减少了工件的热变形和热应力，进一步提高了加工精度。

（4）加工过程稳定。超高速加工时，刀具切削时的激励频率远高于机床工艺系统的固有频率范围，对系统振动影响甚微，故加工过程平稳，有利于提高加工精度和减小表面粗糙度。

（5）加工范围广。超高速加工适于加工各种难加工材料，如航空航天领域的钛合金或镍基合金材料零件等。

（6）加工精度高，表面质量好。

3. 超高速加工的关键技术及应用

超高速加工的关键技术主要有超高速加工机理、超高速加工设备（包括超高速主轴单元、超高速进给单元和超高速机床支撑及辅助单元）、超高速加工刀具制造技术、超高速加工测试技术与超高速加工控制技术，等等。

超高速加工目前主要应用在一些采用常规加工方法实现较为困难的领域，如汽车、模具以及航空航天等领域，主要适用于低刚度、形状复杂、超精密及难加工材料零件和大批量生产的场合。

二、超精密加工技术

超精密加工是指加工精度和表面质量达到极高程度的精密加工工艺。随着科学技术的不断发展，其程度的界限划分是相对的、不固定的，会随着加工精度的发展阶段而变化。在当前情况下，通常认为超精密加工的尺寸精度高于 $0.1~\mu m$、表面粗糙度 Ra 值小于 $0.025~\mu m$。

超精密加工具有以下特点：

（1）微量或超微量切削。因吃刀量极小，因此对刀具及机床的要求很高。

（2）系统性强。超精密加工需综合考虑加工方法、设备与工具、测试手段以及工作环境等因素，是一个复杂的系统工程。

（3）加工检测一体化。超精密加工技术与自动化技术联系密切，需采用计算机控制、在线检测、在位测量以及误差补偿等技术，减少人为因素影响，提高加工质量。

根据加工方法、机理和特点不同，超精密加工方法可分为机械超精密加工技术（如金刚石刀具超精密切削、金刚石微粉砂轮超精密磨削、精密研磨与抛光等）、非机械超精密加工技术（如前面章节所述的电子束加工、离子束加工等非传统加工方法，也称为特种精密加工）以及复合超精密加工技术（通常指传统加工方法的复合、特种加工方法的复合或者二者之间的方法复合，如机械化学抛光、精密电解磨削和精密超声珩磨等）三种。

超精密加工的关键技术包括加工技术（加工方法和机理）、材料技术、加工设备和基础零部件技术、测量和误差补偿技术以及工作环境，等等。以工作环境为例，超精密加工技术对环境的要求非常高，是影响加工质量的重要因素之一，主要包括温度、湿度、污染和振动等。一般情况下，加工时温度可控制在 $\pm 0.02~℃ \sim \pm 1~℃$，湿度保持在 $55\% \sim 60\%$，洁净度保持在 $100 \sim 1~000$ 级（100 级是指 1 ft³[①] 空气中包含直径大于 $0.5~\mu m$ 的尘埃不超过 100 个）。

超精密加工可用于高密度磁盘、磁鼓、复印机感光筒、惯导级陀螺、计量标准元件以及超大规模集成电路等零件的加工。

三、微细加工技术

微电子机械系统（Micro Electro-Mechanical System，MEMS）也称微机械，是指对微米（或纳米）材料进行设计、制造、测量和控制的技术，可将机械构件、光学系统、驱动部件和电控系统等集成为一个整体单元，具有体积小、惯性小、谐振频率高、响应速度快等优点，属于 21 世纪的前沿技术。

微细加工技术（Microfabrication）是指能够制造微小尺寸零件的加工技术的总称，其起源于半导体制造工艺，是 MEMS 级微小型零件制造的基础技术，曾广泛用于大规模及超大规模集成电路的加工制作，带动了微电子器件及相关技术与产业的繁荣及蓬勃发展。在微机械研究领域中，

---

① 1 ft³ = 0.028 316 8 m³。

它是微米级、亚微米级和纳米级微细加工的统称，即微米级微细加工（Microfabrication）、亚微米级微细加工（Submicrofabrication）和纳米级微细加工（Nanofabrication）。

广义上的微细加工技术包括各种传统精密加工工艺及非传统工艺，几乎涉及各种现代加工方式及其组合方式，如微细切削加工、磨料加工、微细电火花加工、光刻加工、电铸加工以及外延生长等。而狭义上的微细加工技术通常是指以光刻技术为基础的微加工工艺。

根据加工机理的不同，微细加工可分为分离加工、结合加工和变形加工三种。分离加工主要有微细切削、微细磨削、光刻加工、电子束去除加工以及电解抛光等方法；结合加工主要有附着加工（如分子束镀膜、电铸等）、注入加工（如离子束注入、激光表面处理、阳极氧化等）和接合加工（如电子束焊接、激光焊接和超声波焊接等）；变形加工包括各种压力加工和精铸、压铸等。

常见的微细加工工艺有光刻加工技术、光刻—电铸—模铸复合成型技术（LIGA）、集成电路技术、精密微细切削加工技术和微细电火花线切割加工技术等。目前，微细加工技术在功能材料微结构、特种新型器件、电子零件及装置、表面分析和材料改性等方面发挥着越来越重要的作用。

四、生物制造技术

"生物制造"一词在我国最早出现于1951年，是由生物学科和制造学科相互渗透、交叉融合形成的新领域，目前已成为全球战略性新兴产业，我国科技部将其作为"863"重点项目的支持方向。目前，我国从事生物制造的企业有5 000多家，涉及石油化工、医药化工、精细化工、食品工业等领域，且有不断扩大的趋势，已成为国民经济新的增长点。

生物制造的概念于1998年由21世纪制造业挑战展望委员会主席Bollinger博士提出。生物制造被列入美国《2020年制造技术的挑战》中的11个主攻方向之一，并在2012年将生物制造等前沿领域作为首批优先发展技术。例如，在2012年美国发布的《国家先进制造战略规划》中，就包括对生物制造和纳米制造等领域的大力支持。

从狭义上来讲，生物制造技术是指运用现代制造科学和生命科学的原理与方法，通过单个细胞或细胞团簇的直接或间接受控组装，完成具有新陈代谢特征的生命体成型和制造的技术。广义地讲，仿生制造、生物质和生物体制造及涉及生物学与医学的制造科学和技术均可视为生物制造技术。例如，采用基于生物原理的加工工具、润滑方式等进行材料、结构的合成、加工及操作的制造技术，等等。

生物制造的基本原理是直接利用生物生理特征、形体特征、成型特征和组织特征等，实现采用物理、化学等方式的去除加工、约束成型、生长成型等生物方式的制造。它打破了生命体与非生命体的界限，实现了生物体和机械结构的融合与交叉应用；打破了制造工艺与装备形式的界限，实现了生物制造工艺与机械制造工艺的交叉。

从发展角度看，生物制造目前一般有仿生制造和生物成型制造两种类型，其中，仿生制造包括生物组织与结构的仿生、生物遗传制造和生物控制的仿生等；生物成型制造包括生物去除成型、约束成型及生长成型等。生物制造技术现已广泛应用于工业、医药、环保等众多领域，如订制化人工假体、活性人工骨与关节、组织工程化人工肝脏以及生物3D打印等。随着生命科学和新兴技术的进步，生物制造技术将继续扩展传统制造领域的边界，推动其快速发展。

第三节　制造自动化技术

一、柔性制造技术

20 世纪 60 年代以来，随着计算机技术、机器人技术、自动化技术和数控技术的发展，为了应对多品种小批量生产模式的挑战，柔性制造技术得到了迅猛的发展。柔性制造系统（Flexible Manufacturing System，FMS）通常是指由若干台数控加工系统（如数控机床和机器人）、自动化物料储运系统（如立体仓库及物流）和计算机控制系统组成，能根据制造任务或生产环境的变化而迅速调整，以适应多品种、中小批量生产的自动化制造系统。柔性制造系统通常由自动加工系统、物流储运系统和控制与管理系统三部分组成，如图 21-3 所示。

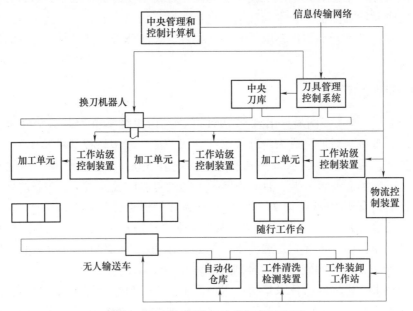

图 21-3　柔性制造系统的组成示意图

（1）自动加工系统，常由若干数控机床及机器人组成，可按照计算机系统指令实现自动加工和工件及刀具的自动更换。

（2）物流储运系统，常由立体仓库、自动小车或输送带、搬运机械手等组成，用以实现物料的自动存储、输送和搬运。其工作状态可视情况变化进行随机调度。

（3）控制与管理系统，主要功能是实现加工过程和物料流动过程中的控制、协调、调度、监测和管理，常由多级计算机进行处理和控制，是 FMS 的神经中枢和各子系统之间的纽带。

柔性制造系统具有以下特点：

（1）柔性高，一个典型的 FMS 通常具有设备柔性、工艺柔性、产品柔性、运维柔性、生产能力柔性和扩展柔性等特征，可适应市场需求，利于多品种、中小批量生产。

（2）设备利用率高，可大量缩减辅助时间，占地面积小，制造成本低。

（3）生产周期短，有利于减少库存量，提高市场的响应能力。

（4）自动化水平高，可降低劳动强度，改善生产环境，提高产品质量。

（5）投资费用高、开发周期长、柔性有限。

柔性制造技术有多种不同的应用模式，按照制造系统的规模、柔性程度和特征，柔性制造系统可分为柔性制造单元（FMC）、柔性制造系统（FMS）、柔性制造生产线（FML）和柔性制造工厂（FMF）等几个不同的层次。目前，柔性制造技术已广泛应用于各行各业。在加工领域，FMS 已用于机械加工、装配、铸造以及喷涂、注塑等领域；在生产产品方面，FMS 已用于汽车、机械、军工、计算机、半导体、食品和医药等产品的生产。

二、计算机集成制造技术

市场全球化的大背景以及信息技术和系统技术的迅猛发展，为计算机集成制造技术的产生和发展提供了技术基础。1973 年，美国约瑟夫·哈林顿（Joseph Harrington）从系统和信息化观点方面首次提出计算机集成制造（Computer Integrated Manufacturing，CIM）的概念，但至今尚无一个公认的定义。1998 年，我国"863"计划 CIMS 专家组给出的定义如下：CIM 是将信息技术、现代管理技术和制造技术相结合，并应用于企业产品全生命周期的各个阶段，通过信息集成、过程优化和资源优化，实现物流、信息流与价值流的集成和优化运行，达到人（组织、管理）、经营与技术三要素的集成，以加强企业新产品开发的时间、质量、成本、服务和环境，提高企业的市场应变能力和竞争能力。

计算机集成制造系统（Computer Integrated Manufacturing System，CIMS）是基于 CIM 内涵组成的系统，"863"计划 CIMS 专家组给出的定义为：CIMS 是通过计算机硬件和软件，并综合运用现代管理技术、制造技术、信息技术、自动化技术和系统工程技术，将企业生产全部过程中有关的人员、技术、经营管理三要素及其信息流与物料流有机集成并优化运行的复杂的大系统。CIMS 的基本构成轮图如图 21-4 所示。其中，第一层是用户（以顾客为中心），第二层是企业的组织架构和人力资源，第三层是企业的信息（知识）共享系统，第四层是企业的制造活动，第五层是企业的管理，第六层是企业的外部环境。

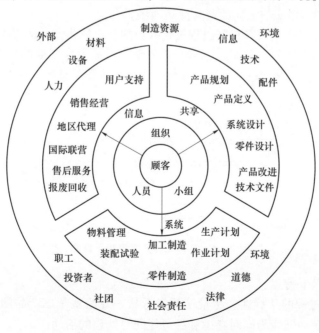

图 21-4　CIMS 的基本构成轮图

从系统功能角度看，CIMS 通常可由经营管理与决策分系统、设计自动化分系统、制造自动化分系统、质量保证分系统和信息支撑分系统组成，其系统结构如图 21-5 所示。CIMS 具有以下特点：

（1）人员、经营和技术三要素统一协调。

（2）以集成为基础，以全局优化为目标。

（3）具有高度柔性和现代化生产模式。

（4）覆盖面广，技术复杂，难度大，对人力资源要求高。

（5）投资高，风险大。

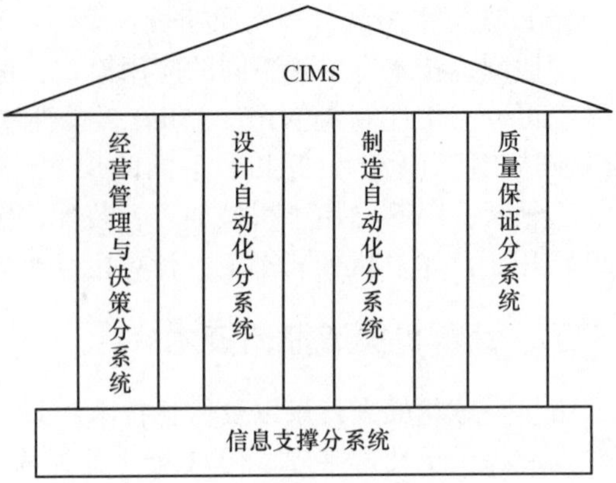

目前，世界各国都非常重视 CIMS 的研发工作，现已广泛应用于机械、电子、航空航天以及石油化工等领域，但成熟、完善的 CIMS 系统的成功应用尚需一定时间。

图 21-5　CIMS 的系统结构

第四节　先进制造模式与管理技术

一、并行工程

长期以来，产品的开发流程（如市场调研、产品设计、试制工艺设计、样机试制、修改设计、工艺制定及正式投产等）通常采用顺序生产方式，若某个环节出现问题，往往会影响后续环节的进行，从而致使产品开发周期长、成本高，难以满足市场竞争需求。20 世纪 80 年代以来，为了提高市场竞争力，人们不得不寻求更加有效的产品开发模式，并行工程（Concurrent Engineering，CE）的概念应运而生。

并行工程是一种对产品及其相关过程进行并行的、一体化设计的工作模式，它可使产品开发人员从一开始就考虑从产品概念直到消亡的整个产品生命周期的所有因素，包括质量、成本、进度和用户要求。图 21-6 所示为并行工程开发流程示意图。

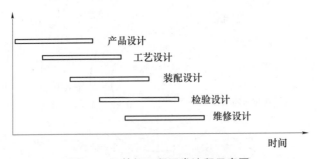

图 21-6　并行工程开发流程示意图

并行工程具有以下特点：

（1）强调开发过程的并行性。尽量使开发者从一开始就考虑产品的全生命周期，把时间上有先后的作业活动转变为同时考虑和尽可能同时处理的活动。

（2）强调开发过程的整体性。将开发过程看成有机整体，各个功能单元都存在着不可分割的内在联系，强调全局地考虑问题。

（3）强调开发过程的协同性。团队工作是并行工程正常进行的必要条件，开发过程中需要组织一个包括与产品全生命周期（设计、工艺、制造、质量、销售及服务等）相关人员的多功能小组，小组成员在开发阶段协同工作。

（4）强调开发过程的快速响应。并行工程强调对各环节的开发结果及时进行审查，并反馈给相关人员，可以大大缩短开发时间，提高开发效率。

并行工程是一种以空间换取时间的方式来处理复杂性问题的系统化方法，其实施需要过程管理与集成技术、产品开发团队技术、协同工作环境技术以及开发过程的重构技术等关键技术。大量实践表明，实施并行工程可使新产品开发周期缩短40%~60%，报废率及返工率减少75%，制造成本降低30%~40%。因此，在航空航天、汽车、石油化工以及军工等领域均取得了较为广泛的应用，并取得了显著效果，如波音公司波音777飞机的开发、洛克希德公司新型导弹的开发等。

二、精益生产

精益生产（Lean Production，LP）的概念是美国麻省理工学院基于日本丰田汽车公司生产方式的研究和总结，于1990年提出的。一般认为，精益生产是运用多种现代化管理手段和方法，以社会需求为依托，以充分发挥人的作用为根本，有效配置和合理使用企业资源，为企业产生经济利益的一种新型生产方式。后来，德国亚琛工业大学发展了这个概念，以CE和团队小组工作方式为基础结构，以准时生产、成组技术和质量管理技术为三大支柱，形成了精益生产的体系架构，如图21-7所示。

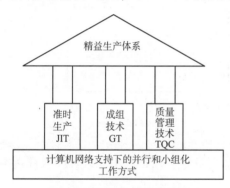

图21-7 精益生产体系架构

精益生产具有以下特点：

（1）追求完美性。如强调低成本、零缺陷、零库存和高质量等。

（2）以人为本。把开发人力资源作为重点，充分发挥人的智慧和才能。

（3）以"简化"为手段，取消一切不必要的开发内容，最大限度地创造经济效益。

（4）资源配置优化。借助现代管理技术和手段的配套应用，优化资源配置，实现准时化生产，以避免不必要的资金和技术浪费。

目前，精益生产已在航空航天及汽车等领域得到了广泛应用。如英国阿斯顿·马丁公司在出现生产、财务和经营问题后，采用精益生产方式进行改革，仅用两年时间就使企业走出了困境。

三、敏捷制造

20世纪90年代，美国制造业持续衰退，美国里海大学在政府资助下开展了一项对于制造业战略的研究计划，并在其提交的《美国21世纪制造战略报告》中提出了敏捷制造的概念。作为一种新型的制造模式，其概念与组成不断更新和发展，目前尚无统一定义。一般认为，敏捷制造（Agile Manufacturing，AM）是在"竞争—合作"机制的作用下，企业通过与市场/用户、合作伙伴在更大范围、更高程度上的集成，以提高企业竞争能力，最大限度地满足市场用户的需求，实现对市场需求做出灵活、快速响应的一种新制造模式，其内涵如图21-8所示。

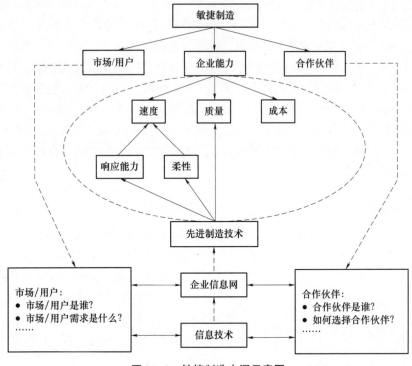

图 21-8　敏捷制造内涵示意图

敏捷制造具有以下特点：

（1）自主制造系统。具有自主性，每个工件和加工过程、设备利用及人员投入都由本单元自己掌握和决定，使系统简单、有效。

（2）虚拟制造系统。它以适应不同产品为目标，能够随环境变化迅速动态重构，对市场变化做出快速响应，实现生产的柔性自动化。

（3）可重构制造系统。它不预先按规定的需求范围建立某过程，而是使制造系统从组织结构上具有可重构性、可重用性和可扩充性，通过对制造系统硬件的重构和扩充，适应新的生产过程，并要求软件可重用，能对新制造过程进行指挥、调度与控制。

四、企业资源规划

企业资源规划是生产管理技术中的重要内容，主要是对企业的各种资源进行有效配置与合理使用。经过几十年的发展，其主要经历了物料需求计划、制造资源计划和企业资源计划三个阶段。

1. 物料需求计划（Material Requirements Planning，MRP）

物料需求计划（MRP）产生于20世纪60年代初期，是基于计算机系统支持下的生产与库存计划管理系统，主要适于单件小批量或多品种小批量生产。其不足之处在于没有覆盖企业的全部生产经营活动，具有一定的局限性。

2. 制造资源计划（Manufacturing Resource Planning，MRPII）

进入 20 世纪 90 年代以来，制造资源计划 MRPII 作为一种先进的管理哲理、管理思想和管理方法在工业界得到广泛应用，对提高企业的现代化管理水平产生了深远影响。它是在MRP 的基础上，根据企业的实际制造资源对各级计划进行能力核算，使之趋于合理和可行，如果在计划执行过程中有偏离，则可自动对该计划及其上级计划进行必要的调整，形成一个闭环的生产计划。

MRPII 具有规划可行性、管理系统性、数据共享性、动态响应性和模拟预见性等特点，是一个比较完整的生产经营管理规划体系，是实现制造业企业整体效益的有效管理模式。

3. 企业资源计划（Enterprise Resource Planning，ERP）

企业资源计划（ERP）是一个集合企业内部所有资源，进行有效计划和控制，以达到最大效益的集成系统。它在 MRPII 的基础上扩展了管理范围，给出了新的结构，把客户要求和企业内部的制造活动以及供应商的制造资源整合在一起，体现了完全按客户要求制造的思想。在功能上，ERP 增加了控制、运输、售后服务与维护、市场开发等功能；在管理上，ERP 不再局限于制造业，扩大了行业应用范围，并逐渐形成了针对不同行业的特殊的解决方案。

🔧 知识拓展

21 世纪以来，受经济全球化的影响，制造业不断面临新的挑战和机遇。随着科学技术和社会的发展，特别是信息技术、人工智能技术、网络技术及管理技术等传统及新兴技术的不断向前推进，现代制造技术也在不断进步与完善，以适应经济全球化、市场竞争激烈化以及高新技术发展需求。具体地讲，现代制造技术正朝着精密化、极致化、柔性化、数字化、信息化、集成化、绿色化以及智能化等方向发展。在发展的过程中，新的现代设计理论与方法、新的现代加工理论与工艺、新的制造模式与管理技术将会随着需求和技术的发展而不断向前发展与进步。

本章仅介绍了现代制造技术的基本概念，以及常见的现代加工技术、制造自动化技术和先进制造模式与管理技术中相关的基础知识。若想进一步了解其他的现代制造技术，或深入学习相关的基本理论及关键技术，可参阅专业文献。

第六篇

综合与创新训练

第二十二章
综合与创新训练基础

内容提要： 本章介绍与综合创新训练相关的一些基础知识，包括创新意识和创新思维的基本概念、特点，以及常见的创新方法和创新技能。

第一节 概 述

创新是一个非常古老的词汇，起源于拉丁语，其原意包括三层含义，即更新、创造新的东西和改变。我国早在《魏书》中就曾提到过"创新"一词，原文（"革弊创新者，先皇之志也。"）中的"创新"主要是指制度方面的变革、改革、革新和改造。在近代，"创新"一词最早是由美籍奥地利经济学家约瑟夫·熊彼特于 1912 年在其《经济发展理论》一书中提出的。"创新"（Innovation）的英文解释为"bring forth new ideas"，其一是指前所未有的东西，二是指引入到新的领域产生新的效益。那么，究竟什么是创新呢？创新就是指利用已存在的自然资源或社会要素创造新的矛盾共同体的人类行为，或者可以认为是对旧的一切所进行的替代或者覆盖。创新具有目的性、变革性、新颖性、超前性和价值性五个方面的特性。

近年来，"创新"已成为当今社会最流行的词汇之一，创新意识、创新思维、创新技能、理论创新、制度创新、技术创新等新名词层出不穷。随着社会的不断发展，创新的意义也在不断拓展和深化，创新的重要作用越来越明显。特别是党的十八大以来，在习近平总书记的公开讲话和报道中，"创新"一词出现超过很多次，可见其受重视程度。这些论述，涵盖了创新的方方面面，包括科技、人才、文艺、军事等方面的创新，以及在理论、制度、实践上如何创新。

21 世纪以来，我国高等教育进入快速发展阶段。随着《国家中长期教育改革和发展规划纲要（2010—2020 年）》《关于深化高等学校创新创业教育改革的实施意见》《关于中央部门所属高校深化教育教学改革的指导意见》《中共中央关于全面深化改革若干重大问题的决定》和《教育信息化十年发展规划（2011—2020 年）》等政策文件相继出台，以及创新驱动发展战略、中国制造 2025、新工科、工程教育专业认证、互联网+、智能制造、大数据和云平台等新战略、新概念、新标准、新科学以及新技术的出现和崛起，不但改变了未来对社会人才的需求，同时也对高校深化教育改革提出了新的要求。在这种新形势与背景下，高校在人才培养过程中更加注重综合素质和创新能力的培养。

那么，什么是创新能力呢？创新能力是指在前人发现或发明的基础上，通过自身的努力，创造性地提出新的发现、发明及新的改进、革新方案的能力。具体地讲，创新能力包括学习能力、分析能力、综合能力、想象能力、批判能力、实践能力、创造能力、组织协调能力，以及发现、分析和解决问题的能力，等等。因此，从大学生创新能力培养角度，一方面需要掌握有关创新意识、创新思维、创新方法和创新技能等方面的基础知识，另一方面还需要大量的实践，不断提升创新人才的培养质量。

第二节　创新意识与创新思维

一、创新意识

创新意识是指人的一种心理潜能，是根据社会或个体生活发展的需要，引起创造前所未有的事物或观念的动机，并在创新活动中表现出的意向、愿望和设想，是人们进行创新活动的出发点和内在动力，是一种积极的意识形态。要实现大学生的创新意识培养，需要注意以下几个方面。

1. 树立问题意识，形成批判思维

人们在认识活动中，经常会发现一些难以解决或疑惑的理论或实际问题，并产生一种怀疑、困惑和探索的心理，从而促使人们形成主动思考、积极分析和解决问题的态度，这就是问题意识。

问题意识在科学创新活动中占有非常重要的地位，是培养学生创新精神的切入点。科学上有很多重大发明与创新，都是始于问题意识和批判精神。例如，苹果落地与万有引力定律、水烧开时壶盖跳动与蒸汽机的发明，等等。正如爱因斯坦所说："提出一个问题比解决一个问题更重要。因为解决问题也许仅是一个数学或实验上的技能而已，而提出新的问题、新的可能性，从新的角度去看旧问题，却需要有创造性的想象力，而且标志着科学的真正进步。"

2. 激发探索欲望，培养创新兴趣

兴趣和好奇心不仅是人们积极认识和探究事物或工作的驱动力之一，而且还能使人们在辛勤的工作和研究中体会到快乐，并孜孜以求。只有有了兴趣和好奇心，才会产生强烈探索事物本质的欲望和刨根问底的习惯，才能通过探究事物的表象来认识其背后的本质规律，并有从中寻找乐趣的倾向，然后就会在工作中不断地去发现、研究及解决问题，同时达到创新的目的。

3. 培养创新自觉，发挥创新潜能

创新自觉是指创新人才充分认识到自身的创新活动对国家、社会及个人的意义和责任，从而自觉加入创新队伍，开展创新活动的动力。这种动力经过长期训练，最终会内化为创新习惯。大学的目标是培养人才，大学生也应该是最具有创新能力的群体，应该是我国发展成为创新型国家的主力军。因此，当代大学生们应该认识到创新自觉在创新活动中的重要性，只有有了自主的创新习惯，才能明确创新目标，强化创新动力，敢于打破常规，不断发挥创新潜能，最终实现成功创新。

总之，创新意识培养是一种严谨的创造活动，需要按客观规律办事，正确树立科学的创新理念，把创新精神培养与科学求知态度结合起来，不断增强自己培养创新意识的信心、勇气和能力。

二、创新思维

对于创新思维，目前学术界尚无完整的定义。一般认为，创新思维，也称创造性思维，是指以新的思路或独特的方式来阐明问题的一种思维模式，也是对富有创造力、能导致创新性成果的各种思维形式的总称，是一种主体有目的的、在思维观念引导下综合性思维能力的反映。创新思维是创造力的核心，深刻认识和理解创新思维的特征及思维方式，对于人们掌握各种创新技法、成为创新型人才、产生创新性成果等具有重要意义。

1. 创新思维的基本特征

1）求异性

创新本质上可以说是一种积极的求异性，即对传统的知识、经验、习惯及理论等持有怀疑、批判的态度，用新的方式，积极主动地对待和思考所遇到的一切问题。其主要特征表现为选题的标新立异、方法的另辟蹊径以及对异常情况的敏感性和思维的独立性。

2）观察力

观察力是创新思维的重要因素，是人一生中获取知识的重要能力，提高观察力可有效提高学习能力和学习效果。观察力强的人，不但能看到明显外露的表象特征，还可以看到表象不明显的特征。要培养敏锐的观察力，可以通过养成观察的兴趣和习惯、探索事物本质特征、提高分析能力等途径来实现。

3）想象力

想象力在一定程度上决定了一个人创新思维能力的高低，是发明、创造的源泉。想象力可以增强一个人学习的主动性、预见性和创造性，能使人在学习或工作中找到灵感和捷径。例如古希腊著名科学家阿基米德通过沐浴时的现象，解决了"皇冠之谜"问题，发现了著名的浮力定律。

4）突发性

当人们在久思某个问题而不得其解时，可能会由于受到某种外来信息的刺激，突发奇想，得到解决问题的思路，这种过程称为灵感（或顿悟），它是创新过程中特有的一种思维现象，也称思维的突发性，具有跳跃性、瞬时性和创新性等特征，例如响尾蛇导弹的研制。

5）综合性

图 22-1 所示为人的全方位思维结构模式示意图，由思维形式（X 轴）、思维方法（Y 轴）和思维过程（Z 轴）三部分组成。创新思维是多种思维形式、思维方法和思维过程的有机结合体，是共同参与和相互作用的全方位、立体性思维。只有这样，才能认识事物的本质和规律，产生创造性成果。

2. 常见创新思维方法

1）逆向思维法

与正向思维相对应，逆向思维（也称反向思维）强调从事物的反面或对立面来思考问题。逆向思维需要突破思维惯性，"反其道而行之"，有时反而会使问题简化，甚至会有新的发现或成果。例如发电机与电动机、电风扇与风力发电机的发明就是运用了逆向思维的结果。实践证明，逆向思维是一种非常重要的超常规的创造发明的有效方法，逆向思维能力的提升，对于提升创造能力及解决问题的能力具有重要意义。

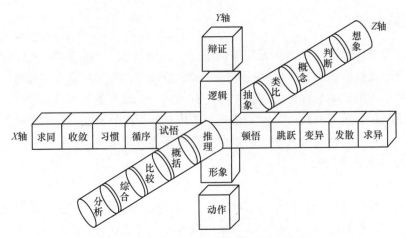

图 22-1　人的全方位思维结构模式示意图

2）发散思维法

发散思维也称多向思维、开放思维、求异思维和辐射思维等，是指在对某一问题或事物的思考过程中，不拘泥于现有信息，而是尽可能向多方向扩展，从多种角度思考问题，以求得多种设想的思维方式。发散思维具有发散性、多维性、求异性、多样性和灵活性等特点，在发明创作过程中具有重要作用。它可以使人们摆脱思维定式束缚，充分发挥想象力，通过新知识、新方法的重新组合，有时就能产生更多、更新的解决问题的办法。例如，白炽灯、橡皮头铅笔等的发明。

3）类比思维法

类比思维法是指从两个或两类对象具有某些相似或相同属性的事实出发，推出其中一个对象可能具有另一个或另一类对象已经具有的其他属性的思维方法。它是一种间接的推理，使我们充分开拓思路，运用已有知识和经验，创造性地解决其他相似问题。例如，听诊器和橡胶轮胎的发明就属于此。类比思维主要有形式类比、功能类比和原理类比等方法。

4）形象思维法

人们在认识过程中以反映事物的形象特征为主要任务，对事物的表象进行取舍的一种思维形式，就是形象思维。它是以形象来揭示事物本质，可分为联想和想象两种思维方法。联想是指人们将两种不同事物的形象联系起来，以探索二者之间共同的或类似的规律，从而解决问题的思维方法。想象是人们在过去感知的基础上，对所感知的形象进行加工、改造，使其产生新思想、新方案和新方法，从而解决问题的思维过程。例如，哥德巴赫猜想就源于此。

第三节　创新技能及常见创新方法

要培养创新型人才，不但要有创新意识和创新思维，还要具备一定的创新技能，才能真正实现创新。因此，创新技能的培养是创新教育的核心内容。常见的创新技能主要有发现问题的能力（如观察力、注意力及开发选题能力等）、分析问题的能力（如理解力、信息获取和处理能力以及系统分析能力等）、解决问题的能力（如知识整合能力、知识运用能力及研究开发能力等）、工程能力（如工程实践技能等）、组织管理能力（如团队合作能力、沟通交流能力等）和成果转化能力。为了具备这些创新技能，就需要掌握一些常见的创新方法，具体介绍如下。

一、智力激励法

经研究表明，人人都有创造潜力，也都有可能产生创造性的设想，群体相互激励可以促进设想的实现，智力激励法就是基于此原理。智力激励法也称头脑风暴法，是指针对某一特定问题，为了产生较多、较好的新设想和新方案，通过一定的会议形式，创设能够相互启发、联想及思维"共振"的条件和机会，来激励人们智力的一种方法。我国古代俗语"集思广益""三个臭皮匠，顶个诸葛亮"也是指这个意思。

智力激励法是由美国创造学家奥斯本最早提出并付诸实践的创造技法，它成功打破了"天赋决定论"和"遗传决定论"的思想，为普通大众的创造普及活动打开了局面。该方法在教育行业、产业界及政府等多个领域都取得了非常好的效果和成果。智力激励法的组织流程一般包括会议准备阶段、热身阶段、明确问题、自由畅谈以及加工整理等过程。其中，在自由畅谈阶段，为保证激励效果，应该遵守自由思考原则、延迟评判原则、以量求质原则和结合改善原则。

二、联想法

联想法是指在创造过程中，对不同事物运用其概念、方法、模式、形象或机理的相似性来激活联想和想象机制，以产生新构思、新方案或新设想的一种创造方法。例如，通过对蝙蝠在黑夜中能自由飞翔而不会撞到障碍物的联想，发明了超声波探测仪；通过对亭子避雨功能的联想，发明了雨伞；通过对猫运动状态和脚掌结构的联想，发明了带钉子的跑鞋，等等。一般来说，通过外界刺激，联想可以唤醒处于记忆库深层的潜意识，从而把当前的事物与过去的事物联系起来，为人们开展发明创造活动提供帮助。

记忆与联想的路径关系如图 22-2 所示。联想法通常有接近联想、相似联想、对比联想、关系联想和强制联想等类型。例如，看到篮球就想到篮球场、篮球架及篮球赛等，就属于接近联想；再如，根据金刚石可以转化为石墨，联想到石墨是否可以转化为金刚石（人造金刚石），则属于对比联想。

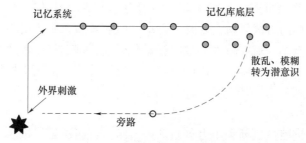

图 22-2　记忆与联想的路径关系

三、类比法

类比法是指对两个或两类事物进行比较和分析，从比较对象之间的相似点或不同点，采用同中求异或异中求同机制，实现创造或创新的方法。以大量的联想为基础，是类比方法的一个显著特点。常用的类比方法有直接类比法、间接类比法、幻想类比法、仿生类比法、拟人类比法以及因果类比法，等等。例如，鲁班根据锯齿状草叶的特征发明了锯子；工程师布鲁内尔发现小虫在其硬壳保护下使劲地向坚硬的橡树皮里钻，由此类比发明了"盾构施工法"，解决了水下施工的难题，这些都是直接类比法的实例。再如，现在的仿袋鼠跳跃机器人、蛇形机器人、人造气动肌肉、人造皮肤以及各种仿生飞行器等都是仿生类比法的实例。挖掘机、仿人机器人等则属于拟人类比法。

四、移植法

移植是科学研究中最有效和最简便的方法，也是应用研究中运用最多的方法。所谓移植法，是指将某个领域中已有的原理、技术、方法、结构以及功能等，移植应用到其他领域，从而产生新设想或新构思的方法。"他山之石，可以攻玉"，说的就是这个意思。

随着科学技术的进步，使得学科与学科之间的概念、理论和方法等相互交叉、融合及渗透，从而产生新的学科、新的理论以及新的成果，而且成果产生的环境、过程、思路、方法和手段等，也都可能对其他领域的创新活动具有重要的参考意义。因此，移植法已成为现代科技迅猛发展的动力之一，也是当前非常流行的一种创新方法。为使应用移植法开展创新活动取得实效，通常需要具备以下条件：

（1）用常规方法难以找到理想的解决思路或方案，或者利用本领域的知识无法解决该问题；

（2）其他领域存在解决相似或相近问题的方式方法；

（3）对移植结果是否能够保证系统整体的新颖性、先进性与实用性有一个初步的估计和判断。

常见的移植法有原理移植、功能移植、结构移植、材料移植和方法移植等不同类型。例如，触摸屏技术的应用从最早的单一领域到现在的各行各业，如手机、游戏机、便携导航设备以及银行、图书馆等各类服务行业，这属于原理移植的实例。例如，把"气泡"功能移植到橡胶生产中，发明了橡胶海绵；移植到塑料加工中，发明了泡沫塑料；移植到香皂中，发明了泡沫香皂，等等，这些属于功能移植。把常见的机床滑动摩擦导轨（如普通车床上的燕尾槽导轨）变为滚动摩擦导轨，具有摩擦阻力小、运动灵敏度高、维修保养方便等优点，如数控机床上常用的直线导轨，就是一种滚动摩擦导轨，属于结构移植。在满足功能及性能要求的情况下，汽车及航空航天领域的轻量化研究，例如将铸铁结构的变速箱体改为铝合金结构，以及现在的玻璃桥梁、太阳能公路、纳米服装等，都属于材料移植。

五、组合法

创新通常可分为突破性创新和组合创新两种。组合创新法是指按照一定的技术原理，通过重组合并两个或多个功能元素，开发出具有全新功能的新材料、新工艺或新产品的创新方法。它既利用了原有成熟的技术和优点，同时又改善了功能和品质，是一种继承基础上的创新。组合创新通常有材料组合、功能组合、原理组合、构造组合、成分组合和意义组合等多种形式。例如，涂层刀具的发明保证了表层硬度高、耐磨性好及芯部韧性好等优点，克服了传统高速钢或硬质合金刀具材料的缺点，属于材料组合；电动牙刷、按摩椅、智能家居等都属于功能组合；房车、医疗体检车等属于构造组合，等等。

六、TRIZ 理论法

TRIZ（Theory of Inventive Problem Solving）是"发明问题的解决理论"英文音译的缩写，该理论源于苏联伟大的工程师兼发明家根里奇·阿奇舒勒。1946 年，阿奇舒勒带领其研究团队，在分析研究世界各国约 250 万件专利的基础上，研究与归纳人类在进行发明创造、解决技术难题过程中所遵循的科学原理与法则后建立该理论。其工作过程是在广泛、深入分析的基础上，对问题进行陈述和定位，并将其转化为一个范式问题，然后找出与这个范式问题相关的概念化解决方案，使人们在解决问题时能够始终沿着一个正确的方向，避免了各种试错和实验，大大加快了人们的创新过程，提高了创新质量。

目前，TRIZ 方法已成为许多现代企业技术创新的利器，用于解决技术难题，对行业发展具有重要推动作用。例如，美国洛克威尔汽车公司针对某型号汽车的制动系统应用 TRIZ 进行创新设计，在保持原有功能不变的情况下，改进后的制动系统由原来的 12 个零件缩减为 4 个，成本降低了 50%。福特汽车公司每年利用 TRIZ 创新的产品为其带来超过 10 亿美元的销售利润。我国也有很多高校与知名企业研究和应用 TRIZ 方法，如河北工业大学、中兴集团、长虹集团、美的集团、中国船舶重工、中铁集团及中石油等，都用 TRIZ 创新方法解决了很多实际问题，并取得了多项发明专利和相关成果。

与传统创新方法相比，TRIZ 理论成功揭示了创造发明的内在规律和原理，并基于技术的发展进化规律来研究整个产品的发展过程，可以快速确认并解决系统中存在的矛盾。如今，经过半个多世纪的发展，TRIZ 理论已形成了一套用于解决新产品开发实际问题的相对完整的理论体系，如图 22-3 所示。

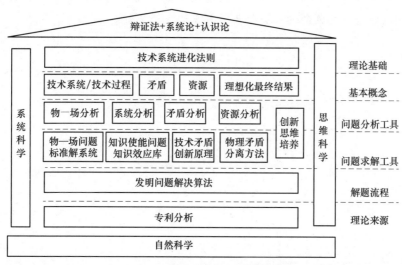

图 22-3　TRIZ 基本理论体系结构

图 22-4 所示为应用 TRIZ 方法解决问题的基本流程，主要分为以下步骤：

（1）设计者将待设计的产品或待解决的问题表达为 TRIZ 问题；

（2）利用发明原理、技术进化理论或效应等 TRIZ 工具，求出 TRIZ 问题的普通解；

（3）把普通解转化为特定解。

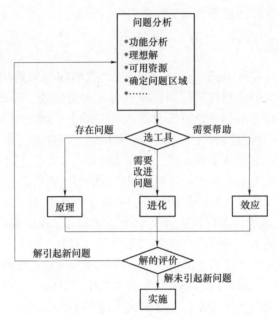

图 22-4　TRIZ 解决问题的基本流程

知识拓展

在我国"大众创业，万众创新"的新浪潮和国家创新驱动发展战略的新形势下，创新能力培养成为高校人才培养的一项重要任务，也是我国培养创新型人才的根本需求。创新之路永无止境，本章仅对创新意识、创新思维以及创新方法等基本概念和特点做了简单介绍，若想进一步深入学习有关创新的相关知识，可参阅专业文献。

第二十三章
综合与创新训练实例

内容提要： 本章主要介绍面向工科类学生开展工程综合与创新训练的一些项目，以及学生在工程训练课程和大学生科技创新活动中的一些作品展示。

第一节 概　　述

近年来，在国家创新驱动发展战略、中国制造 2025、新工科以及工程教育专业认证等新形势与背景下，高校在人才培养过程中更加注重实践、综合素质及创新能力的培养。因此，针对工科类高校学生开展综合与创新训练，有助于培养学生综合运用知识的能力，发现问题、分析问题和解决实际工程问题的能力，团队合作与沟通能力，项目管理能力，创新意识及能力，以及自主学习和终身学习的能力，属于工程训练课程中最高层次的教学内容之一，对于改善工程训练教学质量、提升实践创新人才培养水平具有重要意义。下面主要从机械类作品和学科融合类作品的综合与创新训练两个方面来介绍一些训练项目的开展情况和学生在参与大学生科技创新活动中的案例展示。

第二节　机械类作品的综合与创新训练实例

一、榔头

如图 23-1 所示的榔头是当前许多高校机械类相关专业学生在工程训练课程中的必修教学内容之一，区别仅在于功能、外形和尺寸等。该榔头由手柄和锤头两部分组成，手柄为回转体类零件，可通过车削加工（对于非回转体手柄，也可用其他方法加工）。锤头为六面体类零件，可通过铣削、刨削及钳工等来完成加工。在整个榔头的制作过程中，可能会涉及车削加工（圆柱面、圆锥

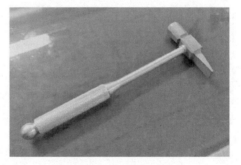

图 23-1　学生的榔头作品

面、球面、滚花等）、铣削加工（平面）、钳工（划线、锉削、锯削、钻孔、攻丝等）以及热处理等多种工艺，是典型的综合训练项目。当然，学生在实际训练过程中，也可根据自己的兴趣或实际需求，设计并制作自己的榔头作品，图 23-2 所示为一些典型的榔头作品，可供参考。下面将以图 23-1 所示的榔头为例，简要介绍该项目的训练内容及过程。

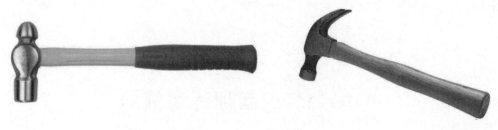

图 23-2　其他典型榔头

1. 榔头的结构设计

在设计榔头时，当功能和外形尺寸确定后，即可借助二维或三维工程软件进行榔头手柄及锤头的造型设计，并绘制相应的工程图纸。榔头手柄及锤头的工程图纸如图 23-3 所示。

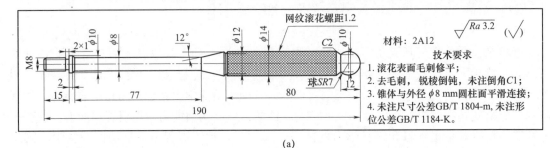

(a)

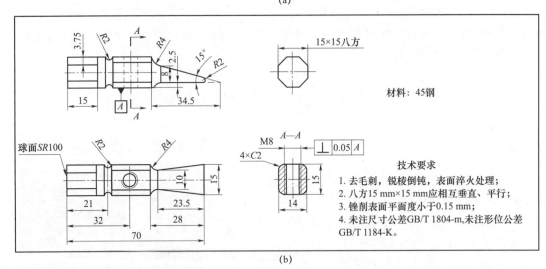

(b)

图 23-3　榔头手柄及锤头的工程图纸

（a）手柄工程图；（b）锤头工程图

2. 手柄和锤头的加工流程简介

手柄为回转体类零件，材料为 2A12 铝合金，在普通车床上即可完成加工。鉴于前面相关章节对轴类零件的加工工艺已有详细说明，这里仅给出车床加工手柄的过程，即包括下料、车端面、车外圆、车锥面、车螺纹、车球头以及滚花等工艺过程。

锤头为六面体类零件，材料为 45 钢。为提高效率，可在普通铣床上完成六面体坯料的加工，然后再进行划线、锯削、锉削、钻孔、攻丝以及表面淬火处理等工艺过程。

3. 榔头的装配过程

在该项目中，手柄和锤头为 M8 螺纹连接，其装配过程比较简单，将二者拧紧即可。当然，为了避免在使用过程中因振动等原因出现松动，可在拧螺纹之前在手柄的 M8 螺纹部分涂螺纹胶，以增加连接的可靠性。

二、鲁班球

如图 23-4 所示的鲁班球是中国传统的智力拼插玩具，它起源于中国古代建筑中的榫卯结构，相传由鲁班发明，并据此而得名。组成鲁班球的各部分零件形状和结构各不相同，一般都是易拆难装，拼装时需要仔细观察，认真思考。因其结构简单、构思巧妙、娱乐性强，可以极大地激发学生们的学习兴趣，非常适于作为学生们的工程训练内容，在培养学生实践操作技能、实际动手能力及分析解决问题能力等方面效果明显。

与鲁班球工作原理类似的作品还有很多，学生在实际训练过程中，也可根据自己的兴趣或实际需求，设计并制作自己的作品，如图 23-5 所示的孔明锁（也称为鲁班锁）也是学生的一个作品。下面将以图 23-4 所示的鲁班球为例，简要介绍该项目的训练内容及过程。

图 23-4 学生的鲁班球作品

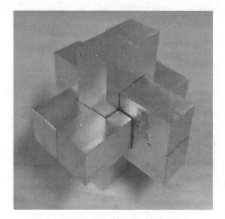

图 23-5 学生的孔明锁作品

1. 鲁班球的结构设计

设计鲁班球时，当外形尺寸确定后，即可借助二维或三维工程软件进行鲁班球各零件的造型设计，并绘制相应的工程图纸。图 23-6 所示为鲁班球各零件的工程图纸。

2. 鲁班球零件的加工流程分析

由图 23-6 可以看出，鲁班球各零件均为半圆柱形零件，两两对放（沿直径贴合）成为圆柱形。现将 6 个零件堆叠成 3 层，如图 23-7 所示，其加工流程如下：

（1）车削加工：按尺寸要求加工出外圆，然后按照鲁班球零件厚度切断，形成 3 个圆柱体零件；

（2）线切割加工：将每个圆柱体零件沿直径切成 2 件；

（3）铣削加工：按照图纸要求，对 6 个半圆柱体零件进行加工，最终完成鲁班球零件的制作。

当然，（1）、（2）两步也可全部采用线切割方法进行加工。

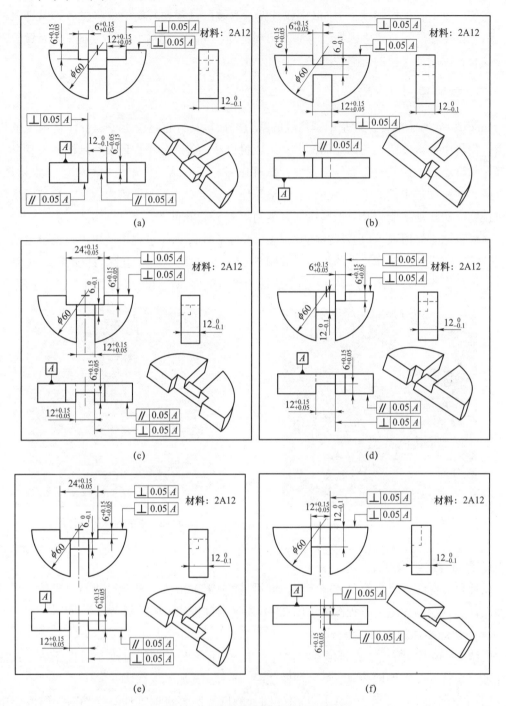

图23-6　鲁班球各零件的工程图纸

（a）1号零件；（b）2号零件；（c）3号零件；（d）4号零件；（e）5号零件；（f）6号零件

3. 鲁班球的装配过程

鲁班球的装配相对比较复杂，具体装配流程如下。

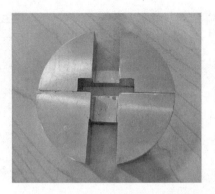

图 23-7　鲁班球零件堆叠后的情况

（a）两个零件对放情况；（b）两两对放堆叠情况

（1）组装前，先将组成鲁班球的 6 个零件按表 23-1 排列并编号。

表 23-1　鲁班球零件编号情况

编号	1	2	3	4	5	6
零件						

（2）组装零件 1 和零件 2，结果如图 23-8（a）所示。

（3）组装零件 3，结果如图 23-8（b）所示。

（4）组装零件 4，结果如图 23-8（c）所示。

（5）将零件 3 向右侧平移至行程末端，结果如图 23-8（d）所示。

（6）组装零件 5，结果如图 23-8（e）所示。

（7）组装零件 6，结果如图 23-8（f）所示。

（8）将零件 3 向左侧平移至行程末端，结果如图 23-8（g）所示。

三、无碳越障小车

该项目为全国大学生工程训练综合能力竞赛项目。全国大学生工程训练综合能力竞赛是教育部高等教育司发文举办的全国性大学生科技创新实践竞赛活动，是基于国内各高校综合性工程训练教学平台，为深化实验教学改革，提升大学生工程创新意识、实践能力和团队合作精神，促进创新人才培养而开展的一项公益性科技创新实践活动。以竞赛为依托，将竞赛内容融入工程训练实践教学，对于学生的知识、能力及综合素质培养具有重要意义。下面就以无碳越障小车项目为例，简要介绍该项目的训练内容及过程。

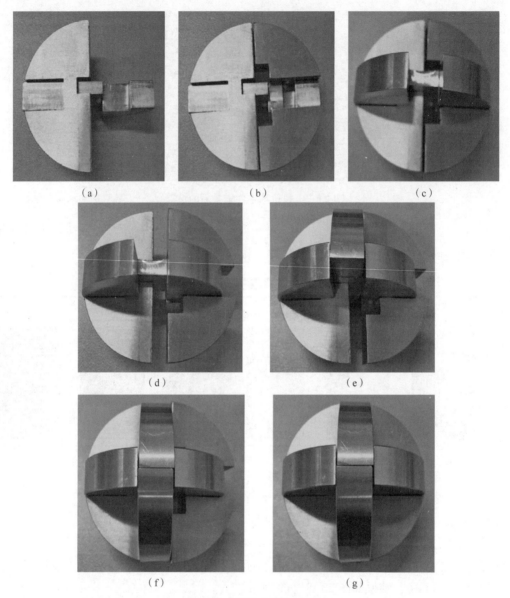

图 23-8　鲁班球的装配流程

1. 无碳越障小车项目简介

无碳越障小车的全名为以重力势能驱动的具有方向控制功能的自行小车。根据竞赛要求，需要设计一种小车（要求为三轮结构），能以 "S" 轨迹行走并自动连续绕过赛道上设置的等间距障碍物（障碍物为直径 $\phi20$ mm、高度 200 mm 的塑料圆管），且在一定范围内能适应桩间距的变化。小车的行走及转向所需能量均由给定重力势能转换而得到。给定重力势能由质量为 1 kg 的标准砝码（$\phi50$ mm×65 mm，碳钢制作）来获得，要求砝码的可下降高度为 400 mm± 2 mm。标准砝码始终由小车承载，不允许从小车上掉落。图 23-9 所示为无碳越障小车示意图。

由上述内容可以看出，该项目是一个典型的纯机械类项目，但其中包括了创新设计、加工工艺、制造、装配、调试以及撰写文档资料等多个环节，是一个非常好的综合与创新训练项目，有助于培养学生解决复杂工程问题的能力、沟通交流能力和项目管理能力等。下面以大学生工程训练综合能力竞赛作品为例，说明其整个研发流程。该项目所研发的无碳小车利用绳索驱动，齿轮机构带动后轮实现行走，空间四杆机构实现转向，具有结构简单、效率高、运行平稳、轨迹准确和调试容易等优点。

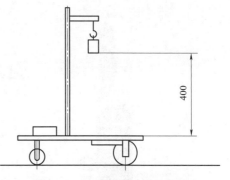

图 23-9　无碳越障小车示意图

2. 无碳越障小车的设计

1）运动轨迹设计

由于要求无碳小车能以"S"轨迹行走并自动连续绕过赛道上设置的等间距障碍物，且在一定范围内能适应桩间距的变化。因此，小车的运行轨迹一般选择周期曲线，小车每运行一个周期，绕过 2 个障碍物。在方案设计中，可选择余弦曲线作为小车的运行轨迹，其曲线方程为 $y=-A\cos(\pi x)$。振幅 A 越小，小车行走的直线距离越长，理论上绕过障碍物的数量越多，但因轨迹误差撞到障碍物的可能性也越大；振幅 A 越大，小车行走的直线距离越短，虽撞到障碍物的可能性小，但绕过障碍物的数量也越少。因此，振幅的选取需要综合考虑设计目标及轨迹误差的影响。

2）机械系统设计

图 23-10 所示为设计出的无碳小车机械结构，主要由原动机构、传动机构、行走机构、转向机构和调整机构组成。其工作原理为：砝码在降落的过程中，将势能转化为动能并通过绳索带动绕线轴转动。绕线轴的转动分两路输出：一路通过齿轮机构驱动后轮转动，实现小车的行走；另一路驱动空间四杆机构的曲柄转动，使得摇杆带动前轮获得一定角度的连续往复摆动，从而实现小车的转向。当障碍物的间距发生变化时，可通过调整空间四杆机构连杆和摇杆的长度来实现给定的轨迹要求。

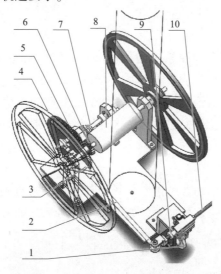

图 23-10　无碳越障小车结构组成

1—前轮；2—连杆；3—连杆调节旋钮；4—后轮；5—大齿轮；6—小齿轮；

7—绕线轴；8—差速器；9—摇臂调节旋钮；10—摇臂

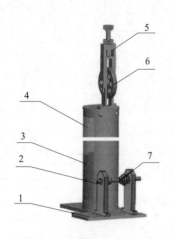

图 23-11　原动机构的机械结构

1—底盘；2—绕线轴；3—砝码；4—砝码架；
5—高度调节装置；6—定滑轮；7—绕线轮

（1）原动机构设计。

原动机构的作用是将给定的重力势能转化为机械能。如图 23-11 所示，砝码与绕线轮用绳索连接，并通过定滑轮支承，绳索缠绕在绕线轮和绕线轴上，绕线轮与绕线轴固连。当砝码在重力作用下下降时，绳索通过定滑轮拉动绕线轮转动。在原动机构设计中，为了减少摩擦损失、提高效率，定滑轮通过滚动轴承支承。此外，因动、静摩擦系数不同，小车启动时需要的力矩较大。但若按启动力矩设计绕线轴直径，则小车在行驶过程中一直处于加速状态，速度过快易引起小车侧翻或因砝码晃动而影响行走。因此，为了保证小车行走的稳定性，常将绕线轮设计成"圆锥+圆柱"的变径结构。圆锥部分直径较大，可获得较大的力矩，用于小车启动；圆锥面上的螺旋槽便于绳索的缠绕。

由于绕线轮与转向机构的曲柄同步转动，绕线轴转动一周，小车行走一个周期。因此，绕线轴的直径 d 与设计目标（小车绕过障碍物的数量）有关。根据比赛规定，砝码下降 400 mm，绕线轴转过的圈数 $N=400/（\pi d）$。再考虑到绕线轴圆锥部分耗线较长，即可选出合适的绕线轴直径。

（2）传动机构设计。

传动机构的作用是把绕线轮的运动与动力传递到转向机构和行走机构上。为了保证小车具有较高的效率和轨迹精度，优先考虑高精度、高效率、结构紧凑以及路径短的传动方式。因此，绕线轮与行走机构（后轮）之间采用一级齿轮传动，而绕线轴与转向机构（空间四杆机构）的原动件（曲柄）采用直连方式。

（3）转向机构设计。

转向机构是实现小车预定曲线轨迹的关键部件。依据构件和运动副数目尽可能少的原则，选用空间四杆机构作为小车的转向机构。如图 23-12 所示，曲柄与绕线轴固连做旋转运动，通过连杆可使摇杆和前轮获得一个周期性的往复摆动，从而实现小车行走过程中的转向。在具体设计过程中，前轮最大摆角和各构件长度是非常重要的两组参数，具体确定方法如下。

① 前轮最大摆角的确定。

设小车后轮轴的中点为运动参考点，即该点按余弦轨迹曲线 $y=-A\cos(\pi x)$ 运动。当参考点运动到最大振幅时，前轮摆角最大，如图 23-13 所示，则前轮最大摆角为

$$\theta_{\max}=\arctan\left(\frac{L}{\rho_{\min}}\right) \tag{23-1}$$

式中：$\theta_{\max}$——前轮最大摆角；

　　　L——小车前、后轮轴距；

　　　$\rho_{\min}$——参考点在最大振幅处的曲率半径。

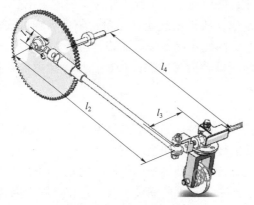

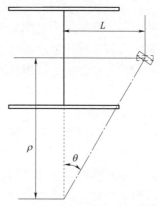

图 23-12　转向机构模型　　　　图 23-13　前轮最大摆角示意图

② 各构件长度的确定。

为了保证小车在行走过程中轨迹中心线不偏离障碍物连线，转向机构应无急回特性，则前轮的最大左右摆角相等且从一个极限摆角到另一个极限摆角所对应曲柄的转角为180°。为简化设计，转向机构中曲柄的回转轴线与摇杆的摆动平面等高，且曲柄水平向前和水平向后分别对应于摇杆的两个极限摆角位置，如图 23-14 所示。

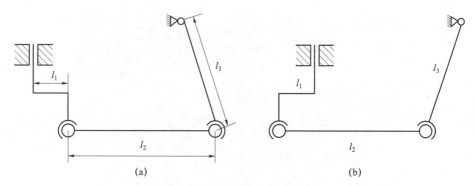

图 23-14　转向机构极限位置示意图

(a) 极限位置 1；(b) 极限位置 2

根据图 23-12 和图 23-14 所示转向机构中的几何关系，可以得到 4 个杆件的长度。考虑到加工、装配误差的影响以及竞赛变障碍物间距的要求，小车必须具有一定的调整功能。因此，在设计空间四杆机构时，将连杆和摇杆设计成长度可调结构。连杆和摇杆调整机构均采用细牙螺纹实现，同时将连杆和摇杆的调整螺母均匀分度，在小车调试过程中，两者相互配合实现轨迹修正及满足变障碍物的间距要求，取得了较好的调节效果。

(4) 行走机构设计。

行走机构主要是指 3 个车轮，一般采用后轮驱动，设计时需综合考虑尺寸、轴系结构以及材料等因素。当驱动力矩不变时，车轮直径与摩擦阻力成反比关系，即车轮直径越大，摩擦阻力就越小，但直径过大会导致质量增加。因此，可综合考虑确定后轮直径。

如前所述，小车行走 1 个周期的路程应与一个周期的轨迹曲线长度相等，即后轮直径 D_2、从绕线轴到后轮轴的传动比 i 及一个周期的轨迹曲线长度 s 之间的关系为：$i = \pi D_2 / s$。

由此可以计算出从绕线轴到后轮轴的传动比，并以此作为选择齿轮传动的理论依据。

由于小车沿着曲线行走，两后轮转速不同，故采用差速器、单轮驱动等均可实现差速。通过实际调试发现，使用差速器稳定性较好，因此在后轮轴可加装差速器。前轮兼有行走和转向两项功能，直径过大会增加转向阻力、降低转向灵活性。因此，可综合考虑各项因素，合理选择前轮直径 D_1。

（5）装配方案设计。

在势能一定的情况下，如何减少能量损失、如何从理论上满足设计要求、如何从结构上保证装配后与理论尽可能相符，这都是设计需要考虑的问题。例如绕线轴、齿轮机构、空间连杆机构、调节机构的设计、材料选择以及外购件选型等均属于此类问题。由于在竞赛中有小车拆装要求，因此，从结构方面，应更多地考虑零件的安装基准、定位、固定以及关键尺寸的保证等问题，确保制作出来的小车和理论设计要求尽可能接近，以有效提高装配效率、节省调试时间。

同时，装配质量的好坏直接影响小车的轨迹精度和可靠性。例如，装配前应擦拭各零部件，保证零部件清洁；装配时应保证连接部分紧密可靠，运动部件运转灵活、平稳，无冲击、卡滞现象及异常振动和噪声；差速器、齿轮、轴承及关节处涂润滑脂；对于无须拆卸的紧定螺钉，最好涂螺纹胶并保证一定的固化时间，等等。装配完成后的小车实物如图 23-15 所示。

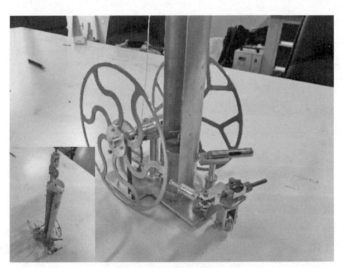

图 23-15　无碳小车实物

3. 无碳越障小车的调试

受设计、加工以及装配精度等因素的影响，小车的实际运行轨迹与理论运行轨迹必然存在偏差，若偏差是因系统误差引起的，则可通过调试来修正。因此，掌握一定的调试方法，对于提高效率和性能是有益的。

1）小车参数对轨迹误差的影响

（1）摇臂长度对小车轨迹偏差的影响。

借助三维建模及仿真软件分析得到，当摇臂长度逐步增加时，相应的前轮偏转极限位置夹角会随之减小，导致轨迹振幅减小。同时，由于曲柄旋转一周所对应的后轮转过圈数固定，故小车单个周期的总路程与各杆长参数无关，振幅的减小会带来轨迹周期的增大。

（2）连杆的长度会影响轨迹中线的曲直。

改变摇臂的长度及人工装配过程中的误差都会改变前轮的对中性，连杆长度的调试是修复前轮对中性的最优方法。

（3）发车角度会影响小车的前进方向。

在调试过程中，如果发现轨迹中线为直线但与障碍物连线不重合，则是因为小车的发车角度不当所致，选择合适的发车角度可以解决该问题。

2）小车的调试方法

（1）轨迹周期的精准化与轨迹中线的调直。

由于制造装配误差和车轮与地面的相对滑动，故小车在调试初期会出现轨迹中线呈曲线以及周期略大于或小于理论周期的情况。在前轮与前轴黏合固定完毕后，常采用的调试方法为通过摆放标记记录小车运动轨迹的振幅最大点，观察多个振幅最大点的连线，以得出轨迹中线弯曲特性，分析后调节连杆长度来中和弯曲特性，以二分法的形式最终调直轨迹。在轨迹调直后观察实际周期长度，通过调长摇臂增长轨迹，或缩短摇臂减短轨迹，再调节连杆调直轨迹中线。两步骤以二分法为原则交替重复进行，最终实现误差缩小，以避免对轨迹造成明显影响。

（2）重复运行轨迹一致性保证措施。

在轨迹调节正确之后，需要对发车进行精确定位，以保证多次发车的成功率。发车定位分为以下3个步骤：

步骤1：曲柄角度定位。小车后轴可以安装差速器，同时对差速器加装锁扣，以保证每次发车时后轴所处位置相同。与后轴联动的原动轴在砝码绕线达到标准位置时，其所在的角度也将得到固定，曲柄角度从而得到固定。但是在非整数传动比的情况下，如果绕线轴的直径发生了变化，当差速器锁止于预定位置时，其原动轴可能会因为传动比的非整数特点而锁止于另一角度，这时需要重新进行定位。

步骤2：发车角度定位。通过在小车前方固连一激光笔，每次发车记录激光笔射向的位置。在发车曲柄角度固定的前提下，多次重复发车，最终实现轨迹中线与各障碍物的连线基本重合。记录此时激光笔射向的位置，即为正确发车角度。

步骤3：发车距离定位。多次观察小车在振幅最大处时与被绕过杆的前后位置差，调节发车前后位置。调节完毕后，激光定位点需要进行微调。

第三节　学科融合类作品的综合与创新训练实例

一、自控越障小车

1. 自控越障小车项目简介

自控越障小车项目也为全国大学生工程训练综合能力竞赛项目，项目全称为重力势能驱动的自控行走小车越障竞赛，要求自主设计一种三轮结构小车（其中一轮为转向轮，另外两轮为行进轮，允许行进轮中的一个轮为从动轮）。具体要求如下：

（1）小车应具有赛道障碍识别、轨迹判断及自动转向和制动功能，这些功能可由机械或电控装置自动实现，不允许使用人工交互遥控。

（2）小车行进所需能量只能来自给定的重力势能，小车出发初始势能为 400 mm 高度×1 kg 砝码质量，竞赛使用同一规格标准砝码（φ50 mm×65 mm，钢制）。若使用机械控制转向或制动，则其能量也需来自上述给定的重力势能。

（3）小车电控装置要求主控电路必须采用带单片机的电路。电路的设计及制作、检测元器件、电动机（允许用舵机）及驱动电路自行选定。电控装置所用电源为 5 号碱性电池，电池自备，比赛时须安装到车上并随车行走。小车上安装的电控装置必须确保不能增加小车的行进能量。

小车比赛用赛道宽度为 1.2 m 的环形赛道，其中两直线段长度为 13 m，两端外缘为曲率半径等于 1.2 m 的半圆形，中心线总长度约为 30 m，如图 23-16 所示。

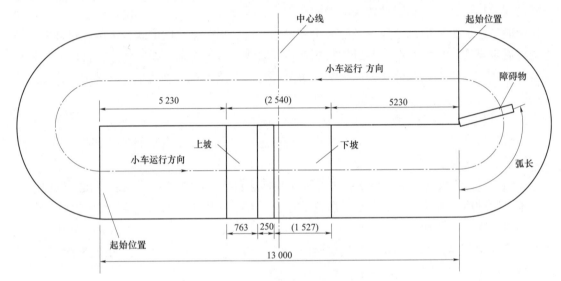

图 23-16 自控越障小车赛道示意图

赛道边缘设有高度为 80 mm 的道牙挡板。赛道上间隔不等（随机）交错设置多个障碍墙，障碍墙高度约为 80 mm，相邻障碍墙之间最小间距 1 m，每个障碍墙从赛道一侧边缘延伸至超过中线 100~150 mm。在直赛道段设有 1 段坡道，坡道由上坡道、坡顶平道和下坡道组成，上坡道的坡度为 3°±1°，下坡道的坡度为 1.5°±0.5°；坡顶高度为 40 mm±2 mm，坡顶长度为 250 mm±2 mm。坡道位置将事先公布，出发线在平赛道上，距离坡道起始位置大于 1 m，具体位置由抽签决定。

2. 自控越障小车项目研发思路及过程

通过以上介绍可以看出，自控越障小车项目涉及机械、电子、自动化及传感与检测等技术，属于不同学科交叉融合的训练项目。下面以大学生工程训练综合能力竞赛作品为例，简要介绍其训练内容、过程及思路。

1）结构设计方案

该自控越障小车的结构设计方案如表 23-2 所示。

表 23-2　自控越障小车的结构设计方案

第五届全国大学生工程训练综合能力竞赛	结构设计方案	产品名称：自控越障小车

1. 设计思路

（1）重力势能驱动。砝码的重力势能通过滑轮架、绕线轴、齿轮及驱动轮驱动小车前进。

（2）自控行走、越障。通过红外及超声波传感器探测障碍物，单片机处理反馈信号，确定小车和障碍物的相对位置，计算出最优路径，发出转向指令，舵机控制转向轮实现转向。

（3）测速。转向轮嵌入磁铁，通过霍尔传感器接收信号，反馈给单片机，单片机计算出运行速度。

（4）制动。小车在下坡时速度会越来越快，通过测速装置可以得到准确的数值。依靠惯性，小车可以行进较长的一段距离，故此时可通过制动舵机以及棘轮使砝码制动，通过主动轮上的单向轴承使小车继续前进。

2. 小车转向及速度控制方案

（1）转向。将超声波传感器布置在小车左方和右方连续采集数据，测量车身到两侧挡板的距离；将红外传感器布置在小车前方，测量前方挡板距离车身的距离。将这些信号反馈给单片机之后，根据设计好的算法利用单片机控制舵机转向，实现小车转向功能，躲避障碍。

（2）测速。小车转向轮嵌入多个磁铁，当磁铁通过霍尔传感器时，霍尔传感器产生高电平，信号传给单片机之后逐一计数，计算出小车的速度。

（3）速度控制。

① 小车下坡时速度较快，需要自动控制速度。当单片机测得的速度超过预设最大速度时，单片机给制动舵机一个信号，通过舵盘与棘轮接触，制动绕线轴，砝码不再下降。位于主动轮轴的单向轴承使得小车继续利用惯性前进。

② 经过一段滑行之后，当单片机测得的速度小于预设最小速度时，单片机给制动舵机一个信号，舵盘不再与棘轮接触，砝码继续下降，小车依靠砝码的重力势能前进。

③ 小车上坡时所需驱动力较大，平路时所需的驱动力较小。通过设置变直径的绕线轴以及提前确定的路径来确定绕线方法，可确保小车有足够的动力在给定赛道前进。

3. 总结和体会

（1）原理方案设计很重要。如何根据需求进行原理方案设计、优化以及基础的理论分析，是后续工作的理论基础。

（2）结构设计是项目成功的关键因素之一。在满足功能的情况下，如何合理设计零件的结构及装配工艺，以及绘制出合格的工程图非常重要，以为后续的加工和装配做好准备

该自控越障小车的实物及装配图分别如图 23-17 和图 23-18 所示。

图 23-17　自控越障小车实物

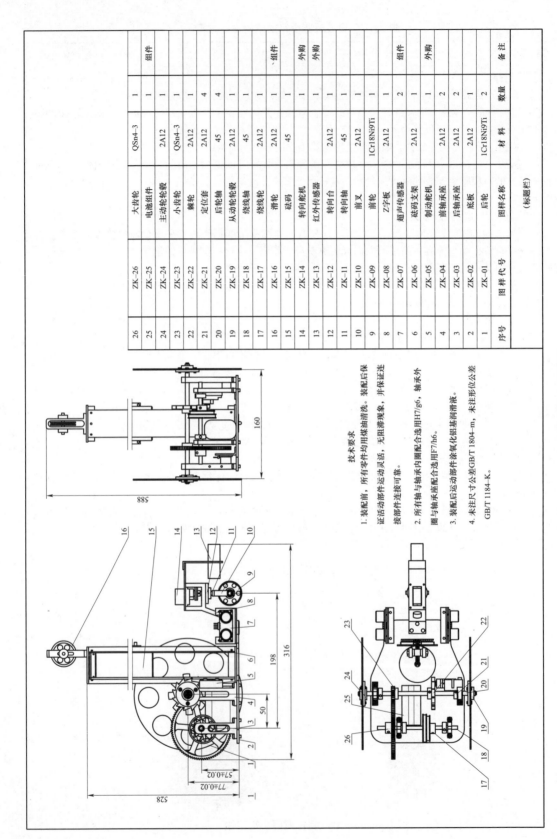

序号	图样代号	图样名称	材料	数量	备注
26	ZK-26	大齿轮	QSn4-3	1	组件
25	ZK-25	电池组件		1	
24	ZK-24	主动轮轮毂	2A12	1	
23	ZK-23	小齿轮	QSn4-3	1	
22	ZK-22	鞭轮	2A12	1	
21	ZK-21	定位套	2A12	4	
20	ZK-20	后轮轴	45	4	
19	ZK-19	从动轮轮毂	2A12	1	
18	ZK-18	绕线轴	45	1	
17	ZK-17	绕线轮	2A12	1	组件
16	ZK-16	滑轮	2A12	1	
15	ZK-15	砝码	45	1	外购
14	ZK-14	转向舵机		1	外购
13	ZK-13	红外传感器		1	
12	ZK-12	转向台	2A12	1	
11	ZK-11	转向轴	45	1	
10	ZK-10	前叉	2A12	1	组件
9	ZK-09	前轮	1Cr18Ni9Ti	1	
8	ZK-08	Z字板	2A12	1	
7	ZK-07	超声传感器		2	外购
6	ZK-06	砝码支架	2A12	1	
5	ZK-05	制动舵机		1	
4	ZK-04	前轴承座	2A12	2	
3	ZK-03	后轴承座	2A12	2	
2	ZK-02	底板	2A12	1	
1	ZK-01	后轮	1Cr18Ni9Ti	2	

（标题栏）

技术要求

1. 装配前，所有零件均用煤油清洗。装配后保证活动部件运动灵活，无阻滞现象，非保证连接部件连接可靠。

2. 所有轴与孔圆配合选用H7/g6，轴承外圈与轴承座配合选用F7/h6。

3. 装配后运动部件涂氧化铝基润滑液。

4. 未注尺寸公差GB/T 1804-m，未注形位公差GB/T 1184-K。

图 23-18 自控越障小车装配图

2) 电路设计方案

该自控越障小车的电路设计方案如表 23-3 所示。

表 23-3　自控越障小车的电路设计方案

第五届全国大学生工程训练综合能力竞赛	电路设计方案	产品名称：自控越障小车

1. 检测设计思路

（1）位于小车两侧的传感器检测小车到两边赛道的距离。

（2）位于小车正前方的传感器检测小车前方有无障碍物。

（3）位于小车前轮的传感器检测小车前轮走过的距离和行进速度。

2. 控制设计思路

（1）小车单片机不断将传感器传回来的距离信号与设定值相比较。当距离超出设定值时，单片机控制舵机进行微调修正，保证小车向前方行驶而不碰到障碍物。

（2）小车前方传感器报警时，说明前有障碍物。小车根据两侧传感器返回的距离值来判断自身位于赛道的左侧还是右侧，进而控制舵机避障。避障所走过的横向距离由小车当前距赛道边缘的距离计算得出，靠小车前轮的传感器保证小车实际行走距离与设定距离一致，精确避障。

（3）下坡时，速度传感器发出信号，单片机控制制动舵机制动，切断来自砝码的动力，小车靠惯性向前行驶而砝码不再下降。当小车速度降低到一定值时，单片机控制舵机松开制动，砝码重新驱动小车行驶，由此节省动力，增大小车行驶距离。

（4）转弯时，小车继续通过两侧传感器判断距赛道两端的距离，保证小车正常转弯。当弯道处遇到障碍物时，小车也会执行避障程序进行避障。

3. 器件选择及实施方案

（1）小车两侧传感器采用超声波传感器。用支架将其固定在小车两侧，其返回信号为声波从发出到反射回传感器所用时间值，经计算可得出距离值，精度在 2.5 mm 以内。

（2）前方传感器采用红外传感器。当小车前方 800 mm 以内有障碍物时，传感器返回高电平。

（3）小车前叉处布置霍尔传感器，与镶嵌在小车前轮的六个磁铁配合使用。根据磁铁的个数可以计算出小车行驶距离，根据计数间隔可推算出小车行驶速度。

（4）采用 ATmega16A PU 单片机。

（5）小车用 6 节干电池经 LM7805 稳压芯片稳压后给整个系统供电。

4. 总结和体会

（1）小车运行的实际情况与理论之间存在一定差异。在具体实施时，不仅要考虑原理上的可行性，更要考虑精度及可靠性问题。

（2）在项目的具体实施过程中，需要考虑的细节非常多也非常重要，每一个问题都必须考虑清楚，无论是软件方面还是硬件方面。否则，一个地方出了问题，就有可能导致整个过程失败。

（3）基础理论及仿真过程对于实际问题具有重要的指导作用

3) 加工成本分析

该自控越障小车的加工成本分析报告如表 23-4 所示。

表 23-4　自控越障小车的成本分析报告

第五届全国大学生工程训练综合能力竞赛						成本分析核算		产品名称	自动越障小车
								生产纲领	5 000 台/年

1. 材料成本分析

编号	材料	毛坯种类	毛坯尺寸/mm	件数/毛坯	每台件数	备注	编号	材料	毛坯种类	毛坯尺寸/mm	件数/毛坯	每台件数	备注
1	2A12	板材	5×140×500	3/1	1	底板	7	2A12	棒料	φ30×150	4/1	1	前叉
2	1Cr18Ni9Ti	板材	4×200×1 140	6/1	2	后轮	8	45 钢	棒料	φ50×210	3/1	1	砝码
3	2A12	板材	10×30×700	2/1	2	轴承座	9	2A12	棒料	φ55×110	10/1	1	砝码架座
4	1Cr18Ni9Ti	棒料	φ50×100	8/1	1	前轮	10	GCr12	棒料	φ5×450	5/1	1	前轴
5	QSn4-3	棒料	φ105×110	5/1	1	齿轮	11	45 钢	棒料	φ15×220	5/1	1	绕线轴
6	2A12	棒料	φ28×210	6/1	1	转向台	12	45 钢	棒料	φ5×300	4/1	1	转向轴

2. 综合分析

序号	零件名称	工艺内容	工时/min			综合成本分析
			机动时间	辅助时间	终准时间	说明：普通车床、立式铣床、立式钻床、滚齿机床、剪板机等工时费均为 20 元/h，激光切割设备工时费为 100 元/h，车工、铣工、钳工、滚齿工、激光切割工人、装调人员工时费均为 30 元/h
1	底板	（1）下料，剪板机剪板；（2）冲压底板；（3）去毛刺，攻丝	1 8 15	2 8 15	5 8 8	批量下料，以日产 30 台车零件为一批计算。 加工设备费用合计：20×（49+21÷30）÷60=16.6（元） 人工费用合计：30×（49+21÷30）÷60=24.9（元）
2	前轮	（1）下料，车削外圆端面；（2）钻减重孔；（3）钻孔，镗孔	15 8 8	8 8 5	8 5 8	批量下料，以日产 30 台车零件为一批计算。 加工设备费用合计：20×（52+21÷30）÷60=17.6（元） 人工费用合计：30×（52+21÷30）÷60=26.4（元）
…	……	……	……	……	……	……

序号	零件名称	工艺内容	工时/min			综合成本分析
			机动时间	辅助时间	终准时间	说明：普通车床、立式铣床、立式钻床、滚齿机床、剪板机等工时费均为20元/h，激光切割设备工时费为100元/h，车工、铣工、钳工、滚齿工、激光切割工人、装调人员工时费均为30元/h
13	小车	（1）小车装配； （2）小车调试	20 15			直接人工费用合计：$30×(20+15)÷60=17.5$（元）

3. 总成本

（1）材料及元器件费用。

材料	2A12 棒料	2A12 板料	45 钢棒料	HPB59-1	GGr12	1Cr18Ni9Ti
单价/（元·kg^{-1}）	45	32	10	60	15	15
毛坯质量/（克·台$^{-1}$）	2 237.75	992.38	1 071.53	1 770.52	39.83	2 578.96
外购件	深沟球轴承	单向轴承	螺钉	螺母	舵机	电路元件
单价/（元·个$^{-1}$）	5.6	20	0.08	0.05	2	80（每套）
数量/（个·台$^{-1}$）	12	1	38	9	15	1

每台小车材料及元器件费用合计：$F_0=489.4$ 元

月直接费用：$F_{m1}=5\,000F_0/12=20.4$ 万元

年直接费用：$F_{y1}=5\,000F_0=244.7$ 万元

（2）直接人工费。

通过对所需加工工艺分析，计划雇佣13名技术工人，平均每月工作15天。

职务	车工	铣工	钳工	齿轮加工人员	激光切割人员	装调人员
工时费用	30 元/h×8 h/天	30 元/h×8 h/天	30 元/h×8 h/天	30 元/h×8 h/天	30 元/h×8 h/天	30 元/h×8 h/天
员工人数	3	3	2	1	1	3

技术人员平均月工时费用：$F_{m2}=30×8×15×(3+3+2+1+1+3)=4.68$（万元）

年工时费用：$F_{y2}=12F_{m2}=56.2$ 万元

（3）制造费用。

① 生产单位管理人员计划雇佣1名项目管理员（月薪：6 500元），1名质检人员（月薪：5 500元），1名库管人员（月薪：4 000元）。

月薪合计：$F_{m3}=1.6$ 万元

年薪合计：$F_{y3}=19.2$ 万元

② 加工设备费用（包括折旧费、修理费、租赁费等）。

月加工设备费用：$F_{m4} = [20 \times (3+3+2+1) + 100 \times 1] \times 8 \times 15 = 3.4$（万元）

年加工设备费用：$F_{y4} = 12F_{m4} = 40.3$ 万元

③ 其他费用（包括取暖费、水电费、办公费、差旅费、运输费等）。

月其他费用：$F_{m5} = 1.5$ 万元

年其他费用：$F_{y5} = 12F_{m5} = 18$ 万元

因此，制造费用合计为

月制造费用合计：$F_{m6} = F_{m3} + F_{m4} + F_{m5} = 6.5$ 万元

年制造费用总计：$F_{y6} = 12F_{m6} = 78$ 万元

（4）总成本合计

月生产成本总计：$F_{ma} = F_{m1} + F_{m2} + F_{m6} = 31.6$ 万元

年生产成本总计：$F_{ya} = 12F_{ma} = 379.2$ 万元

二、蓝牙搬运小车

1. 蓝牙搬运小车项目简介

蓝牙搬运小车项目为北京市大学生工程训练综合能力竞赛项目，由北京市教委主办，其目的是进一步加强大学生实践能力和创新精神培养，深化实验教学改革，提升大学生工程实践能力、创新意识和团队合作能力，促进创新人才培养，展示北京市高校工程训练中心的科技创新实践成果，推动高校人才培养模式改革。

项目主题为"安卓系统控制的具有搬运功能的蓝牙小车"。要求自主设计制作一种蓝牙小车，通过手机（具备蓝牙功能）App 程序控制，分别完成直行、上坡、下台阶、转弯、抓取及搬运货物并放置到指定地点等一系列动作。竞赛时统一使用质量为 0.1 kg 的货物，要求货物由小车实现搬运至指定放置地点，搬运过程中不允许货物从小车上掉落。图 23-19 所示为蓝牙搬运小车赛道示意图。

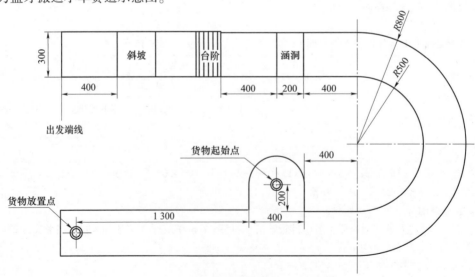

图 23-19 蓝牙搬运小车赛道示意图

2. 蓝牙搬运小车项目研发思路及过程

通过以上介绍可以看出，蓝牙搬运小车项目也涉及机械、电子、自动化及传感与检测等技术，属于不同学科交叉融合的训练项目。下面以大学生工程训练综合能力竞赛作品为例，简要介绍其训练内容、过程及思路。

1）结构设计方案

该蓝牙搬运小车的结构设计方案如表 23-5 所示。

表 23-5　蓝牙搬运小车的结构设计方案

北京市第四届大学生工程训练综合能力竞赛	结构设计方案	产品名称：蓝牙搬运小车
1. 设计思路 （1）行走机构。 小车为双电动机后轮驱动、前轮舵机转向的四轮两驱小车，通过程序控制可以实现直线行走、给定半径的圆弧轨迹和原地转向功能。 （2）夹取机构。 卡爪安装在另一个舵机上，置于小车前部，与底板形成一个整体。卡爪与安装在小车底板上的定位板配合，通过程序设定夹具的初始位置和夹取时的摆动幅度。 （3）设计特点。 舵机转向配合后轮差速，小车控制轻便、转向灵活，综合了四驱小车与两驱小车的优点； 小车前轮架配有可调节滑槽和分度盘，以保证小车行驶轨迹的准确性； 车体空间配置合理，将车身缩至最小，重心较低，电路板排线分布合理； 采用铝制轮毂，通过机床精修，保证端面的垂直度，并减小车轮惯性，保证小车运行平稳； 卡爪与舵机一体化设计，夹取货物稳定可靠，时间短。 2. 小车出发定位方案 因小车采用舵机转向，且轮齿之间存在间隙，不可避免地会产生误差，最终导致小车存在轨迹误差。通过调节滑槽可以减小偏移的角度，但无法彻底解决问题。通过多次试验测量小车偏移轨迹，制作了出发定位装置，在出发时给予小车一个初始偏移角度。 3. 总结和体会 （1）原理方案设计很重要。如何根据需求进行原理方案设计、优化以及基础的理论分析，是后续工作的理论基础。 （2）结构设计是项目成功的关键因素之一。在满足功能的情况下，如何合理设计零件的结构及装配工艺，以及绘制出合格的工程图非常重要，为后续的加工和装配做好准备。 （3）自主学习能力不断加强。因为竞赛涉及很多知识，有些是掌握不到位的，有些是没学过的，这都需要团队去巩固已有知识和开拓新知识		

该蓝牙搬运小车的装配图如图 23-20 所示。

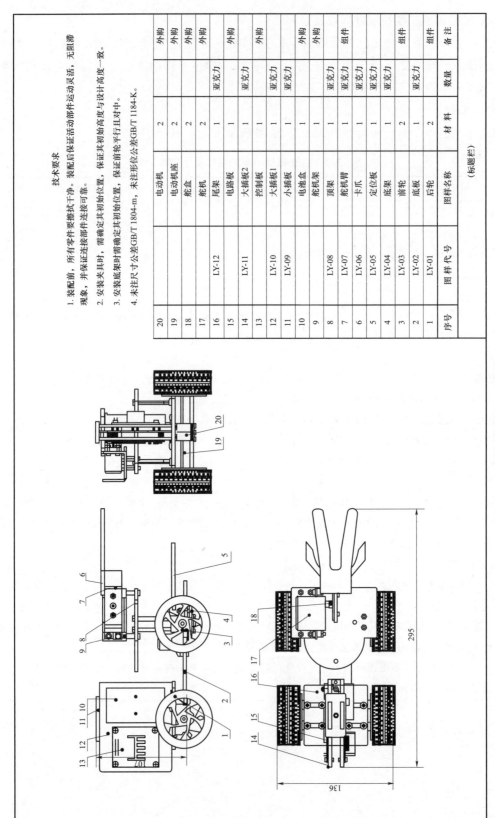

技术要求

1. 装配前，所有零件要擦拭干净。装配后保证活动部件运动灵活，无阻滞现象，并保证连接部件连接可靠。
2. 安装夹具时，需确定其初始位置，保证其初始高度与设计高度一致。
3. 安装底架时需确定其初始位置，保证前轮平行且对中。
4. 未注尺寸公差GB/T 1804-m，未注形位公差GB/T 1184-K。

序号	图样代号	图样名称	材 料	数量	备 注
20		电动机		2	外购
19		电动机座		2	外购
18		舵盒		2	外购
17		舵机		2	外购
16	LY-12	尾架	亚克力	1	
15		电路板		1	外购
14	LY-11	大插板2	亚克力	1	
13		控制板		1	外购
12	LY-10	大插板1	亚克力	1	
11	LY-09	小插板	亚克力	1	
10		电池盒		1	外购
9		舵机架		1	外购
8	LY-08	顶架	亚克力	1	组件
7	LY-07	舵机箱	亚克力	1	
6	LY-06	卡爪	亚克力	1	
5	LY-05	定位板	亚克力	1	
4	LY-04	底架	亚克力	1	
3	LY-03	前轮	亚克力	2	组件
2	LY-02	底板	亚克力	1	
1	LY-01	后轮	亚克力	2	组件

（标题栏）

图23-20 蓝牙搬运小车装配图

2）工程管理报告

该蓝牙搬运小车的工程管理报告如表 23-6 所示。

表 23-6 蓝牙搬运小车的工程管理报告

北京市第四届大学生工程训练综合能力竞赛	工程管理报告	产品名称	蓝牙搬运小车
		生产纲领	500 件/年

1. 生产过程组织

由于小车零件结构及生产工艺简单，对于一年生产 500 台蓝牙搬运小车适合采用中等批量的生产组织形式。因此，成立蓝牙搬运小车项目组，按中等批量生产，以准时生产（JIT）方式开展，平均日产量 9 台，每月工作 5 天，通过看板管理实施适时、适量生产，其他时间员工生产其他产品。

（1）生产过程时间组织形式。大多数零件加工方式相同，采用激光切割统一生产；少数零件采用机床加工，同种零件采用顺序式生产方式。由于零件结构简单、生产精度要求较低，故采用集中式固定装配。具体内容如下：

① 车间负责生产组织，制订生产计划；

② 项目组按照计划产量到库房批量领料、生产零件；

③ 零件加工完成并检验合格后交给钳工集中装配，每个钳工负责装配小车的一部分，检验合格后再进行组装；

④ 小车装配完成并检验合格后入库。

（2）生产过程空间组织形式。根据工艺专业化原则布置生产车间，具体如下：

蓝牙小车项目组装备 3 台车床、3 台铣床、5 个钳工台、1 台剪板机、1 台钻床和 1 台激光切割设备。场地布置原则为相同工艺类型机床相对集中安放、车床和铣床尽量靠近安放、钻床与钳工台尽量靠近安放，以减少零件周转时间

2. 人力资源配置

序号	岗位	技术等级	人数	职责
1	项目管理员	工程师	1	制订生产计划，进行生产运行调度与管理
2	激光切割工人	中级工	1	操纵激光切割设备切割零件
3	铣工	中级工	3	舵机连接板、舵机架加工
4	钳工	中级工	5	剪板机剪板、相关零件钻孔与攻丝、蓝牙小车装配与调试
5	车工	中级工	3	车削前轴与轴承座，精修轮毂
6	检验	工程师	1	零件、蓝牙小车检验
7	库管	中级工	1	外购件采配，库料、成品管理

3. 生产进度计划与控制

（1）生产计划。

根据年产量要求，建立相应具体的年生产计划 500 台，月计划 45 台，日计划 9 台，第 12 个月根据已生产合格小车数量进行剩余小车生产，使合格小车数量正好为 500 台，避免过量生产。

（2）生产控制。

质量控制：前 11 个月每月生产 45 台，比平均每月生产 42 台多出 3 台用于质量控制，淘汰不合格产品。

信息反馈和调度：检验员、库管员每日反馈生产情况；项目管理员负责掌握整个生产过程、生产调度与管理

4. 质量管理
在投入生产之前，由项目管理员与相关技术人员制定工艺卡片、各工序及整车质量标准，所有产品由检验员 100% 检验并记录，及时反馈。主要控制环节包括工序自检记录、检验员检验记录、装配记录、赛道试车记录及颁发合格证等。
按 ISO9001 标准建立蓝牙小车生产质量管理体系，参考国家标准、行业标准和客户需求等，从原料、制造、成品三大方面进行全面质量控制。
（1）原材料质量管理：选择加工质量高、工艺性能优异的原材料，验收时把好质量关，对于质量异常的原材料和检验不合格的外购件，应及时记录并反馈。
（2）制造过程质量管理：加强工艺管理，严格审查工艺规程；每道工序后安排质检，严防不合格产品进入下一道工序。
（3）成品质量管理：质量检验员应依据成品质量检验标准以及检验规范实施质量检验；每批产品出货前，成品检验员应依据出货检验标准进行检验，记录质量与包装检验结果并向主管领导反馈。
5. 现场管理
现场管理由项目管理员负责，保证施工现场的质量、进度、安全、文明，协调生产单位关系及成本控制。具体内容如下：
（1）质量监控：包括工序监控、装配和零件技术标准变更认可及随时抽检等。
（2）环境管理：包括激光切割产生有毒气体的排放、机油对环境的影响、废料及切屑的回收、紧急事故安全防范处理以及车间人员行为规范等。
（3）协调生产：协调工序组间的关系、保证实际工作时间等

三、智能配送无人机

1. 智能配送无人机项目简介

　　智能配送无人机项目为中国大学生工程实践与创新能力大赛赛项，要求以未来智能无人机配送为主题，结合实际应用场景，自主设计并制作一架按照给定任务完成货物配送的多旋翼智能无人机（以下简称"无人机"）。具体要求如下：

　　（1）无人机对角线方向旋翼转轴间距不大于 450 mm±5 mm，并且能够自主或遥控完成"识别货物、搬运货物、越障、投递货物"等任务；

　　（2）无人机必须具备遥控功能，并具有一键降落、一键锁桨的安全防护功能；

　　（3）无人机所用传感器、控制器和电机的种类及数量不限，鼓励采用 AI 技术；

　　（4）无人机只能采用电驱动，由电池供电（蓄电池除外），供电电压限制在 17 V（含 17 V）以下，电池随无人机装载。

　　如图 23-21 所示，无人机竞赛场地尺寸为 4 000 mm×4 000 mm（长×宽），场地边缘有宽度为 100 mm 的黑色边界，距离比赛场地边界约 500 mm 外设置安全隔离网，整体尺寸为 5 000 mm×5 000 mm×4 000 mm（长×宽×高）。场地内设起降区（H 区），3 个货物放置区 A、B、C，以及障碍物（建筑物、灯柱等）若干。起降区尺寸为 600 mm×600 mm，其中心点距场地两个边沿的尺寸为 1 000 mm，货物放置区 A 的直径为 500 mm，A 区中心点距场地边界的尺寸为 1 000 mm；货物放置区 B、C 的直径为 500 mm，B 区、C 区中心距边界尺寸为 1 000～

1 500 mm，由现场抽签确定。B 区内有简易图形（如 Z、H、W 等任意一个图形），C 区内放置人、车、房子等任意一个贴图。起降区与 B 区之间有建筑物，建筑物尺寸为 500 mm×350 mm×2 000 mm（长×宽×高），位于货物区与 B 区中心连线中点的 ±250 mm 范围内，由现场抽签决定。B 区与 C 区之间有灯柱，灯柱尺寸为 φ100 mm×2 000 mm（直径×高），位于 B 区与 C 区中心连线中点 ±500 mm 范围内，具体位置由现场抽签决定。

3 件货物通过人工放置在无人机的货仓内，货仓内应设置有货物固定装置，使货物在任何方向不能移动。初赛时，A 区为标靶（线宽 5 mm），B 区为图形 W，C 区为汽车贴图。决赛时，3 个货物放置区 A、B、C 的特征和位置、障碍物的具体位置以及任务顺序等由现场发布的任务确定。

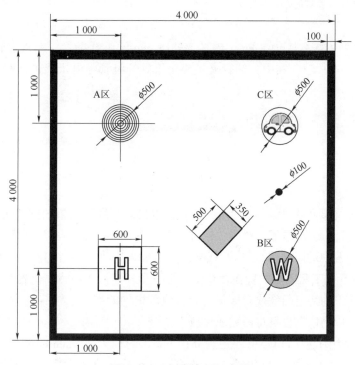

图 23-21　初赛赛场示意图

2. 智能配送无人机研发思路及过程

该赛项涵盖机械、电子、信息、自动化以及传感与检测等技术，属于跨学科交叉融合项目。下面以 2021 年大赛金奖作品为例，简要介绍其研发思路及过程。为实现赛项任务要求，该项目团队设计了一款四旋翼无人机，主要由飞行控制器、机载计算机、单目相机、电机、电池以及激光雷达等组成。

1）机械系统结构方案

该无人机采用常见的四旋翼 QUAD X 布局方式，轴距 450 mm；其机械系统主要由机身、机臂、执行机构和起落架四部分组成，材料以碳纤维、铝合金为主，如图 23-22 所示。

（1）机身主要由机身上板、机身下板和支撑柱组成，支撑柱选用铝合金材料，分别与上板和下板相连接，以加强整机结构刚性，如图 23-23 所示。上板和下板采用碳纤维板材料，其上可装有飞控板、摄像头、光流传感器以及电池在内的多个电子元器件。该机身结构具有结构强度高、变形小、成本低和加工简单等优点。

图 23-22　整体结构

1—起落架；2—执行机构；3—机身；4—机臂

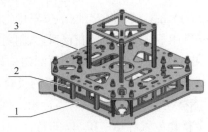

图 23-23　机身结构

1—机身下板；2—支撑柱；3—机身上板

（2）机臂主要由外径为 φ16 mm、内径为 φ14 mm 的碳纤维管、电机端管夹、机身端管夹组成，如图 23-24 所示。其中，端管夹主要用于碳纤维管与电机及机身的定位和连接。

图 23-24　机臂结构

1—电机端管夹；2—电机；3—机身端管夹；4—碳纤维管

（3）执行机构主要由上盘 a、上盘 b、下盘、电机以及固定电机的支架构成，如图 23-25 所示；主要选用材料为碳纤维板、树脂、铝合金等；主要任务是作为货仓存放货物和根据任务要求投放货物（如图中的圆柱体）。执行任务前，需要人工将 3 件货物按一定顺序，并通过货仓的上盘 a、上盘 b 和下盘固定放置在货仓中，且下盘开口位置与货物位置错开，待无人机到达规定投放地点并识别特定图像或者标靶之后，执行机构的舵机旋转 90°，下盘开口位置旋转到货物的正下方，货物依靠自身重力完成投放。

（4）起落架采用 T 型结构，由外径为 φ10 mm、内径为 φ8 mm 的碳纤维管 1 和外径为 φ12 mm、内径为 φ10 mm 的碳纤维管 2 以及连接件组成，共有两组，通过上连接件安装在机身下板的两侧，如图 23-26 所示。

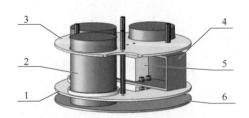

图 23-25　执行结构

1—上盘 a；2—圆柱体；3—上盘 b；
4—支架；5—电机；6—下盘

图 23-26　起落架结构

1—碳纤维管 1；2—下连接件；
3—碳纤维管 2；4—上连接件

该智能配送无人机的实物如图 23-27 所示。

图 23-27　智能配送无人机的实物

2）控制系统方案

无人机控制系统主要由飞行控制器、机载计算机及环境感知传感器等组成。

（1）飞行控制器包括单片机和实时操作系统，要求实时性强、响应快、可靠性高，以确保被控对象平衡及稳定的工作。本无人机选用开源 PixhawkV4 飞控系统，包括 ST Microelectronic 处理器，并搭载了 NuttX 的实时操作系统，在自动控制方面有着出色的灵活性和可靠性，且能较好地兼容 PX4 和 APM 等飞控部件。

（2）机载计算机主要负责处理来自飞控系统及摄像头等传感器的信息并做出决策，将指令发送至飞控系统，从而实现对飞行器姿态、位置的调整，以完成路径规划、目标识别、避障等任务。选用机载计算机时需考虑处理能力、尺寸、质量、接口以及功耗等因素。根据本赛项的任务要求，经综合考虑，最终选用计算能力强、接口丰富、体积小、质量轻的英伟达 Jetson Nano 开发板系统。

环境感知传感器主要用于检测赛场环境（如障碍物、图案、标靶）等信息，并传送至机载计算机系统。由于该赛项场地布置在室内，民用 GPS 一般无法提供足够的信息，从而导致无人机定位误差变大甚至位置丢失。因此，该无人机最终选用 Intel T265 双目相机，其包含两个鱼眼镜头传感器、一个惯性测量单元（IMU）和一个英特尔® Movidius™ Myriad™ 2 视觉处理单元（VPU），所有的 V-SLAM 算法都直接在 VPU 上运行，其具有延迟低、功耗小和精度高等优点，可以满足该赛项任务要求。

知识拓展

基于项目或问题驱动的综合与创新训练将成为新时期培养学生实践能力、综合素质及创新意识的重要途径。以上只是给出了学生在工程训练课程或大学生科技创新活动中极少数的一些案例，其实在真正的人才培养或工程训练实践教学过程中，还有很多的问题、项目或需求需不断地去发掘、分析和解决；在学习和解决问题的过程中，综合运用知识的能力、解决复杂工程问题的能力、团队合作与沟通的能力、项目管理的能力、创新的能力以及自主学习和终身学习的能力会不断增强。若想进一步深入学习，可参阅相关文献。

附录

附录 I

制造技术训练名词术语中英文对照表

第一章　绪　论

制造业 Manufacturing Industry

制造技术 Manufacturing Technology

生产过程 Production Process

工程认知实践 Cognitive Engineering Practice

工程基础实践 Basic Engineering Practice

工程综合实践 Comprehensive Engineering Practice

创新创业实践 Innovation and Entrepreneurship Practice

第二章　工程材料基础

金属材料 Metallic Material

合金钢 Alloy Steel

不锈钢 Stainless Steel

铝合金 Aluminum Alloy

金刚石 Diamond

铸铁 Cast Iron

有色金属 Nonferrous Metal

高分子材料 Polymers

无机非金属材料 Inorganic Nonmetallic Material

复合材料 Composite Material

脆性材料 Brittle Material

腐蚀 Corrosion

氧化 Oxidation

磨损 Abrasion

耐用度 Durability

残余应力 Residual Stress

热处理 Heat Treatment

淬火 Quenching

回火 Tempering

退火 Annealing

正火 Normalizing

第三章　液态成型技术

铸造 Casting

液态成型 Liquid Formation

砂型铸造 Sand Casting

金属型铸造 Die Casting

压力铸造 Pressure Casting

低压铸造 Low-Pressure Casting

离心铸造 Centrifugal Casting

熔模铸造 Investment Casting

第四章　塑性成型技术

锻造 Forging

热锻 Hot Forging

塑性变形 Plastic Deformation

自由锻 Open Die Forging

模锻 Die Forging

冲压成型 Stamping Forming

第五章　连接成型技术

焊接 Welding

焊缝 Seam

熔焊 Fusion Welding

压力焊 Pressure Welding

钎焊 Brazing and Soldering

手工电弧焊 Shielded Metal Arc Welding

埋弧焊 Submerged Arc Welding

气体保护焊 Gas-Shielded Welding

第六章　其他材料成型技术

非金属材料成型 Nonmetallic Material Forming

复合材料成型 Composite Fabrication

陶瓷成型 Ceramic Forming

粉末冶金 Powder Metallurgy

第七章　切削加工基础知识

金属切削 Metal Machining

加工余量 Machining Allowance

主运动 Main Movement

进给运动 Feed Movement

切削深度 Cutting Depth

粗加工 Rough Machining

精加工 Finish Machining

位置精度 Positional Accuracy

形状精度 Form Accuracy

平面度 Evenness

直线度 Straightness

同轴度 Concentricity

切削运动 Machining Motions

切削速度 Machining Speed

切削用量 Machining Parameter

刀具 Cutting Tool

加工精度 Machining Precision

表面粗糙度 Surface Roughness

硬质合金刀具 Carbide Tool

陶瓷刀具 Ceramic Tool

切屑 Chip

尺寸 Dimension

公差 Tolerance

第八章　车削加工技术

车床 Lathe

卧式车床 Universal Lathe

立式车床 Vertical Lathe

车削 Turning

切削力 Cutting Force

滚花 Stamping

车床附件 Lathe Attachment

车刀 Turning Tool

卡盘 Chuck

鸡心夹头 Lathe Dog

花盘 Face Plate

工作台 Worktable

第九章　铣削加工技术

铣床 Milling Machine

龙门铣床 Milling Planer

铣刀 Milling Cutter

圆柱平面铣刀 Plain Cutter

铣削 Milling

逆铣 Conventional Milling

顺铣 Climb Milling

铣平面 Plain Milling

分度头 Dividing Head

铣槽 Groove Milling

插齿 Gear Shaping

滚齿 Hobbing

第十章　钳工与装配

钳工 Benchwork

攻丝 Tapping

锯削 Sawing

划线 Scribing

锉削 Filing

刮削 Scraping

摇臂钻床 Radial Arm Drilling Machine

铰孔 Reaming

攻螺纹 Tapping

研磨 Lapping

钻头 drill

丝锥 Screw Tap

铰刀 Reamer

锯削 Sawing

錾削 Chopping

钻孔 Drilling

扩孔 Boring

锪孔 Counter Boring

套螺纹 External Threading

抛光 Polishing

第十一章　磨削加工技术

磨削 Grinding

外圆磨床 Cylindrical Grinder

平面磨床 Face Grinding Machine

磨料 Abrasion

磨料粒度 Abrasive Grain

砂带 Abrasive Belt

砂轮 Grinding Wheel

内圆磨床 Internal Grinder

内圆磨削加工 Internal Grinding Machining

无心磨削加工 Centerless Grinding Machining

第十二章　其他切削加工技术

镗床 Boring Machine

镗削 Boring

拉床 Broaching Machine

拉刀 Broaching Tool

拉削 Broaching

插削 Slotting

插床 Slotting Machine

刨削 Planing

刨床 Planing Machine

刨刀 Planer Tool

镗刀 Boring Tool

深孔钻削 Deep-Hole Drilling

第十三章　电火花加工技术

电火花加工 Electrical Discharge Machining

数控电火花线切割机床

NC（Numerical Control）Wire Electrical-Discharge Machine

电火花线切割加工 Wire-Cut Electrical

Discharge Machining

第十四章　激光加工技术

激光加工 Laser Processing

激光切割 Laser Cutting

激光强化 Laser Strengthening

激光打孔 Laser Drilling

激光雕刻 Laser Engraving

激光焊接 Laser Welding

第十五章　增材制造技术

快速成型 Rapid Prototyping

快速制造 Rapid Manufacturing

增材制造 Additive Manufacturing

熔融沉积成型 Fused Deposition Modeling

光固化成型 Stereo Lithography Appearance

选择性激光烧结成型 Selective Laser Sintering

叠层实体成型 Laminated Object Manufacturing

第十六章　其他特种加工技术

超声波加工 Ultrasonic Machining

电解加工 Electrolytic Machining

电子束加工 Electron Beam Cutting

离子束加工 Ion Beam Cutting

水射流加工 Water Jet Cutting

第十七章　数控加工技术

数控车削 Numerical Control Turning

数控车床 Numerical Control Lathe

数控铣削 Numerical Control Milling

加工中心 Machining Center

第十八章　工业机器人技术

工业机器人 Industrial Robots

执行机构 Actuator

外部传感器 External Sensors

离线编程 Offline Programming

第十九章　智能制造技术

智能制造 Intelligent Manufacturing

生命周期 Life Cycle

数字孪生 Digital Twin

人工智能 Artificial Intelligence

第二十章　逆向工程技术

逆向工程 Reverse Engineering

快速原型制造 Rapid Prototyping Manufacturing

三坐标测量机 Three-Coordinate Measuring Machine

激光扫描仪 Laser Scanner

第二十一章　其他现代制造技术

超高速加工 Ultrahigh Speed Machining

物料需求计划 Material Requirement Planning

超精密加工 Ultraprecision Machining

生物制造 Biological Manufacturing

微电子机械系统 Micro Electro-Mechanical System

柔性制造系统 Flexible Manufacturing System

微米级微细加工 Microfabrication

柔性制造生产线 Flexible Manufacturing Line

亚微米级微细加工 Submicrofabrication

柔性制造单元 Flexible Manufacturing Cell

纳米级微细加工 Nanofabrication

计算机集成制造系统 Computer Integrated Manufacturing System

并行工程 Concurrent Engineering

精益生产 Lean Production

制造资源计划 Manufacturing Resource Planning

敏捷制造 Agile Manufacturing

企业资源规划 Enterprise Resource Planning

第二十二章　综合与创新训练基础

创新意识 Innovation Consciousness　　　　　　创新训练 Innovation Training

第二十三章　综合与创新训练实例

无碳越障小车 Carbon-Free Obstacle Crossing Trolley　　蓝牙搬运小车 Bluetooth Handling Trolley
自控越障小车 Self-Controlled Obstacle Crossing Trolley　　智能配送无人机 Intelligent Delivery Drone

附录 Ⅱ
制造技术训练安全知识

内容提要： 本附录主要介绍我国与机械制造相关的现行安全法规，按照从上位法到下位法的顺序，内容涵盖了基本工业安全法规、工业生产安全标准及机械制造安全生产标准。

生产制造是人类工业活动的基础，为人类社会源源不断地提供各种物质保证。保障生产制造活动的安全性，是社会提出的基本要求。随着社会的进步与工业技术的发展，人类对于安全生产提出的要求也日臻科学、完善。目前，在各行各业普遍存在着"安全生产一票否决制"的说法，就是社会安全意识的集中体现。

第一节 概 述

人类社会对于生产活动必须达到的安全性提出了一系列要求，主要体现为各国颁布的一系列法规、政策及国家标准，其中既有对于各种生产活动安全性的普遍性要求，又有针对具体生产活动的专门要求。

法规、政策及国家标准不仅是社会对生产活动提出的约束与限制，更是人类相关生产活动文明进步的智慧结晶。因此，对于安全生产方面的法规、政策及国家标准应认真学习，虚心接受，消化吸收，使之转化为生产力，而不是抵触、回避甚至阳奉阴违。

学习并熟悉生产制造相关法规、政策及国家标准，是学习、掌握相关生产技术的前提。

我国颁布了一系列法规，对于各行各业的生产活动进行了普适性的规定，构成了企业、机关单位、社会组织等进行生产活动的基本要求。其中现行的安全生产基本法规见附表 Ⅱ-1。

附表 Ⅱ-1　安全生产基本法规

序号	法律法规	实施日期	颁布部门	法规标准编号
1	中华人民共和国宪法	1982/12/4	五届全国人大五次会议	中华人民共和国八二宪法
2	中华人民共和国劳动法	1995/1/1	全国人大常委会	江泽民主席令第 28 号
3	中华人民共和国安全生产法	2002/11/1	全国人大常委会	江泽民主席令第 70 号
4	中华人民共和国消防法	2009/5/1	全国人大常委会	胡锦涛主席令第 6 号
5	中华人民共和国个人独资企业法	1999/8/30	全国人民代表大会常务委员会	江泽民主席令 9 届第 20 号
6	中华人民共和国全民所有制工业企业法	1988/4/13	全国人民代表大会常务委员会	杨尚昆主席令 7 届第 3 号

续表

序号	法律法规	实施日期	颁布部门	法规标准编号
7	中华人民共和国职业病防治法	2011/12/31	全国人大常委会	胡锦涛主席令第 52 号
8	工伤保险条例	2011/1/1	国务院	国务院令第 586 号
9	特种设备安全监察条例（修订版）	2009/5/1	国务院	国务院令第 549 号
10	危险化学品安全管理条例	2011/12/1	国务院	国务院令第 591 号
11	使用有毒物品作业场所劳动保护条例	2002/5/12	国务院	国务院令第 375 号
12	生产安全事故报告和调查处理条例	2007/6/1	国务院	国务院令第 493 号
13	劳动防护用品监督管理规定	2005/9/1	国家安监总局	国家安监总局令第 1 号
14	生产经营单位安全培训规定	2006/3/1	国家安监总局	国家安监总局令第 3 号
15	特种作业人员安全技术培训考核管理规定	2010/7/1	国家安监总局	国家安监总局令第 30 号
16	《生产安全事故报告和调查处理条例》罚款处罚暂行规定（修订版）	2011/11/1	国家安监总局	国家安监总局令第 42 号
17	安全生产培训管理办法	2012/3/1	国家安监总局	国家安监总局令第 44 号
18	工作场所职业卫生监督管理办法	2012/6/1	国家安监总局	国家安监总局令第 44 号
19	用人单位职业健康监护监督管理办法	2012/6/1	国家安监总局	国家安监总局令第 49 号
20	危险化学品登记管理条例	2012/8/1	国家安监总局	国家安监总局令第 53 号

第二节　现行关于安全生产的主要法律规定

一、《中华人民共和国宪法》关于生产活动的规定

《中华人民共和国宪法》（以下简称《宪法》）是我国的根本大法，拥有最高法律效力。

《宪法》中关于安全生产活动的规定主要体现在公民劳动的权利、劳动者休息的权利及劳动者应遵守的义务，其中包括：

（1）公民有劳动的权利和义务，国家会以多种途径创造劳动就业条件，加强劳动保护并改善劳动条件，在生产发展的基础上提高劳动报酬和福利待遇。

（2）国家提倡社会主义劳动竞赛，奖励劳动模范和先进工作者，提倡公民从事义务劳动，对就业前的公民进行必要的劳动就业训练。

（3）劳动者有休息的权利，国家规定职工的工作时间和休假制度，因此劳动单位必须遵守国家相关法律的规定，保障职工的工作时间与依法休假权利。

（4）劳动者必须守法、守纪、守德，人们在从事生产活动时必须遵守国家法律，遵守劳动纪律，遵守公共秩序，尊重社会公德，保障生产活动文明有序。

二、《中华人民共和国劳动法》对于安全生产的规定

现行的《中华人民共和国劳动法》（简称《劳动法》）主要对于劳动者在安全生产中所具有的权利与义务、劳动安全卫生两方面进行了规定。

1. 劳动者的权利与义务

劳动者有平等就业和选择职业的权利、取得劳动报酬的权利、休息休假的权利、获得劳动安全卫生保护的权利、接受职业技能培训的权利、享受社会保险和福利的权利、提请劳动争议处理的权利以及法律规定的其他劳动权利。

该规定在《宪法》的基础上对劳动者享有的权利做了进一步明确，并且规定了劳动者须承担的义务，其中包括完成劳动任务、提高职业技能、执行劳动安全卫生规程、遵守劳动纪律和职业道德。

可见，劳动单位必须依法提供劳动条件，而劳动者必须完成任务，遵守纪律和职业道德。

2. 劳动安全卫生

《劳动法》第五十二条规定，劳动单位必须建立、健全劳动安全卫生制度，严格执行国家劳动安全卫生规程和标准，对劳动者进行劳动安全卫生教育，防止劳动过程中的事故，减少职业危害。

不论是劳动单位还是劳动者，尤其需要关注的是：

（1）劳动安全卫生设施必须符合国家规定的标准。

（2）用人单位必须为劳动者提供符合国家规定的劳动安全卫生条件和必要的劳动防护用品，对从事有职业危害作业的劳动者应当定期进行健康检查。

（3）从事特种作业的劳动者必须经过专门培训并取得特种作业资格。

电工作业人员、锅炉司炉、操作压力容器者、起重机械作业人员、爆破作业人员、金属焊接（气割）作业人员、煤矿井下瓦斯检验者、机动车辆驾驶人员、机动船舶驾驶人员及轮机操作人员、建筑登高架设作业者，以及符合特种作业人员定义的其他作业人员，均属于特种作业人员。

（4）劳动者在劳动过程中必须严格遵守安全操作规程。

在大多数生产过程中，都有相关的安全操作规程，国家还针对机械制造的许多生产设备制定了国家标准。依法、依规制定安全操作规程，并在生产过程中严格执行，是法律赋予生产者的权利和义务。

第三节　工业安全法规

与安全生产密切相关的工业安全法规主要有《中华人民共和国安全生产法》《中华人民共和国消防法》《中华人民共和国个人独资企业法》《中华人民共和国全民所有制工业企业法》《中华人民共和国职业病防治法》及《工伤保险条例》等。

一、《中华人民共和国安全生产法》对于安全生产的规定

现行《中华人民共和国安全生产法》（简称《安全生产法》）由第十二届全国人民代表大会常务委员会第十次会议于 2014 年 8 月 31 日通过，自 2014 年 12 月 1 日起施行。

1.《安全生产法》的主要内容

《安全生产法》由 7 部分组成：

第一章　总则

第二章　生产经营单位的安全生产保障

第三章　从业人员的安全生产权利义务

第四章　安全生产的监督管理

第五章　生产安全事故的应急救援与调查处理

第六章　法律责任

第七章　附则

2.《安全生产法》的主要精神

安全生产工作要以人为本，坚持安全发展，安全第一、预防为主、综合治理，强化和落实生产经营单位的主体责任，建立生产经营单位负责、职工参与、政府监管、行业自律和社会监督的机制。可以看出，安全生产不是劳动单位或者工作人员个人的事情，而是企业、行业、政府多方参与，各负其责的体系。

生产经营单位必须加强安全生产管理，建立、健全安全生产责任制和安全生产规章制度，改善安全生产条件，确保安全生产。

生产经营单位的主要负责人对本单位的安全生产工作全面负责。

国务院有关部门应当按照保障安全生产的要求，依法及时制定有关的国家标准或者行业标准，并根据科技进步和经济发展适时修订。生产经营单位必须遵守安全生产国家标准或者行业标准。

国家实行生产安全事故责任追究制度，依照本法和有关法律、法规的规定，追究生产安全事故责任人员的法律责任。

3.《安全生产法》的主要意义

《安全生产法》是劳动单位、劳动者从事生产活动过程中必须严格遵守的法规。在劳动单位方面，它对于生产经营单位应当具备的条件、主要负责人在安全生产工作中的职责、安全生产所需的资金来源以及由于各方面失职、失能导致不良后果后应承担的责任等做了全面的规定。

在劳动者方面，《安全生产法》指出用工单位应当对从业人员进行安全生产教育和培训，保证员工具备必要的安全生产知识，熟悉安全生产规章制度和安全操作规程，掌握本岗位的安全操作技能，了解事故应急处理措施，明确自身在安全生产方面的权利和义务。同时指出，未经安全生产教育和培训合格的从业人员不得上岗作业。

鉴于劳务派遣这种工作形式的日益普及，《安全生产法》规定，生产经营单位使用被派遣劳动者的，应当将被派遣劳动者纳入本单位从业人员统一管理，对被派遣劳动者进行岗位安全操作规程及安全操作技能的教育和培训。原派遣单位也应当对被派遣劳动者进行安全生产教育和培训。

此外，《安全生产法》对于中职院校、高校学生生产实习涉及的安全问题也做了具体规定。

二、《中华人民共和国消防法》

消防工作是劳动单位及劳动者应承担的基本义务，直接影响社会生活的安全。现行《中华人民共和国消防法》（简称《消防法》）规定，任何单位和个人都有维护消防安全、保护消防设施、预防火灾、报告火警的义务。任何单位和成年人都有参加有组织的灭火工作的义务。

1. 火灾预防

《消防法》规定，建设工程设计必须经过消防审核，未经依法审核或者审核不合格的，负责审批该工程施工许可的部门不得给予施工许可，建设单位、施工单位不得施工。

依法应当进行消防验收的建设工程，未经消防验收或者消防验收不合格的，禁止投入使用。

各机关、团体、企事业单位的主要负责人是本单位的消防安全责任人。

此外，任何单位、个人不得损坏、挪用或者擅自拆除、停用消防设施、器材，不得埋压、圈占、遮挡消火栓或者占用防火间距，不得占用、堵塞、封闭疏散通道、安全出口、消防车通道。人员密集场所的门窗不得设置影响逃生和灭火救援的障碍物。

2. 灭火救援

《消防法》规定，任何人发现火灾都应当立即报警。任何单位、个人都应当无偿为报警提供便利，不得阻拦报警。严禁谎报火警。

人员密集场所发生火灾，该场所的现场工作人员应当立即组织、引导在场人员疏散。

任何单位发生火灾，必须立即组织力量扑救，邻近单位应当给予支援。

消防队接到火警，必须立即赶赴火灾现场，救助遇险人员，排除险情，扑灭火灾。

此外，《消防法》还规定了消防工作的监督检查、法律责任等内容。

三、《中华人民共和国个人独资企业法》

在全社会开展大众创业、万众创新的今天，《中华人民共和国个人独资企业法》（简称《个人独资企业法》）中的相关规定正在发挥越来越显著的作用。现行版本是第九届人大十一次会议于 1999 年 8 月 30 日通过，2000 年 1 月 1 日起施行的。

《个人独资企业法》的规定包括：

（1）个人独资企业的生产经营活动必须遵守法律、行政法规，诚实守信，不得损害社会公共利益。

（2）个人独资企业应当依法招用职工，职工的合法权益受法律保护。

（3）企业招用职工，应当依法与职工签订劳动合同，保障职工的劳动安全，按时、足额发放职工工资。

（4）个人独资企业违法侵犯职工合法权益，未保障职工劳动安全，不缴纳社会保险费用的，按照有关法律、行政法规进行处罚，并追究有关人员的责任。

四、《中华人民共和国全民所有制工业企业法》

在当前的社会主义市场经济活动中，国有企业仍然是国民经济的支柱，在国民经济的关键领域和重要部门中处于支配地位，对于保障经济持续、快速、健康发展发挥着重大作用。

《中华人民共和国全民所有制工业企业法》关于安全生产的规定包括：

（1）企业必须保障固定资产的正常维修，改进和更新设备。

（2）企业必须加强保卫工作，维护生产秩序，保护国家财产。

（3）企业必须贯彻安全生产制度，改善劳动条件，做好劳动保护和环境保护工作，做到安全和文明生产。

（4）企业生产、销售质量不合格产品，给用户和消费者造成财产、人身损害的，应承担赔偿责任；构成犯罪的，对直接责任人员依法追究刑事责任。

（5）企业和政府有关部门的领导干部玩忽职守，致使企业财产、国家和人民利益遭受重大损失的，依照《中华人民共和国刑法》第一百八十七条的规定追究刑事责任。

五、《中华人民共和国职业病防治法》

职业病是指企事业单位及个体经济组织等用人单位的劳动者在职业活动中，因接触粉尘、放射性物质其他有毒、有害因素而引起的疾病。职业病的分类和目录由国务院卫生行政部门会同国务院安全生产监督管理部门、劳动保障行政部门制定、调整并公布。

《中华人民共和国职业病防治法》规定，劳动者依法享有职业卫生保护的权利。用人单位应当为劳动者创造符合国家职业卫生标准与卫生要求的工作环境和条件，并采取措施保障劳动者获得职业卫生保护。

用人单位应当依法严格遵守国家职业卫生标准，落实职业病预防措施，从源头上控制和消除职业病危害。

任何单位及个人不得生产、经营、进口和使用国家明令禁止的、可能产生职业病危害的设备或者材料。

任何单位及个人不得将具有职业病危害的作业转移给不具备职业病防护条件的单位或个人。不具备职业病防护条件的单位和个人不得接受具有职业病危害的作业。

用人单位与劳动者签订劳动合同时，应将工作过程中可能产生的职业病危害及其后果、职业病防护措施和待遇等如实告知劳动者，在劳动合同中载明，不得隐瞒或者欺骗。

对从事具有职业病危害因素作业的劳动者，用人单位应当按照国务院安全生产监督管理部门、卫生行政部门的规定组织岗前、在岗期间和离岗时的职业健康检查，并将检查结果书面告知劳动者。职业健康检查费用由用人单位承担。

此外，《中华人民共和国职业病防治法》还规定了职业病诊断、病人保障、监督检查、法律责任等方面的内容，并且规定了《职业病分类和目录》。现行目录为国卫疾控发〔2013〕48 号文件，规定了十大类 132 种职业病。详情请参看有关文件。

六、《工伤保险条例》

现行《工伤保险条例》为 2003 年 4 月 27 日国务院令第 375 号公布，根据 2010 年 12 月 20 日《国务院关于修改〈工伤保险条例〉的决定》修订。

1. 主要精神

《工伤保险条例》规定，我国境内的企事业单位、社会团体、民办非企业单位、基金会、律师事务所、会计师事务所等组织和有雇工的个体工商户均应当依照本条例规定参加工伤保险，为本单位全部职工或者雇工缴纳工伤保险费。

用人单位与职工应遵守有关安全生产和职业病防治的法律法规，执行安全卫生规程和标准，预防工伤事故发生，避免和减少职业病危害。当职工发生工伤时，用人单位应当采取措施使工伤职工得到及时救治。

2. 主要规定

（1）用人单位应当按时缴纳工伤保险费，职工个人不缴纳工伤保险费；

（2）工伤的认定办法；

（3）劳动能力鉴定办法。

《工伤保险条例》第二十一条规定，职工发生工伤，经治疗伤情相对稳定后存在残疾、影响劳动能力的，应当进行劳动能力鉴定。后续条文详细规定了鉴定的程序。

此外，《工伤保险条例》具体规定了工伤保险待遇、监督管理和法律责任等内容。

与工业生产相关的安全法规还有很多，需要人们在开展相关生产活动时结合具体的行业生产特点，查阅有关专门规定，以保障生产经营活动顺利进行。

第四节　安全用电标准

在安全用电领域，国家的法规主要包括《中华人民共和国安全生产法》《中华人民共和国电力法》《电力设施保护条例》和《电力监管条例》等。

电力生产以及制造业中对于电力的使用应当符合《安全生产法》的相关规定，内容如前所述。

在上述法规的基础上，国家质量监督检验检疫总局及国家标准化管理委员会发布了《用电安全导则》GB/T 13869—2008，其中部分条文针对电气产品的正常使用和管理提出了原则性的安全要求。

一、各规定的主要精神

1.《中华人民共和国电力法》

现行《中华人民共和国电力法》（简称《电力法》）于2015年4月24日十二届人大常委会第二次修订，由主席令第24号发布，自公布之日起施行。

《电力法》主要规定了中国境内的电力建设、生产、供应和使用活动，并且指出：电力设施受国家保护，禁止任何单位和个人危害电力设施安全或者非法侵占、使用电能；任何单位和个人不得非法占用变电设施用地、输电线路走廊和电缆通道；用户用电不得危害供电、用户安全和扰乱供电、用户用电秩序；供电企业应当按照国家核准的电价和用电计量装置的记录，向用户计收电费；用户应当按照国家核准的电价和用电计量装置的记录，按时缴纳电费。《电力法》对于违反相关规定的进行处罚。

2.《用电安全导则》GB/T 13869—2008

《用电安全导则》（以下简称《导则》）规定了用电安全的基本原则、基本要求和管理要求，并从安全用电的角度，针对用电产品提出了设计制造和选用、安装与使用、维修等要求。

1）用电安全的基本原则

《导则》规定的安全用电基本原则包括：

（1）在预期的环境条件下，不会因外界非机械的影响而危及人、家畜和财产。

（2）在满足预期机械性能的要求下，不应危及人、家畜和财产。

（3）在可预见的过载情况下，不应危及人、家畜和财产。

（4）在正常使用下，对人和家畜的直接触电或间接触电所引起的身体伤害及其他危害应采取足够的防护。

（5）用电产品的绝缘应符合相关标准规定。

（6）对危及人和财产的其他危险，应采取足够的防护。

2）用电产品生产与使用规定

（1）用电产品的设计制造应符合规定，如需要强制认证的，应取得认证书或标志。非强制认证的产品应具备有效的检验报告。

（2）用电产品的安装和使用应符合相应标准的规定。

（3）用电产品的检修、测试及维修应由专业的人员进行，非专业人员不得从事电气设备和电气装置的维修，但属于正常更换易损件的情况除外；涉及公共安全的用电产品，其相应活动应由具有相应资格的人员按规定进行。

（4）用电产品应有专人负责管理，并定期进行检修、测试和维护，检修、测试和维护的频度应取决于用电产品的规定和使用情况。

第五节　工业生产安全规定

在工业生产中，相关安全法规、条例明确了开展生产活动的基本原则。在此基础上，根据各种生产活动的现实情况，国家还制定了一系列标准，以保障职工在生产活动中接触到各类有害因素时，仍然可以最大限度地保持健康、安全，如附表 Ⅱ-2 所示。

附表 Ⅱ-2　劳动保护相关标准

序号	相关标准
1	《工作场所物理因素测量 体力劳动强度分级》（GBZ/T 189.10—2007）
2	《高温作业分级》（GB 4200—2008）
3	《工作场所有害因素职业接触限值-物理有害因素》（GBZ 2.2—2019）
4	《工作场所有害因素职业接触限值-化学有害因素》（GBZ 2.1—2019）
5	《工作场所职业病危害警示标识》（GBZ 158—2003）
6	《职业健康监护管理办法》（卫生部 2002.05.01 实施）

一、体力劳动强度分级

1. 体力劳动强度分级说明

体力劳动强度分级是我国劳动保护工作的一项基础标准，是确定体力劳动强度大小的依据。它明确了从事各种工作的工人体力劳动强度的区别，以便于加强劳动保护，提高劳动生产率。现行劳动强度测量的标准为 GBZ/T 189.10—2007。

体力劳动强度分级的依据在于劳动强度指数，由工种的平均劳动时间率乘以系数3，加平均能量代谢率乘以系数7得到。指数大则劳动强度大，指数小则劳动强度小。具体计算方法请参见国标附录A的规定。

通过体力劳动强度指数的计算，该标准把作业时间和单项动作能量消耗比较客观地统一起来，能够如实地反映工时较长、单项作业动作耗能较少的行业工种，以及工时较短、单项动作耗能较多的工种的全日体力劳动强度，基本克服了原有规定存在的"轻工业不轻，重工业不重"的不合理现象。同时，新标准充分考虑到了性别差异。

2. 常见职业的体力劳动强度分级

体力劳动强度按照指数大小分为四级，如附表Ⅱ-3所示。

附表Ⅱ-3　体力劳动强度分级

体力劳动强度级别	体力劳动强度指数
Ⅰ	<15
Ⅱ	~20
Ⅲ	~25
Ⅳ	>25

Ⅰ级体力劳动：

8 h工作日平均耗能值为3 558.8 kJ/人，劳动时间率为61%，即净劳动时间为293 min，相当于轻劳动。

Ⅱ级体力劳动：

8 h工作日平均耗能值为5 560.1 kJ/人，劳动时间率为67%，即净劳动时间为320 min，相当于中等强度劳动。

Ⅲ级体力劳动：

8 h工作日平均耗能值为7 310.2 kJ/人，劳动时间率为73%，即净劳动时间为350 min，相当于重强度劳动。

Ⅳ级体力劳动：

8 h工作日平均耗能值为11 304.4 kJ/人，劳动时间率为77%，即净劳动时间为370 min，相当于"很重"强度劳动。

由于体力劳动强度指数的计算比较复杂，故可参照标准GBZ 2.2—2019，常见职业的劳动强度分级如附表Ⅱ-4所示。

附表Ⅱ-4　常见职业的劳动强度分级

体力劳动强度分级	职业描述
Ⅰ（轻劳动）	坐姿：手工作业或腿的轻度活动（正常情况下，如打字、缝纫、脚踏开关等）；立姿：操作仪器，控制、查看设备，上臂用力为主的装配工作
Ⅱ（中等劳动）	手和臂持续动作（如锯木头等）；臂和腿的工作（如操作卡车、拖拉机或建筑设备等）；臂和躯干的工作（如锻造、风动工具操作、粉刷、间断搬运中等重物、锄草、摘水果和蔬菜等）
Ⅲ（重劳动）	臂和躯干负荷工作（如搬重物、铲、锤锻、锯刨或凿硬木、割草、挖掘等）
Ⅳ（极重劳动）	大强度地挖掘、搬运，快到极限节律的极强活动

3. 与体力劳动强度有关的劳动保护规定

考虑到男女职工生理特征的差别，国家禁止安排女职工从事以下工作：

（1）矿山井下作业以及人工锻打、重体力人工装卸冷藏、强烈振动的工作；

（2）森林业伐木、归楞及流放作业；

（3）国家标准规定的Ⅳ级体力劳动强度的作业；

（4）建筑业脚手架的组装和拆除作业，以及电力、电信行业的高处架线作业；

（5）单人连续负重量（指每小时负重次数在六次以上）每次超过 20 kg，间接负重量每次超过 25 kg 的作业；

（6）女职工在月经、怀孕、哺乳期间禁忌从事的其他劳动。

二、高温作业

高温作业是指在生产劳动过程中，工作地点平均 WBGT 指数≥25 ℃的作业。

根据气象条件分类，高温作业主要表现为：

（1）高温强热辐射作业；

（2）高温高湿作业；

（3）夏季露天作业。

注：WBGT 指数（Wet Bulb Globe Temperature Index）又称湿球黑球温度，是综合评价人体接触作业环境热负荷的一个基本参量，单位为℃。

在高温作业环境下，国标 GBZ 2.2—2019 对不同体力劳动强度下允许的工作时长以及环境 WBGT 指数做出了规定，如附表Ⅱ-5 所示。

附表Ⅱ-5 体力劳动强度分级与高温工作环境极限值

接触时间率/%	体力劳动强度			
	Ⅰ	Ⅱ	Ⅲ	Ⅳ
100	30	28	26	25
75	31	29	28	26
50	32	30	29	28
25	33	31	31	30

高温作业工种主要包括：

（1）高温、强热辐射作业：冶金钢铁行业的炼焦、炼铁、炼钢等车间工作，机械制造工业的铸造车间工作，锻压、热处理等工作，陶瓷、玻璃、建材工业的炉窑车间工作，发电厂（热电站）、煤气厂的锅炉间工作等；

（2）高温高湿作业：纺织印染等工厂、深井煤矿、潜水舱等工作；

（3）夏季露天作业：建筑工地、大型体育竞赛等。

高温作业时，人体会出现一系列的生理功能改变，这些变化在一定限度范围内是适应性反应，但如果超过范围，则会产生不良影响，甚至引起病变。

因此，在高温作业环境下应积极采取保护措施，例如：

（1）改善工作条件：为设备加装水隔热等设施，采用自然通风、机械式通风和安装空调等；

（2）加强个人防护：采用结实、耐热、透气性好的织物制作工作服，并根据需要供给工作帽、防护眼镜和面罩等；

（3）加强卫生保健和健康监护：做好高温作业人员岗前体检工作，并供给防暑降温用品和补充营养等。

三、工作场所有害因素职业接触限值

国家标准针对工作场所有害因素职业接触的情况做了有关规定，分别是 GBZ 2.1—2019（化学因素）和 GBZ 2.2—2019（物理因素）。本部分主要对机械制造过程中常见的物理因素进行讨论。

该标准适用于存在或产生物理因素的各类工作场所，适用于监测、评价、管理工作场所卫生状况、劳动条件、劳动者接触相关物理因素的程度、生产装置泄漏情况、防护措施效果，以及工业企业卫生设计和职业卫生监督检查。

1. 工频电场职业接触限值

工频电场指频率为 50 Hz 的极低频电场。对于 8 h 工作场所，工频电场职业接触限值为电场强度 5 kV/m。

测定方法：GBZ/T 189.3—2018。

2. 激光辐射职业接触限值

本部分所述激光指波长为 200 nm~1 mm 的相干光辐射。典型工况的限值如下。

1）眼直视激光束的职业接触限值

通常情况下，不允许肉眼直视激光束的操作。在极特殊的情况下，需要直接观察激光束或者使用激光进行探测的，应严格遵守接触限值，如附表Ⅱ-6 所示。

附表Ⅱ-6　8 h 眼直视激光束的职业接触限值

光谱范围	波长/nm	照射时间/s	照射量/$(J \cdot cm^2)$	辐照度/$(W \cdot cm^2)$
紫外线	200~308 309~314 315~400 315~400 315~400	$1\times10^{-9} \sim 3\times10^{4}$ $1\times10^{-9} \sim 10$ $1\times10 \sim 1\times10^{3}$ $1\times10^{3} \sim 3\times10^{4}$	3×10^{-3} 6.3×10^{-2} $0.56t^{1/4}$ 1.0	1×10^{-3}
可见光	400~700 400~700 400~700 400~700	$1\times10^{-9} \sim 1.2\times10^{-5}$ $1.2\times10^{-5} \sim 10$ $10 \sim 10^{4}$ $1\times10^{3} \sim 3\times10^{4}$	5×10^{-7} $2.5t^{3/4}\times10^{-3}$ $1.4C_B\times10^{-2}$	$1.4C_B\times10^{-6}$
红外线	700~1 050 700~1 050 1 050~1 400 1 050~1 400 700~1 400	$1\times10^{-9} \sim 1.2\times10^{-5}$ $1.2\times10^{-5} \sim 10^{3}$ $1\times10^{-9} \sim 3\times10^{-5}$ $3\times10^{-5} \sim 1\times10^{3}$ $1\times10^{4} \sim 3\times10^{4}$	$5C_A\times10^{-7}$ $2.5\,C_A\,t^{3/4}\times10^{-3}$ 5×10^{-6} $12.5t^{3/4}\times10^{-3}$	$4.44C_A\times10^{-4}$

光谱范围	波长/nm	照射时间/s	照射量/(J·cm²)	辐照度/(W·cm²)
远红外线	$1\ 400 \sim 10^6$ $1\ 400 \sim 10^6$ $1\ 400 \sim 10^6$	$1 \times 10^{-9} \sim 1 \times 10^{-7}$ $1 \times 10^{-7} \sim 10$ >10	0.01 $0.56t^{1/4}$	0.1

注：t 为照射时间。

2）8 h 激光照射皮肤的职业接触限值

根据辐射量的不同，激光照射皮肤会出现不同的结果。微量照射对人体没有伤害，但过量照射则可能造成显著危害。对于在工作中皮肤经常暴露在激光下的场合，应严格遵守职业接触限值，如附表Ⅱ-7 所示。

附表Ⅱ-7　8 h 激光照射皮肤的职业接触限值

光谱范围	波长/nm	照射时间/s	照射量/(J·cm⁻²)	辐照度/(W·cm⁻²)
紫外线	$200 \sim 400$	$1 \times 10^{-9} \sim 3 \times 10^4$	3×10^{-3} 6.3×10^{-2} $0.56t^{1/4}$ 1.0	1×10^{-3}
可见光与红外线	$400 \sim 1\ 400$	$1 \times 10^{-9} \sim 3 \times 10^{-7}$ $1 \times 10^{-7} \sim 10$ $10 \sim 3 \times 10^4$	$2C_A \times 10^{-2}$ $1.1C_A t^{1/4}$	$0.2C_A$
远红外线	$1\ 400 \sim 1 \times 10^6$	$1 \times 10^{-9} \sim 3 \times 10^4$	0.01 $0.56t^{1/4}$	0.1

注：t 为照射时间。

波长（λ）与校正因子的关系为：波长 $400 \sim 700$ nm，$C_A = 1$；波长 $700 \sim 1\ 050$ nm，$C_A = 10^{0.002(\lambda - 700)}$；波长 $1\ 050 \sim 1\ 400$ nm，$C_A = 5$；波长 $400 \sim 550$ nm，$C_B = 1$；波长 $550 \sim 700$ nm，$C_B = 10^{0.015(\lambda - 550)}$。

3. 紫外辐射

紫外辐射又称紫外线，指波长为 $100 \sim 400$ nm 的电磁辐射。

工业生产中可能会出现紫外辐射，例如电焊弧光。过量的紫外辐射会对人体造成显著伤害，需要严格遵守职业接触限值，如附表Ⅱ-8 所示。

附表Ⅱ-8　工作场所紫外辐射职业接触限值

紫外光谱分类	8 h 职业接触限值	
	辐照度/(mW·cm⁻²)	照射量/(mJ·cm⁻²)
中波紫外线（280 nm≤λ<315 nm）	0.26	3.7
短波紫外线（100 nm≤λ<280 nm）	0.13	1.8
电焊弧光	0.24	3.5

测量方法：按照 GBZ/T 189.6—2007 规定的方法测量。

4. 噪声职业接触限值

噪声是一类引起人烦躁或音量过强而危害人体健康的声音。噪声污染主要来源于交通运输、车辆鸣笛、工业噪声、建筑施工、社会噪声（如音乐厅、高音喇叭、早市和人的大声说话）等。

生产性噪声，指生产过程中产生的一切声音，又可以分为稳态噪声和脉冲噪声两类。

稳态噪声，指在观察时间内，采用声级计"慢挡"动态特性测量时，声级波动<3 dB（A）的噪声。

脉冲噪声，指噪声突然爆发又很快消失，持续时间≤0.5 s，间隔时间>1 s，声压有效值变化≥40 dB（A）的噪声。

一般噪声高过 50 dB（A），就会对人类日常工作生活产生有害影响，其中包括：

（1）听力损伤；

（2）眼部损伤，如眼疲劳、眼痛、视物不清、流泪等；

（3）心脏血管损伤；

（4）心理健康等。

国家标准中以每周工作 5 天（5 d），每天工作 8 h，规定噪声职业接触的稳态噪声声级限值为 85 dB（A），非稳态噪声等效声级的限值为 85 dB（A）。

脉冲噪声工作场所，噪声声压级峰值和接触脉冲次数不得超过附表Ⅱ-9 所示。

附表Ⅱ-9　工作场所脉冲噪声职业接触限值

工作日接触脉冲次数 n/次	声压级峰值/[dB（A）]
$n \leqslant 100$	140
$100 < n \leqslant 1\ 000$	130
$1\ 000 < n \leqslant 10\ 000$	120

测量方法：按照 GBZ/T 189.8 规定的方法测量。

第六节　机械制造安全生产标准

机械制造承担着汽车、船舶、航空、轻工等社会生活中大量工业制品的生产及大多数工业生产设备的生产，具有不可替代的作用。安全生产在机械制造领域同样具有一票否决的作用。国家针对机械制造生产中的众多领域曾经颁布过许多标准，并且规定：制定标准的部门应当根据科学技术的发展和经济建设的需要适时进行复审，以确认现行标准继续有效或者予以修订、废止。

2000 年以来，有关部门对原有的大量标准进行了修订与废止。目前在机械制造领域，与安全生产相关的主要标准是《机械制造企业安全生产标准化规范》（AQ/T 7009—2013）。

一、适用范围

该标准规定了机械制造企业安全生产标准化的基本要求，适用于相关企业开展安全生产标准化建设工作，以及对安全生产标准化的咨询、服务和评审。

二、安全生产标准化的基本要求

安全生产标准化包含以下内容：
（1）基础管理的基本要求。
（2）基础设施安全条件的基本要求。
（3）作业环境与职业健康的基本要求。
（4）绩效评审。

在"基础管理的基本要求"部分，标准根据大、中型企业的构成及生产需要，从企业管理的各个方面进行了详细的规定，主要包括：
（1）目标管理。
（2）危险源管理。
（3）安全生产责任制。
（4）安全生产规章制度或企业标准。
（5）安全技术操作规程。
（6）职业安全健康培训。
（7）班组安全管理。
（8）应急管理。
（9）安全检查。
（10）事故管理。

三、基础设施安全条件的基本要求

基础设施安全是保障安全生产的物质基础。本部分主要从与机械制造关系密切的设备安全进行介绍。

1. 金属切削机床

关于金属切削机床安全运行的规定主要包括：
（1）防护罩、盖、栏应完备可靠，其安全距离、刚度、强度及稳定性均应符合 GB/T 8196—2018、GB/T 23821—2022 的相关规定。
（2）各种防止夹具、卡具和刀具松动或脱落的装置应完好、有效。
（3）各类行程限位装置、过载保护装置、电气与机械联锁装置、紧急制动装置、声光报警装置、自动保护装置应完好、可靠；操作手柄、显示屏和指示仪表应灵敏、准确；附属装置应齐全。
（4）PE 线应连接可靠，线径截面及安装方式应符合相关标准的规定。
注：PE 线，英文全称 Protecting Earthing，即保护导体，也就是通常所说的地线。我国规定 PE 线为绿-黄双色线。
（5）局部照明或移动照明应采用安全电压，且线路无老化、绝缘无破损。
（6）电气设备的绝缘、屏护、防护距离应符合 GB/T 5226.1—2019 的相关规定；电器箱、柜与线路应符合相关标准的规定，周边 0.8 m 范围内无障碍物，柜门开启应灵活。
（7）设备上未加防护罩的旋转部位的楔、销、键不应凸出表面 3 mm，且无毛刺或棱角。

（8）每台设备应配备清除切屑的专用工具。

除符合上述通用规定外，钻床、磨床、车床、插床、电火花加工机床、锯床、铣床、加工中心、数控机床等还应符合下列规定：

（1）钻床：钻头部位应有可靠的防护罩，周边应设置操作者能触及的急停按钮。

（2）磨床：砂轮选用、安装、防护、调试等应符合 GB 4674—2009 的相关规定，旋转时无明显跳动。

（3）车床：加工棒料、圆管，且长度超过机床尾部时应设置防护罩（栏），当超过部分的长度大于或等于 300 mm 时，应设置有效的支撑架等防弯装置，并应加防护栏或挡板，且有明显的警示标志。

（4）插床：限位开关应确保滑块在上、下极限位置准确停止，配重装置应合理牢固，且防护有效。

（5）电火花加工机床：可燃性工作液的闪点应在 70 ℃ 以上，且应采用浸入式加工方法，液位应与工作电流相匹配。

（6）锯床：锯条外露部分应设置防护罩或采取安全距离进行隔离。

（7）铣床：外露的旋转部位及运动滑枕的端部应设置可靠的防护罩；不准在机床运行状态下对刀、调整或测量零件；工作台上不准摆放未固定的物品。

（8）加工中心：加工区域周边应设置固定或可调式防护装置，换刀区域、工件进出的联锁装置或紧固装置应牢固、可靠，任何安全装置动作，均切断所有动力回路。

（9）数控机床：加工区域应设置可靠的防护罩，其活动门应与运动轴驱动电动机联锁；调整刀具或零件时应采用手动方式；访问程序数据或可编程功能应由授权人执行，这些功能应闭锁，可采用密码或钥匙开关。

2. 砂轮机

（1）安装地点。

① 单台设备可安装在人员较少的地方，且在靠近人员方向设置防护网。

② 多台设备应安装在专用的砂轮机房内。

③ 有腐蚀性气体、易燃易爆场所以及精密机床的上风侧不应安装砂轮机。

④ 确保操作者在砂轮两侧有足够的作业空间。

（2）砂轮机防护罩的强度、开口角度及与砂轮之间的间隙应符合 GB 4674—2009 的相关规定。

（3）挡屑板应有足够的强度且可调，与砂轮圆周表面的间隙应小于或等于 6 mm。

（4）砂轮应无裂纹、无破损；禁止使用受潮、受冻及超过使用期的砂轮。

（5）托架应有足够的面积和强度，并安装牢固，托架应根据砂轮磨损及时调整，其与砂轮的间隙应小于或等于 3 mm。

（6）法兰盘的直径大小、强度以及砂轮与法兰盘之间的软垫应符合 GB 4674—2009 的相关要求。

（7）砂轮机运行应平稳可靠，砂轮磨损量不应超过 GB 4674—2009 的相关规定。

（8）PE 线应连接可靠，线径截面积及安装方法符合相关规定；工作面照度应大于或等于 300（lx）。

3. 冲、剪、压机械

（1）离合器动作应灵敏、可靠，且无连冲；刚性离合器的转键、键柄和直键无裂纹或松动；牵引电磁铁触头无黏连，中间继电器触点应接触可靠，无连车现象。

（2）制动器性能可靠，且与离合器连锁，并能确保制动器和离合器动作协调、准确。

（3）急停装置应符合 GB/T 16754—2021 的相关规定，大型冲压机械一般应设置在人手可迅速触及且不会产生误动作的部位。

（4）凡距操作者站立面 2 m 以下的设备外露旋转部件均应设置齐全、可靠的防护罩，其安全距离应符合 GB/T 23821—2022 的相关规定。

（5）外露在工作台外部的脚踏开关、脚踏杆均应设置合理、可靠的防护罩。

（6）电气设备的绝缘、屏护、防护间距应符合 GB/T 5226.1—2019 的相关规定；PE 线应连接可靠，线径截面及安装方式应符合相关规定。

（7）压力机、封闭式冲压线及折弯机均应配置一种以上的安全保护装置，且可靠、有效。多人操作的压力机应为每位操作者配备双手操作装置，其安装、使用的基本要求应符合 GB/T 19671—2022 的相关规定。

（8）压力机应配置模具调整或维修时使用的安全防护装置（如安全栓等），该装置应与主传动电动机或滑块行程的控制系统联锁。

（9）剪板机等压料脚应平整，危险部位应设置可靠的防护装置；出料区应封闭，栅栏应牢固、可靠，栅栏门应与主机联锁。

4. 电焊设备

1）线路安装和屏护

（1）每台焊机应设置独立的电源开关或控制柜，并采取可靠的保护措施。

（2）固定使用的电源线应采取穿管敷设方式。

（3）一次侧、二次侧接线端子应设有安全罩或防护板屏护。

（4）线路接头应牢固、无烧损；电气线路绝缘完好，无破损、无老化。

（5）焊机所使用的输气、输油、输水管道应安装规范、运行可靠，且无渗漏。

2）外壳防护

（1）设备外壳防护等级一般不得低于 IP21，户外使用的设备不得低于 IP23。当不能满足场所安全要求时，还应采取其他防护措施。

（2）PE 线应连接可靠，线径截面及安装方式应符合相关规定。

（3）当焊机有高频、高能束焊等辐射危害时，应采取特殊的屏蔽接地防护。

3）焊接变压器

（1）焊接变压器的一次对二次绕组，绕组对地（外壳）的绝缘电阻值应大于 1 MΩ。

（2）电阻焊机或控制器中电源输入回路与外壳之间，变压器输入、输出回路之间绝缘应大于 2.5 MΩ。

（3）控制器中不与外壳相连，且交流电压高于 42 V 或直流电压高于 48 V 的回路，外壳的绝缘电阻应大于 1 MΩ。

（4）变压器、控制器线路的绝缘应每半年检测一次，并保存其记录。

（5）当焊机内有整流器、晶体管等电子控制元件或装置时，应完全断开其回路进行检测。

（6）当采用焊接电缆供电时，一次线的接线长度应不超过 3 m，电源线不应在地面拖曳使用，且不允许跨越通道。

4）二次回路

（1）二次回路应保持其独立性和隔离要求。

（2）二次回路宜与被焊工件直接连接或压接。

（3）二次回路接点应紧固。

（4）无电气裸露，接头宜采用电缆耦合器，且不超过 3 个。电阻焊机的焊接回路及其零部件（电极除外）的温升限值不应超过允许值。

（5）当二次回路所采取的措施不能限制可能流经人体的电流小于电击电流时，应采取剩余电流动作保护装置或其他保护装置作为补充防护。

（6）禁止搭载或利用厂房金属结构、管道、轨道、设备可移动部位及 PE 线等作为焊接二次回路。

（7）在有 PE 线装置的焊件上进行电焊操作时，应暂时拆除 PE 线。

（8）当设备配置急停按钮时，应符合 GB/T 16754—2021 的相关规定。

5）夹持装置和绝缘

（1）夹持装置应确保夹紧焊条或工件，且有良好的绝缘和隔热性能，绝缘电阻应大于 1 MΩ。

（2）电焊钳或操作部件应与导线连接紧固、绝缘可靠，且无外露带电体。

（3）悬挂式电阻焊机吊点应准确，平衡保护装置应可靠。

注：二次回路是指测量回路、继电器保护回路、开关控制及信号回路、操作电源回路、断路器和隔离开关的电气闭锁回路等全部低压回路。由二次设备互相连接，构成对一次设备进行监测、控制、调节和保护的电气回路称为二次回路，是在电气系统中由互感器的次级绕组、测量监视仪器、继电器、自动装置等通过控制电缆连成的电路，用以控制、保护、调节、测量和监视一次回路中各参数和各元件的工作状况。用于监视测量表计、控制操作信号、继电保护和自动装置等所组成电气连接的回路均称为二次回路或称二次接线。

6）工作场所

（1）工作场所应采取防触电、防火、防爆、防中毒窒息、防机械伤害、防灼伤等技术措施；其周边应无可燃易爆物品；电弧飞溅处应设置非燃物质制作的屏护装置。

（2）工作场所应通风良好；狭窄场所、受限空间应采用强制通风、提供供气呼吸设备或其他保护措施。

（3）工作区域应相对独立，宜设置防护围栏，并设有警示标识。

（4）焊接设备屏护区域应按工作性质及类型选择联锁或光栅保护装置。

5. 工业机器人（含机械手）

（1）安全管理和资料应满足以下要求：

① 设备本体、辅助设施及安全防护装置等资料齐全；

② 应确保其编程、操作、维修人员均参加有效的安全培训，并具备相应的工作能力。

（2）作业区域应设置警示标志和封闭的防护栏，必备的检修门和开口部位应设置安全销、安全锁和光电保护等安全防护装置。

（3）各种行程限位、联锁装置、抗干扰屏蔽及急停装置应灵敏、可靠，任何安全装置动作均切断动力回路；急停装置应符合 GB/T 16754—2021 的相关规定，并不得自动复位。

（4）液压管路或气压管路应连接可靠，无老化或泄漏；控制按钮配置齐全、动作准确。

（5）执行机构应定位准确、抓取牢固；自动锁紧装置应灵敏、可靠。

（6）PE 线应连接可靠，线径截面及安装方式应符合相关规定；电气线路标识清晰；保护回路应齐全、可靠，且能防止意外或偶然的误操作。

（7）当调整、检查、维修进入危险区域时，设备应具备防止意外启动的功能。

此外，标准还对注塑机、工业炉窑、酸、碱、油槽及电镀槽等典型设备及工作场所的安全生产要点做出了相关规定。

知识拓展

OHSAS18000 系列标准及其衍生的职业健康安全管理体系认证是 21 世纪以来在全球具有广泛影响力的认证制度。该系列标准最早由英国标准协会（BSI）、挪威船级社（DNV）等 13 个机构于 1999 年推出，其中的 OHSAS18001 用于企业职业健康安全管理体系的认证，也是企业进行安全管理制度建设的依据。

中国于 2000 年 11 月在此基础上建立了国标 GB/T 28001—2001，等同于 OHSAS18001—1999《职业健康安全管理体系规范》，并在中国建立了职业健康安全管理体系认证制度，其最新版本为 GB/T 28001—2011。

参 考 文 献

[1] 教育部高等学校机械基础课程教学指导分委员会. 高等学校机械基础系列课程现状调查分析报告暨机械基础系列课程教学基本要求 [M]. 北京：高等教育出版社，2012.

[2] 孙康宁，林建平. 工程材料与机械制造基础课程知识体系和能力要求 [M]. 北京：清华大学出版社，2016.

[3] 梁延德. 工程训练教程实训分册 [M]. 大连：大连理工大学出版社，2011.

[4] 宋树恢，朱华炳. 工程训练：现代制造技术实训指导 [M]. 合肥：合肥工业大学出版社，2007.

[5] 徐建成，申小平. 现代制造工程基础实习 [M]. 北京：国防工业出版社，2011.

[6] 王志海，舒敬萍，马晋. 机械制造工程实训及创新教育 [M]. 北京：清华大学出版社，2014.

[7] 周继烈，姚建华. 工程训练实训教程 [M]. 北京：科学出版社，2012.

[8] 郭永环，姜银方. 工程训练（第 4 版）[M]. 北京：北京大学出版社，2017.

[9] 周卫民. 工程训练通识教程 [M]. 北京：科学出版社，2013.

[10] 周桂莲，陈昌金. 工程训练教程 [M]. 北京：机械工业出版社，2015.

[11] 赵忠魁. 金属材料学及热处理技术 [M]. 北京：国防工业出版社，2012.

[12] 赵建中. 机械制造基础 [M]. 北京：北京理工大学出版社，2017.

[13] 张立红，尹显明. 工程训练教程（非机械类）[M]. 北京：科学出版社，2017.

[14] 张继祥. 工程创新实践 [M]. 北京：国防工业出版社，2011.

[15] 袁凤英，王秀红，董敏，等. 创新创业能力训练 [M]. 北京：中国书籍出版社，2014.

[16] 俞庆，于吉鲲. 工程训练教程 [M]. 北京：中国原子能出版社，2015.

[17] 于化顺. 金属基复合材料及其制备技术 [M]. 北京：化学工业出版社，2006.

[18] 姚列铭. 创新思维观念与应用技法训练 [M]. 上海：上海交通大学出版社，2011.

[19] 杨向荣，陈伟. 大学生创新实践指导 [M]. 北京：冶金工业出版社，2011.

[20] 许焕敏，苑明海. 先进制造 [M]. 南京：东南大学出版社，2011.

[21] 夏巨谌. 塑性成形工艺及设备 [M]. 北京：机械工业出版社，2001.

[22] 魏尊杰. 金属液态成形工艺 [M]. 北京：高等教育出版社，2010.

[23] 王增强，马幼祥. 机械加工基础（第 2 版）[M]. 北京：机械工业出版社，2017.

[24] 王细洋. 现代制造技术 [M]. 北京：国防工业出版社，2010.

[25] 王立波，钟展. 现代制造技术 [M]. 北京：北京航空航天大学出版社，2016.

[26] 王继伟. 机械制造工程训练 [M]. 北京：机械工业出版社，2014.

[27] 陶俊，胡玉才. 制造技术实训 [M]. 北京：机械工业出版社，2016.

[28] 唐克岩. 金工实训 [M]. 重庆：重庆大学出版社，2015.

[29] 唐娟，林红喜. 数控车床编程与操作实训教程 [M]. 上海：上海交通大学出版社，2010.

[30] 施于庆. 金属塑性成形工艺及模具设计 [M]. 北京：清华大学出版社，2012.

[31] 牛同训. 现代制造技术 [M]. 北京：化学工业出版社，2010.

[32] 马树奇. 机械加工工艺基础 [M]. 北京：北京理工大学出版社，2005.

[33] 卢小平. 现代制造技术（第 2 版）[M]. 北京：清华大学出版社，2011.

[34] 卢秉恒. 机械制造技术基础 [M]. 北京：机械工业出版社，2001.

[35] 刘永平. 机械工程实践与创新 [M]. 北京：清华大学出版社，2010.

[36] 刘新，崔明铎. 工程训练通识教程 [M]. 北京：清华大学出版社，2011.

[37] 刘俊义. 机械制造工程训练 [M]. 南京：东南大学出版社，2013.

[38] 冯俊，周郴知. 工程训练基础教程（非机械类）[M]. 北京：北京理工大学出版社，2007.

[39] 朱瑞富. 创新理论与技能 [M]. 北京：高等教育出版社，2013.

[40] 李亚江. 先进焊接/连接工艺 [M]. 北京：化学工业出版社，2015.

[41] 李桓，杨立军. 连接工艺 [M]. 北京：高等教育出版社，2010.

[42] 蒯苏苏，马履中. TRIZ 理论机械创新设计工程训练教程 [M]. 北京：北京大学出版社，2011.

[43] 卡伦·加德. TRIZ——众创思维与技法 [M]. 北京：国防工业出版社，2015.

[44] 胡飞雪. 创新思维训练与方法 [M]. 北京：机械工业出版社，2016.

[45] 郝兴明，姚宪华. 工程训练制造技术基础 [M]. 北京：国防工业出版社，2011.

[46] 国家安全生产监督管理总局政策法规司. 安全生产法律法规汇编 [M]. 北京：煤炭工业出版社，2012.

[47] 高进. 工程技能训练和创新制作实践 [M]. 北京：清华大学出版社，2011.

[48] 施江澜，赵占西，顾用中. 材料成形技术基础 [M]. 北京：机械工业出版社，2014.

[49] 高锦张. 塑性成形工艺与模具设计 [M]. 北京：机械工业出版社，2015.

[50] 冯俊，周郴知. 工程训练基础教程：机械、近机械类 [M]. 北京：北京理工大学出版社，2005.

[51] 范大鹏. 机械制造工程实践 [M]. 武汉：华中科技大学出版社，2011.

[52] 董湘怀. 金属塑性成形原理 [M]. 北京：机械工业出版社，2011.

[53] 陈渝，朱建渠. 工程技能训练教程 [M]. 北京：清华大学出版社，2011.

[54] 陈强华. 几何精度规范学 [M]. 北京：北京理工大学出版社，2015.

[55] 常万顺，李继高. 金属工艺学 [M]. 北京：清华大学出版社，2015.

[56] 奥利菲·博尔克纳. 机械切削加工技术 [M]. 长沙：湖南科学技术出版社，2014.

[57] Mikell P. Groover. Fundamentals of modern manufacturing [M]. John Wiley & Sons Inc, the United states of America，2016.

[58] Anthony J. Wheeler, AhmadR. Ganji. Introduction to engineering experimentation [M]. Prentice Hall, the United States of America, 2010.

[59] Liu M Z, Cui S L, Luo Z, et al. Plasma arc welding: process variants and its recent developments of sensing, controlling and modeling [J]. Journal of Manufacturing Processes, 2016, 23: 316-327.

[60] Cao Qixin. The exploration of the research universities' courses to engineering practice and the standards for quality evaluation [C]. Beijing: Proceedings of the 11th International Conference on Modern Industrial Training, 2015: 509-513.

[61] 北京市工程训练综合能力竞赛组委会. 北京市大学生工程训练综合能力竞赛方案 [R]. 北京, 2015.

[62] 白龙, 朱晨昊, 侯瑞杰, 等. 第四届北京市大学生工程训练综合能力竞赛方案报告 [R]. 北京, 2015.

[63] 付靖, 戴轩, 王文轩. 第五届全国大学生工程训练综合能力竞赛报告 [R]. 合肥, 2017.

[64] 屈伸, 李斯瑞, 靳松. 一种重力势能驱动小车的设计与实现 [J]. 湖南工业大学学报, 2015, 29 (3): 30-34.

[65] 朱晨, 张伟, 王志平, 等. 等离子弧焊接技术及其应用展望 [J]. 焊接技术, 2011, 40 (10): 3-5.

[66] 吴志方, 周帆, 程钊. 机械合金化制备 Ag-Cu 纳米晶过饱和固溶体 [J]. 粉末冶金工业, 2015, 25 (5): 13-16.

[67] 宋晓村, 朱政强, 陈燕飞. 搅拌摩擦焊的研究现状及前景展望 [J]. 热加工工艺, 2013, 42 (13): 5-12.

[68] 胡文萌, 赵志伟, 陈飞晓, 等. 纳米碳化钒粉末制备的研究现状 [J]. 粉末冶金工业, 2015, 25 (6): 62-65.

[69] 刘水英, 李新生, 杨智勇, 等. 中国生物制造研究现状与展望 [J]. 安徽农业科学, 2013 (24): 9930-9933.

[70] 连芩, 刘亚雄, 贺健康, 等. 生物制造技术及发展 [J]. 中国工程科学, 2013, 15 (1): 45-50.

[71] 胡晓睿, 王召阳, 商飞. 国外生物制造技术发展综述 [J]. 国防制造技术, 2017 (3): 9-11.

[72] 祝林. 生物制造技术及前景展望 [J]. 四川职业技术学院学报, 2014, 24 (6): 148-150.

[73] 刘咏. 我国粉末冶金产业及技术发展的机电思考 [J]. 新材料产业, 2004 (1): 31-35.

[74] 刘超, 孔祥吉, 况春江. 生物医用纯钛的粉末注射成形研究 [J]. 粉末冶金工业, 2016, 26 (4): 31-35.

[75] 陈梦婷, 石建军, 陈国平. 粉末冶金发展状况 [J]. 粉末冶金工业, 2017, 27 (4): 66-72.

［76］陈善本，吕娜. 焊接智能化与智能化焊接机器人技术研究进展［J］. 点焊机，2013，43
（5）：28-36.

［77］董中奇，尹素花，盖国胜. 微波烧结过程中 Cu60Cr40 合金组织演变的研究［J］. 粉末
冶金工业，2016，26（6）：30-34.

［78］职成司. 高温烈火锻造出来的国家级技能大师——记德阳首席技师陈曙光［EB/OL］. 中
华人民共和国教育部府门户网站，2017-05-24. http://www.moe.gov.cn/jyb_xwfb/xw_zt/
moe_357/jyzt_2017nztzl/2017_zt02/17zt02_zjgs/201705/t20170524_305673.html.

［79］杨大智. 形状记忆合金［M］. 大连：大连工学院出版社，1988.

［80］杜纯玉. 奇妙的形状记忆合金［M］. 成都：四川教育出版社，1991.

［81］祖梅. 碳纳米管纤维的力学性能及其应用研究［M］. 上海：同济大学出版社，2017.

［82］孙东明. 碳纳米管器件［M］. 北京：科学出版社，2023.

［83］宋维锡. 金属学［M］. 北京：冶金工业出版社，2013.

［84］崔忠圻，覃耀春. 金属学与热处理［M］. 北京：机械工业出版社，2010.

［85］王晓敏. 工程材料学［M］. 哈尔滨：哈尔滨工业大学出版社，2005.

［86］胡赓祥 蔡珣 戎咏华. 材料科学基础（第三版）［M］. 上海：上海交通大学出版
社，2010.

［87］科普文化专栏. 毛腊生：我用砂子铸神剑［EB/OL］. 国家国防科技工业局门户网站，
2015-10-21. https://www.sastind.gov.cn/n10086205/n10086403/c10259324/content.
html.

［88］赵品. 材料科学基础教程［M］. 哈尔滨：哈尔滨工业大学出版社，2016.

［89］赵忠魁. 金属材料学及热处理基础［M］. 北京：化学工业出版社，2023.

［90］日本铸造工学会. 铸造缺陷及其对策［M］. 北京：机械工业出版社，2015.

［91］刘宗昌，任慧平. 金属材料工程概论（第二版）［M］. 北京：冶金工业出版社，2018.

［92］肖宏，高文静，马康，等. 大厚度 2219 铝合金电子束焊接头组织及性能［J/OL］. 焊
接，1-7［2024-10-20］.

［93］秦怡，汪西，周杰，等. 42CrMo 汽车转向节热处理裂纹形成机理［J］. 塑性工程学
报，2024，31（8）：216-224.

［94］王文胜，彭宏刚，姜晓刚，等. 铸铁石墨化共晶膨胀对粘砂的影响分析［C］//中国
铸造协会，《铸造工程》杂志社. 聚焦新质生产力 加快铸造行业高质量发展——第二
十届中国铸造协会年会论文集. 烟台胜地汽车零部件制造有限公司，2024：4.

［95］曹学锋，朱大智，张少文，等. 铝合金车轮铸造裂纹研究［J］. 铸造，2022，71（9）：
1178-1181.

［96］杨智嘉. 刘伯鸣：我为国家锻"重器"［N］. 人民政协报，2022-09-30（02）. http://
dzb.rmzxb.com/rmzxbPaper/pc/con/202209/30/content_31763.html.

［97］央视网. 全国道德模范候选人｜卢仁峰：拥有焊接绝技的"大国工匠"［EB/OL］. 央视
新闻客户端，2021-08-01. https://m.news.cctv.com/2021/08/01/ARTIBdjyr93hhw4y
Pk0iDVfD210801.shtml.

［98］李亚江. 焊接冶金学——材料焊接性［M］. 北京：机械工业出版社，2006.

［99］王宗杰. 熔焊方法及设备［M］. 北京：机械工业出版社，2009.

［100］贾安东，张玉凤. 焊接结构理论与制造［M］. 北京：机械工业出版社，2018.

［101］刘鹏，赵宝中，曾志. 焊接质量控制及缺陷分析检验［M］. 北京：化学工业出版社，2020.

［102］邹家生. 材料连接原理与工艺［M］. 哈尔滨：哈尔滨工业大学出版社，2005.

［103］李亚江，王娟. 特种焊接技术及应用［M］. 北京：化学工业出版社，2018.

［104］刘俊义. 机械制造工程训练［M］. 南京：东南大学出版社，2020.

［105］闫占辉，武勇，闫伟，等. 工程训练教程［M］. 北京：机械工业出版社，2021.

［106］王鹏程. 工程训练教程第2版［M］. 北京：北京理工大学出版社，2020.

［107］冯俊，周郴知. 工程训练基础教程（机械、近机械类）［M］. 北京：北京理工大学出版社，2005.

［108］机械工程手册编辑委员会. 机械工程手册（第二版）［M］. 北京：机械工业出版社，1997.

［109］王晨. 洪家光：以心"铸心"的大国工匠［N］. 中国青年报，2022-09-29（02）. https://zqb.cyol.com/html/2022-09/29/nw.D110000zgqnb_20220929_2-02.htm.

［110］叶婧. 全国劳模王钦峰："世上最怕'认真'二字"［EB/OL］. 新华网，2015-04-20. http://xinhuanet.com/politics/2015-04/20/c_1115029908.htm.

［111］群众工作局. 南利军：激光切出来的美丽人生——记中国中车大同电力机车有限公司南利军［EB/OL］. 国务院国有资产监督管理委员会网站，2016-01-06. http://www.sasac.gov.cn/n2588025/n2641611/c4296520/content.html.

［112］顾京. 数控机床加工程序编制［M］. 北京：机械工业出版社，2017.

［113］吴明友，程国标. 数控机床与编程［M］. 武汉：华中科技大学出版社，2013.

［114］董建国，龙华，肖爱武. 数控编程与加工技术［M］. 北京：北京理工大学出版社，2011.

［115］孙康宁，林建平. 工程材料与机械制造基础课程知识体系和能力要求［M］. 北京：清华大学出版社，2016.

［116］梁延德. 工程训练教程实训分册［M］. 大连：大连理工大学出版社，2011.

［117］宋昭祥. 机械制造基础［M］. 北京：机械工业出版社，2009.

［118］田锡天，耿俊浩. 数控编程技术［M］. 西安：西北工业大学出版社，2015.

［119］刘英. 机械制造技术基础［M］. 北京：机械工业出版社，2018.

［120］胡郑重，罗圆智. 数控机床编程技术［M］. 武汉：华中科技大学出版社，2016.

［121］王红军，韩秋实. 机械制造技术基础［M］. 北京：机械工业出版社，2020.

［122］李东君，吕勇. 数控加工技术［M］. 北京：机械工业出版社，2018.

［123］明兴祖，熊显文. 数控加工技术［M］. 北京：化学工业出版社，2008.

［124］李言. 机械制造技术［M］. 北京：机械工业出版社，2022.

［125］刘兴良. 数控加工技术［M］. 西安：西安电子科技大学出版社，2020.

［126］殷志锋. 工程训练［M］. 北京：机械工业出版社，2022.

［127］中国兵器工业集团有限公司. 马小光：秉承匠心 做"群钻"传承者［EB/OL］. 国务院国有资产监督管理委员会门户网站（人物风采），2020-11-24. http://www.sasac.gov.cn/n2588025/n2641611/n4518442/c16048334/content.html.

［128］杨红娟，陈继文. 逆向工程及智能制造技术［M］. 北京：化学工业出版社，2020.

［129］卢碧红，曲宝章. 逆向工程与产品创新案例研究［M］. 北京：机械工程出版社，2013.

［130］黄诚驹，李鄂琴，禹诚. 逆向工程项目式实训教程［M］. 北京：电子工业出版社，2004.

［131］刘德平. 逆向工程关键技术及其应用研究［D］. 西安：西安电子科技大学，2008.

［132］胡寅. 三维扫描仪与逆向工程关键技术研究［D］. 武汉：华中科技大学，2005.

［133］熊邦书. 三维扫描技术与曲面重构算法的研究［D］. 西安：西北工业大学，2001.

［134］罗缋沅. 齿轮测量研究的开拓者：黄潼年［J］. 巴蜀史志，2013（6）：60-60.